新工科建设之路·电子信息类精品教材

光纤通信

满文庆　编著

電子工業出版社
Publishing House of Electronics Industry
北京·BEIJING

内 容 简 介

本书全面介绍光纤通信器件和光纤通信系统，包括光纤基础知识；光源和光发送机；光检测器和光接收机；光无源器件；同步数字传输（SDH）技术及其性能和设计；密集波分复用（DWDM）和全光网及光传送网（OTN）；半导体光放大器（SOA）、掺铒光纤放大器（EDFA）和拉曼光纤放大器（RFA）；100G/400Gb/s 相干光通信技术和光子集成电路（PIC）；无源光接入网（PON）、10G PON 和下一代光接入网等。本书借鉴了 CDIO 和“卓越工程师教育培养计划”的工程教育理念，增加了项目实践内容。

本书可作为电子信息工程、通信工程、光电信息工程、物联网等专业本科生或研究生的教材，也可供有关工程技术人员参考学习。

图书在版编目（CIP）数据

光纤通信 / 满文庆编著. — 北京：电子工业出版社，2021.7
ISBN 978-7-121-41534-0

Ⅰ. ①光… Ⅱ. ①满… Ⅲ. ①光纤通信 Ⅳ.①TN929.11

中国版本图书馆 CIP 数据核字（2021）第 132784 号

责任编辑：凌　毅
印　　刷：北京七彩京通数码快印有限公司
装　　订：北京七彩京通数码快印有限公司
出版发行：电子工业出版社
　　　　　北京市海淀区万寿路 173 信箱　邮编：100036
开　　本：787×1 092　1/16　印张：19.5　字数：525 千字
版　　次：2021 年 7 月第 1 版
印　　次：2023 年 7 月第 3 次印刷
定　　价：59.80 元

凡所购买电子工业出版社图书有缺损问题，请向购买书店调换。若书店售缺，请与本社发行部联系。联系及邮购电话：(010)88254888，88258888。

质量投诉请发邮件至 zlts@phei.com.cn，盗版侵权举报请发邮件至 dbqq@phei.com.cn。

本书咨询联系方式：(010)88254528，lingyi@phei.com.cn。

序　言

2000年，麻省理工学院等4所大学联合创立了CDIO工程教育理念。

2010年6月23日，我国教育部联合有关部门和行业协（学）会，共同实施“卓越工程师教育培养计划”（以下简称“卓越计划”）。“卓越计划”借鉴世界先进国家高等工程教育的成功经验，创建具有中国特色的工程教育模式。

2016年6月2日，中国成为国际本科工程学位互认协议《华盛顿协议》的正式会员。加入《华盛顿协议》，标志着我国工程教育真正融入世界。

2017年2月以来，为主动应对新一轮科技革命与产业变革，服务创新驱动发展等一系列国家战略，教育部开始积极推进新工科建设。新工科建设的要求是“新理念、新结构、新模式、新质量、新体系”。

工程教育模式通过贯穿专业核心课程学习全过程的工程项目，让学生在学习专业知识的同时，自己动手设计项目，让学生以主动的、实践的、课程之间有机联系的方式学习工程。国内外的实践经验都表明，通过项目“做中学”的理念和方法是先进的、可行的，适合工科教育教学过程各个环节的改革。从心理学的角度出发，项目驱动教学，学习中有明确的目标，能全面调动学习的积极性。

“纸上得来终觉浅”，在新工科背景下，光纤通信等工科课程的学习，应尽可能把理论技术和实践结合起来，通过项目实践学习原理和技术，从而培养学生的创新思维和创新能力。为了适应新工科建设要求，我们编写了本书。

考虑到国内工科课程教学的现状，为了增加教材的普适性，本书在传统教学模式的基础上，借用CDIO和“卓越计划”的理念，增加项目实践内容，采用理论基础知识和项目实践并行排列的形式，方便进行教学和项目实践。

（一）本书特色

1．注重新工科工程教育要求，引入项目实践，同时注重技术的系统性和理论高度。本书注重基础知识的学习，同时引入项目实践。项目实践包括：①光纤跳线的测量和使用；②光模块特性及眼图测试；③光模块设计；④光纤熔接；⑤PDH光传输系统设计；⑥DWDM系统仿真设计；⑦EDFA模块设计；⑧相干光通信仿真设计；⑨FTTH网络设计。

2．注重创新思维的培养。本书注重探究型学习、启发式教学，以给学生愉快的学习体验。本书讲解技术的思路是：提出问题→分析研究→解决问题→新问题。一个问题解决了，必然会有新的技术问题出现，学习是一个螺旋式上升的过程。本书设置了多个【讨论与创新】的知识点，通过启发与讨论式学习，培养学生的创新思维。

3．注重新技术的介绍。本书涉及相干光通信技术、100G/400Gb/s高速光模块技术、拉曼光纤放大器技术、全光网（AON）、光传送网（OTN）、下一代光接入网、光子集成电路（PIC）、光波导器件（PLC）、微光电子机械系统（MOEMS）等新技术。

4．引入OptiSystem仿真软件。OptiSystem是一款创新的光纤通信系统模拟软件，可以帮助用户规划、测试和模拟几乎传输层所有的光传输链路。有关OptiSystem的资料，读者可到Optiwave公司官网上下载。

5．引用 Lumentum、Viavi、II-VI、华为等公司的产品。本书以 Lumentum、Viavi、II-VI、华为、烽火通信、Maxim、Corning 等公司的产品为例，把基础知识和新产品、新技术紧密结合起来。

6．体现人文理念。“腹有诗书气自华”，理工科学生也要加强人文修养，本书在细微之处体现人文精神，注重工程与社会教育。

（二）工作机会

学习完光纤通信课程，可以在以下领域工作：光纤光缆生产；光模块研发与生产；无源光器件研发与生产；光纤通信系统 SDH/DWDM、PON 等产品的研发、生产、销售和运维；光纤通信的科学研究，等等。

（三）学生科学研究

高年级的学生进行科学研究，可选择高速光通信模块设计、多维复用技术、光子芯片、高速相干光通信等题目。

（四）本书使用方法

实行项目驱动教学模式的情境下，教师可指导学生进行项目实践学习。在项目实践过程中，充分发挥学生的积极性，鼓励学生大胆参与实践和创新，培养团队合作精神。

实行传统教学模式的情境下，教师可指导学生在课外进行项目实践。

不具备实验设备做项目实践的情况下，可使用 OptiSystem 软件做仿真学习。

书中有部分英文词汇，教师可指导学生学习专业英文词汇。

本书配套免费 PPT 电子课件和相关学习资料。扫描二维码，可免费获得项目实践有关资料。

（五）致谢

春去秋来数余载，这本新工科特色的教材终于编写完成！希望本书的出版，能对新工科的教育和发展尽一份绵薄之力。由于作者水平有限，书中难免有一些疏漏和不足之处，恳请各位读者批评指正。另外，书中引用的极少量图片，无法联系原作者，有任何疑问和建议可直接与作者联系，作者 E-mail：1073775590@qq.com。

感谢光纤通信产业界、学术界的朋友，感谢他们的支持和帮助。

感谢各位同事、领导的关心和支持，也感谢家人的支持。

满文庆

2021 年 6 月于广州

目　录

第 1 章　概论……1

1.1　光纤通信概述……1

1.1.1　光通信的探索……1

1.1.2　光纤通信的优点……3

1.2　光纤通信系统简介……3

1.3　光纤通信的应用……4

1.4　光纤通信的发展与趋势……6

1.5　习题……8

第 2 章　光纤传输理论与特性……9

2.1　光纤……9

2.1.1　光纤的结构……9

2.1.2　数值孔径……10

2.2　光纤传输的波动理论……11

2.2.1　麦克斯韦方程组和波动方程……12

2.2.2　阶跃光纤的矢量模式……13

2.2.3　阶跃光纤的线性偏振模式……18

2.3　光纤的传输特性……20

2.3.1　光纤的损耗……20

2.3.2　光纤的带宽和脉冲响应……22

2.4　多模光纤……24

2.4.1　模式色散……24

2.4.2　如何解决模式色散……26

2.4.3　多模光纤的类型……27

2.5　单模光纤……28

2.5.1　单模光纤的特性……28

2.5.2　单模光纤的色散……29

2.5.3　单模光纤的色散补偿……33

2.5.4　偏振模色散与保偏光纤……34

2.5.5　单模光纤的类型……35

2.5.6　G.652 单模光纤产品……38

2.6　光纤的非线性效应……39

2.7　光纤的制作……40

2.8　光缆……42

2.9　习题与设计题……43

项目实践：光纤跳线的测量和使用……45

附录　光纤通信测量仪器……47

第 3 章　光源和光发送机……50

3.1　发光二极管……50

3.1.1　半导体的光辐射……50

3.1.2　发光二极管的原理……53

3.1.3　发光二极管的特性……54

3.2　激光二极管……57

3.2.1　激光二极管的原理……57

3.2.2　FP 激光二极管及其特性……60

3.2.3　分布反馈激光二极管及其特性……65

3.2.4　量子阱激光器……68

3.2.5　垂直腔面发射激光器……69

3.3　激光二极管的调制……70

3.3.1　码型与调制……70

3.3.2　激光二极管的调制特性与速率……72

3.3.3　马赫-曾德尔调制器（MZM）……74

3.3.4　电吸收调制器……77

3.3.5　光调制器及其参数……78

3.4　光发射组件……79

3.4.1　概述……79

3.4.2　光发射组件举例及其参数……80

3.5　光发送机……81

3.5.1　光发送机的组成……81

3.5.2　光发送机电路芯片……85

3.6　习题与设计题……88

项目实践：光模块特性及眼图测试……89

第 4 章　光检测器和光接收机……93

4.1　光电二极管的原理……93

4.2　PIN 光电二极管……94

4.2.1　PIN 管的原理……95

4.2.2　PIN 管的特性……95

4.3 雪崩光电二极管 102
4.3.1 APD 的原理 102
4.3.2 APD 的特性 103
4.4 光接收组件 107
4.4.1 光接收组件简介 107
4.4.2 光接收组件举例及其参数 108
4.5 光接收机 109
4.5.1 光接收机的组成 109
4.5.2 光接收机的噪声 113
4.5.3 光接收机的误码率 115
4.5.4 光接收机的灵敏度 117
4.5.5 光接收机电路芯片 119
4.5.6 单芯片光模块 121
4.6 习题与设计题 122
项目实践：光模块设计 122
第5章 光无源器件 128
5.1 光纤连接器 128
5.1.1 光纤连接器简介 128
5.1.2 光纤连接器的类型 131
5.1.3 光纤跳线与配线架 133
5.2 光纤耦合器/分路器 135
5.2.1 光纤耦合器/分路器简介 135
5.2.2 FBT 光纤耦合器 136
5.2.3 光纤耦合器器件 138
5.3 光纤滤波器 139
5.3.1 光纤滤波器简介 139
5.3.2 光纤光栅滤波器 140
5.3.3 光纤滤波器器件 142
5.4 光隔离器 143
5.4.1 光隔离器原理 143
5.4.2 光隔离器器件 144
5.5 光环形器 144
5.5.1 光环形器原理 144
5.5.2 光环形器器件 145
5.6 光衰减器 145
5.6.1 光衰减器原理 145
5.6.2 MEMS 光衰减器器件 147
5.7 保偏光纤器件 148
5.8 习题与设计题 149
项目实践：光纤熔接 149
第6章 数字光纤通信系统 152
6.1 PDH 传输技术 152
6.1.1 PDH 概述 152
6.1.2 光线路编码 153
6.1.3 信号的复用与分解 155
6.1.4 PDH 光端机 156
6.2 SDH 传输技术 158
6.3 SDH 帧结构 159
6.3.1 帧结构 159
6.3.2 段开销 161
6.3.3 通道开销 163
6.4 SDH 指针 164
6.5 SDH 的复用结构和步骤 166
6.5.1 SDH 的复用 166
6.5.2 2Mb/s 信号复用到 STM-*N* 168
6.6 SDH 网络单元 169
6.7 SDH 传送网与保护 171
6.7.1 SDH 传送网分层 171
6.7.2 SDH 网络拓扑结构 172
6.7.3 SDH 传送网 173
6.7.4 SDH 网络自愈和保护 174
6.8 同步与定时 178
6.9 SDH 光传输设备——OptiX OSN 1500 179
6.10 数字光纤通信系统性能与设计 180
6.10.1 数字传输参考模型 180
6.10.2 性能指标 181
6.10.3 光接口性能 187
6.10.4 光纤通信系统设计 189
6.11 习题与设计题 192
项目实践：PDH 光传输系统设计 194
第7章 光波分复用和全光网 197
7.1 光波分复用 197
7.2 光源技术 200
7.2.1 DWDM 光源 200
7.2.2 可调谐激光器 201
7.2.3 波长转换技术 202
7.3 波分复用器 203
7.3.1 波分复用器简介 203
7.3.2 多层介质薄膜型波分复用器 204
7.3.3 阵列波导光栅型波分复用器 206

7.3.4 波分复用器器件……207
7.4 全光网……208
7.5 光交换技术……209
7.6 光开关……210
7.6.1 光开关概述……210
7.6.2 光开关类型……211
7.6.3 MEMS 光开关器件……213
7.7 光分插复用……214
7.8 光交叉连接……215
7.9 光传送网……217
7.9.1 光传送网概述……217
7.9.2 OTN 的层次结构与功能……218
7.10 光网络的管理……222
7.10.1 光网络管理概述……222
7.10.2 光网络管理系统简介……223
7.11 DWDM 设备——OptiX OSN 9800……224
7.12 习题与设计题……227
项目实践：DWDM 系统仿真设计……227
第 8 章 光放大器……229
8.1 概述……229
8.2 半导体光放大器……230
8.2.1 半导体光放大器的原理……230
8.2.2 半导体光放大器的特性……231
8.3 掺铒光纤放大器……232
8.3.1 EDFA 的原理……233
8.3.2 EDFA 的特性……236
8.3.3 EDFA 模块产品……241
8.2 拉曼光纤放大器……241
8.4.1 受激拉曼散射……242
8.4.2 拉曼光纤放大器的原理……243
8.4.3 拉曼光纤放大器的特性……245
8.4.4 拉曼光纤放大器模块产品……247
8.5 习题与设计题……248
项目实践：EDFA 模块设计……249
第 9 章 相干光通信……252
9.1 相干光通信技术……252
9.1.1 光调制技术……252
9.1.2 相干光通信系统及关键技术……253
9.2 高级光调制方式……255
9.2.1 多进制相移键控（MPSK）……255
9.2.2 多进制正交幅度调制（MQAM）……259
9.2.3 脉冲幅度调制（PAM）……261
9.3 光信号的相干检测……262
9.3.1 相干检测原理……262
9.3.2 PM-QPSK 的相干检测……263
9.3.3 信噪比和误码率……265
9.4 集成可调谐窄频激光器……266
9.5 集成相干接收器……267
9.6 高速数字信号处理……268
9.7 光子集成芯片……269
9.7.1 光子集成技术……269
9.7.2 100Gb/s 光子集成芯片……270
9.8 100G/400G 光模块……271
9.8.1 客户侧光模块……271
9.8.2 线路侧光模块……276
9.9 习题与设计题……278
项目实践：相干光通信仿真设计……279
第 10 章 光接入网……282
10.1 接入网概述……282
10.2 光接入网……283
10.2.1 概述……283
10.2.2 无源光网络……285
10.3 EPON 技术……286
10.4 GPON 技术……289
10.5 下一代无源光网络……292
10.5.1 10G/100G EPON 技术……292
10.5.2 WDM-PON 技术……294
10.6 光接入网器件与设备……295
10.6.1 单纤双向光收发组件……295
10.6.2 波导型光分路器……296
10.6.3 蝶形光缆及连接器……297
10.6.4 光线路终端设备……298
10.7 习题与设计题……299
项目实践：FTTH 网络设计……300
参考文献……304

烽火台是古时用于点燃烟火传递重要消息的高台，遇有敌情发生，则白天施烟，夜间点火，台台相连，传递消息。烽火台在我国古代文学中也多有描述，诗人杜甫在《春望》中写到“烽火连三月，家书抵万金”；宋代诗人马之纯，写诗咏之。

烽火台

（宋）马之纯

此到西陵路五千，烽台列置若星连。

欲知万骑还千骑，只看三烟与两烟。

在高度发达的信息化社会里，随着互联网、物联网、电子商务、云计算、云存储、大数据的发展，人们对信息传递带宽的要求越来越高，那么需要怎样的通信技术呢？

第1章 概 论

1.1 光纤通信概述

1.1.1 光通信的探索

长城上的烽火台是我国最古老的光通信方式。“白天施烟，夜间点火，台台相连，传递消息”，说明信息在烽火台之间不断地传递下去；“欲知万骑还千骑，只看三烟与两烟”，说明烽火台可以传递更复杂的信息内容。

潜望镜也是利用光通信的例子。世界上最早记载潜望镜原理的古书，是公元前2世纪我国的《淮南万毕术》。书中记载了这样的一段话：“取大镜高悬，置水盘于其下，则见四邻矣。”烽火台是直线的光通信的例子，潜望镜则又进了一步，光线能改变方向，那么，光能不能弯曲地传播呢？

1841年，Daniel Colladon和Jacques Babinet两位科学家分别演示了一个简单的实验，如图1-1所示。

在装满水的木桶上钻个孔，当光从桶上边把水照亮，结果使人们大吃一惊。人们发现，光能沿着从水桶中喷出的细流传播；同时人们还发现，光能顺着弯曲的水流前进。光居然被弯弯曲曲的水俘获了。

光为什么会在弯曲的水流中传播呢？这是因为光在弯曲的水流中发生了全内反射（又称全反射），这是最早的全反射现象的实验。在这个演示实验中，水是光密介质，空气是光疏介质，光在全反射效应的作用下，从高的容器中被引导到下面——光的前进路线“弯曲”了。

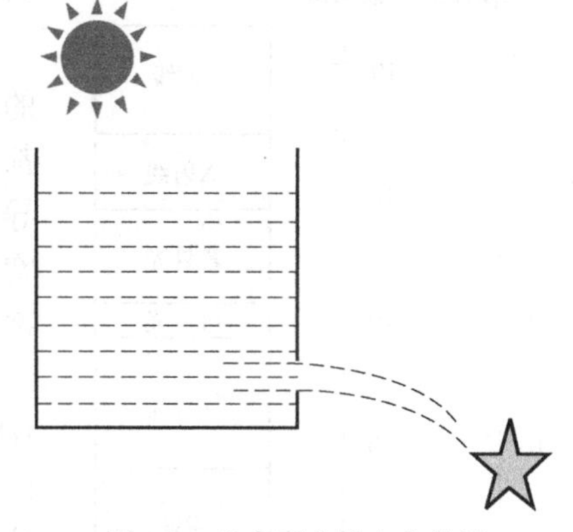

图1-1 光在弯曲的水中传播

1876年，发明了电话之后，贝尔（Bell）就想到利用光来通电话的问题。1880年，贝尔发明了用光波作载波传送话音的“光电话”。贝尔用弧光灯或太阳光作为光源，光束通过透镜聚焦在话筒的振动片上。当人对着话筒讲话时，振动片随着话音振动，使反射光的强弱随着话音的强弱做相应的变化，从而使话音信息“承载”在光波上。在接收端，装有一个抛物面接收镜，它把经过大气传送过来的、载有话音信息的光波反射到硅光电池上，硅光电池将光能转换成电能，电流送到听筒，人们就可以听到从发送端送过来的声音了。贝尔成功地进行了光电话的实验，通话距离最远达到了 213m，贝尔光电话是现代光通信的雏形。

1927 年，英国的贝尔德（J. G. Baird）提出利用光的全反射现象制成石英光纤，从此以后人们把注意力集中到石英这种材料上。

1955 年，在英国伦敦帝国学院工作的卡帕尼博士（Narinder Kapany）用极细的玻璃制成光导纤维（光纤）。每根细如丝的光纤是用两种对光的折射率不同的玻璃制成的，光线经一定角度从光纤的一端射入后，不会从光纤壁逸出，而是沿两层玻璃的界面连续反射前进，从光纤的另一端射出。最初，这种光纤只应用在医学上。

1966 年，工作于英国标准电信研究所的英籍华人高锟（K. C. Kao），深入研究了光在石英玻璃纤维中的严重损耗问题，发现这种玻璃纤维引起光损耗的主要原因是其中含有过量的铬、铜、铁、锰等金属离子和其他杂质，其次是拉制光纤的工艺技术造成了纤芯、包层分界面不均匀及其所引起的折射率不均匀。他还发现一些玻璃纤维在红外光区的损耗较小，高锟指明"通过原材料的提纯制造出适合于长距离通信使用的低损耗光纤"这一发展方向。1966 年 7 月，高锟发表论文"Dielectric-fiber surface waveguides for optical frequencies"，这是光纤通信的转折点，奠定了光纤通信的基础。

1970 年，美国康宁（Corning）公司研制成功了损耗 20dB/km 的石英光纤，把光纤通信的研究开发推向一个新阶段。

为什么要选择光纤进行通信呢？

早在 1948 年，香农（Shannon）在"通信的数学理论"一文中，提出了著名的香农定理（Shannon Theorem），为今天通信的发展奠定了坚实的理论基础。香农定理指出，在被高斯白噪声干扰的信道中，最大信息传输速率为

$$C = B \times \log_2(1 + S/N) \tag{1-1}$$

式中，C 的单位是比特每秒（b/s）；B 为链路带宽，单位是赫兹（Hz）；S 为信号功率，单位是瓦（W）；N 为噪声功率，单位是瓦（W）；S/N 为信号与噪声的功率之比，为无量纲单位。

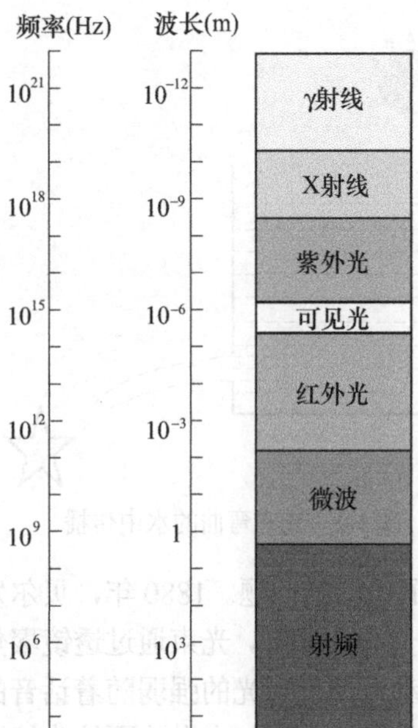

从式（1-1）中可知，通信系统传输信息的容量和工作的载波频率范围有关，提高信道的信噪比或增加信道的带宽都可以增加信道容量。香农定理的伟大之处在于它的理论指导意义。香农公式给出频带利用的理论极限值，即在有限带宽、有噪声的信道中存在极限传输速率，无论采用何种编码都无法突破这个极限。

一个经验性的结论：信道带宽大约为载波信号频率的 1/10。也就是说，选择合适的通信介质，提高载波的频率可以增加系统的传输带宽。一般的铜线可以传输 1MHz 的载波信号，同轴线可以传输 100MHz 的载波信号，无线电频率的范围为 500kHz～100MHz，微波信号的频率为 100GHz。比如，一个无线电信道使用 100MHz 的载波信号，那么其带宽大约为 10MHz。

图 1-2　电磁波频谱

电磁波频谱如图 1-2 所示，光纤通信使用光波作为载波信号，光载波信号频率为 100～1000THz，利用上面的经验规则，可以估算出光纤通信链路的带宽可以达到 10～100THz。

1.1.2 光纤通信的优点

① 频带宽，光波频率比微波频率高4～5个数量级，故它的传输容量比微波要高出上万倍以上。一根光缆中可以包括几十根甚至上千根光纤，使用波分复用技术后，光纤的通信容量就更大了。

② 损耗小，光纤每千米的衰减比目前容量最大的通信同轴电缆的每千米衰减要低一个数量级以上，光纤通信的中继距离很长且误码率很小。

③ 体积小、重量轻、便于施工维护。光缆的敷设方式方便灵活，既可以直埋、管道敷设，又可以在水底和架空应用。

④ 抗干扰能力强，因为光纤是非金属的介质材料，不受强电、电气信号干扰和雷电干扰，所以保密性能好。

⑤ 成本低，制造石英光纤的最基本原材料是二氧化硅，即沙子，而沙子在大自然界中几乎是取之不尽的，因此其潜在价格十分低廉。利用光纤通信，可以节约金属材料，有利于资源的合理使用。

1.2 光纤通信系统简介

光纤通信系统能够传送各种电信号，比如电话信号、计算机网络信号、有线电视信号或其他视频多媒体信号等。一个单向光纤通信系统如图1-3所示，在发送端，光发送机把来自各种电子设备的电信号变成光信号，然后把光信号耦合进光纤，光信号在光纤链路上传输；在接收端，光接收机把光信号变成电信号，接收端的电子设备再去处理电信号。

图1-3 单向光纤通信系统

在数字电话信号中，在数字信道上传输模拟数据，需要把模拟信号编码为数字信号，常用的编码技术是PCM（Pulse Code Modulation），称为脉冲编码调制。光纤通信的应用很广，公共电话通信网、移动电话信号承载网、互联网、家庭上网都离不开光纤通信技术。在现代信息化社会中，光纤通信是信息高速传输的主要手段，是信息高速公路的“主干道”。

1. 光发送机

光发送机的功能是把电信号转换成光信号，并发送到光纤进行传输。光发送机的核心器件是光源，常用的光源是发光二极管（LED）和激光二极管（LD，半导体激光器），LD的实物图如图1-4（a）所示。光发送机的具体原理和应用将在本书第3章介绍。

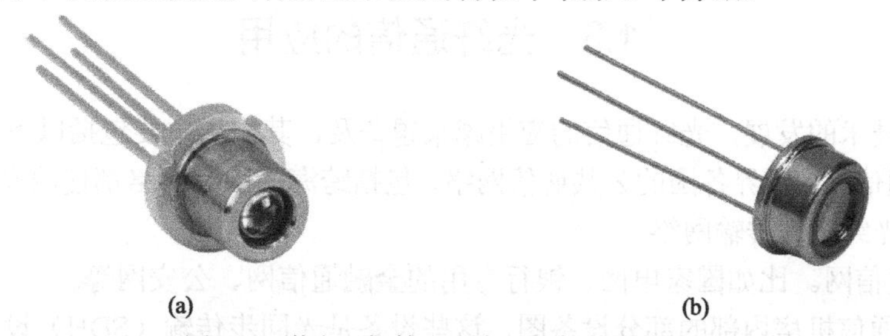

(a) (b)

图1-4 激光二极管和光电二极管的实物图

1970年，光纤通信用光源取得了实质性的进展。贝尔实验室、日本电气公司（NEC）和苏联先后研制成功室温下连续振荡的砷化镓铝（GaAlAs）双异质结半导体激光器（短波长）。虽然其寿命只有几小时，但它为半导体激光器的发展奠定了基础，成为光纤通信发展过程中的一个重要里程碑。

1973 年，半导体激光器的寿命达到 7000 小时。

1977 年，贝尔实验室研制的半导体激光器的寿命达到 10 万小时。由于光纤和半导体激光器的技术进步，光纤通信才得以迅猛发展。

2. 光纤

光纤的功能是把光信号从发送机引导至接收机，其实物图如图 1-5 所示，其中图（a）是包括纤芯、包层、涂覆层的裸光纤，图（b）是裸光纤外面加了 0.9μm 直径的缓冲管。光纤链路还包括光纤连接器等无源光器件。

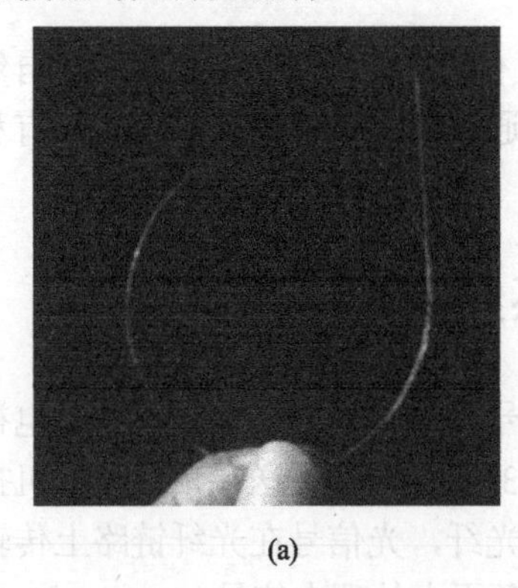

(a)

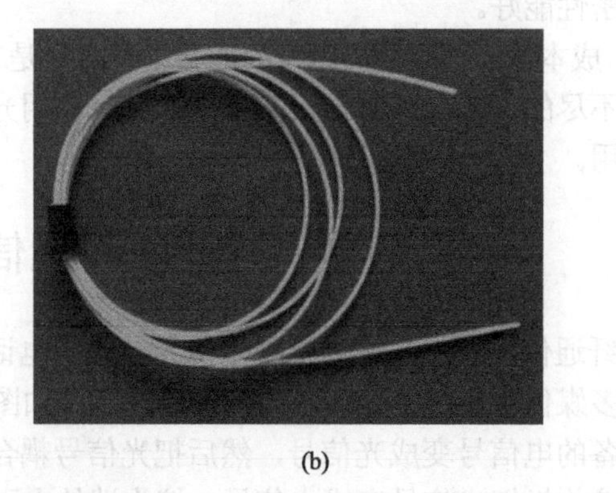

(b)

图 1-5　光纤的实物图

1972 年，美国康宁公司将高纯石英多模光纤损耗降低到 4dB/km。

1973 年，贝尔实验室将光纤损耗降低到 2.5dB/km，1974 年降低到 1.1dB/km。1976 年，日本电报电话（NTT）公司将光纤损耗降低到 0.47dB/km（波长 1.2μm）。在以后的 10 年中，波长为 1.55μm 的光纤损耗，1979 年为 0.20dB/km，1984 年为 0.157dB/km，1986 年为 0.154dB/km，接近了光纤最低损耗的理论极限。

3. 光接收机

光接收机的功能是从光纤链路接收微弱的光信号，进行光电信号转换和电信号放大，恢复出发射前的电信号。光接收机的核心是光电二极管，其实物图如图 1-4（b）所示，其具体原理和应用将在本书第 4 章介绍。在实际应用中，光发送机和光接收机大都制作成收发一体化的光模块器件。

1.3　光纤通信的应用

随着信息技术的发展，光纤通信的应用越来越普及，其应用主要包括以下领域。

① 公共通信网。世界各国的公共通信网络，包括跨海的国际网络都使用光纤传输系统，构成了大规模的光纤通信传输网络。

② 专用通信网。比如国家电网、银行专用的金融通信网、公安网等。

图 1-6 是通信机房内部的部分设备图，这些设备是光同步传输（SDH）设备和密集光波分复用（DWDM）传输设备，它们通过光缆连接到分布在其他机房内的光传输设备，共同构成光纤通信网。

图 1-6　通信机房内部的部分设备图

③ 计算机网络。比如互联网、云计算数据中心、园区网络、多媒体网络等。数据中心是现代信息系统的核心，被誉为信息与通信技术（ICT）的最高殿堂。在网络设备中，高端的以太网交换机和核心路由器都具有光纤接口。

图 1-7 是云计算数据中心内部的部分设备图，海量的数据在云计算数据中心的服务器、交换机之间传送，单波长光纤的传输速率可达 800Gb/s，图中靠近天花板的线缆就是光缆。当然，云计算数据中心的城域网和广域网互联也是通过光纤来互联的。

图 1-7　云计算数据中心内部的部分设备图

④ 有线电视网络。光纤主要用于信号的干线和分配网络，光纤和电缆共同构成光纤同轴混合网。

⑤ 工业自动化控制网络。在工业环境中，光纤通信不容易受到干扰。

⑥ 飞机、军舰、潜艇和导弹里面的通信。由于光纤通信的保密性能好，非常适合用于国防通信。

⑦ 视频监控网络。随着技术的进步和社会的发展，越来越多的视频监控网络采用光纤通信。

⑧ 光纤接入网。随着网络用户对网络数据传输速率的要求越来越高，光纤到家已成为主流的接入技术。

典型的光城域网及应用如图 1-8 所示，基于 SDH/DWDM 的光城域网向上可连接到 Internet、云计算数据中心或云存储网络。光城域网向下可以接入各种用户设备，比如光纤到家的用户设备、无线网络终端设备等。

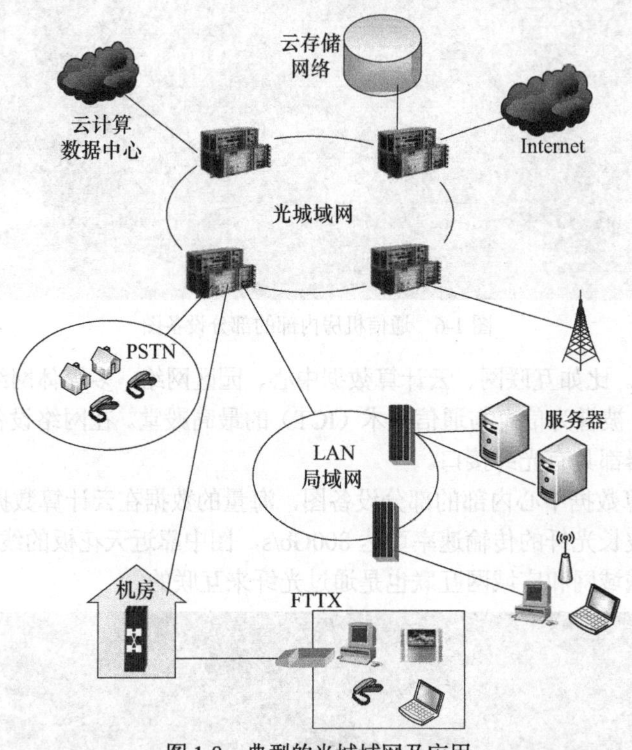

图 1-8　典型的光城域网及应用

无论你使用的是何种服务，比如微信、微博、电子商务、手机银行、移动支付等，各种服务终端设备的电信号，最终都要通过光纤网络进行传送。一个光网络的时代已经来临了！

1.4　光纤通信的发展与趋势

1．光纤通信的发展概况

光纤通信的发展大致可分为下面 5 个阶段。

① 第一代光纤通信系统（20 世纪 70 年代中期）。多模光纤通信系统正式投入商用，光源为半导体激光器（LD）或发光二极管（LED），工作波长为 850nm，传输速率为 20～100Mb/s，每 10km 需要一个中继器增强讯号（当时的电缆的中继距离为 1km）。

② 第二代光纤通信系统（20 世纪 80 年代）。在这一阶段中，光纤从多模发展到单模，工作波长也从 850nm 短波长发展到 1310nm。1981 年，贝尔实验室演示了一个单模光纤通信系统，其传输距离为 44km，传输速率为 2Gb/s，并且很快引入商业系统。1987 年，第二代单模光纤通信系统 1310nm 引入商业系统，传输速率为 1.7Gb/s，中继距离为 50km 左右。

③ 第三代光纤通信系统（20 世纪 90 年代初期）。在这一阶段中，光源为磷化砷铟镓（InGaAsP）半导体激光器，波长为 1550nm，单模光纤工作波长为 1550nm（称为长波系统）。

在此阶段实现了1550nm色散移位单模光纤通信系统。利用外调制技术（电光器件），光纤的传输速率可高达10Gb/s，在无中继器的情况下传输距离为100～200km。

④ 第四代光纤通信系统（20世纪90年代中期开始），即同步数字体系光纤传输网络发展时期。光纤通信系统引进光放大器，从而减少中继器的需求；利用波分复用技术增加了光纤传输速率（可达10Tb/s），传输距离可高达160km。

⑤ 第五代光纤通信系统。进入21世纪，光纤通信系统发展的重心在于扩展波分复用技术的波长范围和发展超高速光纤通信。传统的波长范围，也就是一般俗称的“C band”约为1530～1570nm，新一代的无水光纤低损耗的波段则延伸到1300～1650nm。另外，从2010年开始，100Gb/s超高速光纤通信技术逐步开始商用。

在光纤通信的发展过程中，有一些具有里程碑意义的大事件。

1976年，美国在亚特兰大（Atlanta）进行了世界上第一个实用光纤通信系统的现场试验，传输速率为45Mb/s。

1979年，我国在北京和上海分别建成了市话光缆通信试验系统，这比世界上第一次现场试验只晚两年多。

1981年，贝尔实验室演示了一个单模光纤通信系统，其传输距离为44km，传输速率为2Gb/s，并且很快引入商业系统。

1981年12月28日，中国第一条实用化的光纤通信线路在武汉开通，通信效果良好。

1988年，由美、日、英、法发起的第一条横跨大西洋TAT-8海底光缆通信系统建成。

1999年1月，我国第一条最高传输速率的国家一级干线（济南—青岛）8×2.5Gb/s密集光波分复用（DWDM）系统建成，使一对光纤的通信容量又扩大了8倍。

2000年，随着亚欧海底光缆上海登陆站的开通，我国实现了与亚欧33个国家和地区的连接，也标志着我国海底通信达到了新的高度。

2010年6月17日，IEEE正式发布40G/100Gb/s以太网标准IEEE 802.3ba，为100Gb/s光网络技术的商用化发展奠定了坚实的基础。

2011年，国内电信企业完成了我国第一个集团级运营商的100Gb/s传输系统测试，标志着单波100Gb/s迎来了商用的初期阶段。

2013年3月，IEEE 802.3 400Gb/s标准成功立项。ITU-T、IEEE和OIF等国际标准化组织都在参与400Gb/s标准制定工作。

2017年12月，IEEE 802.3bs标准正式发布，重点规范了基于PAM4调制编码方式的8通路波分复用2/10km单模光纤应用（400G Base-FR8/LR8）等。

2018年4月，国内运营商在济南建成我国首个400Gb/s波分环。

2020年，我国开始建设5G网络，光纤通信又将迎来新的发展时期。

2. 光纤通信的发展趋势

随着云计算、大数据、物联网、电子商务、移动互联等的发展，光纤通信必将得到更大的发展，主要表现在以下几个方面。

① 光子集成技术。光子集成技术利用CMOS微电子工艺实现光子器件的集成制备，基于硅光平台的光调制器、光检测器、光开关、异质激光器和硅光子交换机被相继研发出来。

② 多维复用。光通信技术中的多维复用包括时分、波分、频分、码分、模分等更多维度的组合，将多路低传输速率信号合成到单一物理链路，形成高传输速率信号，以提高信道的传输容量。

③ 相干技术。引入先进的调制编码和光电集成技术，进一步降低单位比特成本，16QAM

及最高的1024QAM也已在实验室里实现。

④ 下一代光网络。光层的灵活调度和高效处理成为光网络节点的一个重要需求，下一代光网络拥有超大交换容量、波长及业务灵活调度、低功耗、低时延等关键特性。

⑤ 高速光接入。下一代PON即NG PON3，预计会在NG PON2基础上，提升单通道的传输速率，再次提升PON的接入容量。

⑥ 全光网（AON）。全光网的相关技术主要包括全光交换、光交叉连接、全光中继和光复用/解复用等。

⑦ 光互联技术。未来几年，光互联技术将在芯片内部、芯片间、板间、机柜间、机房间普及应用。

⑧ 光通信软件定义网络SDN2.0。2014年，传送SDN开始从理论研究走向原型系统开发和验证测试。

1.5 习　题

1．光纤通信系统由哪几部分组成？画出框图，并说明各部分的作用。

2．为什么光纤通信的传输速率很高？

3．上网搜索资料，了解国内外光纤通信的发展现状。

4．光纤通信有哪些优点？

5．光纤通信有哪些应用？

高锟（Charles Kuen Kao，1933—2018），生于江苏省金山县（今上海市金山区），华裔物理学家。2009 年 10 月 7 日，高锟获得了诺贝尔奖，他的获奖理由是：For groundbreaking achievements concerning the transmission of light in fibers for optical communication。

高锟说："我是一个平凡的人，我在做光纤实验时，觉得这是一个科学家应该做的事，并不是什么了不起的事。"

第 2 章　光纤传输理论与特性

光纤是如何引导光信号传播的呢？

从几何光学的角度看，光纤传输光的基本原理是光的全反射，但是还有一些问题需要思考。比如，纤芯的折射率与包层的折射率取多大值才合适？光纤是怎么做出来的？怎样才能制作出最适合的光纤？光纤内部的电磁场的分布是怎样的？如果要严格分析光纤内部的电磁场，就需要通过电磁波理论来分析。通过本章的学习，将掌握光纤的结构、传输模式和色散等特性。

2.1 光　纤

2.1.1 光纤的结构

光纤是纤芯（fiber core）和包层（cladding）组成的同心圆柱形细纤维丝，基本结构如图 2-1 所示。纤芯和包层由透明的石英玻璃（SiO_2）介质组成，纤芯的折射率 n_1 比包层的折射率 n_2 大，能引导光的传播。包层外面是涂覆层，用来增加韧性，保护光纤不易折断，这种结构的光纤称为裸光纤。

大多数情况下，只能在实验室里看到裸光纤，在实际使用中，在裸光纤外面添加保护层，制作成光缆才能使用。单模光纤的纤芯直径为 8～10μm、包层直径为 125μm、涂覆层直径为 250μm。多模光纤的纤芯直径为 50/62.5μm、包层直径为 125μm、涂覆层直径为 250μm。

光纤纤芯的折射率较大，包层的折射率较小，纤芯的折射率与包层的折射率成阶跃型分布，即阶跃光纤（SIF，Step Index Fiber）。阶跃光纤的折射率分布如图 2-2（a）所示，光纤横截面如图 2-2（b）所示，过纤芯的剖面图如图 2-2（c）所示。为了更清晰地了解光纤结构，图 2-2 中放大了光纤的纤芯部分。

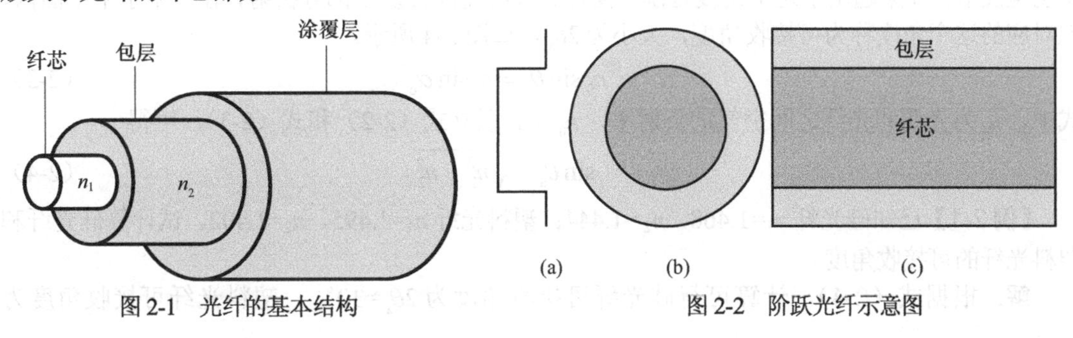

图 2-1　光纤的基本结构　　图 2-2　阶跃光纤示意图

2.1.2 数值孔径

1. 可接收角度

为了更好地理解阶跃光纤导光的原理，下面先介绍几何光学的全反射光学原理。如图 2-3 所示，光纤纤芯的折射率较大，包层的折射率较小，光在纤芯和包层界面发生全反射。不断反射下去，光就能够在光纤里面传输，实现在弯曲路径中的传输。

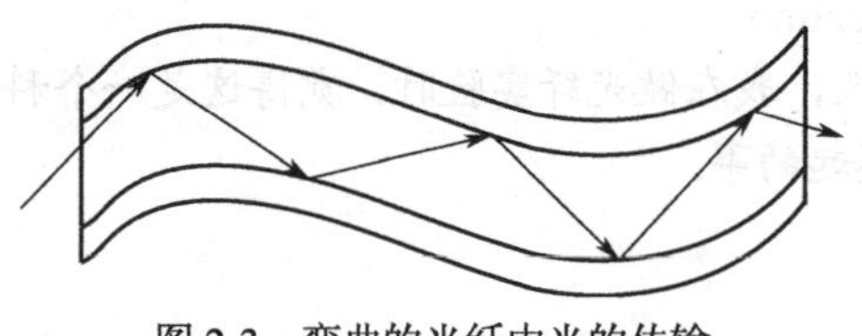

图 2-3 弯曲的光纤中光的传输

光纤中有子午光线和斜光线两类射线可以传播。子午光线是经过光纤轴心线的子午平面内的光线射线；而斜光线是入射光线与光纤轴心线不相交的光线射线，沿一条类似于螺旋形的路径传播。对光纤中射线传播的一般特性进行分析时，仅分析子午光线就足够了。

光在光纤里面传播，不同路径的光波，将以不同的相位到达纤芯和包层界面，光波在纤芯和包层界面发生全反射，光波在反射时，也会发生相位移动，只有那些在同一等相位面上各点同相的波，才能不断反射并传播下去。

下面以阶跃光纤中传播的子午光线为例，先认识临界入射角和临界传播角。临界入射角 θ_c 是指在纤芯和包层满足全反射条件时，入射光线和纤芯与包层界面垂直的直线间的夹角，如图 2-4 所示。

$$\theta_c = \arcsin(n_2 / n_1) \tag{2-1}$$

临界传播角 α_c 是指入射光线在纤芯和包层满足全反射条件时，子午光线和光纤中心线的角度，根据式（2-1），可推导出 α_c。

$$\alpha_c = \arcsin\sqrt{1-(n_2 / n_1)^2} \tag{2-2}$$

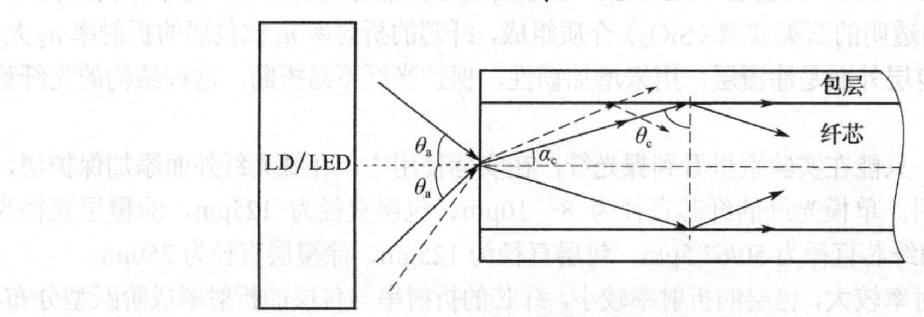

图 2-4 光纤可接收角度与数值孔径

可接收角度是指光线限制的一个锥形区域中，光可以耦合到光纤里面，在纤芯和包层界面发生全反射；如果超出了这个角度范围，耦合进去的光线会发生部分折射，在一个子午平面内，把对应的这个角度称为可接收角度，大小为 $2\theta_a$，如图 2-4 所示。

$$n_0 \sin\theta_a = n_1 \sin\alpha_c \tag{2-3}$$

式中，n_0 为光源和光纤之间空气的折射率，$n_0=1$。联立式（2-2）和式（2-3），可得

$$\sin\theta_a = \sqrt{n_1^2 - n_2^2} \tag{2-4}$$

【例 2-1】 已知硅光纤 $n_1=1.468$，$n_2=1.444$；塑料光纤 $n_1=1.495$，$n_2=1.402$，试计算硅光纤和塑料光纤的可接收角度。

解： 根据式（2-4），计算可得硅光纤可接收角度为 $2\theta_a=30°$，塑料光纤可接收角度为

$2\theta_a$=56°。

这个题目的计算过程比较简单，但得出一个有意义的结论，那就是塑料光纤更容易接收到光。但由于塑料光纤的损耗比较大，实际应用得相对较少。

2. 数值孔径

光纤的实际使用中，我们要把光源发出的光尽可能多地耦合到光纤里面，这个特性用数值孔径（NA，Numerical Aperture）来描述。数值孔径计算公式为

$$\mathrm{NA} = n_0 \sin\theta_a \tag{2-5}$$

$$\mathrm{NA} = \sqrt{n_1^2 - n_2^2} \tag{2-6}$$

光纤的数值孔径大小与纤芯折射率、纤芯-包层相对折射率差有关。从物理上看，光纤的数值孔径表示光纤接收入射光的能力。NA 越大，则光纤接收光的能力也越强。从增加进入光纤的光功率的观点来看，NA 越大越好，因为光纤的数值孔径大一些对于光纤的对接是有利的。但是 NA 太大时，光纤的模式增加，会影响光纤的带宽。

纤芯和包层的折射率的差值称为绝对折射率差，即

$$\Delta n = n_1 - n_2 \tag{2-7}$$

相对折射率差可表示为

$$\varDelta = (n_1 - n_2)/n_1 \tag{2-8}$$

因为 n_1 和 n_2 相差不大，所以有时也可以看到相对折射率差表示为 $\varDelta = (n_1 - n_2)/n_2$。

数值孔径进一步表示为

$$\mathrm{NA} = \sqrt{n_1^2 - n_2^2} \approx n_1\sqrt{2\varDelta} \tag{2-9}$$

该式进一步表明，相对折射率差是光纤的一个重要参数。只要光纤的相对折射率差不同，就可以得到不同数值孔径的光纤。

【例 2-2】 已知硅光纤 n_1=1.468，n_2=1.444；塑料光纤 n_1=1.492，n_2=1.417，试计算硅光纤和塑料光纤的数值孔径。

解：根据式（2-6），计算可得

硅光纤　　$\mathrm{NA} = \sqrt{1.468^2 - 1.444^2} = 0.26$

塑料光纤　　$\mathrm{NA} = \sqrt{1.492^2 - 1.417^2} = 0.47$

可见，不同的光纤，其 NA 不同。NA 是一个无量纲的数，通常 NA 在 0.14～0.5 范围内。光纤的 NA 越大，外部光源发送的光线就越容易被耦合到该光纤里面。NA 是可以测量的，可用专门的仪器测量，相比之下，光纤的折射率就不容易精确测量。所以，在光纤产品的技术资料中，能找到 NA 的数值，但并没有纤芯和包层折射率的值。

2.2　光纤传输的波动理论

前面对光纤的学习，主要是通过几何光学分析的方法进行的。光信号耦合进入光纤后，到底是怎样传播的呢？通过麦克斯韦方程，可以推导出光纤传输的波动方程，用波动理论分析光的传播。通常有两种方法求解光的波动方程：矢量解法和标量解法。矢量解法是一种严格的传统解法，求满足边界条件的波动方程的解，这种方法比较烦琐，所得结果也比较复杂。目前实用的光纤几乎都可以看成是弱导波光纤，对于这种弱导波光纤，可以寻求一些近似解法，使问题得到简化。

2.2.1 麦克斯韦方程组和波动方程

麦克斯韦是剑桥大学的实验物理教授，于 1873 年出版了著作《电磁理论》。麦克斯韦理论对电磁学上的实验事实给出了理论解释，使我们对电磁学的基础有了认识。著名的麦克斯韦方程组，对我们尤其重要——它为现代通信技术铺平了道路。

电磁波是由同相振荡且互相垂直的电场与磁场在空间中以波的形式传播的，如图 2-5 所示，其传播方向垂直于电场，电磁波在真空中的传输速率固定，速度为光速。这种具有横向场的极化方向（电场的空间指向）在传输过程中保持不变的横电磁波，可以看成为线极化波（或称线偏振波）。

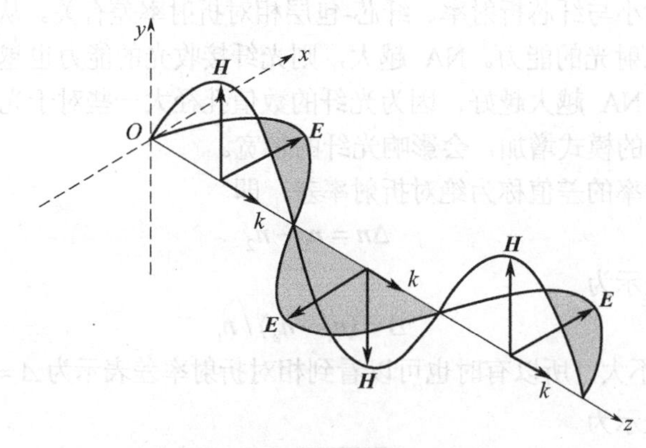

图 2-5　电磁波

沿着 z 方向传播，x 平面内的电磁波的电场强度可表示为

$$E(z,t) = E_0 \cos(\omega t - kz) \tag{2-10}$$

电磁波的电场强度也可用指数形式表示为

$$E(z,t) = E_0 \mathrm{e}^{\mathrm{j}(\omega t - kz)} = E_0 \mathrm{e}^{-\mathrm{j}kz} \mathrm{e}^{\mathrm{j}\omega t} \tag{2-11}$$

式中，j 为虚数单位；ω 为角频率；k 为波数，表示波矢量的大小。这样的表示形式，有利于简化数学计算，对于实际的场，上式只考虑表达式的实数部分。另外，上式将电场和磁场的空间与时间的依赖关系相互分开，前者表示电场振幅和相位随空间的变化，后者时间相位因子表示场振动随时间的变化。

微分形式的麦克斯韦方程组描述了空间和时间的任意点上的电磁场矢量，对于无源的、均匀的、各向同性的介质，这组微分方程如下

$$\nabla \times \boldsymbol{E} = -\frac{\partial \boldsymbol{B}}{\partial t} \tag{2-12a}$$

$$\nabla \times \boldsymbol{H} = \frac{\partial \boldsymbol{D}}{\partial t} \tag{2-12b}$$

$$\nabla \cdot \boldsymbol{D} = 0 \tag{2-12c}$$

$$\nabla \cdot \boldsymbol{B} = 0 \tag{2-12d}$$

上述表达式中，$\boldsymbol{E}$ 为电场强度矢量；$\boldsymbol{H}$ 为磁场强度矢量；$\boldsymbol{D}$ 为电位移矢量；$\boldsymbol{B}$ 为磁感应强度矢量；∇ 表示哈密顿算符；$\nabla\times$ 表示取旋度；$\nabla\cdot$ 表示取散度。

对于无源的、各向同性的介质，式中

$$\boldsymbol{D} = \varepsilon \boldsymbol{E} \tag{2-13}$$

$$\boldsymbol{B} = \mu \boldsymbol{H} \tag{2-14}$$

式中，ε 表示介质的介电常数；μ 表示介质的磁导率。另外，介质的相对介电常数 $\varepsilon_{\mathrm{r}}=\dfrac{\varepsilon}{\varepsilon_0}$，介质的相对磁导率 $\mu_{\mathrm{r}}=\dfrac{\mu}{\mu_0}$，式中，$\varepsilon_0$ 表示真空介电常数；μ_0 表示真空磁导率。

除磁性物质外，大多数物质的磁导率等于真空磁导率，μ=μ_0，即 $\mu_{\mathrm{r}}\approx 1$。

在研究介质的光学特性时，通常不使用 ε_{r}，而是使用介质的折射率 n，二者的关系为

$$n=\sqrt{\varepsilon_{\mathrm{r}}} \tag{2-15}$$

麦克斯韦方程组虽然是一阶微分方程组，但它们是耦合方程，即一个方程中含有两个未知数，求解边界条件问题时不太方便。因此在实际应用时，通过数学推导，需要进一步转化为各自独立的方程。

对式（2-12a）两边取旋度，并利用式（2-14）可得

$$\nabla\times\nabla\times\boldsymbol{E}=-\mu\frac{\partial}{\partial t}(\nabla\times\boldsymbol{H}) \tag{2-16}$$

将式（2-12b）代入上式，并利用式（2-13），可得

$$\nabla\times\nabla\times\boldsymbol{E}=-\mu\varepsilon\frac{\partial^2\boldsymbol{E}}{\partial t^2} \tag{2-17}$$

根据数学矢量恒等式

$$\nabla\times\nabla\times\boldsymbol{E}=\nabla(\nabla\cdot\boldsymbol{E})-\nabla^2\boldsymbol{E} \tag{2-18}$$

将式（2-18）代入式（2-17），利用式（2-12c），并考虑到均匀介质中 $\nabla\varepsilon$=0，化简后可得到电场矢量的波动方程

$$\nabla^2\boldsymbol{E}-\mu\varepsilon\frac{\partial^2\boldsymbol{E}}{\partial t^2}=0 \tag{2-19a}$$

同理可推导出磁场强度矢量的波动方程

$$\nabla^2\boldsymbol{H}-\mu\varepsilon\frac{\partial^2\boldsymbol{H}}{\partial t^2}=0 \tag{2-19b}$$

设 v=$1/\sqrt{\varepsilon\mu}$，上面两式表明电场和磁场的传播是以波动形式进行的，在介质中电磁场的传播是以速度 v 来传播的。在真空中，电磁场的传播速度 c=$1/\sqrt{\varepsilon_0\mu_0}$。

2.2.2 阶跃光纤的矢量模式

光波是一种特定波长范围内的电磁波，当光在光纤中传播时，实质上就是电磁波在介质波导中的传播，其满足麦克斯韦方程组。所以，在光波理论中，用波动理论分析光纤波导中的波，实质就是求解满足边界条件的麦克斯韦方程组的解。矢量分析法就是把电磁场作为矢量场来求解，这种方法可以精确地分析光纤中的各种传播模式、模式截止条件等。

1．波动方程

对于正弦交变电磁场，麦克斯韦方程组可表示为

$$\nabla\times\boldsymbol{E}=-\mathrm{j}\omega\mu\boldsymbol{H} \tag{2-20a}$$

$$\nabla\times\boldsymbol{H}=\mathrm{j}\omega\varepsilon\boldsymbol{E} \tag{2-20b}$$

$$\nabla\cdot\boldsymbol{E}=0 \tag{2-20c}$$

$$\nabla\cdot\boldsymbol{H}=0 \tag{2-20d}$$

上面的式子中，ω 为光波角频率。

采用前面类似的推导方法，可以得到正弦交变电磁场的亥姆霍兹方程为

$$\nabla^2 \boldsymbol{E} + k^2 \boldsymbol{E} = 0 \tag{2-21a}$$

$$\nabla^2 \boldsymbol{H} + k^2 \boldsymbol{H} = 0 \tag{2-21b}$$

式中，$\boldsymbol{E}$ 和 $\boldsymbol{H}$ 分别为电场强度矢量和磁场强度矢量；k 为波数，即

$$k = \omega\sqrt{\varepsilon\mu} = \frac{\omega}{v} = \frac{n\omega}{c} = \frac{2\pi}{\lambda} \tag{2-22}$$

式中，v 为介质中光波的速度，$v=c/n$；n 为折射率；λ为介质中光波的波长，$\lambda=\lambda_0/n$，λ_0 为真空中光波的波长。

另外，$k = nk_0$，k_0 为真空中的波数，$k_0 = 2\pi/\lambda_0$。

根据麦克斯韦方程组，只要知道了 z 方向的电磁场分量，就能够计算其他方向的分量。考虑到几乎所有光纤都制成轴对称的形式，因此讨论圆柱边界问题时，一般采用圆柱坐标系，便于在求解时应用边界条件。为了分析方便，讨论时，用直角坐标系（x, y, z）表示电磁场有几个场分量；而用圆柱坐标系表示各分量的空间变化情况，选用圆柱坐标（r,ϕ, z），使 z 轴与光纤中心轴线一致，如图 2-6 所示。圆柱坐标下分析得到的模式场，可与边界形状（圆）一致，称为矢量模。

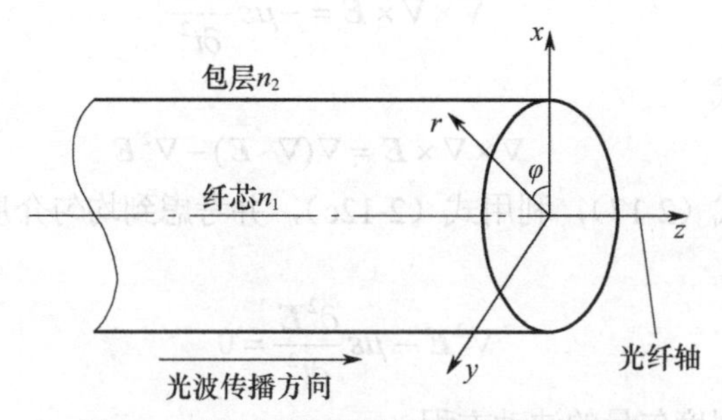

图 2-6　分析光纤电磁场传播的圆柱坐标系

光纤波导中的能量沿着 z 方向传播，其中场随时间的变化为 $\exp(\mathrm{j}\omega t)$，设传播常数 β，则电磁场表示为

$$\boldsymbol{E} = \boldsymbol{E}_0(r,\varphi)\mathrm{e}^{\mathrm{j}(\omega t-\beta z)} \tag{2-23a}$$

$$\boldsymbol{H} = \boldsymbol{H}_0(r,\varphi)\mathrm{e}^{\mathrm{j}(\omega t-\beta z)} \tag{2-23b}$$

传播常数 β 是波矢量在 z 方向的分量，表示光有波动性，是待定的量。

对于阶跃光纤，在纤芯中，$n = n_1$，$k_1 = n_1 k_0$；在包层中，$n = n_2$，$k_2 = n_2 k_0$，这里统一用 n 表示。经推导可得，在圆柱坐标中电场的 z 分量 E_z、磁场的 z 分量 H_z 的亥姆霍兹方程，即

$$\frac{\partial^2 E_z}{\partial r^2} + \frac{1}{r}\frac{\partial E_z}{\partial r} + \frac{1}{r^2}\frac{\partial^2 E_z}{\partial \varphi^2} + (n^2 k_0^2 - \beta^2)E_z = 0 \tag{2-24a}$$

$$\frac{\partial^2 H_z}{\partial r^2} + \frac{1}{r}\frac{\partial H_z}{\partial r} + \frac{1}{r^2}\frac{\partial^2 H_z}{\partial \varphi^2} + (n^2 k_0^2 - \beta^2)H_z = 0 \tag{2-24b}$$

式（2-24a）和式（2-24b）具有相同的数学形式，因此下面只求解式（2-24a）中的电场 E_z，磁场 H_z 可用相同的方法求解。

2．阶跃光纤中的波动方程

根据式（2-24）分析阶跃光纤中电磁场的传播情况，只要求出 E_z 和 H_z，通过麦克斯韦方程组，可求出横向电磁场分量 E_r 和 E_φ、H_r 和 H_φ，就可得到任意位置的电场和磁场。

运用分离变量法求解式（2-24a），光纤中电场 E_z 分为两部分：模式场和波动项，这里只分析模式场。假设光纤中位置 z 的电场 E_z 有如下形式的解

$$E_z(r,\varphi)=A_0E(r)E(\varphi) \tag{2-25}$$

式中，A_0 为表示幅度的任意常数；$E(r)$ 为 r 的函数，表示 E 沿半径方向变化的规律，是未知的函数；$E(\varphi)$ 表示 E 沿圆周方向变化的规律，由于光纤的圆对称性，所有的场分量必然是方位角 φ 的函数，φ 为以 2π 为周期的周期性函数，所以

$$E(\varphi)=\mathrm{e}^{\mathrm{j}m\varphi} \tag{2-26}$$

式中，m 为整数。

电磁场表示为

$$E_z(r,\varphi)=A_0E(r)\mathrm{e}^{\mathrm{j}m\varphi} \tag{2-27}$$

模式场满足波动方程，将式（2-27）代入式（2-24a），则 E_z 满足的波动方程为

$$\frac{\mathrm{d}^2E_z}{\mathrm{d}r^2}+\frac{1}{r}\frac{\mathrm{d}E_z}{\mathrm{d}r}+\left(n^2k_0^2-\beta^2-\frac{m^2}{r^2}\right)E_z=0 \tag{2-28}$$

这就是众所周知的贝塞尔（Bessel）微分方程。分析光纤中电磁场的分布，最终归结为求解贝塞尔微分方程的解。

为求解（2-28），引入无量纲参数 u、w 和 V，a 为光纤纤芯半径。则

$$u^2=a^2(n_1^2k_0^2-\beta^2) \quad (0\leqslant r\leqslant a) \tag{2-29a}$$

$$w^2=a^2(\beta^2-n_2^2k_0^2) \quad (r>a) \tag{2-29b}$$

$$V^2=u^2+w^2=a^2k_0^2(n_1^2-n_2^2) \tag{2-29c}$$

式中，u 称为横向传播常数；w 称为横向衰减常数；V 称为光纤归一化频率，是光纤的重要参数。u 和 w 决定纤芯和包层横向、r 方向电磁场的分布。β 决定 z 方向电磁场分布和传输性质，是纵向传播常数。

利用这 3 个无量纲参数，可得到 2 个贝塞尔方程

$$\frac{\mathrm{d}^2E_z}{\mathrm{d}r^2}+\frac{1}{r}\frac{\mathrm{d}E_z}{\mathrm{d}r}+\left(\frac{u^2}{a^2}-\frac{m^2}{r^2}\right)E_z=0 \quad (0\leqslant r\leqslant a) \tag{2-30a}$$

$$\frac{\mathrm{d}^2E_z}{\mathrm{d}r^2}+\frac{1}{r}\frac{\mathrm{d}E_z}{\mathrm{d}r}-\left(\frac{w^2}{a^2}+\frac{m^2}{r^2}\right)E_z=0 \quad (r>a) \tag{2-30b}$$

光能量主要在纤芯中传输，在 r=0 时，电磁场为有限实数，在包层中，光能量沿径向 r 迅速衰减，当 r 趋于无穷时，电磁场消失为零。根据这些特点，式(2-30a)的解是贝塞尔函数 $\mathrm{J}_m(u)$，如图 2-7 所示，类似于振幅逐渐衰减的正弦曲线。式（2-30b）的解是修正贝塞尔函数 $\mathrm{K}_m(w)$，如图 2-8 所示，类似于指数衰减曲线。即纤芯中的场强分布为贝塞尔函数，包层中的场强分布为修正贝塞尔函数。

因此，在纤芯和包层的电场 E_z 和磁场 H_z 表达式分别为

$$E_{z1}=A\frac{\mathrm{J}_m(ur/a)}{\mathrm{J}_m(u)} \quad (0<r\leqslant a) \tag{2-31a}$$

$$H_{z1}=B\frac{\mathrm{J}_m(ur/a)}{\mathrm{J}_m(u)} \quad (0<r\leqslant a) \tag{2-31b}$$

$$E_{z2}=C\frac{\mathrm{K}_m(wr/a)}{\mathrm{K}_m(w)} \quad (r>a) \tag{2-31c}$$

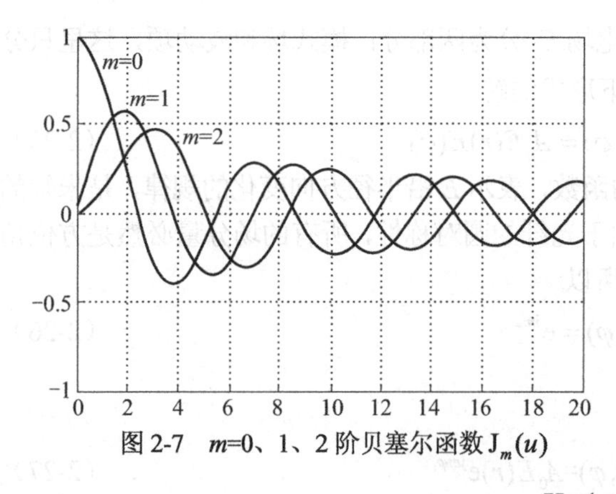

图 2-7　m=0、1、2 阶贝塞尔函数 $\mathrm{J}_m(u)$

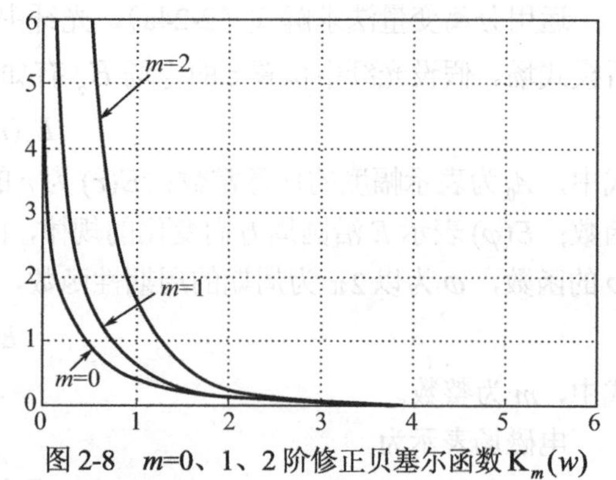

图 2-8　m=0、1、2 阶修正贝塞尔函数 $\mathrm{K}_m(w)$

$$H_{z2} = D\frac{\mathrm{K}_m(wr/a)}{\mathrm{K}_m(w)} \quad (r>a) \tag{2-31d}$$

式中，下标 1 和 2 分别表示纤芯和包层的电磁场分量；A、B、C、D 为待定常数，由电磁场边界条件确定。

有兴趣的读者也可以用 MATLAB 软件，在计算机上画出 m 阶贝塞尔函数 $\mathrm{J}_m(u)$、m 阶修正贝塞尔函数 $\mathrm{K}_m(w)$ 的图形。

进一步可求出横向电磁场分量 E_r 和 E_φ、H_r 和 H_φ 的表达式。

因为电磁场强度的切向分量在纤芯与包层的交界面连续，在 $r=a$ 处有

$$E_{z1} = E_{z2} \qquad H_{z1} = H_{z2} \tag{2-32a}$$

$$E_{\varphi 1} = E_{\varphi 2} \qquad H_{\varphi 1} = H_{\varphi 2} \tag{2-32b}$$

式中，下标 1 和 2 分别表示纤芯和包层的电磁场分量。

利用此边界条件，导出β满足的特征方程为

$$\left[\frac{\mathrm{J}'_m(u)}{u\mathrm{J}_m(u)} + \frac{\mathrm{K}'_m(w)}{w\mathrm{K}_m(w)}\right]\left[\frac{n_1^2}{u}\frac{\mathrm{J}'_m(u)}{\mathrm{J}_m(w)} + \frac{n_2^2}{w}\frac{\mathrm{K}'_m(w)}{\mathrm{K}(w)}\right] = \frac{\beta^2 m^2}{k_0^2}\left(\frac{1}{u^2}+\frac{1}{w^2}\right)^2 \tag{2-33}$$

这是一个超越方程，又称特征方程。

此方程看上去有点复杂，包括很多参数 m、a、λ、n_1、n_2 和β，但仔细观察，就会发现其中 u 与 w 通过其定义式与β相联系；m 是确定贝塞尔函数的参变量，m 取不同的值，表示光纤不同的模式。对于确定的光源和光纤，n_1、n_2、a 和λ给定时，该方程是关于β的一个超越方程。对于确定的参数，可求出 u、w 和 V 的值，进一步可求出β的值。

由于贝塞尔函数及其导数具有周期振荡性质，方程的解通过取 m=0，m=1，m=2，…阶贝塞尔函数 $\mathrm{J}_m(u)$、修正贝塞尔函数 $\mathrm{K}_m(w)$ 来计算。

3．模式分类

光纤结构参数给定的情况下，光纤中电磁场模式的分布是固定的。根据式（2-33），利用数值计算得到几个低阶模的归一化传播常数（用β/k_0 表示）与光纤归一化频率 V 的关系曲线，也称为色散曲线，如图 2-9 所示，因此特征方程又叫色散方程。

图 2-9 中，每一条曲线都对应一个导模。每一条曲线表示一个传输模式的 β 随 V 的变化，平行于纵轴的竖线与色散曲线的交点数就是光纤中允许存在的导模数，由交点纵坐标可求出相应导模的传播常数 β。

为了讨论光纤的色散特性，定义归一化传播常数

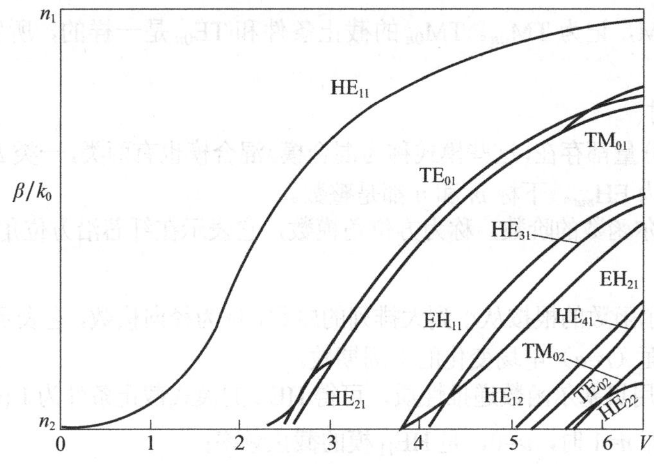

图 2-9　几个低阶模的归一化传播常数与光纤归一化频率 V 的关系

$$b=\frac{w^2}{V^2}=\frac{(\beta/k_0)^2-n_2^2}{n_1^2-n_2^2} \tag{2-34}$$

其取值范围为 $0\leqslant b\leqslant 1$；横坐标 V 称为归一化频率

$$V=\frac{2\pi a}{\lambda}\sqrt{n_1^2-n_2^2} \tag{2-35}$$

对于每个确定的 m，可以从式（2-33）求出一系列 u 值，每个 u 值对应一定的模式，决定其 β 值和电磁场分布。波动方程有许多特征解，这些特征解可进行排序，每个特征解称为一个模式，即一种电磁场的分布形式称为一个模式。

一个电磁场模式能在纤芯中稳定传输，在包层中衰减很大，则这个电磁场模式称为光纤导模，也称光纤传输模式。由修正贝塞尔函数的性质可知，当 $\frac{wr}{a}$ 趋于无穷大时，$\mathrm{K}_m\left(\frac{wr}{a}\right)$ 的值趋于 $\exp\left(-\frac{wr}{a}\right)$ 的值。根据电场在包层中的解式（2-31c），传输模式在包层电磁场中消逝为零，即 $\exp\left(-\frac{wr}{a}\right)$ 趋于 0，其必要条件是 $w>0$。

如果 $w<0$，则电磁场将在包层振荡，传输模式将转换为辐射模式，使能量从包层辐射出去。

如果 $w=0$，当电磁场介于传输模式和辐射模式的临界状态时，这个状态称为模式截止。其 u、w 和 β 值分别记为 u_c、w_c 和 β_c，此时 $V=V_c=u_c$。

下面分几种情况来讨论模式的截止。

（1）当 $m=0$ 时

电磁场可分为两类：横电模 TE 和横磁模 TM。

① 横电模 TE，该模式只有 H_z、H_r 和 E_φ 分量，$E_z=E_r=0$，$H_\varphi=0$，在传输方向无电场的模式称为横电模 TE，记为 TE_{0n}。模式截止时，$w=0$，应用贝塞尔函数递推性质，可得该模式的截止条件为 $\mathrm{J}_0(u)=0$。

方程第一个根即 $n=1$ 时，$u=2.4048$，此时，TE_{01} 模截止；

方程第二个根即 $n=2$ 时，$u=5.5201$，此时，TE_{02} 模截止。模式截止时，$V=u$，V 称为归一化截止频率。

② 横磁模 TM，该模式只有 E_z、E_r 和 H_φ 分量，$H_z=H_r=0$，$E_\varphi=0$，这类在传输方向无磁场的

模式称为横磁模 TM，记为 TM_{0n}。TM_{0n} 的截止条件和 TE_{0n} 是一样的，所以截止时两种模式简并。

（2）当 $m>0$ 时

电磁场的 6 个分量都存在，这些模式称为混合模。混合模也有两类，一类 $E_z<H_z$，记为 HE_{mn}；另一类 $H_z<E_z$，记为 EH_{mn}。下标 m 和 n 都是整数。

下标 m 为贝塞尔函数的阶数，称为方位角模数，它表示在纤芯沿方位角 φ 绕一圈电场变化的周期数。

下标 n 为贝塞尔函数的根按从小到大排列的序数，称为径向模数，它表示从纤芯中心（r=0）到纤芯与包层交界面（r=a）电场变化的半周期数。

当 m=1 时，应用贝塞尔函数递推性质，可得 HE_{1n} 的模式截止条件为 $J_1(u)=0$。

方程第一个根即 n=1 时，u=0，是 HE_{11} 模的截止频率；

方程第二个根即 n=2 时，u=3.8317，是 HE_{12} 模的截止频率。

也就是说，HE_{11} 模的截止频率为 0，其他模式截止时，HE_{11} 模还能传输，所以称为基模。TE_{01} 和 TM_{01} 模的截止频率为 $V<2.4048$，当 $V_c<2.4048$ 时，光纤中只存在 HE_{11} 模传输，其他导模均截止，这种条件下，把光纤称为单模光纤。光纤不同模式场分布的情况，可参考本章习题与设计题中的要求进行计算和仿真。

当 $m>1$ 时，可用类似的方法分析光纤的模式情况，结果如表 2-1 和表 2-2 所示。

在图 2-7 中，可找到不同阶数的贝塞尔函数 $J_m(u)$ 的根，也就是贝塞尔曲线与 x 轴的交点，从而找到对应模式的截止频率。

这里给出 HE_{11}、TE_{01}、TM_{01}、HE_{21} 这 4 个低阶模的横向电场在光纤纤芯截面的分布图，如图 2-10（a）～（d）所示。

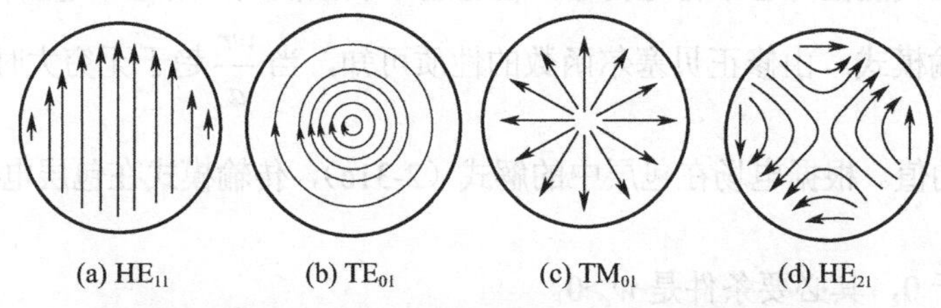

图 2-10　4 个低阶模的横向电场在光纤纤芯截面的分布图

TE 模与 TM 模是偏振方向相互正交的线偏振波；HE 模与 EH 模则是椭圆偏振波，其中 HE 模的偏振旋转方向与波行进方向一致（符合右手定则），EH 模的偏振旋转方向则与光波行进方向相反。

当光的频率增高时，V 增大，w 也增大，当 $V\to\infty$ 时，w 增加很快。w 趋于无穷大时，即 $w\to\infty$，u 只能增加到一个有限值，这个状态称为远离模式截止，对应的值称为远离截止频率。应用贝塞尔函数性质可得，HE_{mn} 模的远离截止条件为 $J_{m-1}(u)=0$，HE_{nm} 模的远离截止条件为 $J_{m+1}(u)=0$。

HE_{11} 模的远离截止条件 $J_0(u)=0$，第一个根 u=2.4048，即为 HE_{11} 模的远离截止时 u 的值，所以 HE_{11} 模的 u 的范围为 0～2.4048。类似地，可计算出其他模式的远离截止值。

2.2.3　阶跃光纤的线性偏振模式

波动方程和特征方程的精确求解都非常繁杂，一般要进行简化，用标量法分析。大多数通信光纤的纤芯与包层的相对折射率差 Δ 都很小（如 $\Delta<0.01$），因此有 $n_1\approx n_2\approx n$ 和 $\beta=nk$ 的近似

条件，这种光纤称为弱导光纤。对于弱导光纤，β 满足的特方程可简化为

$$\frac{u\mathrm{J}_{m\pm1}(u)}{\mathrm{J}_m(u)}=\pm\frac{w\mathrm{K}_{m\pm1}(w)}{\mathrm{K}_m(w)} \tag{2-36}$$

用直角坐标系代替圆柱坐标系，使电磁场由 6 个分量简化为 4 个分量，得到 E_y、H_x、E_z、H_z 或与之正交的 E_x、H_y、E_z、H_z，这些模式称为线偏振（Linearly Polarized）模，并记为 LP_{mn}。

在光纤这样的弱导结构中，HE-EH 模成对出现，且它们的传播常数 β 基本相等，称为简并模，用线偏振模（LP 模）表示。实际测量中，光纤中确实存在 LP 模，LP_{01} 模式和 LP_{11} 模式横向偏振的电场分布图分别如图 2-11、图 2-12 所示，图中纤芯部分颜色越深，表示电场越强。

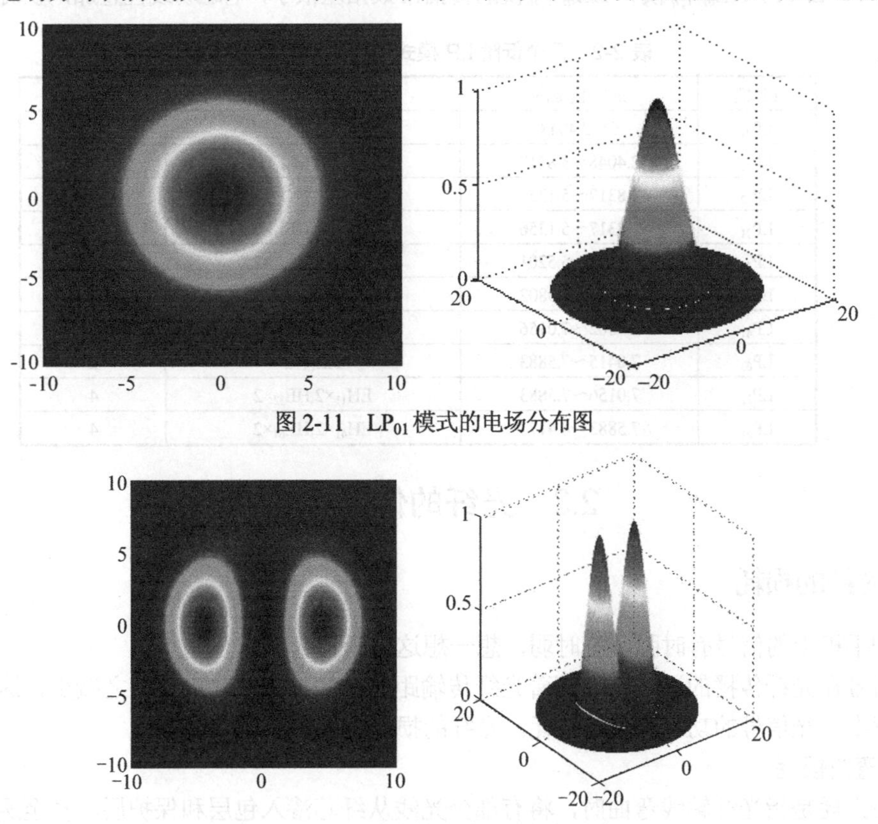

图 2-11　LP_{01} 模式的电场分布图

图 2-12　LP_{11} 模式横向偏振的电场分布图

利用商业软件，比如 COMSOL Multiphysics 等数值仿真软件，可以很容易得出光纤传播模式的电磁场分布图。感兴趣的读者可试着计算并得出光纤其他模式的电磁场分布图。

HE_{mn}、EH_{mn}、LP_{mn} 模式的截止和远离截止方程如表 2-1 所示。

表 2-1　模式截止方程

模式	模式截止	远离模式截止
HE_{mn}	$\mathrm{J}_{m-2}(u)=0$（$m>1$）	$\mathrm{J}_{m-1}(u)=0$
EH_{mn}	$\mathrm{J}_m(u)=0$	$\mathrm{J}_{m+1}(u)=0$
LP_{mn}	$\mathrm{J}_{m-1}(u)=0$	$\mathrm{J}_m(u)=0$

几个低阶 LP 模式和相应的 u 值的范围，以及与 HE、EH、TE 及 TM 模之间的关系，如表 2-2 所示。弱导近似下，每一个线偏振模的场分布均由一组简并的矢量的模场分布叠加而成。每

一组矢量模具有完全相同的特征方程，因而从其传输特性来看，这些模式是简并的。模式的简并由波导结构的对称性决定，简并模式的传输相速度相同。

矢量模式除 TE、TM 模式外，其他模式都具有相互正交的两个偏振状态，LP_{mn}（m>1）模式可以看成由 $HE_{m+1,n}$ 模和 $EH_{m-1,n}$ 模叠加而成，包含 4 重简并；但 LP_{0n} 仅由 HE_{1n} 构成，是 2 重简并，因为 m=0 时，$EH_{-1,n}$ 没有意义；LP_{1n} 由 HE_{2n} 和 TE_{0n}、TM_{0n} 组成，是 4 重简并。

需要注意的是，$HE_{m+1,n}$ 模和 $EH_{m-1,n}$ 模的间并仅在模式截止和远离截止时才成立，当 $0<w<\infty$ 时，只要 $\varDelta\neq 0$，$HE_{m+1,n}$ 模和 $EH_{m-1,n}$ 模的传播常数不一样，二者就不能间并。但在弱导光纤中，$\varDelta\ll 1$，$HE_{m+1,n}$ 模和 $EH_{m-1,n}$ 模的传播常数相差很小，电磁场线性叠加，形成模式间并。

表 2-2 几个低阶 LP 模式的组成和模式间并

LP 模	$u(V_c)$值范围	矢量模式	间并度
LP_{01}	0～2.4048	HE_{11}×2	2
LP_{11}	2.4048～3.8317	HE_{21}×2,TM_{01},TE_{01}	4
LP_{02}	3.8317～5.1356	HE_{12}×2	2
LP_{21}	3.8317～5.1356	EH_{11}×2,HE_{31}×2	4
LP_{31}	5.1356～5.5201	EH_{21}×2,HE_{41}×2	4
LP_{12}	5.5201～6.3802	HE_{22}×2,TM_{02},TE_{02}	4
LP_{41}	6.3802～7.0156	EH_{31}×2,HE_{51}×2	4
LP_{03}	7.0415～7.5883	HE_{13}×2	2
LP_{22}	7.0156～7.5883	EH_{11}×2,HE_{32}×2	4
LP_{51}	7.5883～8.4172	EH_{41}×2,HE_{61}×2	4

2.3 光纤的传输特性

2.3.1 光纤的损耗

我们手机上的信号有时强、有时弱，想一想这是为什么呢？

光信号在光纤传播的过程中，随着光纤传输距离的增加，光功率会随之减少，这是因为在传输过程中，光信号的功率产生了损耗。光纤的损耗包括以下几个方面。

1. 弯曲损耗

弯曲损耗是指光纤轴线弯曲时，将有部分光线从纤芯渗入包层和保护层，甚至透过保护层产生逸出而造成的光散射损失。弯曲损耗包括宏弯损耗和微弯损耗。

宏弯损耗是指光纤的曲率半径比光纤直径大得多的弯曲（宏弯）引起的附加损耗，主要原因有光缆的各种弯曲及设备内尾纤的盘绕等。

微弯损耗是指光纤轴产生微米级的弯曲（微弯）引起的附加损耗，主要有光缆支承表面微小的不规则引起各部分受力不均而形成的随机性微弯。

2. 吸收损耗

光在光纤中传输时，部分光被光材料吸收而转换为热能，这种衰减现象称为吸收损耗。其中本征吸收指光纤基础材料（如 SiO_2）固有的吸收，不是杂质或缺陷引起的，因此，本征吸收基本确定了某一种材料吸收损耗的下限。吸收损耗的大小与波长有关，对于 SiO_2 石英系光纤，本征吸收有两个吸收带，一个是紫外吸收带，一个是红外吸收带。杂质吸收指在光纤材料中的杂质如氢氧根离子、过渡金属离子（铜、铁、铬等）对光的吸收，它们是产生光纤损耗的主要因素。

3．散射损耗

光纤中传导的光在不均匀点变更其传播方向，这种现象称为光的散射，由此产生的损耗称为散射损耗。其中，瑞利[1]散射是由于制造过程中沉积到熔石英中的随机密度变化引起的，导致折射率本身的起伏，使光向各个方向散射，其大小与λ^4成反比。瑞利散射损耗是光纤本身固有的，因而它确定了光纤损耗的最终极限。在 1550m 波段，瑞利散射引起的损耗仍达 0.12～0.16dB/km，是该段损耗的主要原因。另外，光纤制造过程中会产生某些缺陷，比如纤芯尺寸变化、纤芯和包层界面的小气泡会引起附加损耗，称为波导散射损耗。

利用光纤的后向散射特性，可以用来测量光纤长度和损耗，测试设备光时域反射计（OTDR）就是根据光的后向散射与菲涅耳反射原理制作的。

光纤损耗的光谱特性如图 2-13 所示，光纤有几个衰减比较小的透光窗口（Windows）。在 850nm 波长附近，损耗约为 2dB/km；在 1310nm 波长附近，损耗为 0.5dB/km；在 1550nm 波长附近，损耗可降至 0.2dB/km，我们把这几个波长称为光纤的透光窗口。在实际应用中，选择不同的光源，其波长不同，光纤的衰减系数不一样，传输的距离也不一样。

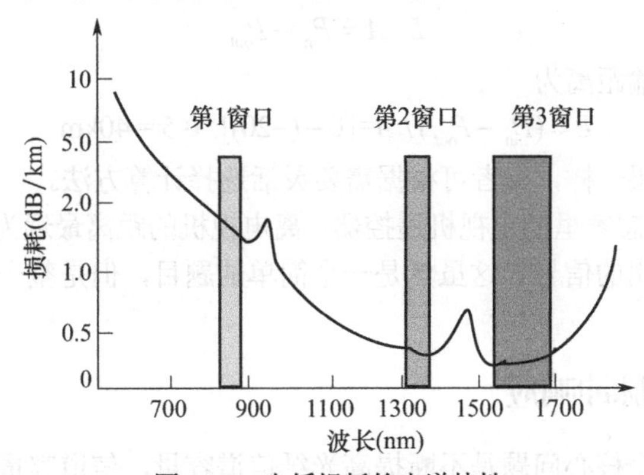

图 2-13　光纤损耗的光谱特性

光纤的衰减定义为输出光功率与输入光功率的比值，常使用 dB 作为单位，表示为

$$A(\mathrm{dB}) = -10\lg(P_{\mathrm{out}} / P_{\mathrm{in}}) \tag{2-37}$$

式中，负号表示光纤的衰减是一个正值。光信号的衰减随着光纤的长度而增加，因此我们更关注每千米光纤的衰减，即衰减常数

$$A(\mathrm{dB/km}) = (-10 / L) \cdot \lg(P_{\mathrm{out}} / P_{\mathrm{in}}) \tag{2-38}$$

光功率也可用 dBm 表示，其与 mW 的换算如下

$$P(\mathrm{dBm}) = 10\lg\left[\frac{P(\mathrm{mW})}{1\mathrm{mW}}\right] \tag{2-39}$$

若光功率用 dBm 表示，则光纤的衰减可直接用下式计算

$$A(\mathrm{dB}) = P_{\mathrm{in}}(\mathrm{dBm}) - P_{\mathrm{out}}(\mathrm{dBm}) \tag{2-40}$$

光纤的衰减特性还有另外一种描述形式，光在光纤内的传输功率P随传输距离z而变化如下

$$\mathrm{d}P / \mathrm{d}z = -aP \tag{2-41}$$

[1] 瑞利（1842—1919），19 世纪最著名的英国物理学家之一。瑞利散射是指入射光在线度小于光波长的微粒上散射，散射光和入射光波长相同的现象，因瑞利提出而得名。

式中，a 也称为衰减常数，为了和式（2-38）定义的衰减常数区别，这里用小写字母表示。

设长度为 L（km）的光纤，输入光功率为 P_{in}，对式（2-41）积分得

$$\int_{P_{in}}^{P_{out}} dP/P = -a\int_0^L dz \tag{2-42}$$

可得输出光功率

$$P_{out} = P_{in} e^{-aL} \tag{2-43}$$

注意：这里的衰减常数 a 的单位为 1/km，在有些公式中，需要这样的表达形式。将式（2-43）代入式（2-38），经推导可得出 $A(\text{dB/km})=4.34a(1/\text{km})$。

【例 2-3】在某一光纤通信系统中，发送器的功率为 0dBm，接收器的灵敏度为-20dBm，如果使用衰减为 0.5dB/km 的单模光纤，计算该光纤链路的最大传输距离。

解：根据题意，P_{in} =0dBm=1mW，P_{out} =-20dBm=0.01mW，A=0.5dB/km，则

$$L = (10/A)\cdot \lg(P_{in}/P_{out}) = (10/0.5)\times \lg(1\text{mW}/0.01\text{mW}) = 40\text{km}$$

若光功率使用 dBm 为单位，则

$$L\cdot A = P_{in} - P_{out}$$

直接可得到最大传输距离为

$$L = (P_{in} - P_{out})/A = [0-(-20)]/0.5 = 40\text{km}$$

两种方法的计算结果一样，读者可根据需要灵活选择计算方法。

【讨论与创新】想一想家里的电视机遥控器，离电视机的距离最远为多少米时，电视机接收端还能接收到遥控器发出的信号？这虽然是一个简单的题目，但是整个通信的过程和光纤通信的过程非常类似。

2.3.2 光纤的带宽和脉冲响应

光纤通信技术的一个核心问题是不断提高光纤信道容量，信道容量是在一个信道上每秒所能传输的最高的比特数，单位为比特/秒（b/s）。光纤的色散（Dispersion）是指由于光纤中传输的光信号的不同波长成分和不同模式成分的传播速度不同而引起的光脉冲展宽现象。色散会产生码间干扰，色散限制了光纤的信道容量。

用脉冲展宽表示时，光纤色散可以写成

$$\Delta\tau = (\Delta\tau_n^2 + \Delta\tau_m^2 + \Delta\tau_w^2)^{1/2} \tag{2-44}$$

式中，$\Delta\tau_n$ 为模式色散，由于不同模式引起的脉冲展宽；$\Delta\tau_m$ 为材料色散，由于不同波长引起的脉冲展宽；$\Delta\tau_w$ 为波导色散，由于波导结构引起的脉冲展宽。

光纤的色散除用脉冲展宽来表示外，还可以用光纤的带宽来表示。带宽是指一个频率范围，信号在这个频率范围内可以没有重大畸变地进行传输，带宽用赫兹（Hz）来表示，它原本是用于描述模拟通信信道运载信息能力的特性。下面分别在时域和频域中描述光纤的带宽。

1．光纤的脉冲响应

在时域范围内，常用均方根带宽和半功率带宽来描述光纤的带宽。如果向光纤输入一个冲激脉冲 $\delta(t)$，即 $P_{in}(t)=\delta(t)$，则经过光纤的输出脉冲 $P_{out}(t)=h(t)$，$h(t)$ 为光纤的冲激响应。忽略光纤损耗，$h(t)$ 完全由光纤的色散特性决定，可直接或间接测试得到，输出光脉冲为高斯型，其比较接近实际情况。

$$h(t) = \frac{1}{\sqrt{2\pi}\sigma}\exp(-t^2/2\sigma^2) \tag{2-45}$$

式中，σ 为均方根（RMS）脉宽。

脉冲的半功率带宽定义为脉冲功率减小一半时所对应的时间宽度，如图 2-14 所示，也称为半功率全带宽（FWHM）。

脉冲展宽也可用脉冲信号在时域范围内的半功率带宽 $\Delta\tau$ 来表示，表达式为

$$\Delta\tau = \sqrt{\Delta\tau_2^2 - \Delta\tau_1^2} \qquad (2\text{-}46)$$

式中，$\Delta\tau_1$ 和 $\Delta\tau_2$ 分别为输入脉冲和输出脉冲的半功率全带宽。

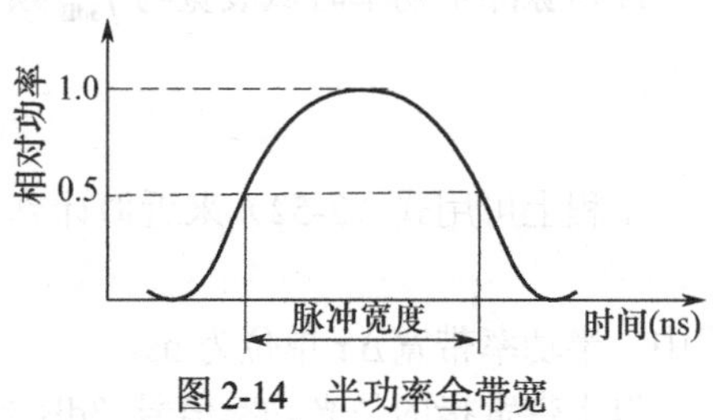

图 2-14　半功率全带宽

我们讨论光纤的色散特性时，只讨论信号到达终点的时间差或脉冲的时延展宽，这并不严格，因为没有考虑到不同时刻到达终端模式的振幅或功率。

实际工作中，人们经常使用均方根带宽 σ_{RMS} 来描述光纤的传输特性。一方面，在时域内进行测量比在频域内测量更加方便可行；另一方面，光纤的均方根带宽 σ_{RMS} 与数字光纤通信理论有着更密切的关系，因为它能直接和其传输的光脉冲的均方根脉宽发生联系。而均方根脉宽不仅能确切描述光脉冲的特性，而且与光纤通信系统的传输中继距离密切相关。数字光纤通信系统的误码率与用以传输信息的光脉冲能量的集中程度有很大关系，同样的能量，一个采用窄脉冲传输的系统比一个用宽脉冲传输的系统的误码率小。

设输入脉冲是有一定宽度的高斯脉冲，输出脉冲为高斯脉冲，其均方根（RMS）脉宽分别为 σ_1 和 σ_2，则可得信号通过光纤后产生的均方根带宽 σ_{RMS}

$$\sigma_{\text{RMS}} = \sqrt{\sigma_2^2 - \sigma_1^2} \qquad (2\text{-}47)$$

经推导，脉冲的半功率带宽 $\Delta\tau$ 和均方根带宽 σ_{RMS} 的关系为

$$\Delta\tau = 2\sqrt{2\ln 2}\,\sigma_{\text{RMS}} = 2.355\sigma_{\text{RMS}} \qquad (2\text{-}48)$$

或者

$$\sigma_{\text{RMS}} = (1/2\sqrt{2\ln 2})\Delta\tau \approx 0.4247\Delta\tau \qquad (2\text{-}49)$$

在实践中，均方根带宽 σ_{RMS} 不易直接测得，而半功率带宽 $\Delta\tau$ 容易测量，通过上式，可计算均方根带宽 σ_{RMS}。σ_{RMS} 越小，表示脉冲能量越集中；σ_{RMS} 越大，表示脉冲能量越分散。

2．光纤频率响应

在被测光纤中输入一单色光，并对它进行强度调制，改变调制频率，观察光纤的输出光功率与调制频率的关系，从而得到光纤的频率响应。

高斯脉冲的光纤的频率响应为

$$H(f) = \frac{P(f)}{P(0)} = \mathrm{e}^{-(f/f_{\mathrm{c}})^2 \ln 2} \qquad (2\text{-}50)$$

式中，$P(f)$、$P(0)$ 分别为调制频率为 f 和 $f=0$ 时光纤的输出光功率；f_{c} 为半功率点频率。

当光纤的频域响应 $H(f)$ 减小一半时，即

$$H(f_{\mathrm{c}}) = \frac{P(f_{\mathrm{c}})}{P(0)} = \frac{1}{2}$$

$$10\lg\frac{P(f_{\mathrm{c}})}{P(0)} = \left(10\lg\frac{1}{2}\right)\mathrm{dB} = -3\,\mathrm{dB} \qquad (2\text{-}51)$$

$H(f)$ 降低到最大值一半时的带宽，此时 f_{c} 称为光纤的基带−3dB 带宽，也写为 $f_{3\mathrm{dB}}$。需要注意的是，由于光信号是以光功率来度量的，所以其带宽又称为−3dB 光带宽，即光功率信号衰

减 3dB 时意味着输出光功率信号减少一半。

高斯脉冲半功率时域展宽与 f_{3dB} 频宽的关系式为

$$\Delta\tau = \frac{2\ln 2}{\pi f_{3dB}} \tag{2-52}$$

工程上可用式（2-52）来近似计算

$$f_{3dB} = 441/\Delta\tau(\text{MHz}) \tag{2-53}$$

式中，半功率带宽 $\Delta\tau$ 单位为 ns。

以上带宽指的是光功率信号−3dB 光带宽，但接收机输出电信号是以电压或电流来度量的，有时测光电流更方便，因此还常用电功率的传输系数降低一半来定义带宽。

电功率正比于光电流的平方，光电流正比于输入光信号功率，因此光纤的带宽用电功率带宽可表示为

$$10\lg\frac{I^2(f_c)}{I^2(0)} = 20\lg\frac{I(f_c)}{I(0)} = \left(20\lg\frac{1}{2}\right)\text{dB} = -6\,\text{dB} \tag{2-54}$$

此时，光纤的带宽称为−6dB 电带宽。

本质上，−3dB 光带宽和−6dB 电带宽是一样的，都表示由色散引起的脉冲扩展限制了一个光纤链路的运载信息能力。注意，式（2-54）中，为了使电带宽等于−3dB，电流的比就必须等于 $1/\sqrt{2}$，即 0.707。显然，−3dB 电带宽和−3dB 光带宽是不一样的。

最后说明一下，根据式（1-1）说明信道容量，即信道最大信息传输速率 C 直接与带宽 B 成正比，所以在通信技术口语中习惯不加区分地使用信道容量和带宽两个词，把信道容量称为“带宽”，其实它们是不同的，单位也不一样。

2.4 多模光纤

根据前面对光纤模式的分析，如果在一根光纤里面可以传输多个电磁信号模式，则这种光纤称为多模光纤。多模光纤的主要色散是模式色散，模式色散是由不同模式引起的色散。在多模光纤中，材料色散和波导色散的值相对模式色散较小，所以这里重点学习模式色散。

2.4.1 模式色散

1. 多模光纤的模式色散

光纤的模式依赖于光纤的材料特性和几何特性，光纤纤芯的直径越大，模式就越多；波长越短，光纤里面的模式也越多。阶跃光纤不同模式的传输轨迹如图 2-15 所示。

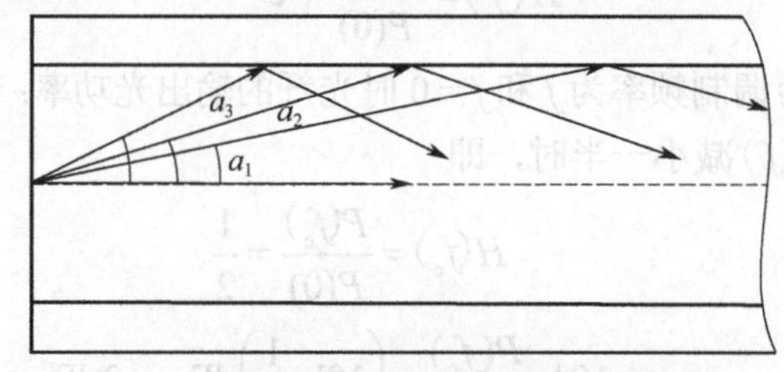

图 2-15　阶跃光纤不同模式的传输轨迹

严格按照光纤中心轴线传播的模式是零级模式，按照临界传播角传播的模式是最高级模式，模式数量计算公式如下：

阶跃光纤模式数量

$$N = V^2 / 2 \tag{2-55a}$$

渐变光纤模式数量

$$N = V^2 / 4 \tag{2-55b}$$

式中

$$V = \frac{\pi d}{\lambda}\sqrt{(n_1)^2 - (n_2)^2} = \frac{\pi d}{\lambda}\mathrm{NA} \tag{2-56}$$

通常情况下，在光纤通信中，激光器发光表示逻辑“1”，不发光表示逻辑“0”。当光源发出一个光脉冲，耦合到光纤以后，光纤的每个模式携带了这个光脉冲的一部分脉冲能量。虽然不同模式的传播速度是相同的，但由于它们的传播路径不一样，因此不同模式携带的光脉冲到达接收端的时间不同，也就是说，在光纤的接收端，接收器接收到的光脉冲的时间宽度增加了。这种光脉冲在光纤中以不同的传播角传播，由模式结构造成的脉冲展宽称为光纤的模式色散，也称为模间色散。

2．脉冲展宽的计算

参考图 2-4，设光纤的长度为 L，光信号速度为 v，则零级模式的传输时间为

$$t_0 = L / v\text{，其中 } v = c / n_1$$

临界模式的传输时间为

$$t_c = L / (v\cos\alpha_c)$$

式中，α_c 为临界传播角，其值从式（2-2）得出，$\cos\alpha_c = n_2 / n_1$。

两个模式传输时间差就是脉冲展宽，即

$$\Delta t_{SI} = t_c - t_0 = \frac{Ln_1}{c}\left(\frac{n_1 - n_2}{n_2}\right) = \frac{Ln_1}{c}\varDelta \tag{2-57a}$$

利用式（2-9），进一步可得

$$\Delta t_{SI} = \frac{L}{2cn_1}(\mathrm{NA})^2 \tag{2-57b}$$

【例 2-4】 已知阶跃光纤 NA=0.275，n_1=1.487，在传输距离 L=5km 的光纤上，模式色散引起的脉冲展宽 Δt_{SI} 等于多少？在传输距离 1km 的光纤上，光脉冲展宽是多少？

解： 已知 NA=0.275，n_1=1.487，L=5km，代入下式

$$\Delta t_{SI} = \frac{L}{2cn_1}(\mathrm{NA})^2$$

计算得 $\Delta t_{SI} = 423.8\,\mathrm{ns}$；单位长度（这里指 1km）的脉冲展宽为 $\Delta t_{SI} / L$ =84.76ns/km。

注意：脉冲展宽习惯用纳秒（ns）作为单位。

脉冲展宽将引起脉冲的重叠，如图 2-16 所示。

3．比特率

脉冲展宽与光纤长度成正比，由于传输距离越远，光纤内的色散现象就越严重，从而影响信号质量。对于一个实用的光纤通信系统，人们更注重于它的比特率，比特率公式为

$$\mathrm{BR} = 1/(4\Delta t) \tag{2-58}$$

式中，Δt 为光脉冲展宽，系数 1/4 在工业中已被普遍使用。

试想一想，如何减少模式色散呢?模式色散的物理原因是什么？如何测量光纤的色散呢？用什么设备测量光纤的色散呢？

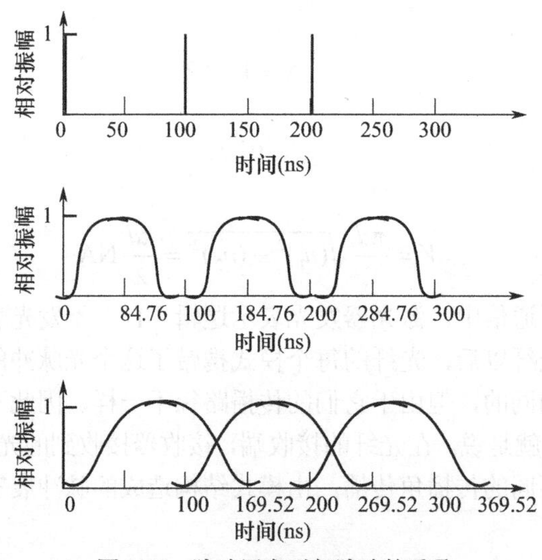

图 2-16　脉冲展宽引起脉冲的重叠

2.4.2　如何解决模式色散

1．渐变光纤

阶跃光纤中模式色散产生的原因，实质是因为不同的模式传输的路径不同，有的模式传输路径长，有的传输模式路径短，但它们的传输速度相同，从而引起色散。如果增大在路径较长的传输模式的传输速度，结果会怎样呢？

渐变光纤（GIF，Graded Index Fiber），其纤芯中心的折射率最大，折射率沿径向往外逐渐变小，最后达到包层的折射率，其折射率分布如图 2-17（a）所示，横截面如图 2-17（b）所示，过光纤纤芯的剖面如图 2-17（c）所示。

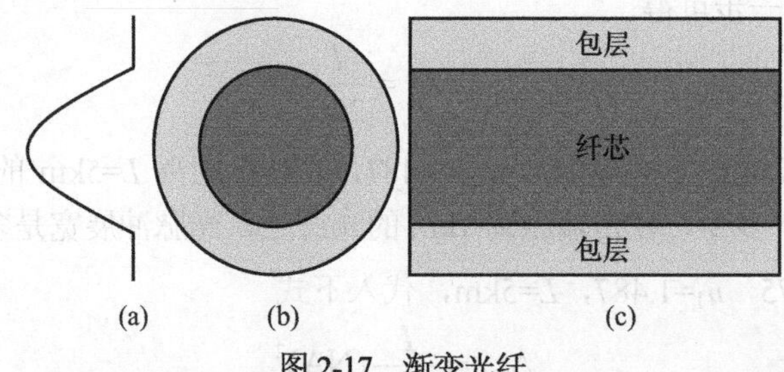

图 2-17　渐变光纤

渐变光纤的纤芯具有不同折射率，纤芯实际是由一层一层之间有细微的折射率变化的薄层组成的。光在渐变光纤中传输，在纤芯每两层的分界面都会产生折射现象。由于外层的折射率总比内层的折射率要小一些，所以每经过一个分界面，光线向轴心方向的弯曲就厉害一些，就这样一直到纤芯与包层的分界面。而在分界面又产生全反射现象，全反射的光沿纤芯与包层的分界面向前传输，而反射光则又逐层逐层地折射回纤芯，就这样完成了一个传输全过程，使光基本上局限在纤芯内传输，其传输轨迹类似于由许多线段组成的正弦波。

高阶模式的光从最大折射率处运动到较小折射率处，因此传播方向会发生变化，其传播路径为曲线，如图 2-18 所示。光在物质中的传输速度是由折射率决定的，即传输速度 $v=c/n$。渐变光纤中，高阶模式的光的传输距离最长，折射率相对较小，传输速度就比较大；传输距离较短的模式，折射率相对比较大，传输速度比较小。

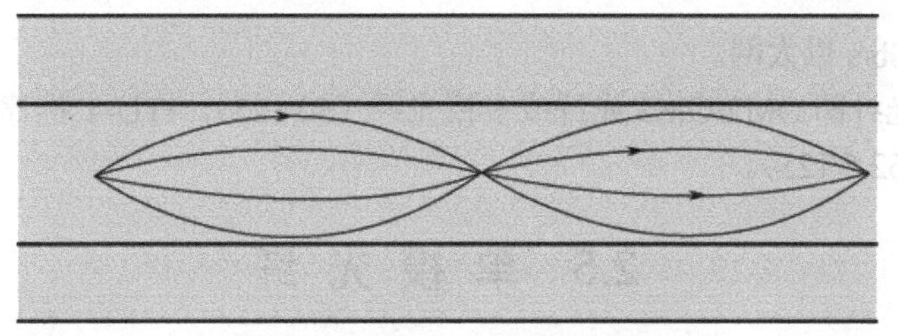

图 2-18　光在渐变光纤中的传输

2．渐变光纤的脉冲展宽

虽然渐变光纤的模式数量减少了，但是在接收端重建信号时，光脉冲的宽度还是变宽了。渐变光纤的脉冲变宽计算公式为

$$\Delta t_{\mathrm{GI}} = (LN_1\varDelta^2)/(8c) \tag{2-59}$$

式中，$\varDelta$为相对折射率差；下标 GI 表示渐变光纤；N_1 为纤芯群折射率。

【例 2-5】渐变光纤纤芯群折射率 N_1=1.47，相对折射率差$\varDelta$=1.7%，光纤长度 L=5km，模式色散引起的脉冲展宽是多少？此光纤的比特率是多少？

解：根据公式可得　　$\Delta t_{\mathrm{GI}} = (LN_1\varDelta^2)/(8c)$=0.88 ns

单位长度的脉冲展宽为　　$\Delta t_{\mathrm{GI}}/L$ =0.18ns/km

比特率为　　BR=1.39Gb/s

比较阶跃光纤和渐变光纤的色散，可知渐变光纤的模式色散较小，但制作渐变光纤时，对光纤折射率平滑渐变的要求较高。

还有没有更好的办法来减小光纤模式色散呢？产生模式色散的根本原因是多个模式的传输时间不同，若光纤只能传输一个模式，即单模光纤，则可消除模式色散。

2.4.3　多模光纤的类型

多模光纤用 OM（Optical Multi-mode）表示，不同等级的多模光纤传输的带宽和最大距离不同。自 20 世纪 90 年代以太网开始普及，多模光纤在短距离的应用场景包括商业楼宇和数据中心得到了大规模的应用，多模光纤从第一代的 OM1 发展到目前第五代的 OM5。

OM1 是 850/1300nm 满注入带宽在 200/500 MHz·km 以上的 62.5μm 芯径多模光纤。其芯径和数值孔径都比较大，具有较强的集光能力和抗弯曲特性。

OM2 是 850/1300nm 满注入带宽在 500/500 MHz·km 以上的 50μm 芯径多模光纤。其芯径和数值孔径都比较小，有效降低了多模光纤的模式色散，使带宽显著增大，制作成本降低 1/3。

OM3 是 850nm 激光优化的 50μm 芯径多模光纤。在采用 850nm VCSEL 的 10Gb/s 以太网中，光纤传输距离可达 300m。与 OM1、OM2 相比，OM3 具有更高的传输速率及带宽，所以称为优化型多模光纤或万兆多模光纤。

OM4 是 OM3 多模光纤的升级版，有效带宽比 OM3 多一倍以上，光纤传输距离可达 550m。

传统的 OM1 光纤是针对 100Mb/s 以太网设计的，OM2 光纤是针对 1Gb/s 以太网设计的，OM3 光纤主要是针对 10Gb/s 以太网设计的，OM4 光纤主要是针对并行传输的 40G/100G Base-SR4 以太网设计的。

OM5 是宽带多模光纤。为了支持新出现的 SWDM4 短波分复用和 BiDi 双工双波长应用，TIA 和 ISO/IEC 在 2017 年分别发布了 TIA-492 AAAE 和 IEC60793-2-10 A1a.4b OM5 宽带多模光纤的技术标准。传统的 OM3、OM4 光纤主要在 850nm 波长工作，OM5 光纤能够支持 850～950nm 之间的 4 个波长，因此 OM5 光纤传输 40G/100G/200Gb/s 以太网只需要两芯光纤。OM5

光纤同时支持 400Gb/s 以太网。

ITU-T G.651 光纤即 OM2/OM3 光纤或多模光纤（50/125），ITU-T 推荐光纤中并没有 OM1 光纤或多模光纤（62.5/125）。

2.5 单 模 光 纤

所谓单模光纤，就是只能传输一个模式的光纤，即在给定光波长的条件下，只有一个模式（基模 HE_{11}）能够在光纤中传播。一般通过减小光纤纤芯，减小光纤相对折射率来实现单模传输。多模光纤的纤芯直径为 62.5μm，相对折射率差约为 2%；单模光纤的纤芯直径约为 8.3μm，相对折射率差约为 0.37%。

2.5.1 单模光纤的特性

1. 单模光纤模场直径

模场直径（MFD，Mode Field Diameter），用来表征在单模光纤的纤芯区域基模（HE_{11}）光的分布状态。人们用电磁场分布的场图形象地描述光场，场分布图在光纤研究中有着重要作用，根据模场的解析表达式可以画出模场分布图。单模光纤光轴剖面的基模（HE_{11}）的场分布图如图 2-19 所示，特点是模式的能量集中在纤芯区域，在包层按指数衰减，模场并不完全局限在纤芯，而有少量进入包层。

单模光纤的基模（HE_{11}）的电磁场分布和普通的空间光束的光强分布一样，基模在纤芯区域轴心线处光强最大，并随着偏离轴心线的距离增大而逐渐减弱，即近似高斯分布，也就是说，场强的分布符合高斯模型。这里用光强大小来表示场强分布，光强分布如图 2-20 所示，光强用相对值表示。光强与光束截面半径 r 的关系为

$$I(r) = I(0)\exp(-2r^2 / w_0^2) \tag{2-60}$$

式中，r 为光束截面半径；$I(0)$为 r=0 时最大的光强；w_0 称为模场半径，是为高斯分布光强$1/e^2$ 点的半宽度。

将 $r = w_0$ 代入式（2-60）得

$$I(r) = I(0) / e^2 = 0.135I(0) \tag{2-61}$$

即当光强减小至 0.135 时，对应的光束截面半径称为模场半径。

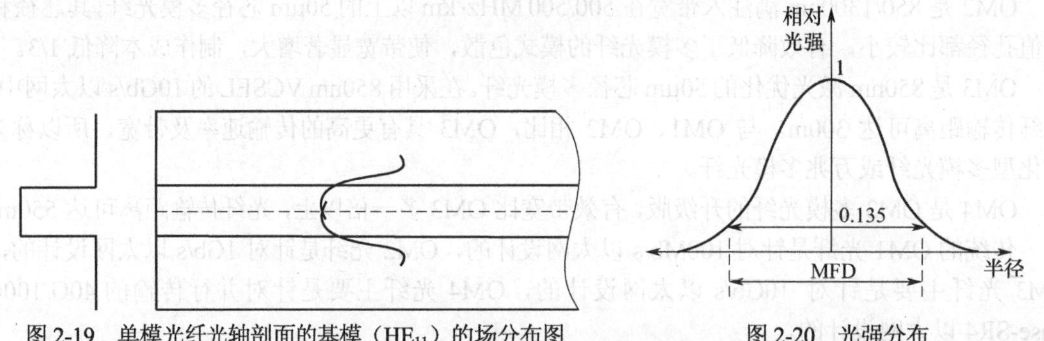

图 2-19 单模光纤光轴剖面的基模（HE_{11}）的场分布图　　图 2-20 光强分布

单模光纤的模场半径一般不与其自身的纤芯半径相等，所以模场半径是单模光纤一个极为重要的性能参数，由模场半径可以估算出光纤的其他一些特性，如损耗和色散等。模场直径的大小与所使用的波长有关，随着波长的增加，模场直径增大。1310nm 波长时，MFD 典型值为

(9.2±0.5）μm；1550nm 波长时，MFD 典型值为（10.5±1.0）μm。

其实，工作波长越接近单模截止波长，高斯分布就会越接近实际的模场分布，所以，如果用高斯分布来描述光纤中的模场分布，模场半径的两倍 $2w_0$ 就是 MFD。

因为光纤中的模场是亥姆霍兹方程的解，模场的精确解是纤芯用第一类贝塞尔函数、包层用第二类贝塞尔函数描述的，所以，实际上采用高斯分布分析时有一个缺点，和专业精密度高的仪器测量的结果相比，高斯分布系数会存在不一致性。

对单模光纤，纤芯直径 $2a$ 与波长处于同一量级，由于衍射效应，不易精确测出 $2a$ 的精确值，实际单模光纤的模场半径 w_0 是通过测量确定的。归一化模场半径的一个经验公式为

$$w_0/a \approx 0.65 + 1.1619V^{-3/2} + 2.879V^{-6} \tag{2-62}$$

式中，V 为归一化频率。

在光纤中，光能量不完全集中在纤芯中传输，部分能量在包层中传输，纤芯直径不能反映光纤中的能量分布，如图 2-20 所示。于是提出了有效面积的概念，单模光纤有效面积等于 πw_0^2，若有效面积小，则通过光纤横截面的密度大，密度过大会引起非线性效应。对于传输光纤而言，模场直径越大越好。单模光纤的模场半径小，所以单模光纤通信系统一般用 LD 做光源。

2. 单模光纤的截止波长

从图 2-9 和表 2-1 可以看到，传输模式数随着 V 值的不断增加而增多，当 V 值不断减小时，不断发生模式截止，传输模式数不断减小。

当 $V<2.405$ 时，只有 HE_{11} 一个模式存在，HE_{11} 即为基模，因此，单模光纤传输条件为

$$V = \frac{2\pi a}{\lambda}\sqrt{(n_1)^2-(n_2)^2} \leqslant 2.405 \tag{2-63}$$

式中，n_1 为纤芯折射率，n_2 为包层折射率，a 为纤芯半径。这里的 $V=2.405$，是零阶贝塞尔函数的第一个根。

由式（2-56）可知，对于给定参数的光纤，存在一个临界波长 λ_c，当入射波长小于 λ_c 时为多模传输，当入射波长大于 λ_c 时为单模传输，因此，称此临界波长为截止波长，即有

$$V = \frac{\pi d}{\lambda}\sqrt{(n_1)^2-(n_2)^2} = \frac{\pi d}{\lambda}\mathrm{NA} \tag{2-64}$$

$$\lambda_c = \left[\pi d\sqrt{(n_1)^2-(n_2)^2}\right]/2.405 \tag{2-65}$$

截止波长的另外一种表达式，用数值孔径表示为

$$\lambda_c = 1.306d \cdot \mathrm{NA} \tag{2-66}$$

2.5.2 单模光纤的色散

1. 材料色散

单模光纤的色散包括材料色散、波导色散和偏振模色散。材料色散是指与输入波长有关的脉冲展宽；波导色散是指与波导结构、相对折射率差等原因有关的脉冲展宽。材料色散和波导色散统称为色度色散。

光纤通信中使用的光源总有一定的谱线宽度，也就是说，光脉冲中包含不同的波长分量。硅光纤的折射率与波长相关，折射率随波长的变化而变化，光脉冲中不同波长分量的传播路径是相同的，但传播速度不同，从而引起脉冲展宽，称为材料色散。

为了更好地理解色散的概念，我们先看相速度的概念。取电磁波中一点 M，并确定这个点

相对于波传输坐标的速度，即相位速度，简称相速度。

在电磁波表达式中，$E(t,z)=A\cos(\omega t-\beta z)$，因为点$M$相对于波来说，位置是固定的，也就是说，相位$\omega t-\beta z$对任意时间$t$为常数，设

$$\omega t-\beta z=C \tag{2-67}$$

其中C是任意时间t的常数，对式（2-67）两边求导，可得

$$\mathrm{d}z/\mathrm{d}t=\omega/\beta \tag{2-68}$$

上式表示相位上任意一点相对参考轴的运动速度，即相速度v_{p}，有

$$v_{\mathrm{p}}=\frac{\omega}{\beta} \tag{2-69}$$

实际上，光脉冲中不同的波长分量将以不同的速度传输，定义群速度V_{g}表征光信号包络的传输速度

$$V_{\mathrm{g}}=\frac{c}{N_{\mathrm{g}}} \tag{2-70}$$

式中，N_{g}为群折射率，即

$$N_{\mathrm{g}}=n-\lambda\frac{\mathrm{d}n}{\mathrm{d}\lambda} \tag{2-71}$$

值得注意的是，所有信号和能量的传播都是以群速度而不是相速度来传播的。

由此可见，不同波长的光谱分量，传播速度不同，将在不同的时刻到达光纤的输出端，从而引起脉冲展宽，即在传播方向的单位长度上所引起的时延，也就是群时延。设光纤长度为L，脉冲群时延为

$$\tau_{\mathrm{g}}=\frac{L}{V_{\mathrm{g}}}=\frac{L}{c}N_{\mathrm{g}} \tag{2-72}$$

光脉冲中的不同波长（频率）分量将以不同的群速度传输，从而导致光脉冲展宽（群时延差），这种现象称为群速度色散（GVD），也称为模内色散，或者材料色散。

对于谱线宽度$\Delta\lambda=\lambda_2-\lambda_1$，设光脉冲传播距离为$L$，光脉冲群时延差$\Delta\tau$等于

$$\Delta\tau=\frac{L}{c}N_{\mathrm{g}}(\lambda_1)-\frac{L}{c}N_{\mathrm{g}}(\lambda_2)=-\frac{L}{c}\frac{\mathrm{d}N_{\mathrm{g}}}{\mathrm{d}\lambda}\Delta\lambda \tag{2-73}$$

对式（2-71）求导

$$\frac{\mathrm{d}N_{\mathrm{g}}}{\mathrm{d}\lambda}=\frac{\mathrm{d}n}{\mathrm{d}\lambda}-\lambda\frac{\mathrm{d}^2n}{\mathrm{d}\lambda^2}-\frac{\mathrm{d}n}{\mathrm{d}\lambda}=-\lambda\frac{\mathrm{d}^2n}{\mathrm{d}\lambda^2} \tag{2-74}$$

将上式代入式（2-73）可得

$$\Delta\tau=\frac{L}{c}\lambda\frac{\mathrm{d}^2n}{\mathrm{d}\lambda^2}\Delta\lambda \tag{2-75}$$

定义材料色散系数

$$D_{\mathrm{mat}}(\lambda)=-\frac{\lambda}{c}\frac{\mathrm{d}^2n}{\mathrm{d}\lambda^2} \tag{2-76}$$

色散系数的单位为ps/(nm·km)，它表示谱线宽度为1nm的光波，在光纤中传输1km后，不同波长分量到达时间的时延差。

2．波导色散

由于光纤的结构、相对折射率等多方面的原因，光纤中有一部分光会进入包层内传播，光

能量的大小与光波长有关，其速度比在纤芯中传播快，这种由于波导结构引起的脉冲展宽称为波导色散。

光波长越长，进入包层的光越多，群速度变化越大，波导色散引起的群时延越大。波导色散系数

$$D_{wg}=-\frac{n_2\varDelta}{c\lambda}V\frac{d^2(Vb)}{dV^2} \tag{2-77}$$

式中，$\varDelta$ 为相对折射率差；V 为归一化频率；n_2 为包层折射率；b 为归一化传播常数。

另外，光纤中还有高阶色散。根据对高斯、超高斯、双曲正割脉冲的研究，发现高阶色散的影响不能忽视。高阶色散可用色散斜率表示，也叫二阶色散系数。

3．工程中单模光纤色散的计算

光脉冲在光纤中传输，不同的脉冲波形有不同的表示形式，工程上主要考虑高斯脉冲波形的传输。由于光脉冲包含许多频率分量，因而群速度的频率相关性导致了传输过程中脉冲展宽，各频率分量不再同时到达光纤输出端。

从式（2-76）推导 $D_{mat}(\lambda)$ 材料色散系数，需要知道 $n=n(\lambda)$ 的明确形式。一般地，这种依赖关系是从实验中得到的，我们要尽可能准确地找到描述实验的教学表达式，这样一个公式就是 Sellmeier 方程。

Sellmeier 方程有多种形式，工业上接受了 EIA 建议 455-80 标准，这个标准定义了三项和五项 Sellmeier 方程。

三项 Sellmeier 方程

$$\tau_g=A+B\lambda^2+C\lambda^{-2} \tag{2-78}$$

五项 Sellmeier 方程

$$\tau_g=A+B\lambda^4+C\lambda^2+D\lambda^{-4}+E\lambda^{-2} \tag{2-79}$$

其中，τ_g 是以 ns/km 为单位的传播时延，系数是由实验确定的。三项 Sellmeier 方程用于 1300nm 的光纤，五项 Sellmeier 方程用于 1550nm 的光纤。

根据式（2-79），先求解零色散波长和零色散斜率，可进一步推导出光纤的材料色散系数

$$D_{mat}(\lambda)=\frac{S_0}{4}\left(\lambda-\frac{\lambda_0^4}{\lambda^3}\right) \tag{2-80}$$

对于零色散波长附近的色散系数，上式可近似为

$$D(\lambda)=S_0(\lambda-\lambda_0) \tag{2-81}$$

上面两个式子中，λ 为工作波长；λ_0 为零色散波长；S_0 为零色散区内的色散斜率。由于高阶色散和偏振模色散的影响，使得零色散波长处的色散不等于零。工程上规定了零色散区内的色散斜率，简称零色散斜率，即

$$S_0=\frac{dD(\lambda)}{d\lambda} \tag{2-82}$$

注意：零色散斜率的单位为 $ps/(nm^2\cdot km)$。

工程上，常用下式计算材料色散

$$\Delta t=|D_{mat}(\lambda)|\Delta\lambda L \tag{2-83}$$

波导色散计算公式为

$$\Delta t_{wg}=D_{wg}(\lambda)\Delta\lambda L \tag{2-84}$$

式中，$\Delta\lambda$ 为光源谱线宽度，单位是 nm；L 为光纤长度，单位是 km；D_{wg} 为波导色散系数，一般在光纤的数据资料里查找到，单位是 ps/ (nm·km)，可直接使用。

4．总色散的计算

单模光纤的材料色散是正值，波导色散是负值，单模光纤的色度色散系数为

$$D(\lambda)=D_{mat}(\lambda)+D_{wg}(\lambda) \tag{2-85}$$

色散移位光纤 G.653 的色散如图 2-21 所示，可以得出的结论是光纤的总色散减小了。

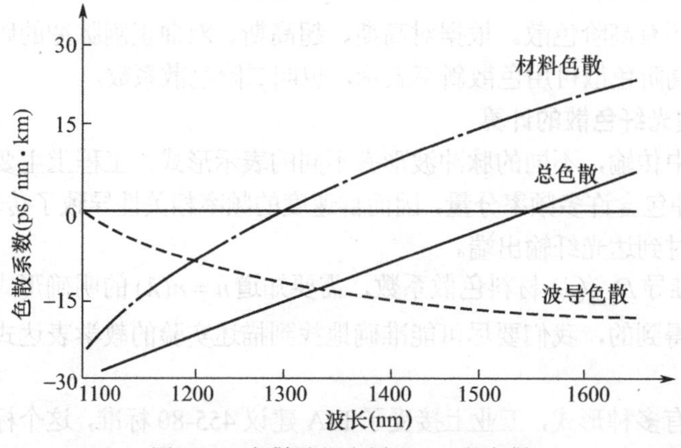

图 2-21　色散移位光纤 G.653 的色散

色散移位光纤 G.653 的零色散波长在 1550nm 处，如图 2-21 所示。注意区别，单模光纤的材料色散是由不同波长的传播速度不同引起的，多模光纤的模式色散是由不同模式的传播速度不同引起的。多模光纤也有材料色散和波导色散，只不过相比模式色散较小而已。

5．比特率-距离积

工程中，光纤的带宽一般用带宽和距离的乘积表示。

带宽-距离积是光纤的传输距离和最大数据速率的乘积。脉冲展宽与光纤长度成正比，由于传输距离越远，光纤内的色散现象就越严重，从而影响信号质量。模式色散限制传输距离和比特率，因此常用于评估光纤通信系统的一项指标就是带宽-距离积，单位为 MHz·km。使用这两个值的乘积作为指标的原因是通常这两个值不会同时变好，而必须有所取舍。

为了更清晰地理解光纤的容量，我们也用比特率-距离积来表示光纤的带宽。根据式（2-58）可知，由色度色散限制的光纤最大比特率为

$$\mathrm{BR}=1/\left[4D(\lambda)\Delta\lambda L\right] \tag{2-86}$$

式中，$D(\lambda)$ 为色度色散系数，$\Delta\lambda$ 为光源谱线宽度，L 为光纤长度。

最大比特率-距离积公式表示为

$$(\mathrm{BR}\times L)=1/\left[4D(\lambda)\Delta\lambda\right] \tag{2-87}$$

注意：比特率 BR 是指一个信道上每秒所能传输的比特数（b/s），表征数字传输运载信息的能力，而带宽 B 表示模拟信号可以没有重大畸变传输的频率范围。

【例 2-6】已知有零色散波长为 1310nm 的光纤，色度色散系数 $D(\lambda)$=2 ps/ (nm·km)，光源谱线宽度 $\Delta\lambda$ =1nm。（1）在传输距离 1km 的光纤上，比特率是多少？（2）在传输距离 100km 的光纤上，比特率是多少？（3）该光纤的最大比特率-距离积是多少？

解：已知 $D(\lambda)$=2 ps/ (nm·km)，光源谱线宽度 $\Delta\lambda$ =1nm，光纤长度 L=5km。根据式（2-86）计算得，L=1km 时，比特率 BR=125Gb/s；L=100km 时，比特率 BR=1.25Gb/s。因此，该光纤

的最大比特率-距离积为 $(BR \times L)=125\text{Gb/s·km}$。

这个例子说明，一个光纤系统的比特率-距离积约为 125Gb/s·km，代表这个系统在 100km 内的信号比特率可以到 1.25Gb/s，而如果距离缩短至 1km，比特率则可以增加 100 倍，达到 125Gb/s。从系统的角度来看，光纤色散与光纤的长度成正比，即光纤色散是具有累积性质的，因而光纤通信系统设计上存在着由光纤色散决定的传输距离限制，对于长距离的应用，必须对色散进行控制和管理。

【讨论与创新】上网搜索资料，讨论学习下面的内容。（1）如何改变零色散波长呢？（2）零水峰光纤的特性是怎样的？（3）如何制作可任意弯曲的光纤呢？

2.5.3 单模光纤的色散补偿

在光纤通信技术发展的过程，有一个必须面对的问题是：G.652 光纤的工作波长为 1310nm 时，色散较小，目前，全世界范围内已经铺设的 1310nm 零色散光纤总长度超过 5000 万千米。而当光纤通信系统的工作波长为 1550nm 时，光纤存在约 $17\,\text{ps/(nm·km)}$ 的色度色散，该色散限制光纤通信系统的传输速率在 2Gb/s 以下，如何解决这个色散呢？

该色散的主要因素是材料色散，目前已有多种群速度色散补偿方案被提出，如后置色散补偿技术、前置色散补偿技术、色散补偿滤波器、色散补偿光纤（DCF）技术和啁啾光纤光栅色散补偿技术等。

材料色散的特点是具有时间稳定性，早在 20 世纪 70 年代就提出了色散补偿光纤（DCF，Dispersion Compensating Fiber）这种技术。色散补偿光纤是一种具有较大负色散系数和负色散斜率的特殊光纤，是一种特制的光纤，其色度色散为负值，恰好与 G.652 光纤相反，可以抵消 G.652 常规色散的影响，即可使总链路的色散值接近于零。由于普通单模光纤在 1550nm 具有约 $17\,\text{ps/(nm·km)}$ 的色散，并具有正的色散斜率，因此可将色散补偿光纤直接接入普通单模光纤传输系统中实现色散补偿，如图 2-22 所示。

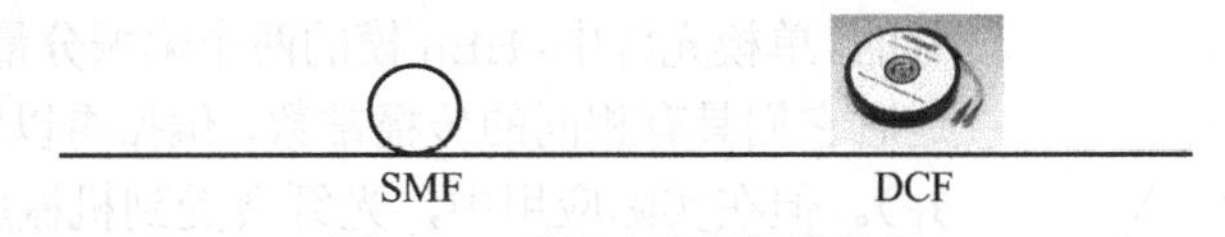

图 2-22　单模光纤的色散补偿

色散补偿光纤通过减小纤芯直径和减小相对折射率实现负色散，但这也带来一个缺点，就是光纤的高损耗，可达 0.5dB/km，用品质因数 FOM 来表示这个特性。

品质因数 FOM=色散/衰减，色散的单位为 ps/(nm·km)，衰减的单位为 dB/km，所以品质因数 FOM 的单位为 ps/(nm·dB)。DCF 截面积较小，比标准光纤的非线性系数高 2～4 个数量级。

【例 2-7】现有 100km 的传统单模光纤，G.652 单模光纤特性参数见表 2-4。当工作波长为 1560nm，用 DCF 进行色度色散补偿，DCF 的色散系数为 $D_{\text{DCF}}(\lambda)=-116.4\,\text{ps/(nm·km)}$，问：需要多长的色散补偿光纤？

解：取零色散波长 λ_0=1310nm，工作波长 λ=1560nm，单模光纤长度 L_{SMF}=100km，查表 2-4 可知，S_0=0.092 $\text{ps/(nm}^2\text{·km)}$。

（1）传统单模光纤的色度色散

$$\Delta t_{\text{SMF}} = D_{\text{SMF}}(\lambda)\Delta\lambda L_{\text{SMF}}$$

（2）色散补偿

$$\Delta t_{\mathrm{DCF}} + \Delta t_{\mathrm{SMF}} = 0$$

$$\Delta t_{\mathrm{SMF}} = -\Delta t_{\mathrm{DCF}}$$

（3）DCF 长度

DCF 的色散 $\Delta t_{\mathrm{DCF}} = D_{\mathrm{DCF}}(\lambda)\Delta\lambda L_{\mathrm{DCF}}$

满足补偿时 $D_{\mathrm{SMF}}(\lambda)\Delta\lambda L_{\mathrm{SMF}} = -D_{\mathrm{DCF}}(\lambda)\Delta\lambda L_{\mathrm{DCF}}$

DCF 长度 $L_{\mathrm{DCF}} = -D_{\mathrm{SMF}}(\lambda)L_{\mathrm{SMF}} / D_{\mathrm{DCF}}(\lambda)$

（4）代入已知参数并计算

单模光纤色散系数 $D_{\mathrm{SMF}}(\lambda) = \dfrac{S_0}{4}\left(\lambda - \dfrac{\lambda_0^4}{\lambda^3}\right)$=18 ps/ (nm·km)

色散补偿光纤长度 $L_{\mathrm{DCF}} = 15.5\,\mathrm{km}$

目前色散补偿光纤(DCF)技术非常成熟，已经大规模使用。一种商用的色散补偿光纤(DCF)的参数如表 2-3 所示。显然，色散补偿光纤的负色散越大，需要的补偿光纤长度越短。

表 2-3　色散补偿光纤参数

规格	DCM-40	DCM-60	DCM-80
色散@1544.5nm（ps/nm）	−658±10	−988±10	−1317±15
插入损耗@1545nm（dB）	5	6.8	8.6
品质因数@1545nm[ps/(nm·dB)]	131	145	153
平均偏振模式色散@1500～1565nm（ps）	1.1	1.4	1.5

2.5.4　偏振模色散与保偏光纤

理想的普通光纤，其折射率是均匀的，呈完美的圆对称，*X*、*Y* 两个方向上的折射率也是相等的。单模光纤中，HE_{11} 模的两个偏振分量以相同的速度传播，这时它们具有相同的传播常数，偏振得以保持（HE_{11} 模维持简并）。但在实际应用中，光纤会受到机械应力变得不对称，从而产生双折射现象，当线偏振光沿光纤的一个特征轴传输时，另一个线偏振光则在与之垂直的特征轴方向传输，如图 2-23 所示。

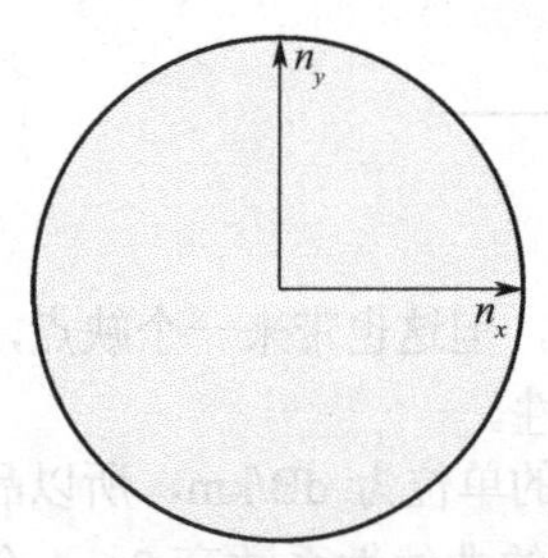

图 2-23　偏振模色散产生的原因

光纤中产生的双折射现象导致两个偏振分量有不同的传播常数，光的偏振态在光纤中传输时就会毫无规律地变化，主要的影响因素有波长、弯曲度、温度等。

用归一化双折射参量定量描述光纤中的双折射现象，双折射参量

$$B = \frac{\beta_x - \beta_y}{k_0} = \frac{\Delta\beta}{k_0} \tag{2-88}$$

$$B = \frac{\beta_x - \beta_y}{k_0} = \frac{c}{v_x} - \frac{c}{v_y} = n_x - n_y \tag{2-89}$$

式中，$\Delta\beta$为两个正交 HE_{11} 模传输单位距离时产生的相位差。

双折射拍长是指两个正交的 HE_{11} 模在光纤中传播时产生 2π相位差的长度。拍长越长，光纤的双折射越弱；拍长越短，光纤的双折射越强。

$$L_B = 2\pi / \Delta\beta \tag{2-90}$$

偏振模色散（PMD，Polarization Mode Dispersion）是指输入光脉冲激励的两个正交的偏振模式之间的群速度不同而引起的色散，即光纤偏振特性的改变而造成的脉冲展宽。

偏振模色散引起的展宽可通过光脉冲的两个偏振分量之间的时延差来估计。对于长度为L的光纤，计算公式为

$$\Delta t_{PMD} = D_{PMD}\sqrt{L} \tag{2-91}$$

式中，D_{PMD}为偏振模色散系数，与波长无关，但与光纤长度有关。

对于单模光纤，假设长度为100km，查阅表2-4，可得偏振模色散系数D_{PMD}=0.2 ps/$\sqrt{\text{km}}$，代入式（2-91），可得偏振模色散为2ps。

偏振模色散虽然很小，对于低速的光纤通信系统，可以忽略其影响，但对于传输速率超过10Gb/s的光纤通信系统，却是一个不能回避的问题。

通过设计，光纤的材料色散可减小为零，但偏振模色散不能减小为零。

使用保偏光纤（PMF，Polarization-Maintenance Fiber）能够保证线偏振方向不变，光纤的设计中故意引入大的双折射，从而使光纤具有快轴、慢轴。若入射光的偏振方向与光纤的快轴或慢轴一致，则光在传输过程中其偏振态保持不变，如图2-24所示，图（a）称为椭圆形保偏光纤，图（b）称为熊猫形保偏光纤。

若入射光的偏振方向与光纤的快轴或慢轴成一夹角，则在传输过程中将以“拍长”为周期，连续地、周期性地改变其偏振态。

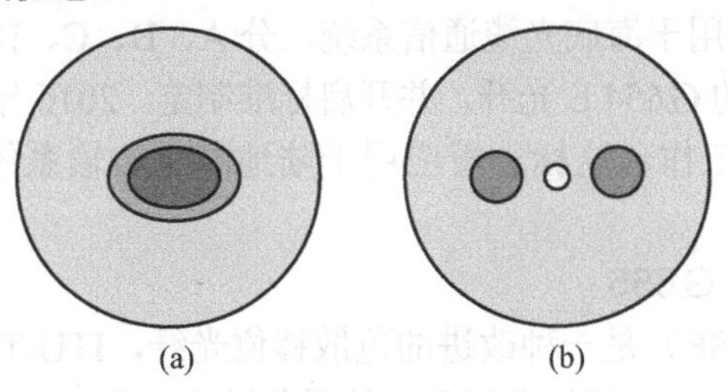

图2-24　保偏光纤

保偏光纤作为一种特种光纤，主要应用于光纤陀螺、光纤水听器等传感器和相干光通信等光纤通信系统。其他偏振保持元件，如保偏光波分复用器、保偏耦合器（熔融拉锥型）等，可用于光纤陀螺及光纤测试仪表中，读者可参考相关资料。

2.5.5　单模光纤的类型

1. 传统光纤G.652

G.652光纤是1310nm波长性能最佳的单模光纤，它同时具有1550nm和1310nm两个窗口。零色散窗口位于1310nm窗口，而最小衰减窗口位于1550nm窗口。光纤G.652的性能见表2-4。

过去在G.652开通的PDH系统中，利用的都是1310nm零色散窗口，而新的SDH系统都全面转向1550nm最小衰减窗口。从发展来看，由于1550nm窗口掺铒光纤放大器（EDFA）的实用化，密集波分复用（DWDM）系统也必须工作在1550nm窗口。1550nm窗口已成为G.652光纤的主要工作窗口，但是G.652光纤在1550nm窗口的色散系数为15～20ps/(nm·km)。G.652A/B是常规的单模光纤，G.652C/D是低水峰单模光纤。

G.652.C/D光纤采用一种新的生产制造技术，尽可能地消除氢氧根离子1383nm附近处的“水吸收峰”，使光纤损耗完全由玻璃的本征损耗决定，在1280～1625nm的全部波长范围内都可用

于光通信。零水峰光纤（Zero Water Peak Fiber）消除了由“水峰”引起的高衰减现象，确保了E波段的信号传输。

2．色散移位光纤G.653

G.653色散移位光纤（DSF，Dispersion Shifted Fiber）是第二代单模光纤，其特点是在波长1550nm处，色散为零，损耗较小。衰减目前一般为0.19～0.25dB/km。在1525～1575nm范围内，最大色散系数为3.5ps/(nm·km)。G.653光纤的PMD系数小于$0.5\,\text{ps}/\sqrt{\text{km}}$，即400km光纤的PMD为10ps。

色散位移光纤在1550nm处色散为零，不利于多信道的WDM传输，用的信道数较多时，信道间距较小，这时就会发生四波混频（FWM），从而导致信道间发生串扰。如果光纤线路的色散为零，FWM的干扰就会十分严重；如果有微量色散，FWM干扰反而还会减小。针对这一现象，人们研制了一种新型光纤，即非零色散光纤（NZ-DSF，None Zero Dispersion Shift Fiber）。

3．截止波长移位单模光纤G.654（低衰减光纤）

G.654的正式名称为截止波长移位光纤，但通常称为低衰减光纤。

为了满足海底光缆长距离通信的需求，人们开发了一种应用于1550nm波长的纯石英芯单模光纤，它在该波长附近的衰减最小，仅为0.185dB/km。

G.654光纤在1.3μm波长区域的色散为零，但在1550nm波长区域色散较大，为17～20ps/(nm·km)，ITU-T把这种光纤规范为G.654。这种光纤的优点是在1550nm波长处衰减系数极小，弯曲性能好。

G.654光纤此前主要应用于海底光缆通信系统，分A、B、C、D 4个子类，2013年7月，业界开始讨论适用于陆地的G.654.E光纤，并开启标准制定。2016年9月，在ITU-TSG15全会上，通过G.654标准修订工作，这标志着应用于陆地高速传输系统的G.654.E光纤正式完成标准化工作。

4．非零色散偏移光纤G.655

非零色散光纤（NZ-DSF）是一种改进的色散移位光纤，ITU-T关于该种光纤的建议号为G.655。G.655光纤通过设计光纤折射率剖面，使零色散点移到1550nm窗口，从而与光纤的最小衰减窗口获得匹配，使1550nm窗口同时具有最小色散和最小衰减。G.655光纤在1550nm窗口的典型参数为：衰减系数小于0.25dB/km，与G.653光纤相比，对零色散点进行了位移，零色散波长为1525nm或1585nm。

G.655光纤在1550nm工作区的色散既可以为正值，也可以为负值。根据应用场合的不同，采用不同的色散光纤。例如，在中美海底光缆、SEA-ME-WE3和APCN2等海底光缆中均采用了色散为负值的G.655光纤，它与G.652光纤结合使用，大大提高了传输长度。

5．宽带非零色散光纤G.656（色散平坦光纤）

G.656是宽带非零色散光纤，也称为低斜率非零色散位移光纤，在1460～1624nm波长范围内具有大于非零值的正色散系数值，能有效抑制密集波分复用系统的非线性效应，其最小色散值：在1460～1550nm波长区域，为1.00～3.60ps/(nm·km)；在1550～1625nm波长区域，为3.60～4.58ps/(nm·km)。最大色散值：在1460～1550nm波长区域，为4.60～9.28ps/(nm·km)；在1550～1625nm波长区域，为9.28～14ps/(nm·km)。

这种光纤非常适合于1460～1624nm（S+C+L，3个波段）波长范围的粗波分复用和密集波分复用。

常用单模光纤的色散如图2-25所示。

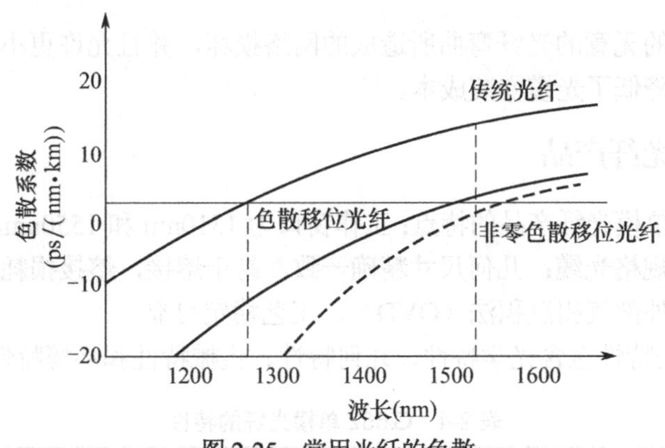

图 2-25　常用光纤的色散

6．接入网用弯曲衰减不敏感单模光纤 G.657（耐弯光纤）

G.652 标准光纤的弯曲半径为 25mm，受到弯曲半径的限制，光纤不能随意进行小角度拐弯的安装，因此 FTTx 技术的施工比较困难，需要专业的技术人员才能够进行。因此，业内亟需一种弯曲半径更小的光纤。

2006 年 12 月，ITU-T 第十五工作组通过了一个新的光纤标准，即 G.657 标准。根据 G.657 标准，光纤的弯曲半径可达 5～10mm，其弯曲半径可实现常规的 G.652 光纤的弯曲半径的 1/4～1/2。因此，符合 G.657 标准的光纤可以像铜缆一样，沿着建筑物内很小的拐角安装，非专业的技术人员也可以掌握施工的方法，降低了 FTTx 网络布线的成本。除此以外，实际施工中光纤的弯曲半径一般会小于该类光纤的最小弯曲半径，当光纤发生一定程度的老化时，信号仍然可以正常传送，因此 G.657 标准还有助于提高光纤的抗老化能力，从而降低了 FTTx 技术的维护成本。

G.657 光纤分 A、B 两个子类，其中 G.657A 光纤的性能及其应用环境和 G.652D 光纤相近，可以在 1260～1625nm 的宽波长范围内（O、E、S、C、L 5 个工作波段）工作；G.657B 光纤主要工作在 1310nm、1550nm 和 1625nm 窗口，更适用于实现 FTTH 的信息传送，可安装在室内或大楼等狭窄的场所。

只要光预算允许，技术上来讲，任何合适的光纤都可应用于 FTTx 技术，但 FTTx 技术最常用的光纤为 G.652 光纤和 G.657 光纤。

康宁公司的 LEAF（Larger Effective Area Fiber）光纤是一种新型的大有效面积非零色散移位光纤。与普通 G.655 光纤一样，LEAF 光纤也对光纤的零色散点进行了移动，使 1530～1565nm 区间的色散值保持在 1.0～6.0ps/(nm·km)，色散为正值，避开了零色散区，维持了一个起码的色散值。LEAF 光纤的特殊之处在于大大增加了光纤的模场直径，从普通 G.655 光纤的 8.4μm 增加到 LEAF 光纤的 9.6μm，从而增加了光纤的有效面积，即从 $55\mu m^2$ 增加到 $72\mu m^2$。在相同的入纤功率时，降低了光纤的功率密度，减少了光纤的非线性系数，同时也减小了光纤的非线性效应。

1350～1450nm 波长范围未被使用的原因是什么呢？现在已经开发了一种由新的制造工艺克服这个“水峰”的全波光纤——美国 OFS 公司的 AllWave 零水峰（ZWP）单模光纤。它是第一个允许人们使用 1400nm 附近的第五波长窗口的商用化光纤，是业界第一个为在整个 1260～1625nm 波段范围传输系统运行而设计的全波光纤。全波光纤建立了光纤规格的基准并保持着 G.652.D 低水峰光纤标准。在全波光纤推出之前，系统的运行区域仅限于 O 波段（1310nm 窗口）或者 C 和 L 波段（1530～1625nm）。

AllWave 零水峰（ZWP）单模光纤是 ITU-T G.652.D 和 G.657.A1 光纤的结合，能够防止在

接头盒和终端时引起的无意的光纤弯曲所造成的网络损坏，并且允许更小的光缆结构，从而使光缆操作更简便，并降低了光缆安装成本。

2.5.6 G.652 单模光纤产品

烽火通信 G.652 单模光纤产品的特点：工作窗口为 1310nm 和 1550nm，广泛应用于松套管、层绞式、带状等各种规格光缆；几何尺寸精确一致，易于熔接，熔接损耗低；涂覆层保护好，玻璃性能优越；采用外部气相沉积法（OVD），工艺稳定可靠。

G.652 单模光纤的特性包含光学特性、几何特性、机械特性和环境特性，如表 2-4 所示。

表 2-4　G.652 单模光纤的特性

光学特性		
典型衰减@1310nm		≤0.34dB/km
典型衰减@1550nm		≤0.20dB/km
零色散波长		1300～1324nm
零色散斜率		≤0.092ps/(nm^2·km)
模场直径（MFD）@1310nm		（9.2±0.4）μm
偏振模色散（PMD）	单根光纤最大值	≤0.2ps/$\sqrt{km}$
	链路最大值	≤0.12ps/$\sqrt{km}$
截止波长λ_c		≤1260nm
有效群折射率（N_{eff}）@1310nm		1.4675
有效群折射率（N_{eff}）@1550nm		1.4680
宏弯损耗（60mm 直径，100 圈）@1550nm		≤0.1dB
衰减局部不连续点		≤0.05dB
衰减均匀性		≤0.05dB
背向散射衰减系数差异（双向测量）		≤0.05dB/km
几何特性		
包层直径		（125±1）μm
包层不圆度		≤1%
纤芯/包层同心度误差		≤0.5μm
涂覆层直径（未着色）		（245±5）μm
包层/涂覆层同心度误差		≤12.0μm
光纤翘曲半径		≥4m
交货长度（km/盘）		24.7km，25.2km
机械特性		
筛选应力最小值		0.69GPa
涂覆层剥离力（典型值）		1.4N
动态疲劳参数 N_d		≥20
环境特性（@1310nm 和 1550nm）		
温度特性（-60～85℃）		≤0.05dB/km
热老化特性[(85±2)℃，30 天]		≤0.05dB/km
浸水特性[(23±2)℃，30 天]		≤0.05dB/km

【深入学习】其他单模光纤、多模光纤实际产品及光纤的特性参数，读者可参考有关公司网站。

2.6 光纤的非线性效应

在光场较弱的情况下，光纤的各种特征参数随光场强弱成线性变化，但在很强的光场作用下，光纤的各种特征参数会随光场成非线性变化。光纤的非线性效应是指在强光场的作用下，光波信号和光纤介质相互作用的一种物理效应。它主要包括两类：一类是由于光纤的折射系数随光强度变化，从而引起光波相位变化，导致光脉冲展宽，形成自相位调制（SPM）、交叉相位调制（XPM）和四波混频（FWM）等非线性效应；另一类是由于散射作用而产生的非线性效应，如受激拉曼散射及受激布里渊散射。

在很强的光场作用下，光纤折射率随入射光场强变化

$$n = n(\omega) + n_2 |\boldsymbol{E}|^2 \tag{2-92}$$

式中，n 为光纤总的折射率；ω 为光波角频率；$n(\omega)$ 为折射率的线性部分；n_2 为折射率的非线性部分，与三阶极化系数 $\chi_e^{(3)}$ 有关，n_2 也称为非线性折射系数，$n_2 = (3/8n)\mathrm{Re}(\chi_e^{(3)})$，式中 Re 表示取实数部分。

表示非线性折射率的另一个方法是

$$n = n(\omega) + n_2 P_{\text{in}} / A_{\text{eff}} \tag{2-93}$$

式中，P_{in} 为入射光功率；A_{eff} 为光纤的有效面积。非线性效应随光纤中光强的增大而增大，对于一个给定的光纤，光强反比于光纤纤芯的横截面积。由于光功率在光纤纤芯内不是均匀分布的，为简单起见，采用有效面积 A_{eff} 表示，模场分布为高斯分布时，有

$$A_{\text{eff}} \approx \pi w_0^2 \tag{2-94}$$

式中，w_0 为光纤模场半径。

非线性效应对信号的影响随距离的增加而增加，但是由于光纤损耗而带来信号功率的连续下降，我们用光纤有效长度来代替光纤长度

$$L_{\text{eff}} = \frac{1 - \exp(-aL)}{a} \tag{2-95}$$

式中，a 为光纤的衰减常数，单位为 1/km；L 为光纤的实际长度。

1. 自相位调制

自相位调制（SPM）的产生是由于本信道光功率引起的折射率非线性变化，这一非线性折射率引起与脉冲强度成正比的相移

$$\varphi_{\text{NL}} = \gamma P_{\text{in}} L_{\text{eff}} \tag{2-96}$$

式中，$\gamma = 2\pi n_2 / (A_{\text{eff}} \lambda)$ 为非线性参数；L_{eff} 为光纤有效长度。

非线性相移与信号功率成比例增大，输入信号功率越大，非线性效应越强。SPM 不仅随光强变化，还随时间变化，这种瞬时变化相移将引起光脉冲的频谱展宽，导致在光脉冲的中心两侧出现不同的瞬时光频率，即出现频率啁啾。频率啁啾随传输距离增大而增大，因此随着光脉冲沿光纤传输将不断产生新的频率分量，频谱将不断展宽。脉冲频谱的展宽程度还与脉冲形状有关。SPM 会增强色散的脉冲展宽效应，从而大大增加系统的功率代价。

2. 交叉相位调制

交叉相位调制（XPM）的产生是由于外信道光功率引起的折射率非线性变化，信道光信号产生的非线性相移不仅取决于其自身的强度或功率，也取决于其他信道的信号功率，因而第 j 信道的相移可写为

$$\varphi_{\mathrm{NL}}^{j}=\gamma L_{\mathrm{eff}}\left(P_j+2\sum_{m\neq j}^{M}P_m\right) \tag{2-97}$$

式中，M 为信道总数，P_j 为信道功率（$j=1\sim M$）。上式中，第一项来源于 SPM，第二项即交叉相位调制（XPM）。因子 2 表明在同样功率下 XPM 的影响是 SPM 的 2 倍。

因此 XPM 将加剧 WDM 系统中 SPM 的啁啾及相应的脉冲展宽效应，增加信道间隔可以抑制 XPM，高速（大于 10Gb/s）WDM 系统中，XPM 将成为一个显著的问题。

3．四波混频

由于非线性效应，光纤中同时传送的不同波长的光波发生相互作用，会产生新频率分量的信号。假设有 3 个频率的信号 ω_1、ω_2、ω_3，由于三阶电极化率，光纤内会产生频率 $\omega_4=\omega_1\pm\omega_2\pm\omega_3$ 的信号，这种现象称为四波混频（FWM）。

四波混频对系统的传输性能影响很大，特别是在 WDM 系统中，当信道间隔非常小时，可能有相当大的信道功率通过四波混频的参量过程转换到新的光场中。这种能量的转换不仅导致信道功率衰减，而且会引起信道之间的干扰，降低系统的传输性能。

4．受激布里渊散射

受激布里渊散射（SBS）是由于光子受到声学声子的散射所产生的。SBS 产生频移，只发生在很窄的谱线宽度内，斯托克斯波和泵浦波沿反方向传播，只要波长间隔比 20MHz 大得多(这是典型的情况)，SBS 不引起不同波长之间的相互作用。SBS 在朝向光源的方向上产生增益，会引起光源不稳定。SBS 阈值功率低，比如单波长信道 SBS 阈值功率为 9dBm，增加光源谱线宽度能够提高 SBS 阈值功率，通常 100MHz 光源，SBS 阈值功率为 16dBm。

5．受激拉曼散射

当强光信号输入光纤后，就会引发介质中分子振动，这些分子振动对入射光调制后，就会产生新的光频率，从而对入射光产生散射作用，这种现象称为受激拉曼散射（SRS）。SRS 同时存在于光传输方向或者与之相反的方向，功率阈值比 SBS 高 3 个数量级，具有 100nm 频移间隔。SRS 引起 DWDM 不同信道之间发生耦合，导致串扰；长波长信号被短波长信号放大，引起信道功率不平衡。

2.7 光纤的制作

光纤的生产工艺主要包括光纤预制棒的制作和光纤拉制两个过程。

1．光纤预制棒的制作

光纤是由圆柱形预制棒拉制而成的。光纤预制棒的结构和光纤结构相同，只不过同比例增大了很多。预制棒直径一般为 10～20cm（俗称光棒），长度为 0.5～2m，如图 2-26 所示。光纤预制棒晶莹剔透，好像艺术品一样！自 20 世纪 70 年代末期以来，我国对光纤预制棒制造技术的研究和改进逐渐取得了成功。

光纤预制棒用气相法制造，比如管内化学气相沉积法，用氧气按特定的次序将 $SiCl_4$、$GeCl_4$、BCl_3 送入旋转的高纯硅管中，硅管维持较高的温度，使硅和掺杂元素（Ge、B 等）按受控方式产生化学反应。反应的产物均匀沉积，随着化学反应不断产生，二氧化硅（SiO_2）粉尘沉积在管上，硅粉尘的沉积是一层一层的。化学反应过程为

$$SiCl_4+O_2\rightarrow SiO_2+2Cl_2\uparrow$$

$$GeCl_4+O_2\rightarrow GeO_2+2Cl_2\uparrow$$

图 2-26　光纤预制棒

常用的光纤预制棒制造方法有 4 种。

① 外部气相沉积法（OVD，Outside Vapour Deposition），这种制纤方法由康宁公司于 1972 年开发出来。

② 改进型化学气相沉积法（MCVD，Modified Chemical Vapour Deposition），由贝尔实验室于 1974 年开发出来，被广泛用于渐变光纤的生产中。

③ 活化等离子体化学气相沉积法（PCVD，Plasma Chemical Vapour Deposition），由飞利浦公司于 1975 年开发出来。

④ 气相轴向沉积法（VAD，Vapour Phase Axial Deposition），由日本的公司于 1977 年开发出来。

2．光纤拉制过程

光纤预制棒拉制成光纤的过程如下：

（1）光纤预制棒放进加热炉

在光纤预制棒制作完成后，就进入光纤拉制的过程。光纤预制棒由送料机构以一定的速度均匀地送往环状加热炉中加热，在无尘室中将光纤预制棒固定在拉丝机顶端。

（2）受热熔化

逐渐加热至 2000℃光纤预制棒尖端加热到一定的温度时，棒体尖端的黏度变低，靠自身重量逐渐下垂变细而成纤维，由牵引辊绕到卷筒上。

（3）直径监控

直径监控关键在于均匀加热、拉制速度的控制等。

光纤外径和圆的同心度由激光测径仪和同心度测试仪监测，其监测结果控制送棒机构和牵引辊相互配合，以保证光纤的同心度和外径的均匀性。目前，光纤的外径波动可控制在±0.5μm 以内，拉制速度一般为 600m/min。

（4）涂覆器

涂覆材料也在拉丝机上及时涂敷，以保护光纤免受潮气、磨损的伤害。

（5）硬化设备

用某种光线（紫外线）照射光纤使涂覆材料固化。

（6）同心监控

在拉制过程中，光纤直径的测量及控制非常重要。光纤的直径和结构等质量参数多与拉制速度有关，自动化的测量、监控会随时调节拉制速度。

（7）卷绕

卷绕后的光纤成品如图 2-27 所示。

图 2-27　卷绕后的光纤成品

为了有效识别一根光缆中的裸光纤，要对裸光纤进行染色，以便光缆进行对接时能快速方便地找到两个端头，满足光缆接续和维护的需要。

1970 年，美国康宁公司的 3 名科研人员根据高锟博士的设想，成功研制传输损耗只有 20dB/km 的低损耗石英光纤。目前，康宁公司生产的光纤的损耗可低达 0.2dB/km，可以看出光纤的生产工艺有了很大的改进。

1976 年，赵梓森院士等人在武汉邮电科学研究院，在非常艰苦的环境下，用电炉加烧瓶的“土法”拉出了我国第一根光纤，为我国光纤通信事业的发展奠定了坚实的基础。

2.8 光　缆

光纤从高温拉制出来后，要立即用软塑料进行一次被覆和应力筛选，除去断裂光纤，并对成品光纤用硬塑料进行二次被覆，最终制作成光缆（Cable）。

光缆分类如下：

- 按成缆光纤类型——多模光纤光缆和单模光纤光缆；
- 按缆芯结构——中心束管式、层绞式、骨架式和带状式光缆；
- 按加强件和保护层——金属加强件、非金属加强、铠装光缆；
- 按使用场合——长途/室外、室内、水下/海底等光缆；
- 按敷设方式——架空、管道、直埋和水下光缆。

我国及欧亚各国用得较多的是传统结构的层绞式光缆和骨架式光缆。

1. 光缆的基本结构

光缆包括 4 部分。

① 裸光纤，缆芯是由单根或多根光纤芯线组成的，其作用是传输光波。

② 缓冲管（Buffer），缓冲管是直径 0.9mm 的白色塑料管，优点是机械力隔离、防潮，缺点是不能垂直安装、连接费力。

③ 加强件，加强件一般有金属丝和非金属纤维，其作用是增强光缆敷设时可承受的拉伸负荷。

④ 外套，即保护层，光缆的保护层主要是对已成缆的光纤芯线起保护作用，避免受外界的损伤。

2. 光缆特性

光缆的主要特性包括光缆中光纤的传输特性、光缆的机械特性、光缆的环境特性和光缆的电气特性。

光缆的机械特性包括光缆的拉伸、压扁、冲击、反复弯曲、扭转、卷绕、曲绕、弯折等。

光缆的环境特性包括光缆的温度特性、滴流性能、渗水性、阻燃性、防蚁性能、低温下弯曲性能和低温下耐冲击性能等。

当光缆中含有作为导电或传输信号的电导体时，要检测光缆中电导体的电阻、电介质绝缘强度、绝缘电阻等。其他特殊用途的光缆还要根据其特殊性能要求进行特殊试验。

光缆型号由光缆形式的代号和光缆规格代号构成，中间用空格隔开。光缆规格是由光纤数和光纤类别代号组成，光纤数用光缆中同一类别光纤的实际有效数目的数字表示。光缆型号较多，这里不详细叙述，仅举几个例子说明。

GYTA 53：室外通信用金属加强件松套层绞全填充铝-聚乙烯黏接、皱纹钢带铠装聚乙烯外护层光缆。

GYTA 33：室外通信用金属加强件松套层绞全填充铝-聚乙烯护套、单细圆钢丝铠装聚乙烯外护层光缆。

GYGTA：室外通信用金属加强件骨架绞全填充铝-聚乙烯黏接护套光缆。

3．光缆类型举例及特性

（1）单模单芯光缆

其实物图如图 2-28（a）所示，截面示意图如图 2-28（b）所示。

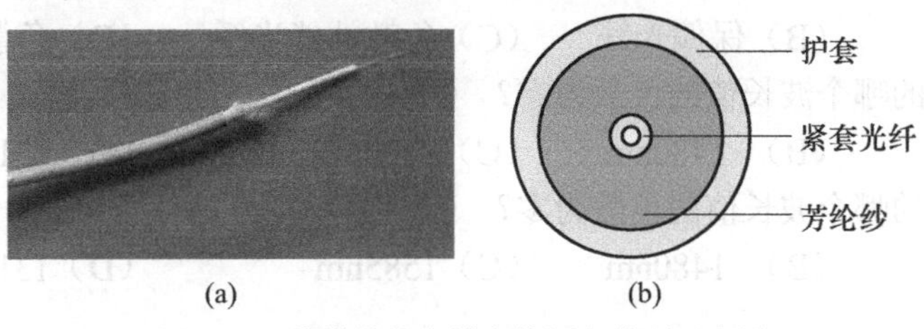

图 2-28　单模单芯光缆实物图和截面示意图

光缆直径：2.0mm 或 3.0mm，紧套光纤，PVC 白色。护套材料：PVC 或 LSZH。护套颜色：单模光纤为黄色，多模光纤为橘色。

（2）室外光缆-金属加强件松套层绞式光缆

GYTA 光缆的结构是将 250μm 光纤套入高模量材料制成的松套管中，松套管内填充防水化合物。缆芯的中心是一根金属加强芯，对于某些芯数的光缆来说，金属加强芯外还需挤上一层聚乙烯（PE）。松套管（和填充绳）围绕中心加强芯绞合成紧凑圆形的缆芯，缆芯内的缝隙充以阻水填充物。涂塑铝带（APL）纵包后挤制聚乙烯护套成缆。光缆的实物图如图 2-29（a）所示，其截面示意图如图 2-29（b）所示。

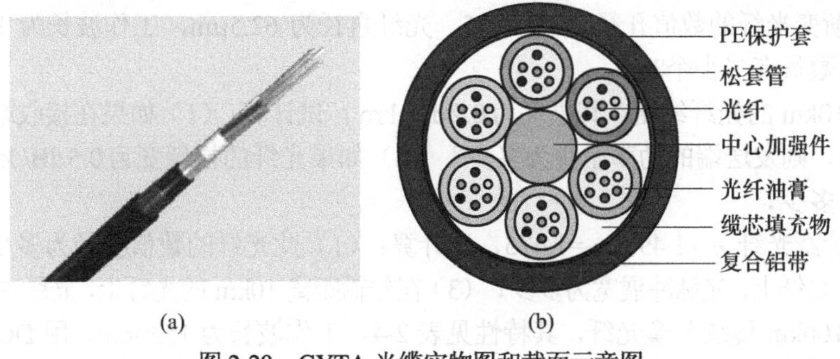

图 2-29　GYTA 光缆实物图和截面示意图

GYTA 光缆芯数：2～216；外径：10.7～18.3mm；质量：107～325kg；应用范围：适用于长途通信和局间通信；敷设方式：管道、架空；工作温度：−40～+70℃。

光缆的实际类型有很多，读者可上网搜索资料以进一步学习。

【讨论与创新】上网搜索资料，讨论学习下面的问题。

（1）有源光缆 AOC 是什么？高速 USB3.0 光缆是什么？

（2）海底光缆的结构是怎样的？如何铺设国际海底光缆？

2.9　习题与设计题

（一）选择题

1．在阶跃（弱导）光纤中，导波的基模是（　　）。

（A）LP_{00}　　（B）LP_{01}　　（C）LP_{11}　　（D）LP_{12}

2．光纤预制棒的制作方法有（　　）。

（A）OVD　　　（B）MCVD　　　（C）PCVD　　　（D）VAD

3．多模光纤的主要色散是（　　）。

（A）波导色散　　（B）模式色散　　（C）材料色散　　（D）偏振模色散

4．下面哪种光纤可以用来对传统单模光纤进行色散补偿？（　　）

（A）光敏光纤　　（B）保偏光纤　　（C）色散补偿光纤　　（D）色散平坦光纤

5．G.652 光纤的哪个波长值的色散为零？（　　）

（A）1550nm　　（B）1480nm　　（C）980nm　　（D）1310nm

6．G.655 光纤的哪个波长值的色散为零？（　　）

（A）1550nm　　（B）1480nm　　（C）1585nm　　（D）1310nm

（二）问答题

1．什么是模式色散？什么是材料色散？什么是波导色散？

2．多模光纤有哪些类型？

3．偏振模色散的含义是什么？

4．G.652、G.653、G.654、G.655、G.656、G.657 光纤各有何特点？

5．光源谱线宽度对光脉冲色散有何影响？

6．单模光纤的截止波长的含义是什么？

7．光纤的比特率-距离积的含义是什么？

8．光纤的非线性效应有哪些？产生的原因和危害是什么？

（三）计算题

1．已知渐变光纤的数值孔径 NA=0.275，光纤直径为 62.5μm，工作波长为 1310nm，计算可以传输模式数量有多少个？

2．一段 10km 的光纤线路，其损耗为 $0.2\,\text{dB/km}$，试计算：（1）如果在接收端保持 $0.3\,\text{mW}$ 的接收光功率，则发送端的功率至少为多少？（2）如果光纤的损耗变为 $0.5\,\text{dB/km}$，则所需的输入光功率为多少？

3．已知阶跃光纤 n_1=1.49，n_2=1.475，试计算：（1）此光纤的数值孔径为多少？（2）在传输距离 1km 的光纤上，光脉冲展宽为多少？（3）在传输距离 10km 的光纤上，光脉冲展宽为多少？

4．现有 100km 传统单模光纤，其特性见表 2-4，工作波长为 1530nm，用 DCF 进行色散补偿，DCF 的色散系数为 $D_{\text{DCF}}(\lambda)=-116.4\,\text{ps/(nm·km)}$，计算需要多长的色散补偿光纤？

（四）设计题

1．光纤模式与色散的仿真计算

COMSOL Multiphysics 是一款大型的高级数值仿真软件，广泛应用于各个领域的科学研究及工程计算，模拟科学和工程领域的各种物理过程。COMSOL Multiphysics 以有限元法为基础，通过求解偏微分方程（单场）或偏微分方程组（多场）来实现真实物理现象的仿真，用数学方法求解真实世界的物理现象。

学习 COMSOL Multiphysics 软件，参考软件中光纤仿真设计实例，计算光纤的传输模式，画出光纤模式的电磁场分布，计算光纤色散。

2．利用 OptiSystem 软件仿真单模光纤的色散引起的脉冲展宽。

用 OptiSystem 软件设计仿真图，改变光纤、光源的参数及信号比特率，用光时域测量仪观察脉冲展宽，分析脉冲展宽和色散与光纤传输速率的关系。

项目实践：光纤跳线的测量和使用

【项目目标】

掌握常见光纤通信测量仪器的使用方法，掌握光纤跳线的测试方法和使用。

【项目构思与设计】

项目实施前，应根据现有的技术和设计规范，分析问题，归纳要求，构思设计项目。

根据光纤跳线（也称为跳纤）应用时的技术问题设计此项目：先学习常见测量仪器的使用和注意事项，然后做光纤跳线检测，并用光纤跳线连接两台计算机。

常用的光纤测量仪器：光功率计、稳定光源、光时域反射仪（OTDR）和光纤故障定位仪。其他设备包括光纤跳线和光纤收发器。

本项目实施过程中，采用团队模式，成立项目组，2～4个同学一组，每个学生在组内有不同的角色。讨论学习光纤通信测量仪器的使用方法，共同完成利用光纤跳线和光纤收发器连接两台计算机。

本项目原理简单且容易实现，甚至可自行购买光纤收发器和光纤跳线，把宿舍里的两台计算机连接在一起并测试。

【项目内容与实施】

1．项目基础知识

光纤跳线检测的主要目的是保证系统连接的质量，减少故障因素，并在出现故障时找出光纤的故障点，光纤跳线的使用可参考本书第5章内容。光纤跳线的检测方法分为人工简易测量和精密仪器测量。人工简易测量用于快速检测光纤跳线的通断，或者施工时用来分辨所操作的光纤跳线。可用一个简易光源从光纤跳线的一端耦合进可见光，在光纤跳线另一端观察是否有光来进行判断。精密仪器测量包括：使用光纤显微镜测试光纤端面是否有划痕；使用光时域反射仪（OTDR）对光纤跳线进行测量，测出光纤跳线的衰减和接头的衰减。通过测量光纤链路的损耗，能够更好地提高系统的性能。

光纤连接器在光纤网络中十分常见，它的主要用途是实现光纤的接续。来自检测设备、防尘帽、隔板、人群和环境等的灰尘和其他颗粒物都将污染光纤连接器的端面。光纤连接器端面的污染是网络中断的一个主要原因。对光纤连接器端面的检查可以找出光纤连接器上的灰尘或划痕，也可以在终端接续过程中检测出光纤连接器端面的研磨类型。在连接光纤之前，先要进行光纤连接器的检测，这样就可以确保光纤连接器在对接之前端面是干净的。

当我们在布置大型网络时，由于网线的传输距离有限（两个网络设备之间网线直连的最大传输距离为100m），一般都会选择中继设备或者光纤来完成布线。使用光纤和光纤收发器是一个很好的方法，光纤收发器是一种将电信号和光信号进行互相转换的网络设备。单模光纤收发器的传输距离为20～120km，多模光纤收发器的传输距离为2～5km。单纤光纤收发器是指接收和发送的数据在一根光纤上传输，双纤光纤收发器是指接收和发送的数据在一对光纤上传输。

2．项目实施过程

（1）使用光源和光功率计测试光纤跳线的连通性

如图2-30所示，通过测量可快速了解光纤跳线的基本性能。一般的光源设备都会显示光源的输出功率，用光功率计测量光纤跳线另一端的功率，如果二者大小基本一致（需考虑光纤连接器的损耗），则认为光纤跳线的连通性没问题。

也可使用光纤识别器，甚至用普通激光笔来判断光纤跳线的连通性。注意不能直视激光，将光纤另一端出射激光投射到桌面，可看到激光光斑。

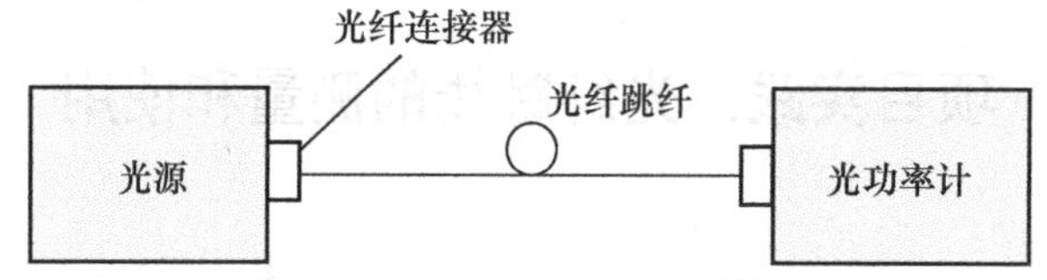

图 2-30　用光源和光功率计测试光纤跳线的连通性

（2）光纤端面的检查

光纤连接器的类型可参考本书 5.1 节内容。

在实际操作中，光纤检查包括目视检查和设备检查。通常，我们用光纤显微镜（见图 2-39）来查看光纤端面。有污染的光纤端面和清洁后的光纤端面分别如图 2-31（a）、（b）所示。

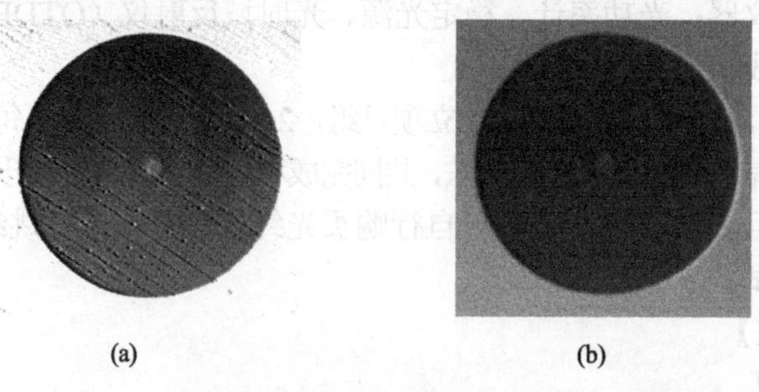

(a)　　(b)

图 2-31　有污染的光纤端面和清洁后的光纤端面

光纤清洁盒是维护和保证光纤连接质量最重要的和必不可少的配件，如图 2-32 所示。它可以简单、快速地清洁各种光纤连接器端面，采用最佳的低成本非酒精清洁方法，适用的光纤连接器型号有 SC、FC、MU、LC、ST、MPO 等。

图 2-32　光纤清洁盒

（3）光纤收发器连接两台计算机

本项目使用光纤跳线和光纤收发器连接两台计算机。单模光纤跳线，SC 接头，长度 3m，如图 2-33 所示。光纤收发器如图 2-34 所示，发射波长 1310nm，以太网传输速率 100Mb/s，单模光纤，SC 接口。

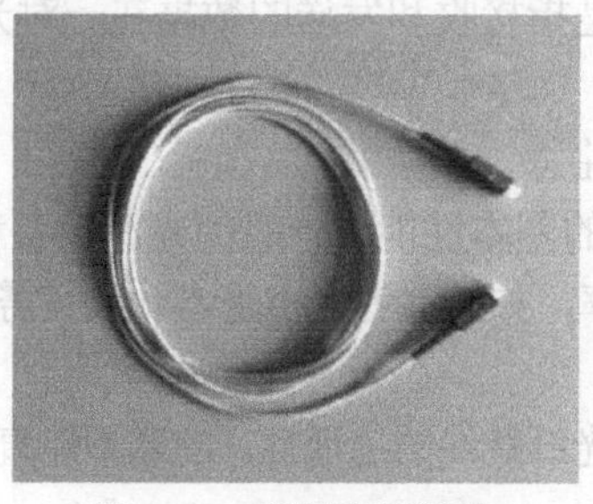

图 2-33　单模光纤跳线

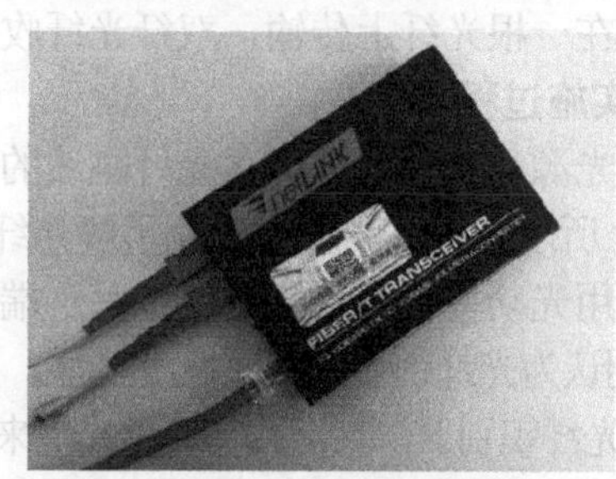

图 2-34　光纤收发器

用网线、光纤收发器、光纤跳线连接两台计算机，如图 2-35 所示。为防止线路功率过大，需要时可在线路中接入光衰减器。

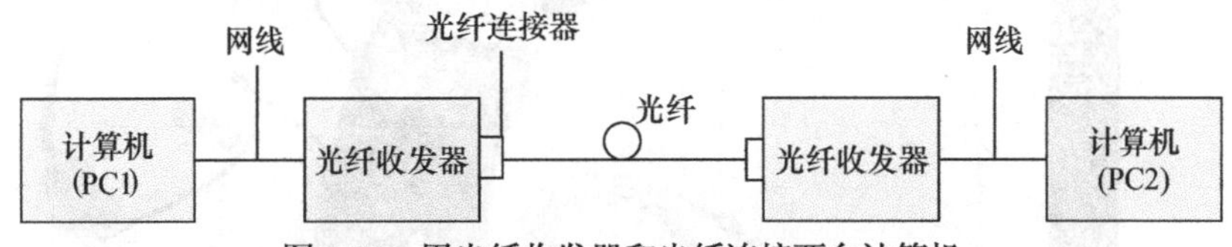

图 2-35　用光纤收发器和光纤连接两台计算机

按图 2-35 连接好线路，光纤收发器接通电源后，光纤收发器上的网线和光纤端口 LED 指示灯闪烁，表示有数据接收或发送。

连接好两台计算机后，配置好 IP 地址，用 Ping 命令测试两台计算机是否连通。或者下载局域网测速软件 Iperf（或图形界面软件 Jperf），测量不同弯曲状态下光纤的传输速率。若两台计算机不能正常通信，则需要检查线路，分析排除故障。

【项目总结】

项目结束后，所有团队完成光纤跳线的测量与使用项目，提交学习报告。

【讨论与创新】 上网搜索资料，讨论学习下面的内容。

（1）如何用 OTDR 测量光纤长度和损耗？

（2）光纤的色散和带宽如何测量？

【注意事项】

永远不要让光纤尾部端面正对你的眼睛，永远也不能正视激光。光纤通信用的激光是不可见的，但可能会对人眼造成永久伤害。

附录　光纤通信测量仪器

常用光纤通信测量仪器有光纤识别器、光纤显微镜、光功率计、稳定光源、光电话、光时域反射仪（OTDR）和光纤故障定位器等。下面主要以 Viavi 公司产品为例介绍光纤通信测量仪器。

（1）光纤识别器

光纤识别器（Optical Fiber Identifier）可以轻松识别光信号，而无须断开光缆或中断网络通信，也可以转换为光功率计。FI-60LFI 光纤识别器是整合了全功能光功率计的光纤识别器，如图 2-36 所示。

（2）光电话

OTS-55 Smart 光电话适用于光纤现场安装、维护、排除障碍，解决了有光纤环境的野外、现场的通信方式，如图 2-37 所示。同时可以与具有光电话选件的 MTS6000、MTS8000 和 OFI2000 进行通信。OTS-55 Smart 光电话采用数字调制方式，在单根光纤上即可传输清晰的语音信号。具有免提功能，机身自带扬声器与麦克风，不用耳麦一样可以完成通话。

（3）光纤故障定位器

光纤故障定位器可轻松、快速地定位问题区域的光缆。FFL-050 光纤可视故障定位器如图 2-38 所示。它采用紧密的人机工程学设计以最大可能地便于携带，可见波长为 650nm，高功率激光（1mW），用于单模式（>7km）和多模式（>5km）的光纤连接器。

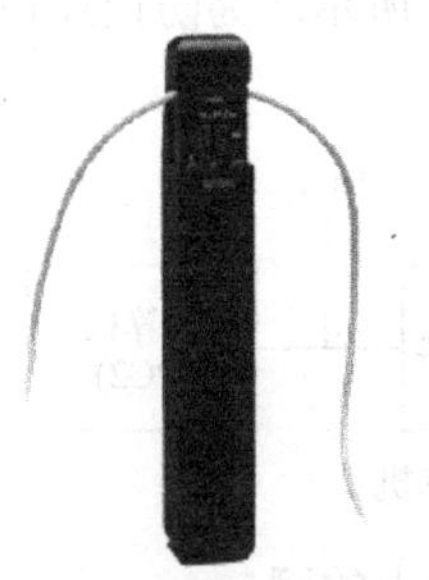

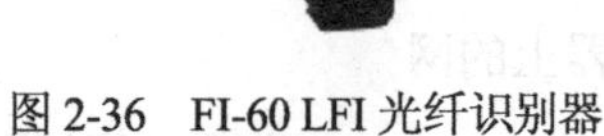

图 2-36　FI-60 LFI 光纤识别器　　　　图 2-37　OTS-55 Smart 光电话

（4）光纤显微镜

光纤显微镜是目前能够见到的唯一将光纤端面检查与光功率测试完美结合的手持终端，使光纤连接的工作变得规范、专业，并能有效地避免中间环节上的光纤端面污染，是“先检查后连接”理念的最好实现手段，如图 2-39 所示。

图 2-38　FFL-050 光纤可视故障定位器

图 2-39　光纤显微镜

（5）光纤光源

OLS-85 手持式光源是一个专业的、多用途的、紧凑的仪表，用于光纤网络的验证和认证，如图 2-40 所示。它独特的波长组合使长距离、城域网和接入网的链路损耗测试工作趋于最佳化，同时，也适用于网络数据中心和本地网测试。

（6）光功率计

光功率计用于测量绝对光功率或通过一段光纤的光功率相对损耗。在光纤系统测量中，光功率计是最基本的设备，OLP-85 光功率计如图 2-41 所示。

图 2-40　OLS-85 手持式光源

图 2-41　OLP-85 光功率计

（7）光时域反射仪（OTDR）

光纤损耗表现为与距离的函数，借助于 OTDR，如图 2-42 所示，技术人员能够看到整个系统轮廓，识别并测量光纤的跨度、接续点和连接头。

（8）光谱分析仪

OSA-500x 是高性能全波段光谱分析仪器，如图 2-43 所示。它具有工业领导性技术标准，分辨率带宽达到 0.038nm，是测试信道间隔 25GHz 的超密集 DWDM 网络的理想解决方案。

图 2-42　光时域反射仪（OTDR）

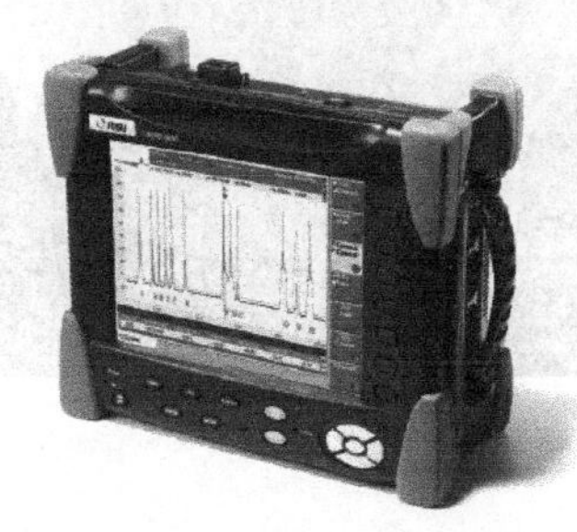

图 2-43　OSA-500x 光谱分析仪

1962年9月16日，通用电气公司的罗伯特·霍尔（Robert Hall）带领的研究小组展示了砷化镓（GaAs）半导体的红外发射，这种半导体发出的光具有“奇怪的”干涉图形，这意味着相干激光——首个半导体激光器的诞生。

左图是 Gunther Fenner, Robert Hall 和 Jack Kingsley 在通用研究实验室（1962年）。

第3章　光源和光发送机

光纤通信中光源的作用是把需要传送的电信号转换成光信号，常用的光源有激光二极管（LD，也称半导体激光器）和发光二极管（LED）两种。随着光纤的发展，半导体光源也得到了同步发展。光发送机包括激光器驱动和调制电路、功率自动控制电路等，其输入的是需要传送的电信号，而输出是经过调制的光信号。

光纤通信中使用的LD/LED和一般光电子应用技术中的LD/LED不同，光纤通信中对光源谱线宽度、调制带宽等特性有更高的要求。学习时注意区别，普通的LD和光纤通信用LD到底有何不同？常见的激光笔能用作光纤通信的光源吗？

3.1　发光二极管

3.1.1　半导体的光辐射

半导体光电器件的物理基础是光和物质的相互作用，包括受激吸收、自发辐射、受激辐射3种形式。

1. 能级图

物质是由原子组成的，原子由一个带正电荷的原子核和若干个带负电荷的电子组成。电子围绕原子核做轨道运动，电子的运动轨道不是连续的，电子只能沿着某些可能的轨道绕原子核运转，而不是任意的轨道。也就是说，原子内部的电子处于不同的能量轨道上，电子在每一个轨道上运动时具有确定的能量，离原子核较近的轨道对应的能量较小，离原子核较远的轨道所对应的能量较大。这些能量值称为原子的能级，通常用一系列的水平横线来表示原子内部的能量关系，称为能级图，如图3-1所示。

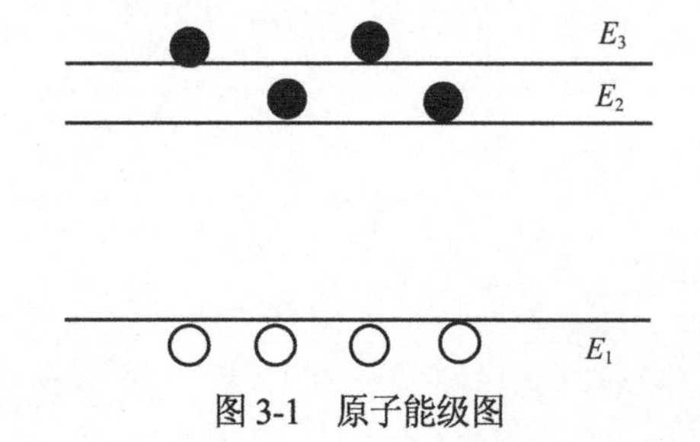

图3-1　原子能级图

电子由于发射或吸收光子而从一个能级改变到另一个能级称为跃迁，但原子发射或吸收光子，只能出现在某些特定的能级之间。当原子中的电子与外界有能量交换时，电子就在不同的能级之间跃迁，并伴随有能量如光能、热能等的吸收与释放。

设在单位物质中，处于低能级 E_1 和处于高能级 E_2（$E_2>E_1$）的原子数分别为 N_1 和 N_2。当系统处于热平衡状态时，各能级上的原子数服从玻耳兹曼统计分布，即

$$\frac{N_2}{N_1}=\exp\left(-\frac{E_2-E_1}{k_B T}\right) \tag{3-1}$$

式中，$k_B=1.381\times10^{-23}$J/K，为波耳兹曼常数，T 为热力学温度。由于 $(E_2-E_1)>0$，$T>0$，所以在这种状态下，总是 $N_1>N_2$，这是因为电子总是首先占据低能量的轨道。$N_2>N_1$ 的分布和正常状态（$N_1>N_2$）的分布相反，称为粒子（电子）数反转分布。在半导体激光器中，需要得到粒子数反转分布的状态，这个问题将在后面叙述。

2．辐射与吸收

（1）自发辐射

处于高能级的电子状态是不稳定的，它将自发地从高能级 E_2（在半导体中是指导带的一个能级）运动（称为跃迁）到低能级 E_1（在半导体中是指价带的一个能级）与空穴复合，同时释放出一个光子，如图 3-2 所示，由于不需要外部激励，所以该过程称为自发辐射。

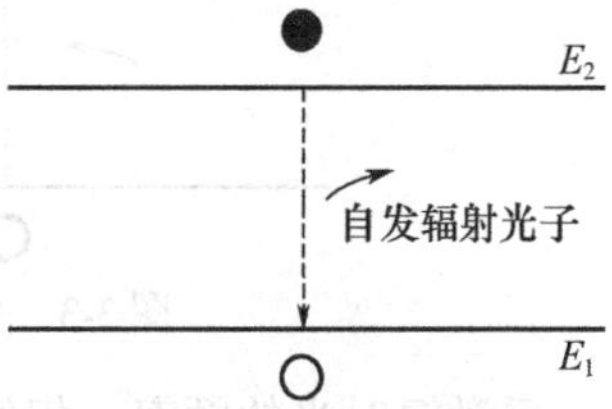

E_2

自发辐射光子

E_1

图 3-2　自发辐射

根据能量守恒定律，自发辐射光子的能量为 E_g，可计算出光的波长 λ

$$E_g=\Delta E=E_2-E_1$$

$$E_g=hf=hc/\lambda$$

$$\lambda=hc/(E_2-E_1) \tag{3-2}$$

式中，h 为普朗克常数，其值为 6.626×10^{-34} J·s；c 为光速，其值为 3×10^8m/s；f 为光子频率；E_2 为高能级能量；E_1 为低能级能量。

如果原子能量和能级差用电子伏（eV）表示，1eV=1.602×10^{-19}J，式（3-2）可表示为

$$\lambda(\text{nm})=1240/E_g(\text{eV}) \tag{3-3}$$

从上面的公式可以看到，光源的波长是由材料的能级决定的，材料的能级是由材料本身的特性决定的。不同材料的能级不同，辐射光波的波长也就不同。

比如，LED 材料的能级差 2.5eV，该能级差等于单个光子的能量，即 $E_p=E_g$，根据式（3-2），计算波长 $\lambda=hc/E_p$=500nm，该 LED 辐射的光是绿色光。

【例 3-1】已知激光二极管发射红光，波长 λ=650nm，单个光子的能量 E_p 等于多少呢？假设光源的功率为 1mW，光源每秒发射的光子数是多少呢？

解：根据公式得

$$E_p=hf=hc/\lambda=3.04\times10^{-19}\text{ J}$$

光源的功率为 P=1mW，则 1s 内光子的总能量为 $E=P\times1$。而

$$E=E_p\times N$$

由此，可计算得光源每秒发射的光子数目 $N=E/E_p=3.3\times10^{15}$。

从本题可以看到，尽管单个光子的能量很小，但功率 1mW 的光源，每秒发射的光子数目仍然大得惊人。试想一想，我们能否准确地测量到底有多少个光子呢？

（2）受激吸收

在外来光子激励下，电子吸收外来光子能量而从低能级跃迁到高能级，变成自由电子。当

处于低能级 E_1 的电子，受到光子能量恰好为 $E_p = \Delta E = E_2 - E_1$ 的外来入射光的照射时，电子吸收一个这种光子而跃迁到高能级 E_2，这种跃迁称为受激吸收，如图 3-3 所示。

如果材料受到外来入射光的照射，当光子能量 E_p 不等于材料的能级差 $\Delta E = E_2 - E_1$ 时，则光子不会被吸收。比如，当太阳光照射到玻璃窗时，屋外感觉明亮，屋内感觉光较弱，就是因为部分光被吸收，反映出的结果就是玻璃温度升高，变热了；其次，有部分光透过玻璃，是因为这部分光子没有被吸收。

（3）受激辐射

当处于高能级 E_2 的电子，受到光子能量恰好为 $E_p = \Delta E = E_2 - E_1$ 的外来入射光的照射时，电子在入射光子的刺激下，跃迁回到低能级 E_1，而且辐射出一个与入射光子有相同频率、相同相位和相同传播方向的光子，这种类型的跃迁称为受激辐射，如图 3-4 所示。

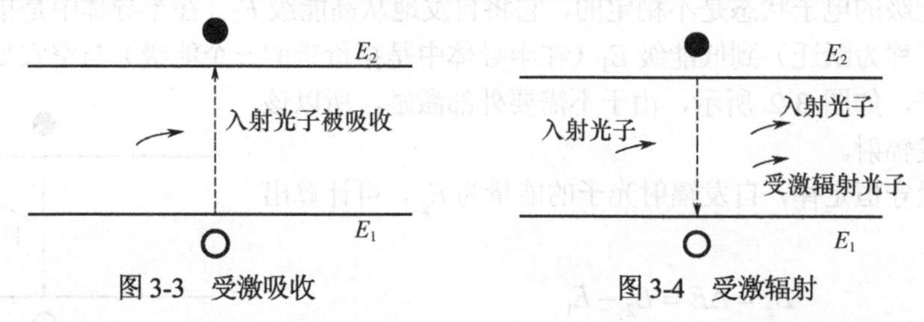

图 3-3　受激吸收　　图 3-4　受激辐射

受激辐射光的频率、相位、偏振态和传播方向与入射光相同，这种光称为相干光。自发辐射光是由大量不同激发态的电子自发跃迁产生的，其频率和方向分布在一定范围内，相位和偏振态是混乱的，这种光称为非相干光。

3．半导体能带

半导体是由大量原子周期性地有序排列构成的，当大量原子结合成晶体后，邻近原子中的电子态将发生不同程度的交叠，原子间的影响将表现出来。原来围绕一个原子运动的电子，现在可能转移到邻近原子的同一轨道上去，晶体中的电子不再属于个别原子所有，它们一方面围绕每个原子运动，同时又要在原子之间做共有化运动，因此，晶体的能谱在原子能级的基础上按共有化运动的不同而分裂成若干组。每组中能级彼此靠得很近，形成有一定宽度的带，成为能带，也就是说，原来的能级已经转变成能带，如图 3-5 所示。

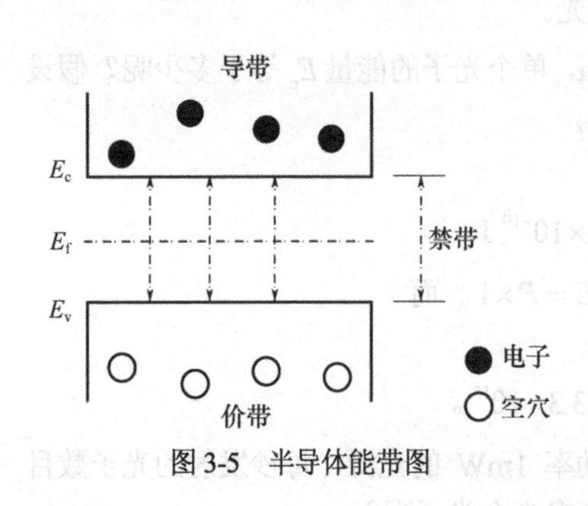

图 3-5　半导体能带图

导带是半导体能量最高的一个能带 E_c，是自由电子（简称为电子）所处的能量范围；原子轨道能级所形成的低能量带称为能级的价带；导带和价带之间不允许电子填充，所以称为禁带，导带的能量 E_c 和价带顶的能量 E_v 之间的能量差 $E_c-E_v=E_f$，称为禁带或带隙，禁带是产生本征激发所需要的最小平均能量。

我们将在能级 E 上找到电子的概率看作是 E 的函数，并且假定各能级之间足够接近以形成连续的能带。电子占据能带（导带）中某个能级 E 的概率称为费米分布 $f(E)$。

根据量子统计理论，在热平衡状态下：当 T>0K，即温度高于热力学零度时，热能将激发一些电子，使它们占据能级 E，其费米分布为

$$f(E)=\left(1+\exp\left(\frac{E-E_{\mathrm{f}}}{k_{\mathrm{B}}T}\right)\right)^{-1} \tag{3-4}$$

式中，k_{B} 为玻耳兹曼常数，$k_{\mathrm{B}}=1.38\times10^{-23}\ \mathrm{J/K}$；$T$ 为热力学温度；E_{f} 称为费米能级。在热平衡状态下，费米能级被电子和空穴占据的概率相同。

当 $T\to0\mathrm{K}$ 时，即温度接近热力学零度时，低于 E_{f} 以下的能级，费米分布 $f(E)\to1$，也就是说，价带填满了电子；高于 E_{f} 的能级，费米分布 $f(E)\to0$，即导带没有电子。

为什么会这样呢？这是因为没有电子拥有足够的能量跃过禁带。一旦有外部能量，一些电子获得足够的能量跃过禁带，占据导带的能级，称为受激电子，受激电子在价带留下正电荷载体——空穴。导带的电子和价带的空穴是成对出现的，统称为载流子。

完全不含杂质且无晶格缺陷的纯净半导体称为本征半导体。本征半导体中，电子和空穴是成对出现的，费米能级位于禁带中间位置。

为了使电子更容易跃过禁带，可以在本征半导体中掺入其他物质的原子，以便产生大量的电子和空穴。在本征半导体中掺入施主杂质，导带的电子增多，价带的空穴相对减少，称为 N 型半导体，掺杂使得半导体中的能量分布发生变化，N 型掺杂使得费米能级向导带移动。在本征半导体中掺入受主杂质，导带的电子减少，价带的空穴相对增多，称为 P 型半导体，P 型掺杂使得费米能级向价带移动。

当 P 型半导体和 N 型半导体结合形成结后，由于载流子向对方互相扩散的结果，使 N 区的费米能级降低，P 区的费米能级升高，达到热平衡时，形成了统一的费米能级。

3.1.2 发光二极管的原理

1．LED 的发光原理

发光二极管（LED）的核心是由 P 型半导体和 N 型半导体组成的半导体材料晶片，在 P 型半导体和 N 型半导体之间有一个过渡层，称为 PN 结。当在衬底上生长一个 P 型半导体层与一个 N 型半导体层时，一个 PN 结就形成了。LED 的发光原理如图 3-6 所示。

在 P 型和 N 型半导体组成的 PN 结上，由于存在多数载流子（电子或空穴）的梯度，产生载流子扩散运动，P 区的空穴向 N 区扩散，而 N 区的电子向 P 区扩散，空穴和电子可以直接结合，释放出光子。

由于载流子的扩散运动，靠近 PN 结的 P 区一侧留下了不能移动的带负电的离子，N 区一侧留下了不能移动的带正电的离子，因此，在 PN 结及其附近形成内部电场，方向从 N 区指向 P 区。内部电场的产生又会反过来使载流子产生与扩散运动相反的漂移运动，二者达到动态平衡。此时 PN 结内缺乏载流子，电阻很大，该区域称为耗尽区。

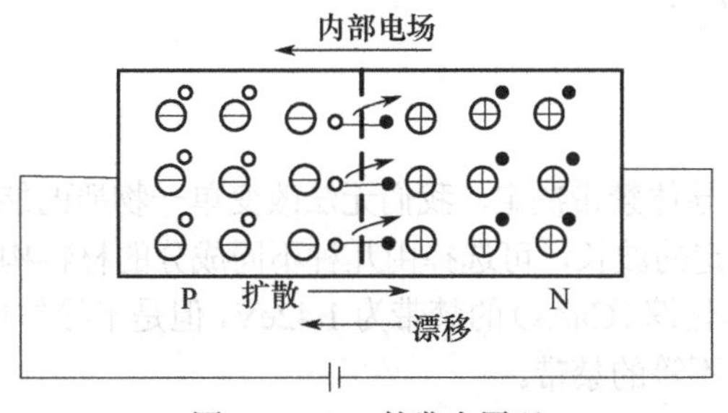

图 3-6 LED 的发光原理

在半导体的 PN 结上，外加正向偏压（P 端接正，N 端接负），正向偏压在 PN 结产生一个与内部电场方向相反的电场，内部电场减弱，空穴由 P 区流向 N 区，电子则由 N 区流向 P 区，空穴和电子可以直接复合，在复合的过程中，能量以光的形式释放出光子，这就是 LED 的发光原理。电子和空穴之间的能量（带隙）越大，产生的光子能量就越高，施加正向电压的作用是吸引 N 区电子和 P 区空穴复合。

2．LED 的结构

LED 主要由 PN 结、电极、光学系统及附件等组成。传统的 LED 大多是利用砷化镓（GaAs）、磷化镓（GaP）或它们的组合晶体（GaAsP）等Ⅲ-Ⅴ族半导体构成的。

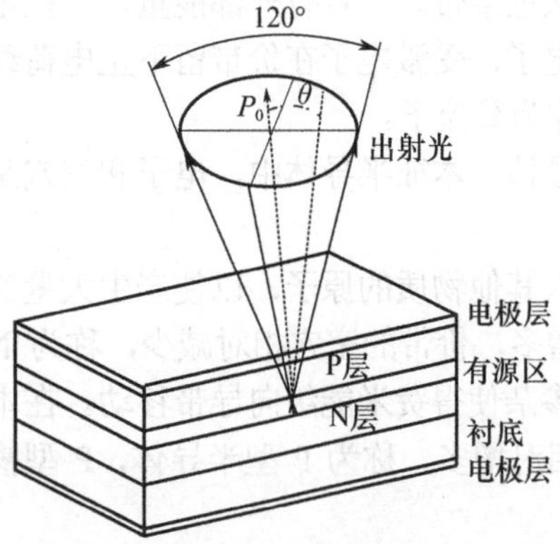

图 3-7　正面发光型 LED

根据 LED 的结构，LED 分为两种类型：正面发光型 LED 和侧面发光型 LED。

正面发光型 LED，即 SLED，输出光的方向垂直于 PN 结平面，如图 3-7 所示。光辐射功率呈朗伯分布，即 $P(\theta)=P_0\cos\theta$，式中，θ为观测方向与法线之间的夹角，P_0为出光面法线方向的光功率。半功率点辐射角约 120°，朗伯源产生的功率的一半都集中在一个 120° 的圆锥之中。

侧面发光型 LED，即 ELED，输出光的方向平行于 PN 结平面，如图 3-8 所示。半功率点辐射角水平方向约 120°、垂直方向约 30°，由于半功率点辐射角大，LED 与光纤的耦合效率一般小于 10%，入射到光纤的功率只有几百微瓦。

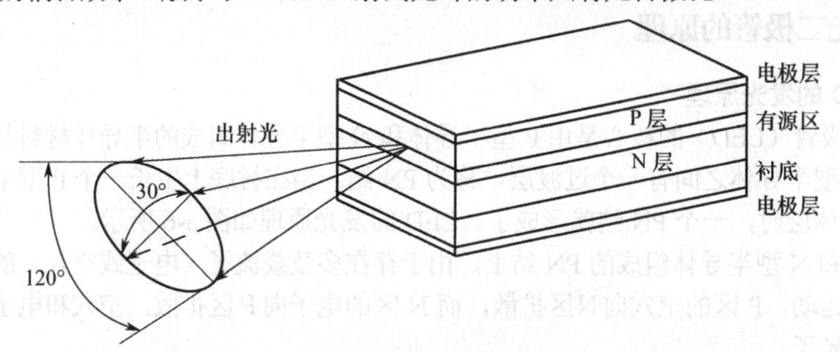

图 3-8　侧面发光型 LED

同质结 LED 的结构特点是两种半导体有相同禁带，缺点是激活区太发散、效率低、光束太宽。实际的 LED 产品大都是异质结结构，异质结结构的内容可参考本章 3.2 节内容。

3.1.3　发光二极管的特性

1．光谱特性

（1）波长

LED 的发光波长由半导体禁带决定，我们无法改变单一物质的能级，也无法改变它们的禁带，因此为了得到一个特定的波长，可选择由几种不同成分的材料构成的半导体化合物以得到特定的禁带宽度。例如，砷化镓（GaAs）的禁带为 1.42eV，但是半导体化合物砷化镓铝（GaAlAs）就可以得到 1.42～1.92eV 不等的禁带。

短波长 LED 由半导体化合物材料 GaAlAs 制成，各元素成分掺杂的比例不相同，一般用 $Ga_{1-x}Al_xAs$ 表示，其中 x 表示成分数（摩尔比），$0\leqslant x\leqslant 0.37$，这样的材料的带隙能量

$$E_g(\text{eV}) = 1.424 + 1.266x + 0.266x^2 \tag{3-5}$$

但 x>0.37 时，$Ga_{1-x}Al_xAs$ 中的电子将不再是直接带隙跃迁，因此该材料在波长<650nm 以下时不能产生有效的受激辐射。

对于长波长 LED，常用的材料为四元合金 $In_{1-x}Ga_xAs_yP_{1-y}$，其中 x 和 y 表示成分数，当 $0 \leqslant x \leqslant 0.47$，$y=2.2x$ 时，这样的材料的带隙能量

$$E_g(\text{eV}) = 1.35 - 0.72y + 0.12y^2 \tag{3-6}$$

选择合适的 y 和 x，可以使得 $In_{1-x}Ga_xAs_yP_{1-y}$ 的发射波长为 1300～1600nm，适合在光纤的低损耗窗口传送。

【例 3-2】 已知材料 $Ga_{1-x}A1_xAs$ 中，x 满足 $0 \leqslant x \leqslant 0.37$，求这样的 LED 能覆盖的波长范围。

解： 根据式（3-5）计算得

$$1.424 \leqslant E_g \leqslant 1.93$$

由公式 $\lambda(\text{nm})=1240/E_g$（eV），可得波长范围为 $640\text{nm} \leqslant \lambda \leqslant 870\text{nm}$。

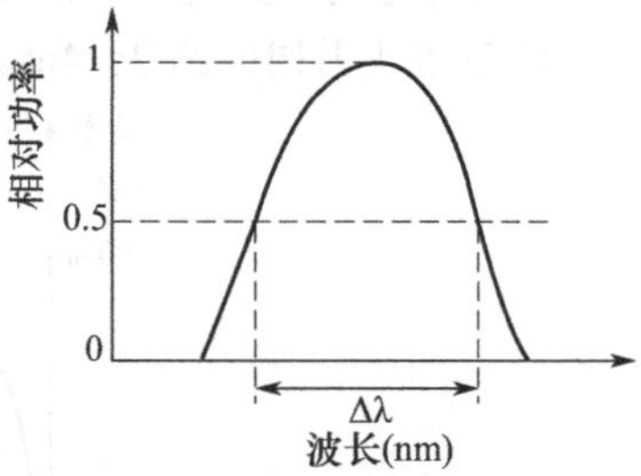

图 3-9　LED 谱线宽度

（2）谱线宽度

光源的谱线宽度是指当光功率下降到峰值功率的一半时所对应的两个波长的差，即半功率带宽，简称谱宽，或者线宽，如图 3-9 所示，图中光功率用相对功率表示，峰值功率为 1，半功率为 0.5。

LED 发出的光是自发辐射光，由于在价带和导带之间的能级不是一个，而是多个能级参与了自发辐射过程，位置高于禁带的能级邻近的波长都可以被辐射，多波长辐射的结果导致了 LED 的谱线宽度较宽。

第一代光纤通信用的 LED 是短波长 850nm，由砷化镓/砷化镓铝（GaAs/GaAlAs）材料制成的，LED 谱线宽度为 30～50nm；第二代光纤通信用的 LED 是长波长，由磷化砷铟镓/磷化铟（InGaAsP/InP）材料制成的，辐射波长为 1310nm 或 1550nm，LED 谱线宽度为 60～120nm。

随着温度升高或注入电流增大，LED 的谱线宽度加宽。随着温度升高，LED 的峰值波长向长波长方向移动，短波长和长波长 LED 的移动分别为 0.2～0.3nm/℃和 0.3～0.5nm/℃。

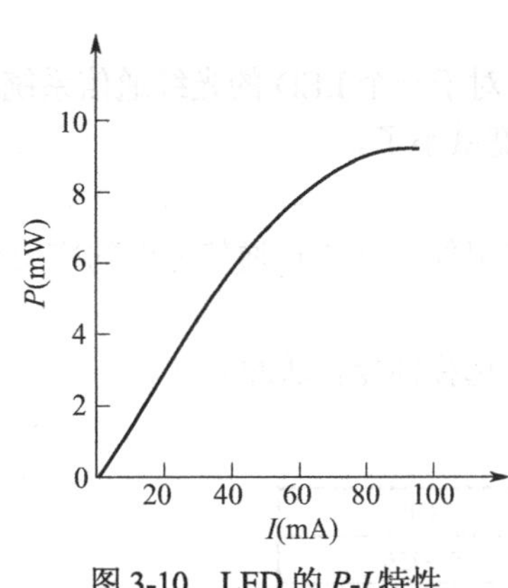

图 3-10　LED 的 *P-I* 特性

2. 输出光功率特性

LED 的发射功率与注入电流的关系（*P-I* 曲线）如图 3-10 所示，LED 的发射功率正比于工作电流。显然，当工作电流增大时，导带中被激发的电子数目将增多，同时有更多的光子被发射。工作电流较小时，*P-I* 曲线的线性较好；工作电流过大时，由于 PN 结发热产生饱和现象，使 *P-I* 曲线的斜率减小，当温度升高时，相同的工作电流下，LED 的发射功率约减小一半。典型的 LED 工作电流为 50～100mA，输出功率为几毫瓦。

3. 电特性

LED 和电子线路中的二极管类似，也有电特性参数。

① 正向电压、电流，指维持额定输出功率时 LED 两端的压降和电流。

② 反向电压，指 LED 击穿前的最大的反向电压。

③ 电容特性，其中电荷电容与 PN 结有关，扩散电容与载流子生存期有关。电容特性限制了 LED 的调制带宽。

4．调制特性

光调制是指用电信号控制光信号的幅度等特性，LED 无光输出，表示电信号“0”；LED 有光输出，表示电信号“1”。LED 的调制带宽可以用输出脉冲功率的上升/下降时间来表示，上升时间（t_r）定义为功率从 10%增加到 90%所需的时间；下降时间（t_d）定义为功率从 90%减小到 10%所需的时间，如图 3-11 所示。

LED 的上升时间约 2～4ns。

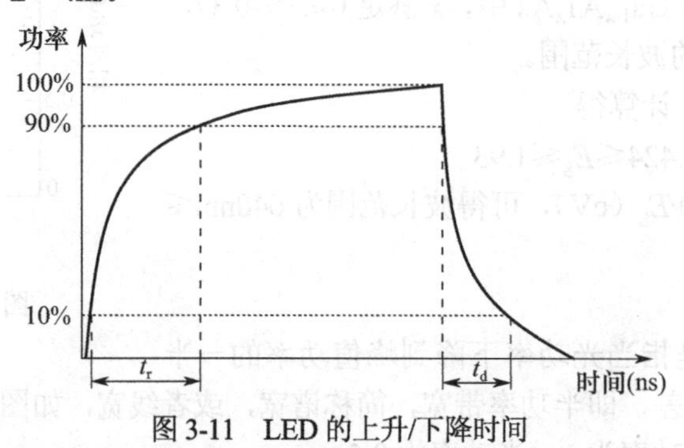

图 3-11　LED 的上升/下降时间

LED 的调制带宽为

$$B = 0.35 / t_r \tag{3-7}$$

上升时间由载流子复合生存期决定。载流子复合生存期是指载流子从激活到被复合之间的一段时间，ns 量级，电子在复合生存期间，不能改变其状态。一般地，LED 的调制带宽为几百 MHz。

值得一提的是，1976 年贝尔实验室在华盛顿亚特兰大建立了一条光纤通信实验线路，使用的是多模光纤，用 LED 做光源，因为当时尚无通信用的半导体激光器，传输速率仅 45Mb/s，只能传输数百路电话。

LED 的带宽用带宽-功率积表示，$B \times P$=常数，也就是说，对于一个 LED 的光纤通信系统，增大 LED 的功率，信号可以传输得更远，但付出的代价是带宽减小了。

5．封装和应用

LED 封装时，由金属管座、封装连接器、封装尾纤制作成组件。LED 在通信方面的应用包括局域网、FTTx 等短距离的通信领域。

LED 的主要特性参数如表 3-1 所示，使用时可根据需要，选择性能合适的器件。

表 3-1　LED 的主要特性参数

中心波长（nm）	850	1310
谱线宽度（nm）	30～50	60～120
光谱温度系数（nm/℃）	0.75	0.75
谱线宽度温度系数（nm/℃）	0.2～0.3	0.3～0.5
上升/下降时间（ns）	6.5/6.5	1.5/2.5
正向电流（mA）	50～150	30～150
额定电压（V）	2	2
额定电流（mA）	200	200
入纤功率（多模光纤）（μW）	100～300	100～150

【讨论与创新】上网搜索资料，讨论学习下面的问题。

（1）LED 的谱线宽度与传输速率有什么关系？能否制作出谱线宽度更小的 LED 呢？

（2）如何做出调制带宽更大的光源？

3.2 激光二极管

在组成物质的原子中，有不同数量的电子分布在不同的能级上，在高能级上的电子受到某种光子的激发，会从高能级跃迁到低能级上，这时将辐射出与激发它的光相同性质的光，在光反馈状态下，能出现一个强光的现象，称为“受激辐射的光放大”，简称激光。这种光是相干的，也就是传播时不会漫散开，几乎始终保持成一窄束光。1960 年，美国物理学家梅曼（Meiman）用一根红宝石棒产生出间断的红光脉冲，发明了世界上第一台红宝石激光器。

1962 年，美国研制成功砷化镓（GaAs）同质结半导体激光器，标志着第一代半导体激光器产生，但该激光器只能在液氮温度下工作，无实用价值。直到 1967 年，人们使用液相外延的方法制成了单异质结激光器，实现了在室温下工作的半导体激光器。

1970 年，贝尔实验室和 Leningrad Ioffe 研究所分别实现了双异质结的、在室温下连续工作的半导体激光器，至此之后，半导体激光器得到了突飞猛进的发展。半导体激光器具有许多突出的优点：转换效率高、覆盖波段范围广、使用寿命长、可直接调制、体积小、易集成、调制效率高、调谐方便，且大部分激光器无须制冷，是光纤通信系统理想的光源。

3.2.1 激光二极管的原理

1．激光二极管的基本结构

早期的法布里-珀罗（FP，Fabry-Perot）激光二极管（LD，Laser Diode）使用单一的半导体材料，主要是砷化镓（GaAs）构成的单个 PN 结二极管，如图 3-12 所示。该二极管被称为同质结激光二极管，激光二极管也称为半导体激光器。

PN 结上不加电压时，能带图如图 3-13（a）所示。在 P 型和 N 型半导体组成的 PN 结界面上，由于存在多数载流子（电子或空穴）的梯度，因而产生扩散运动，电子将从费米能级高的 N 区向费米能级低的 P 区扩散，空穴的扩散方向正相反，从而形成内部电场，内部电场产生与扩散相反方向的漂移运动，最终的结果是两种运动达到平衡状态。必须强调的是，处于平衡状态时，PN 结两侧的费米能级相等，结果能带发生倾斜。

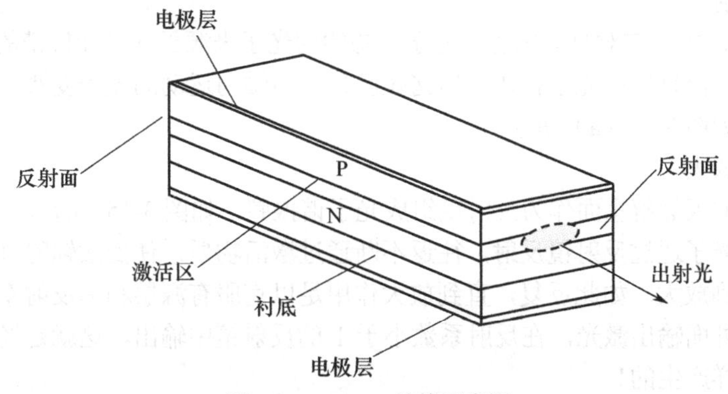

图 3-12　FP-LD 结构示意图

当 PN 结加上正向偏压时，如图 3-13（b）所示。外加电压的电场方向正好和内部电场的方向相反，因而削弱了内部电场，破坏了热平衡时统一的费米能级，在P区和N区各自形成了准费米能级。此时 PN 结能带倾斜减小，扩散运动增强，电子运动方向与外加电场方向相反，使得N区的电子向P区运动，而P区的空穴向N区运动。这时PN结中间接触部分的导带主要是电子、价带主要是空穴，因此形成了粒子数反转分布，成为激活区，激活区也称为有源区。

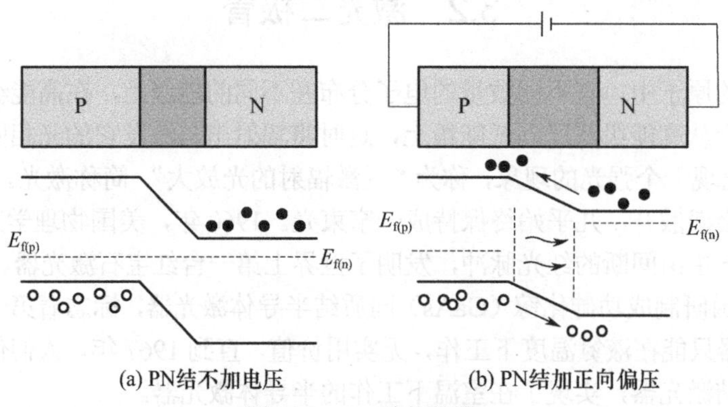

图 3-13　PN 结能带图

在电子和空穴扩散过程中，导带的电子可以跃迁到价带，与空穴复合，产生自发辐射光。

2. 激光二极管产生激光的原理

激光二极管产生激光的原理包括以下 3 个过程。

（1）粒子数反转分布

在外部电压的激励作用下，PN结激活区高能级导带中的电子比低能级价带中的电子多，即粒子数反转分布，如图 3-14 所示。

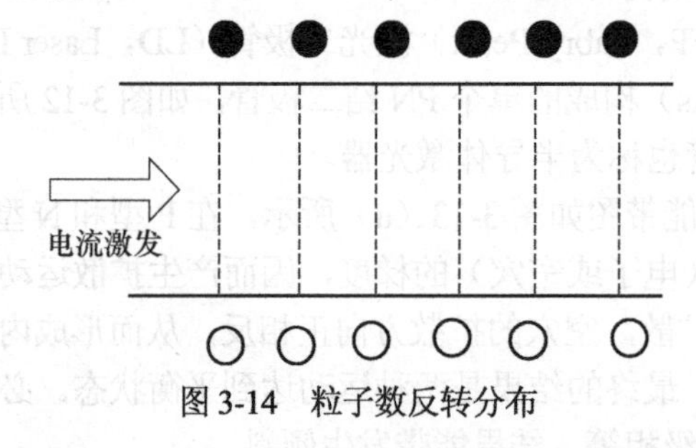

图 3-14　粒子数反转分布

（2）受激辐射

在激活区，电子-空穴对复合辐射出光子，初始的光子来源于导带和价带的自发辐射，方向杂乱无章，其中偏离轴向的光子很快逸出谐振腔外，沿轴向运动的光子受激，产生受激辐射而发射全同光子，如图 3-15（a）所示。

（3）光振荡放大

半导体材料的天然解理面作为反射镜组成光子谐振腔，如图 3-15（b）、（c）所示。

受激辐射的光子通过反射镜反射，往返不断通过激活物质，使受激辐射过程如雪崩般地加剧，从而使光得到放大。如此反复，直到放大作用足以克服有源层和高反射率界面的损耗后，就会向激活物质外面输出激光，在反射系数小于 1 的反射镜中输出，这就是经受激辐射的光放大，激光就是这样产生的！

LD 要产生激光，除粒子数发生反转外，还需要满足阈值条件，即谐振腔的双程光放大倍数大于 1。光子损耗、吸收和反射损耗导致 LD 有一定的阈值，只有增益大于损耗时才能产生激光。

这里有一个有趣的问题，试想一想，参与受激辐射的第一个光子是从哪里来的呢？

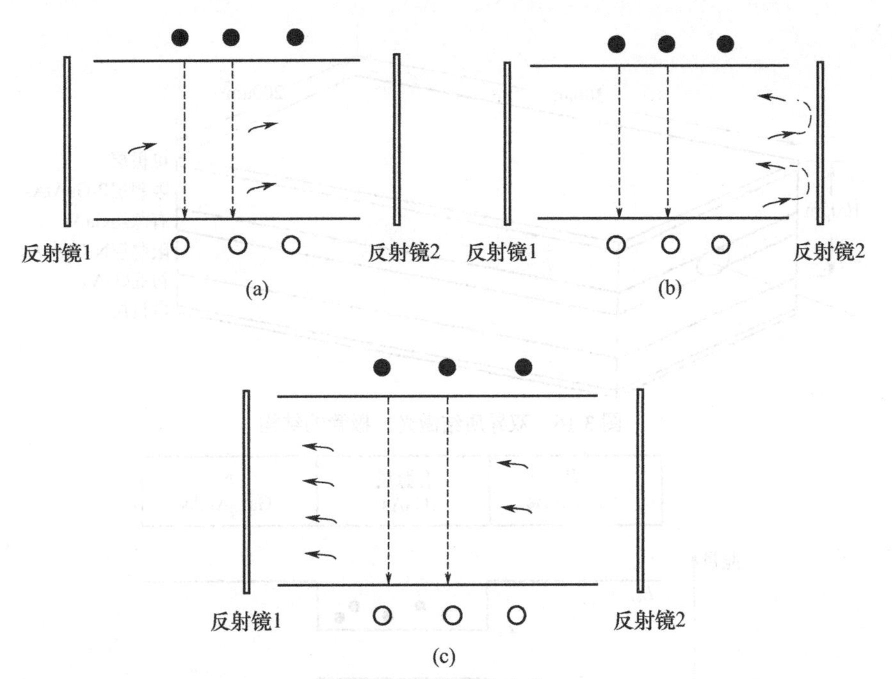

图 3-15　激光的产生

受激辐射和自发辐射有以下 4 个方面的区别。

① 谱线宽度：自发辐射的谱线宽度较大，受激辐射中新产生的光子和原来的光子同频率，所以谱线宽度窄，也就是说，激光是单色的。

② 方向性：自发辐射中光子的辐射方向是任意的，受激辐射是单一方向，方向性好。

③ 光电效率：自发辐射的输出功率较低，受激辐射的输出功率较高。

④ 相干性：自发辐射中光子的辐射随时都在发生，在不同光子间不存在相位相关，这样的辐射光被称为非相干光。受激辐射中新产生的光子和原来的光子同相位，也就是说，时间上是一致的，激光是相干光。

光纤通信的应用中，半导体激光器有多种类型。按结构分类，可分为 FP-LD、DFB-LD、DBR-LD、QW-LD、VCSEL；按波导机制分类，可分为增益导引 LD 和折射率导引 LD；按性能分类，可分为低阈值 LD、超高速 LD、动态单模 LD、大功率 LD 等。

3．双异质结（DH）激光二极管

实际应用中，很少使用单一的 PN 结 LD。1970 年，俄罗斯科学家阿尔费洛夫（Zhores Alferov）的团队发明了世界上第一个基于 AlAs/GaAs 双异质结构系统，制作出可在室温下工作的 FP-LD。

双异质结激光二极管的常用材料也是砷化镓/砷化镓铝（GaAs/GaAlAs）和磷化砷铟镓/磷化铟（InGaAsP/InP），其结构如图 3-16 所示。中间有一层厚 0.1～0.2μm 的窄带隙 P 型半导体，称为有源层，两侧分别为宽带隙的 P 型和 N 型半导体，厚度 1～2μm，称为限制层。有源层夹在 P 型和 N 型限制层中间，这样就构成了两个 PN 结，这种结构称为异质结。三层半导体置于基片（衬底）上，前后两个晶体解理面作为反射镜构成 FP 谐振腔。

由于限制层的带隙比有源层宽，施加正向偏压后，P 型限制层的空穴和 N 型限制层的电子注入有源层。P 型限制层的带隙宽，导带的能态比有源层高，如图 3-17 所示，对注入电子形成了势垒，注入有源层的电子不可能扩散到 P 型限制层。同理，注入有源层的空穴也不可能扩散到 N 型限制层。这样，注入有源层的电子和空穴被限制在厚 0.1～0.3μm 的有源层内形成粒子数反转分布，这时只要很小的外加电流，就可以使电子和空穴浓度增大而提高效率。

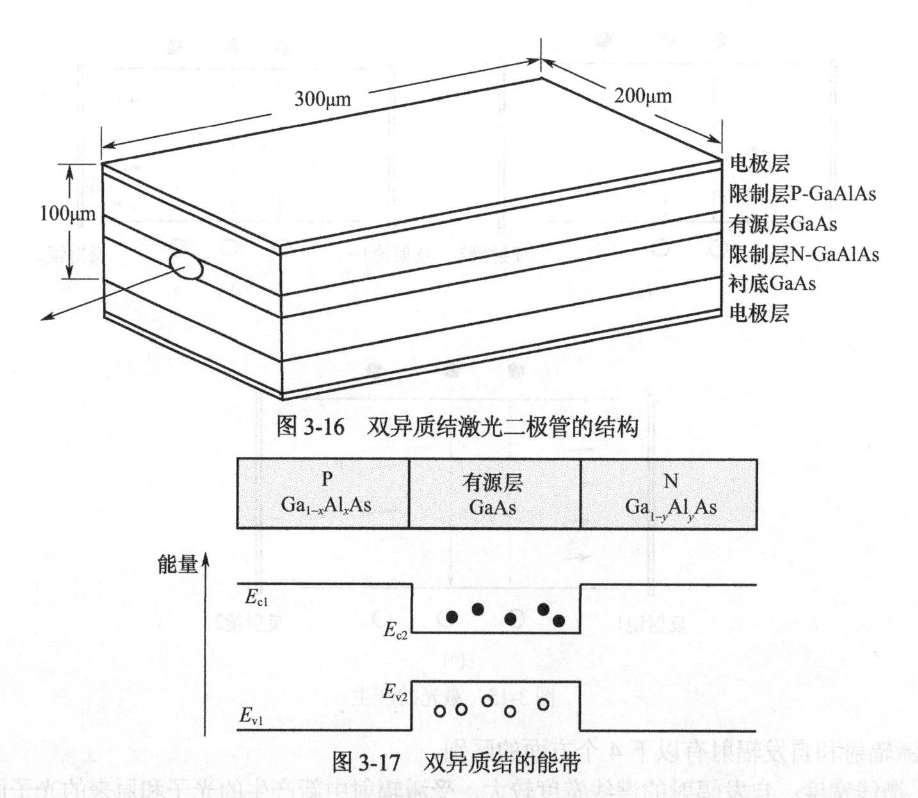

图 3-16 双异质结激光二极管的结构

图 3-17 双异质结的能带

另一方面，有源层的折射率比限制层高，限制了光波衍射，产生的激光被限制在有源层内，因而电/光转换效率很高，输出激光的阈值电流很低，很小的散热体就可以在室温下连续工作。

3.2.2 FP 激光二极管及其特性

1. FP 激光二极管的结构和原理

FP 激光二极管是最常见、最普通的半导体激光器，简写为 FP-LD，也称为 FP 激光器。FP-LD 由有源层和有源层两边的限制层构成，谐振腔由晶体的两个解理面作为反射镜构成，其结构如图 3-18 所示。

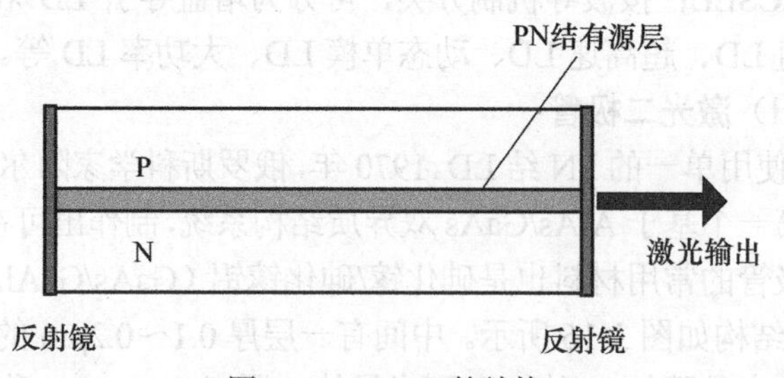

图 3-18 FP-LD 的结构

有源层内自发辐射的光，一部分光在右端面透射过去，另一部分光被右端面反射回来，然后在左端面又被反射回来，来回不断反射，并且产生受激辐射，与腔内谐振波长相对应，一些波长的光得到了很大的增强。当增益和损耗相当时，在谐振腔内开始建立稳定的激光振荡。光在谐振腔内产生驻波，表明它对该波长的光发生了谐振，因此谐振腔内就有该波长的激光。驻波是指稳定的传播模式，沿激光器输出方向形成的驻波模式称为纵模，纵模由谐振腔选择，纵模个数是指在增益曲线内模式的数量。

谐振腔具有波长选择性，因为激光振荡需满足下面的相位条件

$$L = q\lambda / 2n \tag{3-8}$$

或者

$$\lambda = \frac{2nL}{q} \tag{3-9}$$

式中，λ 为激光波长；n 为激活物质的折射率；L 为谐振腔的腔长；q=1，2，3，…称为纵模个数。从上式可以看出，L 应为介质中激光传播波长的 1/2 的整数倍。

纵模间隔是指纵模的频率差，计算公式为

$$\Delta f = \frac{c}{2nL} \tag{3-10}$$

一个 FP-LD 到底可以辐射多少个纵模呢？理论上，可以支持无限多个纵模，但实际上，只有落在增益曲线内的谐振波长才能被辐射，如图 3-19 所示。

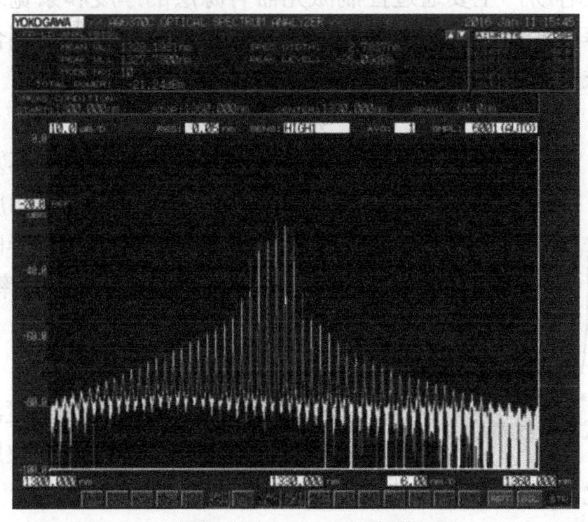

图 3-19　FP-LD 的光谱

FP-LD 的谐振腔由镀膜的自然解理面形成，当注入电流较大时，FP-LD 能实现静态单模工作，但在高速调制或温度、电流变化时，会出现模式跳跃和谱线展宽。

2. FP 激光二极管的特性

（1）光谱特性

1）波长特性

FP-LD 的发射波长和制作器件所用的半导体材料的种类有关，波长的大小取决于导带的电子跃迁到价带时所释放的能量，这时材料的禁带宽度就决定了 FP-LD 的工作波长，利用式（3-2）可计算波长大小。GaAs/GaAlAs 激光二极管的发射波长为 850nm，InGaAsP/InP 激光二极管的发射波长为 1300～1600nm。

FP-LD 的输出光谱可用光纤光谱仪（OSA）测得，图 3-19 是一个实际的 FP-LD 的光谱图。在规定输出光功率时，光谱内的发射模式中，最大强度的光谱波长被定义为峰值波长。

2）模式特性

FP-LD 的光谱由几个模式组成，因为只要电磁波半波长的整数倍等于谐振腔的长度，就可能发生谐振，工作在这种状态的谐振腔被称为多纵模谐振腔。

为了保证足够大的输出光功率，谐振腔的长度一般大于 200μm，典型的谐振腔的长度为

200～400μm，则纵模间隔为 2～4nm，光增益带宽一般为 100nm 量级，所以 FP-LD 谐振腔内可以有多个纵模振荡。在阈值电流以上，随着注入电流的增加，主模增益增加，边模增益受到抑制，谐振腔内的振荡模数减少。

如果激光器同时有多个模式振荡，就称为多模激光器（MLM）；如果激光器仅仅工作在单纵模状态，这样的激光器称为单纵模激光器（SLM）。

3）激光空间场分布

激光束的空间分布用近场和远场来描述。近场是指激光器输出反射镜面上的光强分布，远场是指离反射镜面一定距离处的光强分布。沿激光器输出方向形成的驻波模式称为纵模，垂直于有源层方向的模式称为垂直横模，平行于有源层并和输出方向垂直的模式称为水平横模。在光通信领域中，要求激光器工作在基横模状态，基横模在横截面上的分布就是一个光斑，高阶模在横截面上有多个光斑。注意，当在横截面上看到一个光斑，它不一定是单纵模！对于 FP-LD 来说，基横模实现比较容易，主要通过控制激光器有源层的厚度和条宽来实现，常用的结构有掩埋异质结、脊波导等。基横模的光能量集中在光斑中心，比较容易耦合到光纤里面。对于高速光纤通信系统，要求采用基横模单纵模的光源。

4）谱线宽度

FP-LD 是多纵模激光器，其发射光谱的谱线宽度用均方根谱宽表示。从接收器的角度看，FP-LD 的谱线宽度等于发射光功率最大值的一半时的带宽，因此 FP-LD 的谱线宽度可以用最大输出功率一半时对应的两个波长之间的宽度来度量，如图 3-20 所示。FP-LD 的谱线宽度通常达几纳米。

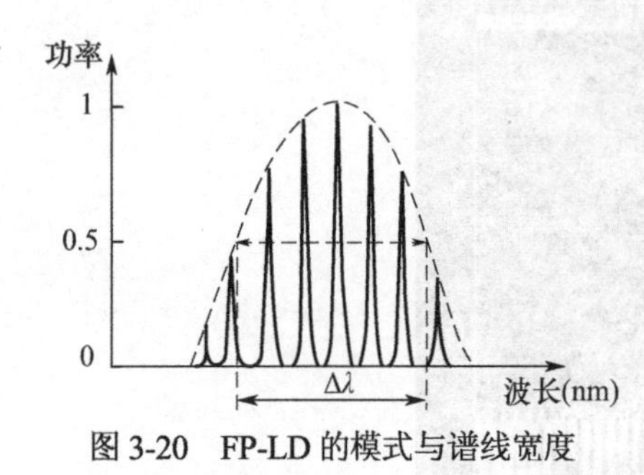

图 3-20　FP-LD 的模式与谱线宽度

FP-LD 输出的有限谱线宽度源于两个因素：一是谐振腔内自发辐射引起的光场相位脉动；二是载流子浓度脉动引起的折射率变化，使谐振腔的谐振频率发生变化。

（2）输入/输出特性

1）电光转换效率

FP-LD 的电光转换效率可用功率转换效率和量子效率来衡量。

功率转换效率表示加在 FP-LD 上的电功率转换为输出光功率的效率，定义为激光器发射的光功率和消耗的电功率之比，即

$$\eta = \frac{P}{IV + I^2 R} \tag{3-11}$$

式中，P 为激光器输出光功率；I 为注入电流；V 为激光器的结电压（PN 结正向电压）；R 为激光器的结串联电阻（包括半导体材料电阻和接触电阻）。

内量子效率是指激活区内每秒发射的光子数和激活区内注入的电子-空穴对数的比率。

外量子效率是指激光器每秒发射的光子数和激活区内注入的电子-空穴对数的比率。

外微分量子效率是指对应于 P-I 曲线中超过阈值时线性部分的斜率，也称为激光器斜效率。利用外微分量子效率可以很直观地比较不同激光器之间效率上的差别。

激光器功率可用光功率计（见图 2-41）来测量，光功率单位有 mW 和 dBm，二者换算公式见式（2-39）。

2）P-I 曲线

FP-LD 发射的光功率 P 与注入电流 I 的关系如图 3-21 所示。

随着注入电流的增加，FP-LD 首先是渐渐地增加自发辐射光，直至开始发射受激辐射光。

输出光功率和注入电流的关系为

$$P = P_{\text{th}} + \frac{\eta_{\text{d}} hf}{e}(I - I_{\text{th}}) \tag{3-12}$$

式中，P 为总发射光功率；I_{th} 为阈值电流；I 为注入电流；P_{th} 为相应的功率阈值；η_{d} 为外微分量子效率；h 为普朗克常数；f 为光频率；e 为电子电荷。

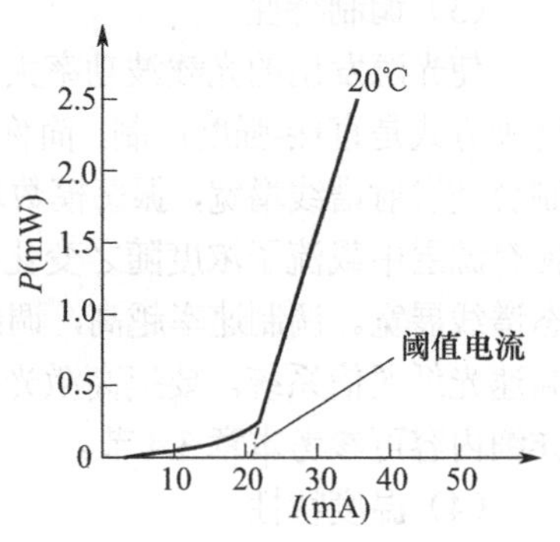

图 3-21　FP-LD 的 P-I 曲线

3）阈值

FP-LD 存在阈值电流，当注入电流大于阈值电流时，激光器才能辐射出激光，外加激励电流刚达到阈值时，激光器虽有激光输出但功率很弱。对激光器而言，希望其阈值电流越小越好，因为阈值电流小，要求的外加激励电流就小，激光器本身发热就少。FP-LD 阈值的大小与反射率等因素有关，常用下式表示为

$$g_{\text{th}} = \alpha + \frac{1}{2L}\ln\frac{1}{R_1 R_2} \tag{3-13}$$

式中，g_{th} 为阈值增益系数；α 为谐振腔内激光物质的损耗系数；L 为谐振腔长度；R_1、R_2 为两个反射镜的反射率，激光器出射面的反射镜的反射率略小。

4）功率额定值

光输出功率额定值是指一个未损伤器件可辐射出的最大连续光输出功率。但要注意区别，器件端面输出的光功率和带有尾纤的器件输出的光功率的大小是不同的。

5）正向电压/电流

在电子电路中，激光二极管的实质是半导体二极管，具有单向导电性，反向电阻大于正向电阻，二极管的正极接在高电位端，负极接在低电位端，注入电流维持额定输出功率时 FP-LD 两端的压降称为正向电压，此时的注入电流称为正向电流。FP-LD 工作在额定功率的情况下，其压降大约为 1.5V，正向电压/电流如图 3-22 所示。

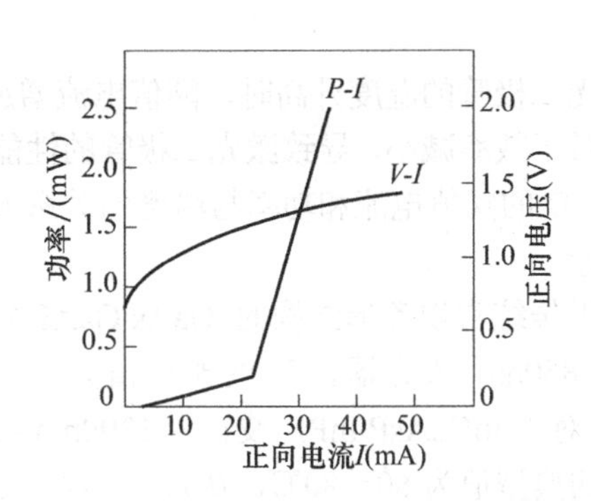

图 3-22　FP-LD 的功率与正向电压/电流的关系

串联电阻值可以通过万用表测量，测量正、反向电阻可确定激光二极管的极性及检查它的 PN 结好坏，但在测量时必须用 1kΩ以下的挡位，用大量程挡时，激光二极管的电流太大，容易烧坏。

6）反向电压

在电子电路中，二极管的正极接在低电位端，负极接在高电位端，此时二极管中几乎没有电流流过，此时二极管处于截止状态，这种连接方式称为反向偏置。二极管处于反向偏置时，仍然会有微弱的反向电流流过二极管，称为漏电流。当二极管两端的反向电压增大到某一数值时，反向电流会急剧增大，二极管将失去单向导电性，这种状态称为二极管的击穿，FP-LD 击穿前的最大电压称为反向电压。

注意：在激光二极管上加载大的反向偏置电流会烧毁激光二极管。即使在最极端的应用中，一般也必须保证反向电流不超过 10μA。

（3）调制特性

使光源发出的光载波功率大小在时间上随注入电流变化而变化，从而获得相应的光信号，这种方式是直接-强度调制，简称 D-IM（Direct-Intensity Modulation）。对激光器进行直接强度调制会使发射谱线增宽，振荡模数增加，这是因为对激光器进行脉冲调制时，注入电流不断变化，使有源层中载流子浓度随之变化，进而导致折射率随之变化，激光器的谐振频率发生漂移，动态谱线展宽。调制速率越高，调制电流越大，谱线展宽就越大，这就决定了 FP-LD 不能应用于高速光纤通信系统。要提高激光器的调制速率，设计光模块电路时，需要分析研究很多因素，详细内容可参考本章 3.4 节。

（4）温度特性

激光器是一个温度敏感器件，其阈值电流 I_{th} 随温度的升高而增大，激光器的调制效率（单位调制电流下激光器的发光功率，量纲为 mW/mA）随温度的升高而减小。同时激光器的阈值电流 I_{th} 还随器件的老化时间而变大，随器件的使用时间而变大。激光器管芯在正常温度条件下的寿命可达数十万小时，在高温环境下，其寿命将大大缩短。

1）光谱温度特性

激光二极管的发射波长随结区温度而变化。由于电流的热效应，使 PN 结温度升高，当结温升高时，半导体材料的禁区带宽变窄，因而使激光二极管发射光谱的峰值波长向长波长方向移动，InGaAsP/InP 激光器的光谱温度系数为 0.4～0.5nm/℃，GaAs/GaALAs 激光器的光谱温度系数约为 0.2nm/℃。

2）阈值电流与温度关系

激光二极管的阈值电流（I_{th}）定义为激光二极管发射激光的最小电流，I_{th} 随着温度的升高呈现指数形式增大，I_{th} 为关于温度的函数，即

$$I_{th} = I_0 \exp(T/T_0) \tag{3-14}$$

式中，T 为器件的绝对温度；I_0 为常数，数量级为几十毫安；T_0 为 LD 材料的特征温度，与器件的材料、结构等有关，T_0 表示了阈值电流（I_{th}）对温度的敏感性，T_0 越大，器件的温度特性越好。通过上式可对激光二极管的阈值电流进行估算。

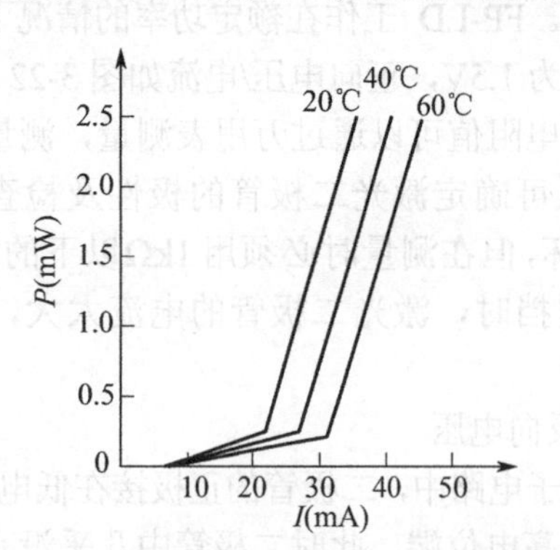

图 3-23　FP-LD 的阈值电流和功率与温度的关系

激光二极管的温度升高时，阈值电流增加，外微分量子效率减小，导致激光二极管的性能下降。FP-LD 的阈值电流和功率与温度的关系如图 3-23 所示。

对于传统常规条形结构的 GaAs/GaALAs，波长为 850nm 激光器，T_0 的典型值为 120～165℃；对于 InGaAsP/InP，波长为 1300nm 激光器，T_0 的典型值为 60～80℃。从式（3-14）可以看出，长波长激光二极管的输出功率阈值对温度的变化更加敏感，因此，使用时必须进行温度控制。对于 1550nm 的 InGaAsP/InP 激光器，当温度超过 100℃时，一般不能再产生激光。

注意：设计光模块时，要考虑由于温度变化引起的激光器阈值电流、偏置电流的变化带来的问题，需要设计激光二极管的电流补偿电路。

（5）监测特性

激光二极管的谐振腔由两个反射镜构成，它们的作用是保证光子在其中往返运动以激射出

新的光子。前反射镜透射出去的光，通过与光纤的耦合发送到光纤中传输，而后反射镜辐射出去的光，也就是背向光。光发射组件（TOSA）将此背向光转换为背光电流，利用它可以来监控光源器件发光功率的大小，也就是说，激光二极管封装时还包括一个监测内部输出功率的光电二极管（PD），PD 的正向电流正比于 LD 的发光功率，可用负反馈电路去控制 LD 的工作电流。

你注意观察了吗？为什么封装好的激光二极管有 3 个引脚？

FP-LD 的典型参数如表 3-2 所示。

表 3-2 FP-LD 的典型参数（25℃）

	最小值	典型值	最大值	单位
输出功率（单模尾纤）	0.3		2.5	mW
阈值电流	5	20		mA
正向电流	10		35	mA
正向电压		1.1	1.5	V
中心波长	1280	1310	1340	nm
谱线宽度		3	5	nm
光谱温度系数	0.4		0.55	nm/℃
光上升、下降时间			0.5	ns
监测电流	100			μA

FP-LD 主要用于低传输速率、短距离传输，比如传输距离一般在 20km 以内，传输速率一般在 1.25Gb/s 以内。现在市场上也存在一些制造商用 FP 器件制作千兆 40km 的模块，为了达到相应的传输距离，必定调高发光功率，长时间工作会让产品的器件老化，缩短使用寿命。根据工程师的建议，1.25G×40km 的双纤模块应用 DFB 器件更为稳妥！

本节介绍了 FP-LD，下面介绍光纤通信中常用的其他几种激光二极管，在实际应用中，可根据传输速率、传输距离的不同选择不同的激光二极管。

【讨论与创新】上网搜索资料，讨论学习下面的问题。

（1）光源的谱线宽度对光纤传输速率有什么影响？

（2）如何测量 LD 光源的谱线宽度？

3.2.3 分布反馈激光二极管及其特性

1. 分布反馈激光二极管的原理

为了降低谱线宽度，我们需要只发射一个纵模的激光二极管。利用布拉格（Bragg）光栅选择工作波长的概念早在 20 世纪 70 年代初就被提出来了，并得到广泛重视，但由于技术原因，有关分布反馈（DFB，Distributed Feed Back）激光器的研究曾一度进展缓慢。在制作技术的发展过程中，人们发现直接在有源层刻蚀光栅会引入污染和损伤，为此提出了分别限制结构，即将光栅刻制在有源层附近的透明波导层上，这样能有效降低分布反馈激光二极管（DFB 激光二极管）的阈值电流，这种结构在后来被广泛应用。DFB 激光二极管的最大特点是具有非常好的单色性，同时具有非常高的边模抑制比（SMSR）。DFB 激光二极管简写为 DFB-LD，也称为 DFB 激光器。

目前，DFB-LD 主要以半导体材料为介质，包括砷化镓（GaAs）、磷化砷铟镓（InGaAsP）、磷化铟（InP）等，其结构如图 3-24 所示，由多层材料构成，包括电极层、衬底、限制层（n-InP 或 p-InP）、波导层、有源层。DFB-LD 的腔体宽度约为 5～10μm，长度约为 100～200μm。

有源层的带隙对应的波长为 1550nm，该层被 InGaAsP 波导层包围，其中一边的波导层边缘有周期Λ的光栅，波导层外相邻的限制层由一种高带隙、低折射率材料（p-InP 或 n-InP）构成。

DFB-LD 靠近有源层沿长度方向制作的周期性结构（波纹状）衍射光栅实现光反馈，如图 3-25 所示，实际上，任何采用周期性波导来获得单纵模的激光器都称为分布反馈激光器。有源层发射的光子会受到每一条光栅波纹峰的反射，这种反射是由于周期性波纹光栅造成的材料折射率的周期性变化，对有源层传播的光产生的微扰造成的，成百上千次的反射形成光反馈，光反馈的作用使有源层中前向和后向的波发生耦合。波的耦合过程可用光波导理论来分析。布拉格光栅的作用本质上和谐振腔一样，实现光的反馈，所以最终能产生激光。

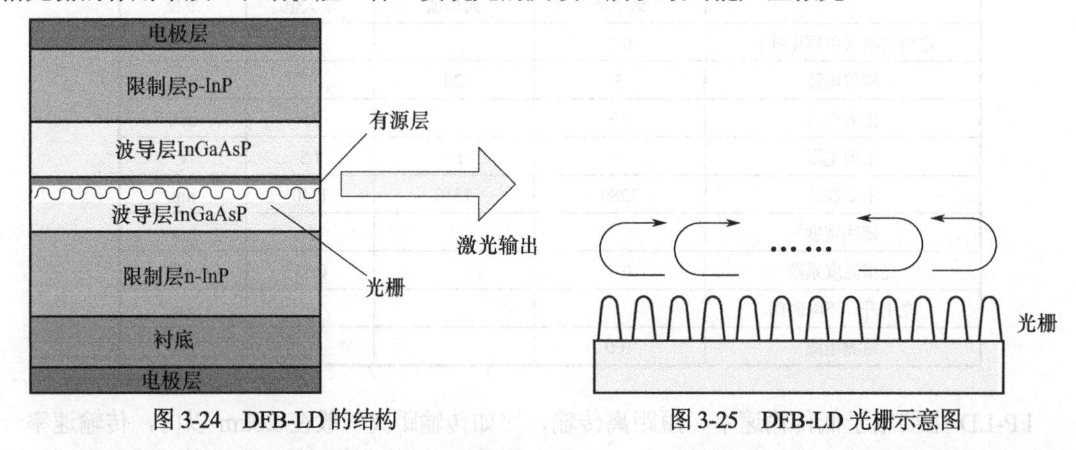

图 3-24 DFB-LD 的结构　　图 3-25 DFB-LD 光栅示意图

器件的波长选择机制是由布拉格光栅条件所决定的，即两束反向波之间，只有满足布拉格光栅条件的波长才会出现相干耦合。布拉格条件为

$$\Lambda = m\frac{\lambda_B}{2n} \tag{3-15}$$

式中，Λ 为光栅周期；n 为材料的折射率；λ_B 为布拉格波长；m 为光栅引起的布拉格衍射的级数。

当 m=1 时，正向波和反向波之间的耦合最强，通过选择适当的光栅周期，就能实现选定波长的反馈。在普通均匀的光栅中，引入一个$\lambda/4$ 相移变换，形成相移光栅，可以有效提高模式选择性和稳定性，实现单纵模激光器的要求。

根据分布反馈激光二极管不同的反馈结构，有分布反馈（DFB）激光二极管（DFB-LD）和分布布拉格反射型(DBR，Distributed Bragg Reflection)激光二极管(DBR-LD)两种类型。DFB-LD 仅指周期性出现在谐振腔的有源增益区。如果周期性出现在有源增益区的外面，则称为 DBR-LD。DBR-LD 的优点是其增益区和波长选择是分开的，因此可以对它们分别进行控制，例如，通过改变波长选择区的折射率，可以将激光二极管调谐到不同的工作波长而不改变其他的工作参数。

DFB-LD 的特点是光栅分布在整个谐振腔中，光波在反馈的同时获得增益。因为 DFB-LD 的谐振腔具有明显的波长选择性，所以决定了它们的单色性优于一般的 FP-LD。

2. DFB 激光二极管的特性

DFB-LD 的部分特性和 FP-LD 的特性是一致的，这里重点介绍 DFB-LD 与 FP-LD 不同的特性。

（1）单纵模激光

DFB-LD 的谱线宽度窄，其波长稳定性好。典型的 DFB-LD 光谱图如图 3-26 所示，与图 3-19 比较，二者的光谱图有明显的不同，DFB-LD 的辐射光谱只有一个辐射模式。另外，DFB-LD 内置光隔离器，作用是防止回射光渗入激活区。

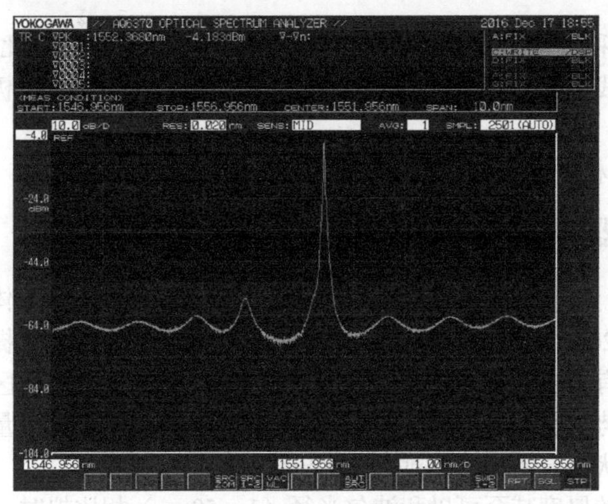

图 3-26　DFB-LD 的光谱

（2）谱线宽度

根据 G.957 的建议，DFB-LD 谱线宽度用最大功率−20dB 光谱宽度表示，即由激光二极管输出功率的最高点降低20dB时的带宽为DFB-LD的光谱宽度。DFB-LD的谱线宽度通常为0.3～0.5nm，DFB-LD 的谱线宽度也用频率描述，部分 DFB-LD 的谱线宽度可达 1～10MHz。

（3）边模抑制比

边模抑制比（SMSR）定义为激光二极管主纵模和最大边模的强度差，即在最坏反射条件、全调制条件下，激光二极管光谱中主纵模光功率峰值强度（P_{m0}）与最大边模光功率峰值强度（P_{m1}）之比的对数，表示为

$$\mathrm{SMSR} = 10\lg(P_{m0} / P_{m1}) \tag{3-16}$$

DFB-LD 的边模抑制比目前可高达 40～50dB。

（4）动态谱线

DFB-LD 的最大优点是在高速调制（2.5～10Gb/s）的情况下仍能保持动态单模，非常适合高速短距离的光纤通信系统。DFB-LD 在高速调制时也能保持单模特性，这是 FP-LD 无法比拟的。尽管 DFB-LD 在高速调制时存在啁啾，谱线有一定展宽，但比 FP-LD 的动态谱线的展宽要改善一个数量级左右。DFB-LD 的主要特性如表 3-3 所示。

表 3-3　DFB-LD 的主要特性（25℃）

	最小值	典型值	最大值	单位
输出功率（单模尾纤）	0.3		2.5	mW
阈值电流	15	20		mA
正向额定电流			100	mA
正向额定电压			2	V
工作电压	0.9	1.2	1.4	V
中心波长		1550		nm
谱线宽度（−20dB）		0.3		nm
边模抑制比（SMSR）	33	40		dB
光谱温度系数		0.085		nm/℃
光上升、下降时间			50	ps

注意比较图 3-19 和图 3-26，以及表 3-2 和表 3-3 内的不同参数，对比 FP-LD 和 DFB-LD 的特性参数，尤其是谱线宽度、中心波长有明显的不同，深入理解激光二极管的特性，有利于光模块的设计和应用。

【讨论与创新】在相干光通信中需要窄频的激光器，如何实现呢？

3.2.4 量子阱激光器

20 世纪 80 年代，量子阱（QW，Quantum Well）结构的出现使半导体激光器出现了大的飞跃。量子阱结构源于 20 世纪 60 年代末期贝尔实验室的江崎（Esaki）等提出的超薄层晶体的量子尺寸效应。当超薄有源层材料厚度小于电子的德布罗意波长时，有源区就变成了势阱区，两侧的宽带系材料成为势垒区，电子和空穴沿垂直势阱壁方向的运动出现量子化特点，从而使半导体能带出现了与块状半导体完全不同的形状与结构。

激光器的有源层的厚度减至可以和波尔半径（1～50nm）相比拟时，半导体的性质将发生根本变化，此时，半导体的能带结构、载流子有效质量、载流子运动性质会出现新的效应——量子效应，相应的势阱称为量子阱，这种结构的激光器称为量子阱激光器。由一个势阱构成的量子阱结构为单量子阱（SQW，Single Quantum Well）；由多个势阱构成的量子阱结构为多量子阱（MQW，Multiple Quantum Well）。

量子阱激光器的结构和能带如图 3-27 所示，该结构包含 10nm 厚的 GaAs 有源层，有源层外面是两层厚度为 100nm 的 $Ga_{0.8}Al_{0.2}As$ 限制层，限制层则被两层厚 1μm 的高带隙、低折射率 $Ga_{0.4}Al_{0.6}As$ 材料包围。

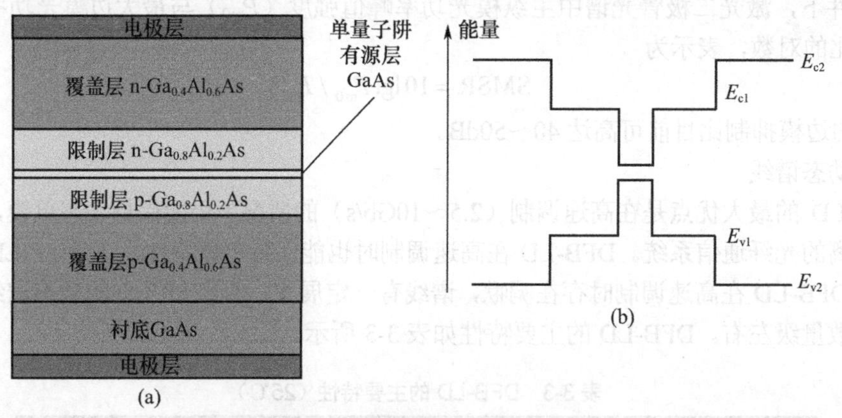

图 3-27 量子阱激光器的结构和能带

量子阱激光器的阈值电流密度是类似的 DH 激光器（J_{th}≈100～300A/cm^2）阈值电流密度的 1/5～1/4。由于使用了特殊的覆盖层/限制层结构，量子阱结构的厚度减小的同时增大了光子的禁锢效应。此外，与晶体结构相比，由于增益的增大，使得量子阱结构对器件性能也有一定的提升。

根据量子阱激光器的结构，激光器可分为单量子阱（SQW）激光器和多量子阱（MQW）激光器。多量子阱（MQW）激光器的结构和能带，如图 3-28 所示。

量子阱激光器的特点如下：

① 阈值电流低，由于其中"阱"的作用，使电子和空穴被限制在很薄的有源层内，有源层内粒子数反转浓度很高，大大降低了阈值电流。阈值电流仅为同尺寸普通 DH 激光器的 1/3。

② 高量子效率和大输出功率。量子阱激光器的内部损耗小，总的电光转换效率高，适合做成大功率输出的阵列激光器。

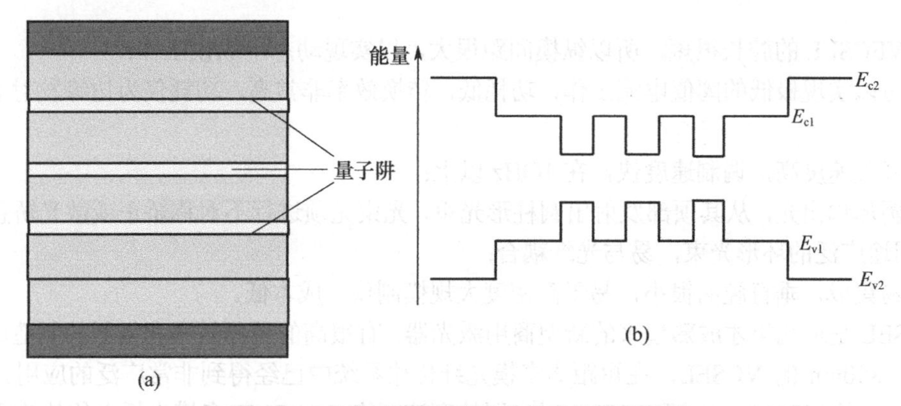

图 3-28　多量子阱激光器的结构和能带示意图

③ 谱线宽度很窄，与 DH 激光器相比，其谱线宽度可缩小一半，仅为几十到几百 kHz。另外，量子阱激光器的动态单纵模特性好，调制速度快。

④ 温度灵敏度低，量子阱使激光器的温度稳定条件大为改善。AlGaInAs 量子阱激光器的特征温度可达 150K，甚至更高。

⑤ 发射光波长与量子阱厚度有关，可改变激光器的波长。

3.2.5　垂直腔面发射激光器

垂直腔面发射激光器（VCSEL，Vertical Cavity Surface Emitting Lasers）的结构由东京工业大学 Iga 教授提出，它的有源层位于两个限制层之间，并构成双异质结构。VCSEL 的腔长是隐埋双异质结构的纵向长度，一般为 5～10μm，其结构如图 3-29 所示。

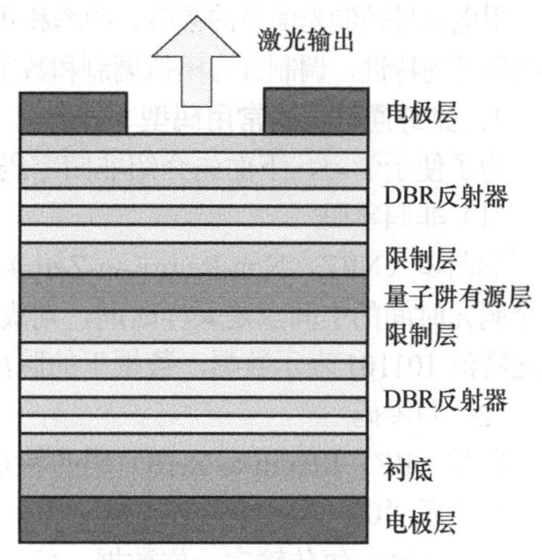

图 3-29　VCSEL 的结构

所谓表面发射是相对于一般端面发射激光器而言的，光从垂直于结平面的表面发射；而所谓垂直腔是指激光腔方向（光子振荡方向）垂直于半导体芯片的衬底，即光子振荡方向与光出射方向一致。有源层厚度即为腔长，由于有源层很薄，要在如此短的腔内实现低阈值振荡，除要求有高增益的有源介质外，还要求有高的腔面反射率。到了 20 世纪 80 年代，用 MBE 和 MOCVD 等技术制成量子阱材料和 DBR 反射器后，VCSEL 才被制作出来。

VCSEL 的有源区包含几个厚度为 5～10nm 的应变量子阱，并在量子阱之间填充 4～6nm 厚的高带隙材料。该激光器的 DBR 反射器，包含在一个厚$\lambda/4$ 的高折射率/低折射率重复排布的材料层中。这种多个 DBR 反射器（为 15～25 个）的分层结构会在光每经过$\lambda/4$ 就产生一个峰值反射率，对应模式的光就会被增益介质放大。谐振腔中的其他模式将被减小而损耗，每一组 DBR 反射器相当于一个高反射镜。这种结构固定在一片厚基底上，并接有金属电极。发射表面厚度为$\lambda/2$（用于位相匹配），上面带有一个直径为 5～10μm 的圆形金属电极。

由于特殊结构，VCSEL 的特点如下：

① 谐振腔尺寸小，仅 2μm，可以做成二维面阵，能够大规模集成；

② VECSEL 的腔长很短，所以纵模间距很大，以实现动态单纵模工作；

③ 可以实现极低的阈值电流工作，功耗低，转换效率非常高，功耗仅为边缘发射 LD 的几分之一；

④ 开关速度高，调制速度快，在 1GHz 以上；

⑤ 圆形输出光，从其顶部发射出圆柱形光束，光束无须进行不对称矫正或散光矫正，即可调制成用途广泛的环形光束，易与光纤耦合；

⑥ 易集成，垂直腔面很小，易于高密度大规模制作，成本低。

VCSEL 是近几年才成熟起来的新型商用激光器，有很高的调制效率和很低的制造成本，特别是波长 850nm 的 VCSEL，在短距离多模光纤传输系统中已经得到非常广泛的应用。目前，波长 850nm 的 VCSEL 已用于 25Gb/s 以太网的高速网络，在 OM3 多模光纤上的传输距离可达 70m，在 OM4 上可达 100m。

谱线宽度是激光器输出光谱的一个非常重要的特性，窄的谱线宽度有利于减小光纤中光脉冲的色散。量子阱（特别是应变量子阱）激光器具有好的动态特性和低的阈值电流，再引入 DFB 进一步减小谱线宽度，成为目前高速通信中最理想的光源。

【深入学习】各种 LD 器件的详细技术资料，读者可参考相关公司的网站进行自学。

3.3　激光二极管的调制

3.3.1　码型与调制

用电信号控制光信号的幅度、频率和相位等特性，把电信号加载到光信号的过程称为调制。根据电信号的特性，调制分为模拟调制和数字调制；根据调制方式，调制分为直接调制和外部调制。

1．光纤通信中的常用码型

为了便于学习，下面先介绍非归零码（NRZ）和归零码（RZ）。

（1）非归零码

非归零（NRZ，Non-Return-to-Zero）码的特点是无电压表示“0”，恒定正电压表示“1”，每个码元时间的中间点是采样时间，判决门限为半幅电平。非归零码如图 3-30 所示，其中二进制比特流 101101 表示数据，数据下的脉冲波形是对应的 NRZ 码。

（2）归零码

归零（RZ，Return-to-Zero）码的特点是高电平和零电平分别表示二进制码“1”和“0”，无电压表示“0”，恒定正电压表示“1”，但持续时间仅等于一个码元的时间宽度的一半，即发出一个窄脉冲，每传输完一位数据，信号返回到零电平，如图 3-30 所示。对于 RZ 码，其优点在于它能够与交流耦合方式互相兼容。它在编码位中一直能够产生不同的变换，故而接收端能够更加准确地接收信号并加以解调。

NRZ 码调制方式所运用的调制和解调模块相对比较简单，在光纤通信中被广泛运用，光接口 STM-*N*、1000Base-SX、1000Base-LX 采用此码型。与 RZ 码相比，NRZ 码的频谱相对较窄，应对色散的功能较好。但是在高速大容量的光纤通信系统中，如 WDM 系统，由于 NRZ 码本身的特点，即其数据流连续出现 0 或 1 时，接收端难以分辨信号位的开端或结尾，必须在发送端与接收端之间给予对应的信号定时同步信号，而且 NRZ 码长连 1 会产生较大成分的直流信号，所以无法使用交流耦合的线路和设备，因此 NRZ 码在某些场合会受到非线性效应与噪声的干扰从而表现不佳。

在接收平均功率不变的情况下，RZ码和NRZ码相比，RZ码一般会具有更好的输出特性，这表现在睁开度更大的眼图与较小的误码率上。在时域中，RZ码拥有更窄的时钟特性，使得其在波分复用系统信道之中的非线性效应会相对更小。但是，由于RZ码每次传输1时都要在后一位回到0，故而其传输的带宽在相同传输速率情况下是NRZ码的两倍，这是它的一个缺点，也是NRZ码带宽上的优点。

2. 直接调制

要传送的信息转变为电流信号注入LD或LED，通过驱动电路直接改变（调制）LD/LED的电流，使光源发出的光载波功率大小在时间上随注入电流变化而变化，从而获得相应的光信号，这种方式称为直接/强度调制，简称IM（Intensity Modulation），如图3-31所示。

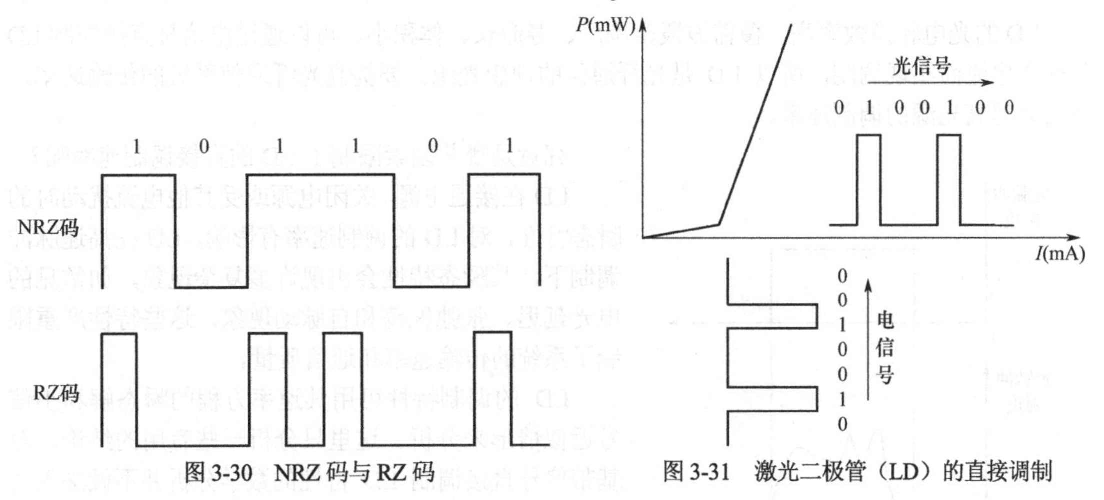

图3-30 NRZ码与RZ码

图3-31 激光二极管（LD）的直接调制

激光二极管（LD）在一定的偏置电流下，输入需要传送的电信号，即二进制比特流0010010，在调制电路的控制下，LD发光表示"1"，不发光表示"0"，就实现了LD的直接调制。

传输速率为2.5Gb/s以下的光传输系统，LD光源的调制采用的都是直接调制方式，这种激光器也称为直接调制激光器（DML，Direct Modulation Laser）。

3. 外调制

对于直接调制来讲，调制带宽受激光二极管振荡频率的限制，调制时单纵模激光器引起的啁啾（Chirp）噪声限制了传输距离。对于DFB-LD的高速通信系统来说，这是一个重要的限制因素。要解决与调制相关的内部问题，根本方法是改用外调制。LD的外调制如图3-32所示。

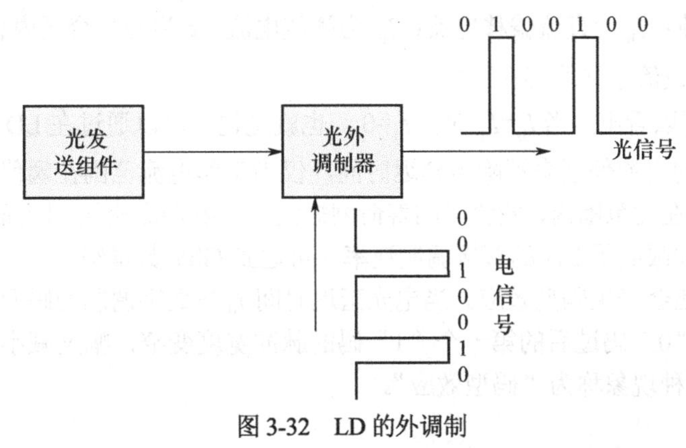

图3-32 LD的外调制

在外调制情况下，LD辐射连续光波，高速电信号不再直接调制激光器，而是加载在某一媒介上，利用该媒介的物理特性使通过的激光信号的光波特性发生变化，从而间接建立了电信号与激光的调制关系。当LD外部的光能发生变化时，LD不受任何影响，这时LD辐射的功率能够达到一个较高的水平，因为这一回路不必承担偏移和啁啾。这一优点对辐射波长的稳定性为基本要求的波分复用WDM系统来说，具有非常重要的意义。外调制对光功率没有限制，而发送器的带宽由光外调制器决定。

当然，外调制带来了很多好处，但在光回路中插入一个外部构件，不难想象，光纤通信系统中会增加一个额外的连接或插入损耗。

3.3.2 激光二极管的调制特性与速率

LD的光电转换效率高、覆盖波段范围广、寿命长、体积小，可以通过电信号直接控制LD的注入电流而实现调制，所以LD是光纤通信的理想光源。要提高光纤通信系统的传输速率，就必须提高光源的调制速率。

究竟是哪些因素限制了LD的直接调制速率呢？

LD在接通电源、关闭电源或受其他电流扰动时的瞬态特性，对LD的调制速率有影响。LD在高速脉冲调制下，其瞬态特性会出现许多复杂现象，如常见的电光延迟、张弛振荡和自脉动现象，这些特性严重限制了系统的传输速率和通信质量。

LD的调制特性可用其速率方程的瞬态解和小信号近似情形来分析。这里只分析一些有用的结论，对基带信号直接调制LD特性的数学分析并不做深入讨论，有兴趣的读者可参阅其他书籍。

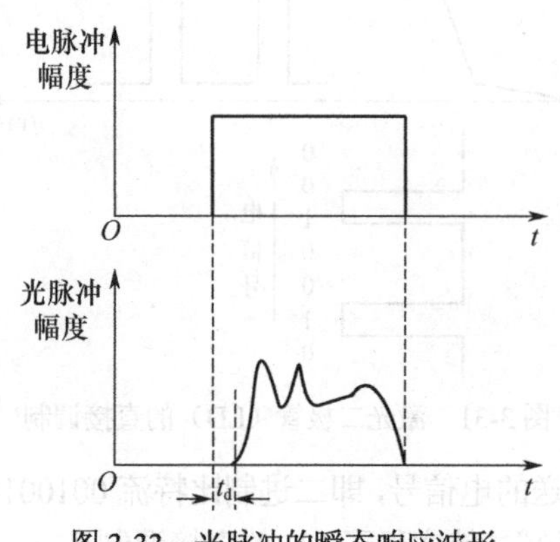

图3-33 光脉冲的瞬态响应波形

1. 电光延迟

LD在高速脉冲调制下，输出光脉冲的瞬态响应波形如图3-33所示。输出光脉冲和注入电脉冲之间存在一个初始延迟时间，称为电光延迟时间t_d，其数量级一般为ns，原因是载流子浓度达到激光阈值需要一定的时间（0.5～2.5ns）。

电光延迟时间为

$$t_d = \tau \ln \frac{I_p}{I_p + (I_b - I_{th})} \tag{3-17}$$

式中，I_p为调制电流；I_b为直流偏移电流；I_{th}为阈值电流；τ为当复合区内总电流$I = I_p + I_b$接近阈值电流I_{th}时的载流子平均寿命。

从式（3-17）可以看出，当I_b=I_{th}时，t_d=0，也就是说，可以通过在LD上施加与受激辐射阈值电流大小相等的直流偏置来消除该延迟时间，仅当工作电流范围在阈值电流以上时，才对LD进行脉冲调制。在此范围内，载流子的寿命缩短到与辐射寿命相同，因而可获得较高的调制速率。电光延迟时间限制了LD的直接调制速率（可达到Gb/s数量级）。

电光延迟时间还会产生码型效应。当电光延迟时间t_d与数字调制的码元持续时间$T/2$为相同数量级时，会使“0”码过后的第一个“1”码的脉冲宽度变窄，幅度减小，严重时可能使单个“1”码丢失，这种现象称为“码型效应”。

2. 张驰振荡

当电流脉冲注入LD后，输出光脉冲会出现幅度逐渐衰减的振幅，称为张驰振荡，其振荡频率一般为 0.5～2GHz。张弛振荡幅度和频率特性与 LD 有源区的载流子自发辐射寿命、受激载流子寿命、谐振腔内光子寿命有关。

载流子自发辐射寿命 τ_{sp} 是半导体能带结构及载流子浓度的函数。室温下，在掺杂浓度为 $10^{19}cm^{-3}$ 量级的 GaAs 材料中，载流子自发辐射寿命大约为 1ns。受激载流子寿命由谐振腔内的光子浓度决定。

光子寿命 τ_{ph} 是光子在被吸收或通过端面辐射之前驻留在谐振腔内的平均时间，也就是光子从它最初的位置开始跑出 LD 所需要的时间。光子寿命给 LD 调制增加了一个上限，光子一旦产生，状态就无法改变。

结合式（3-13），推导可得，在谐振腔中光子寿命为

$$\tau_{ph}^{-1}=\frac{c}{n}\left(\alpha+\frac{1}{2L}\ln\frac{1}{R_1R_2}\right)=\frac{c}{n}g_{th} \tag{3-18}$$

典型情况下，当 g_{th}=50cm^{-1}、谐振腔内材料折射率 n=3.5 时，光子寿命 $\tau_{ph}\approx 2\text{ps}$ 。光子寿命的大小决定了 LD 直接调制速率的上限。

张弛振荡幅度衰减时间

$$\tau_0=2\tau_{sp}\frac{I_{th}}{I} \tag{3-19}$$

式中，τ_0 为张弛振荡幅度衰减到初始值的 1/e 的时间；τ_{sp} 为载流子自发辐射寿命；I 和 I_{th} 分别为注入电流和阈值电流。

张弛振荡频率由载流子自发辐射寿命与光子寿命决定。理论上，张弛振荡频率约为

$$f=\frac{1}{2\pi}\frac{1}{(\tau_{sp}\tau_{ph})^{1/2}}\left(\frac{I}{I_{th}}-1\right)^{1/2} \tag{3-20}$$

张弛振荡频率随着 τ_{sp} 和 τ_{ph} 的减小而增加，随着注入电流 I 的增加而增加。在典型的激光器中，τ_{sp} 约为 1ns，τ_{ph} 大小为 2ps 的数量级。

因为光子寿命远小于自发载流子寿命，所以可方便地对 LD 进行脉冲调制。若激光器在每个脉冲输出后都完全停止发光，则自发载流子寿命将成为限制 LD 调制速率的主要因素。

电光延迟和张弛振荡的后果是限制调制速率。当最高调制频率接近张弛振荡频率时，波形产生严重失真，会使光接收机在采样判决时增加误码率，因此实际使用的最高调制频率应低于张弛振荡频率。理论上，LD 的调制速率可到 8.3THz，但实际上，LD 的直接调制速率一般为 1～10Gb/s，两者之间有相当大的差距。

3. 自脉动现象

某些 LD 在脉冲调制甚至直流驱动下，当注入电流达到某个范围时，输出光脉冲出现持续等幅的高频振荡，这种现象称为自脉动现象。这是 LD 内部元件非线性特性所引起的带外频率对自身进行调制而产生的自激振荡，或者 LD 在直流驱动下的寄生频率所产生的自激振荡，如图 3-34 所示。

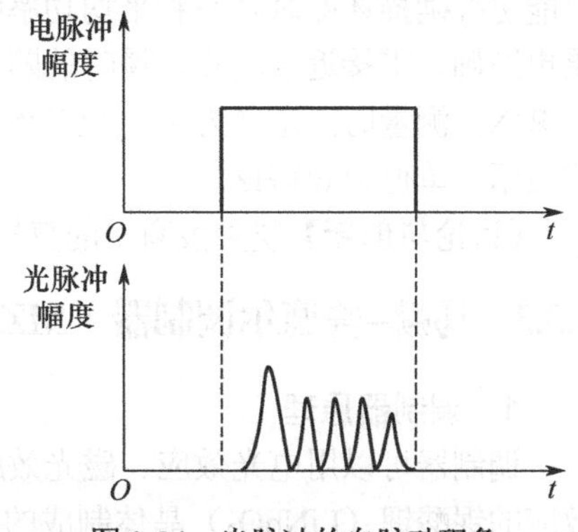

图 3-34　光脉冲的自脉动现象

自脉动频率可以达到 2GHz，严重影响 LD 的高速调制特性。自脉动现象是 LD 内部不均匀

增益（主要针对电信号）或不均匀吸收（主要针对光信号）所产生的。

4. 结发热效应

由于调制电流的作用，引起 LD 结区温度的变化，因而使输出光脉冲的形状发生变化，这种效应称为结发热效应。

给 LD 注入电流，由于电流的热效应，在脉冲持续时间里，PN 结区的温度随时间而升高，LD 的阈值电流随时间而增大，使输出光脉冲的幅度随时间而减小。当注入电流减小时，电流散发的热量减少，结区温度随时间而降低，阈值电流减小，使输出光脉冲的幅度增大。

结发热效应将引起调制失真，随着调制速率的提高，码元时间间隔缩短，使结区温度来不及发生变化。

5. 啁啾（Chirp）特性

在直接调制 LD 时，不仅输出光功率随调制电流发生变化，而且光的频率也会发生波动，即在幅度调制的同时还受到频率调制。

对于处于直接调制下的单纵模激光器，载流子浓度的变化是随着注入电流的变化而变化的，这样就会使有源区的折射率指数发生变化，从而导致谐振腔的光通路长度相应变化，结果致使振荡波长随时间偏移，导致啁啾现象。

激光二极管啁啾的数量级大约为 1/100000，带有频率啁啾的信号在单模光纤中传播时，在色散作用下，将增大非线性失真。啁啾引起脉冲展宽（色散），随着调制速率增加，啁啾现象愈加严重。

6. 噪声

即使 LD 的偏移电流理想地保持恒定，其辐射的光的强度和相位仍会有一定的波动，这主要是由自发辐射引起的波动，这就是 LD 的噪声。相位波动噪声是指相位波动引起光谱展宽。由于谐振腔内载流子和光子密度的量子起伏，造成输出光波中存在着固有的量子噪声，导致 LD 光强的波动，即 LD 强度噪声。强度噪声产生的另一个原因是由光纤端面或连接器的反射功率引起的，当反射的光功率进入 LD，被 LD 激活区放大从而引起噪声。

LD 的强度噪声一般用相对强度噪声（RIN，Relative Intensity Noise）来度量，定义为有效的噪声带宽内功率偏离的均方差和平均光功率平方的比，即

$$\mathrm{RIN} = \left\langle (\Delta P)^2 \right\rangle \Big/ \left(\bar{P}^2 \cdot B\right) \tag{3-21}$$

式中，B 为带宽。要测试得到尽可能多的功率点，这样才能够更准确地计算光功率的平均值，也能更准确描述即时功率和平均功率的偏离情况。采用数学统计手段，引入均方差，让这个结果更准确，更接近于真实。瞬时的随机波动无法用现有的时域测试手段测量，工程上在频域测试 RIN，测量时间定义为 1s，反映到频域上就是 1Hz，相对强度噪声值很小，通常用对数的形式表示，单位为 dB/Hz。

【讨论与创新】现阶段商用的直接调制激光器（DML）最高的调制速率是多少？

3.3.3 马赫–曾德尔调制器（MZM）

1. 调制器原理

调制器可以用电光效应、磁光效应或声光效应来实现。最常用的调制器是利用具有强电光效应的铌酸锂（$LiNbO_3$）晶体制成的。

折射率 n 和外加电场 E 的关系为

$$n = n_0 + \alpha E + \beta E^2 \tag{3-22}$$

式中，n_0 为 E=0 时晶体的折射率；α 和 β 为张量，称为电光系数。

当 β=0 时，n 随 E 按比例变化，称为线性电光效应或泡克耳斯（Pockels）效应。当 $\alpha=0$ 时，n 随 E^2 按比例变化，称为二次电光效应或克尔（Kerr）效应。

光波导是制作一切波导产品的核心。对 $LiNbO_3$ 光波导而言，有两种技术制作光波导，一种是钛（Ti）内扩散技术，另一种是质子交换技术。制作 Ti 内扩散光波导时，首先在 $LiNbO_3$ 衬底上蒸发 Ti 模，然后用光刻和腐蚀技术刻蚀出 Ti 条，最后在高达 1000℃左右的温度下进行 Ti 扩散而形成光波导。这种方法有较多缺点，如高的扩散温度、复杂的制作过程和波导较高的传输损耗。质子交换技术是制作低成本 $LiNbO_3$ 光波导有吸引力的技术，因为质子交换技术和 Ti 内扩散技术相比有如下优点：工艺简单，可获得较大的折射率变化和相当低的工艺温度。马赫-曾德尔调制器原理图如图 3-35 所示。

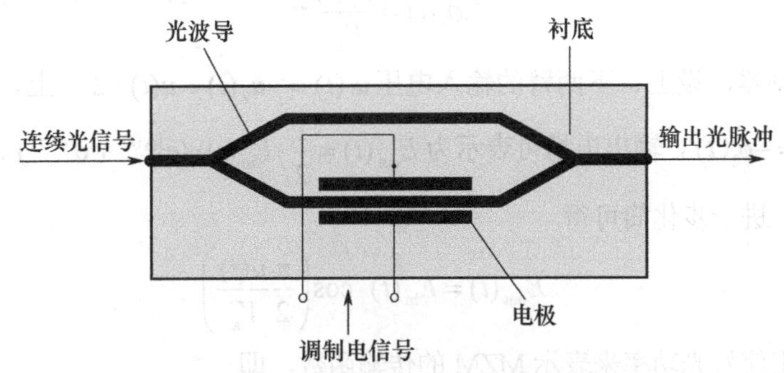

图 3-35　马赫-曾德尔调制器原理图

在马赫-曾德尔调制器（MZM）中，输入的光信号在 Y 形分支器（3dB 分束器）上被分成振幅和相位完全相同的两束光，并且随着光波导在上、下两臂上进行传输，调制器是利用线性电光效应实现的，因为折射率 n 随外加电场 E（调制电压 U）而变化，改变了入射光的相位和输出光功率。如果上、下两臂完全对称，在不加调制电压时，两支路光束在输出 Y 形分支器内重新合并成与原输入光信号相同的光束，由单模波导输出。

马赫-曾德尔调制器的结构如图 3-36 所示。

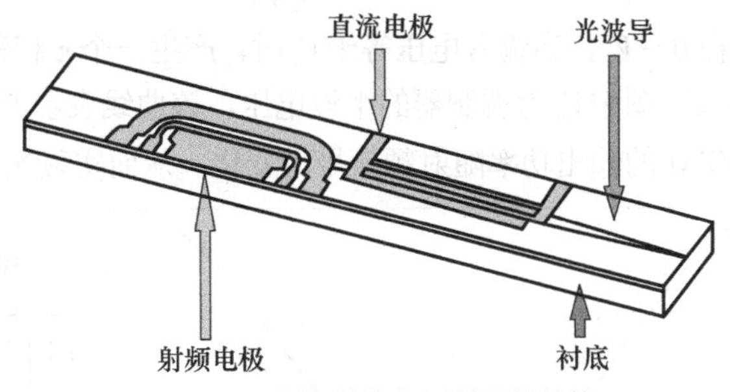

图 3-36　马赫-曾德尔调制器的结构

2. 马赫-曾德尔调制器的传输函数

设 MZM 上、下两臂输入电压分别为 $u_1(t)$、$u_2(t)$，只考虑一次电光效应，MZM 单个臂的相位变化与输入电压是线性函数，相位变化为

$$\phi(t)=\frac{2\pi}{\lambda}\cdot\Delta n_{\text{eff}}L\cdot u(t) \tag{3-23}$$

式中，$u(t)$ 为输入电压；Δn_{eff} 为单位电场作用下导模折射率的增量；L 为调制器波导长度；λ 为光波波长。

定义半波电压V_π，即能使光波产生π相位偏移的电压，为

$$V_\pi = \frac{\lambda}{2\Delta n_{\text{eff}} L}$$

则输入电压引起的相位变化为

$$\phi(t) = \frac{u(t)}{V_\pi}\pi$$

则上、下两臂的相位变化分别为

$$\phi_1(t) = \frac{u_1(t)}{V_{\pi 1}}\pi \tag{3-24a}$$

$$\phi_2(t) = \frac{u_2(t)}{V_{\pi 2}}\pi \tag{3-24b}$$

作为强度调制器，设上、下两臂的输入电压$u_1(t) = -u_2(t) = u(t)/2$，上、下两臂的相位变化相反，即$\phi_1(t) = -\phi_2(t)$，输出电场可表示为$E_{\text{out}}(t) = \frac{1}{2} \cdot E_{\text{in}}(t) \cdot (\mathrm{e}^{\mathrm{j}\phi_1(t)} + \mathrm{e}^{\mathrm{j}\phi_2(t)})$，这里$E_{\text{in}}(t)$表示光波的输入电场，进一步化简可得

$$E_{\text{out}}(t) = E_{\text{in}}(t) \cdot \cos\left(\frac{\pi}{2}\frac{u(t)}{V_\pi}\right) \tag{3-25}$$

习惯上，使用信号光功率来表示 MZM 的传输函数，即

$$P_{\text{out}}(t) = P_{\text{in}}\cos^2\left(\frac{\phi_1(t) - \phi_2(t)}{2}\right) = P_{\text{in}}\cos^2\left(\frac{\pi}{2}\frac{u(t)}{V_\pi}\right) \tag{3-26}$$

式中，$\phi_1(t) - \phi_2(t)$为上、下两臂光信号的相位差。

当进行强度调制时，调制器的直流偏置要在正交位置，即$u(t)$=V_π / 2 时，如图 3-37 中 Q_1点的位置，则

$$P_{\text{out}}(t) = P_{\text{in}}\cos^2\left(\frac{\pi}{4}\right) = P_{\text{in}}/2 \tag{3-27}$$

输入电压变化范围在 0～V_π，当输入电压等于V_π时，产生一个π相移。图 3-37 所示为典型的 MZM 的传输函数曲线，图中V_π为调制器的半波电压，该曲线表示$P_{\text{out}}/P_{\text{in}}$与输入电压的关系。在工作点 Q_1 点，MZM 的输出功率随射频信号而变化，从而实现光信号的调制。

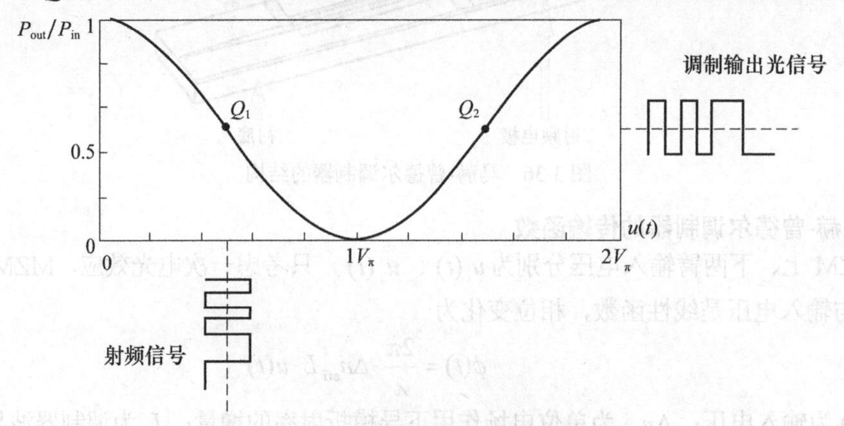

图 3-37　MZM 的传输函数曲线

MZM 的可以由单个电极结构驱动，也可以由两个电极结构驱动。在两个电极驱动结构中，两输入电压有 π 相位偏转（电极上施以互为相反相位变化的电压），称为双驱动推挽式马赫-曾德尔调制器（DD-MZM）。DD-MZM 可以实现低电压驱动，故可实现啁啾可调特性。

为解决光长距离传输的问题，各种新型的调制格式应运而生，这些新的调制码型能够有效减小信道间隔，增强光信号在传输过程中抵抗各类干扰的能力，使得整个光纤通信系统的传输距离和容量得到有效的提高。这些新型的调制格式主要包括基于相位调制的 BPSK 和 QPSK 及结合偏振复用的调制技术 PM-QPSK 等。

【讨论与创新】上网搜索资料，讨论马赫-曾德尔调制器有什么缺点？马赫-曾德尔调制器的调制电压高、损耗大、不能集成，对于以上不足，我们怎么办？

3.3.4 电吸收调制器

1．电吸收调制器原理

电吸收调制器（EAM，Electro Absorption Modulator）是一种半导体器件，它通过施加电压来控制（调制）激光光束的强度，其工作原理为 Franz-Keldysh 效应，施加的电场引起体材料有效能隙减小，使得吸收边发生移动，从而导致吸收光谱发生改变。

为了得到高的消光比，EAM 通常采用量子阱结构。当在垂直于量子阱壁的方向上施加电场时，量子阱能带发生倾斜，电子与空穴的量子能级下降，激子束缚能降低，总的结果使吸收边发生移动。

EAM 的基本结构是一个 PIN 管，I 区部分为多量子阱（MQW）结构。当 EAM 上有外加调制电压时，I 区材料的吸收区边界移动，使得光源发送波长在调制器材料吸收范围内，入射光完全被 I 区吸收，入射光不能通过，相当于“0”码；反之，当调制电压为零时，带隙恢复初始态，入射光不被 I 区吸收而通过它，此时该波长的输出功率最大，调制器为导通状态，相当于“1”码，从而实现对入射光的调制。

EAM 在速度和啁啾方面的特性不如铌酸锂调制器，但具有体积小，输入电压低，耗电量小等优点，可工作在更低的工作电压下，调制带宽可达几十 GHz。EAM 一个很重要的特性是它可以与 DFB-LD 集成到一个芯片上。

2．电吸收调制激光器

电吸收调制激光器（EML）是电吸收调制器（EAM）与 DFB-LD 的集成器件，其结构如图 3-38 所示。

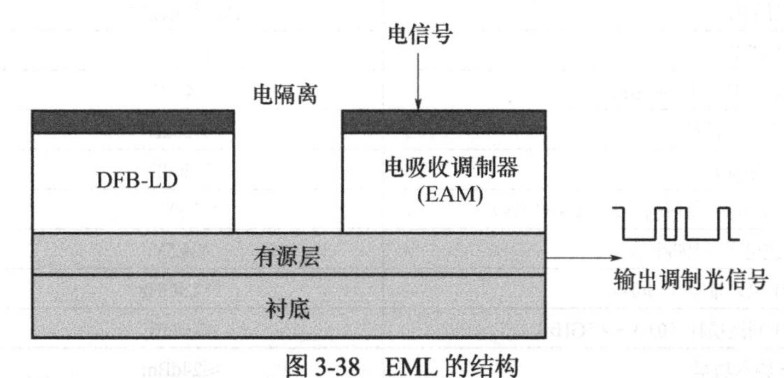

图 3-38　EML 的结构

EML 的优点如下：

① EML 中的激光二极管工作于恒定功率，激光器电流不被调制，解决了 DFB-LD 在高频调制下由啁啾引起的光谱展宽及激光二极管的张弛振荡现象。

② 调制器和激光二极管之间直接耦合，提高了耦合效率和调制光的输出功率。

③ EML 减小了封装尺寸，降低了成本。

因此，EML 是高速光纤通信技术中的理想光源。EML 主要用于更高的速度（大于 25Gb/s），在电信应用中使用的距离更长（10～40km）。EML 的频率响应依赖于 EAM 部分的电容，该电容可以使工作速度更快，甚至超过 40GHz。EML 中的消光是由于吸收引起的，其系数随施加于 EAM 的调制电压的变化而变化，当输入电压较大时，消光比增大。

EML 产品同样分为芯片产品、组件产品和模块产品。模块产品内包含组件产品，组件产品内包含芯片产品，所以 EML 模块的关键核心是 EML 芯片。因为 EAM 和 EML 均属于高频器件，在封装设计过程中必须考虑传输线匹配、反射及高频损耗等，以达到在整个频率响应范围内的响应度平坦、抖动最小，同时带宽又足够大。因此，当 EML 应用在 10Gb/s 或更高传输速率的光传输系统时，必须从微波设计方面进行更多的考虑。

【讨论与创新】现阶段商用的 EML 最高的调制速率是多少？

3.3.5 光调制器及其参数

如图 3-39 所示为调制速率为 2.5Gb/s 的 MZM，其中干涉仪的偏置点可通过外加的电压来设置。该调制器是为密集波分复用（DWDM）中长距离传输系统应用而设计的，其特性参数如表 3-4 所示。

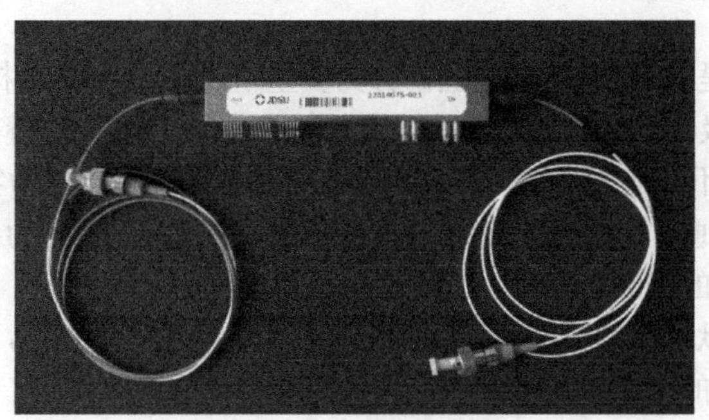

图 3-39 2.5Gb/s 的 MZM

表 3-4 MZM 的特性参数

材料	铌酸锂
波导制作	钛内扩散技术
工作波长	1530～1565nm
插入损耗（无连接头）	≤4.5dB
消光比（低频）	≥20dB
光回波损耗	≥50dB
输入电压（峰峰值，2.5Gb/s PRBS）	3.9V
半波电压（100kHz）	≤4.5V
S21 电光带宽（-3dB）	≥2.5GHz
S11 回波损耗（0.03～2.5GHz）	≤-8dB
RF 输入功率	≤24dBm
啁啾参数	$\lvert\alpha\rvert < 0.2$
半波电压（DC）	≤8.5V
输入光纤	SM-15-P-8/125-UV/UV-400
输出光纤	SMF-28

3.4 光发射组件

3.4.1 概述

随着光通信技术的发展，对光器件性能的要求越来越高，在光纤通信应用中，LD 和其他相关的部件一起做成光发射组件（TOSA，Transmit Optical Sub-Assembly）。

光发射组件也称为光发射次模块。由于 LD 和光接收组件的封装形式多种多样，各个厂家使用的光发射组件的封装形式、管壳外形尺寸等相差较大，业界没有统一的标准。

光发射组件一般包括下面的器件，但不包括电路。

- 激光器：一般有 VCSEL-LD、FP-LD、DFB-LD。
- 光隔离器（ISO）：防止反射光进入激光器而影响激光器的性能。
- 光滤波器：如布拉格滤波器，用来选择合适的光波长，用于 DWDM 系统。
- 调制器：如 MZ 调制器和电吸收调制器（EAM），用于高速率的系统。
- 尾纤：激光器与光纤的耦合部分，以便将光很好地耦合到光纤。
- 热敏电阻和热电制冷器：用于 LD 自动温度控制。

一般来说，TOSA 封装有同轴型（包括尾纤）封装、蝶形封装、双列直插式封装等。

光发射组件有多种类型，其速率、发射波长、LD 芯片类型各不相同，常见的有 850nm VCSEL TOSA、低速 1310nm FP-LD TOSA、高速 1550nm DFB-LD TOSA、高速 EMLTOSA 等。

1．同轴型封装

为了避免损害、保证清洁，提高机械强度，抵抗恶劣环境，提高光学性能和连接强度等，激光器可做同轴型封装（TO 封装）。光发射组件的同轴型封装带有尾纤，如图 3-40（a）所示。TO 封装是简单的圆柱形封装，激光器管芯和背光检测管粘接在热沉上，通过键合的方法与外部实现互联，并且 TO-CAN（一种封装形式）一定要密闭封装。耦合部分一般都是透镜，透镜可以直接装在 TO-CAN 上。

TOSA 的引脚、LD 正负极如何识别呢？

常见的 TOSA 引脚排列有 A、B、C 3 种类型，不同类型的封装中，LD+、LD−、PD+、PD−等引脚的排列位置不同。目前最常见的类型为 A 型，如图 3-40（b）所示。此图为底视图，涂阴影的引脚（CASE）与外壳相连。TOSA 一般为 4 个脚，具体产品可查阅产品说明。

LD/LED 与光纤的耦合主要是尾纤式同轴封装。

LED 通常和多模光纤耦合，用于 1.3μm（或 0.85μm）波长的小容量短距离系统。因为 LED 发光面积和光束辐射角较大，而多模 SIF 光纤或 G.651 规范的多模 GIF 光纤具有较大的芯径和数值孔径，所以有利于提高耦合效率，增加入纤光功率。

LD 通常和 G.652 或 G.653 规范的单模光纤耦合，用于 1.3μm 或 1.55μm 大容量长距离系统。

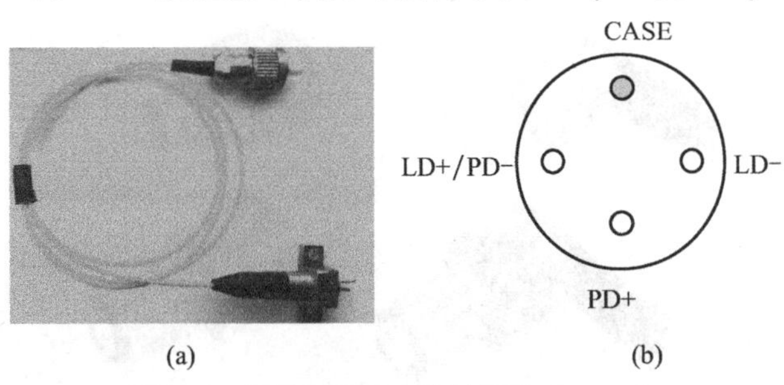

图 3-40　同轴封装的光发射组件（TOSA）

LD 与光纤的耦合可以分为两大类。

一种是分离透镜耦合，即在光源和光纤之间插入光学元件的方法，如插入微透镜耦合、宏透镜耦合等；另一种是光纤直接耦合，即光纤和光源直接耦合，而不经过任何系统。

在许多光纤耦合系统中，常利用柱透镜、球透镜、自聚焦透镜及锥形光纤等相互组合来提高耦合。由于从谐振腔反射镜输出的光，其出光方向一致性好，发散角小，所以 LD 与光纤的耦合效率较高，一般用直接耦合方式就可达 20%以上。

光源器件与光纤的耦合效率与下列因素有关：光源发出的光的辐射图形、光源出光面积与纤芯面积之比，以及两者之间的对准程度、距离等。

2．双列直插式封装和蝶形封装

LD 的双列直插式封装（DIP）和传统电子技术中的封装技术一样。蝶形封装则因其外形而得名，如图 3-41 所示。这两种封装都带有耦合尾纤，一直被光纤通信系统所采用。根据应用条件不同，蝶形封装可以带制冷器，也可以不带制冷器。

图 3-41　蝶形封装光发射组件（TOSA）

蝶形和双列直插式封装使用与 TO 封装一样的芯片，不同于 TO 封装的是，蝶形和双列直插式封装内部包括很多其他组件，这个特点使蝶形和双列直插式封装更易“即插即用”。蝶形和双列直插式封装中包括激光器芯片和探测光电二极管，另外还集成了一个制冷器和热敏电阻。因为封装中集成了温度元件，再使用一个合适的 PID 温度控制器，就可以很精确地测量芯片温度，更好地进行温度控制。

在长距离光纤通信系统中，由于对光源的稳定性和可靠性要求较高，因此需要对激光器管芯温度进行控制而加制冷器、热敏电阻。对于一些可靠性要求较低的数据通信或短距离应用的激光器，可以不加制冷器。

3．LC/SC 接口 TOSA

TOSA 还有 LC 或 SC 接口形式的封装，该封装带有 LC 或 SC 接口。LC 接口的 TOSA 如图 3-42 所示。使用时应注意引脚的功能，可查阅产品说明书。

3.4.2　光发射组件举例及其参数

Lumentum 850nm LC 接口光发射组件（TOSA）如图 3-42 所示。该组件是为 10Gb/s 高速数据通信应用的光收发模块而设计的，激光器是 VCSEL 芯片，其特性参数如表 3-5 所示。

图 3-42　Lumentum 850nm LC 接口光发射组件（TOSA）

表 3-5　Lumentum 850nm LC 接口光发射组件的特性参数

参数	测试条件	最小值	典型值	最大值	单位
波长	P_{out}= 0.5mW	840	850	860	nm
TOSA 壳工作温度		−10		85	℃
RMS 谱宽	P_{out}= 0.5mW，调制速率 10.3125Gb/s			0.4	nm
λ_p温度系数		0.06			nm/℃
相对强度噪声（RIN）	调制速率 10.3125Gb/s			130	dB/Hz
上升时间	P_{out}=0.5mW，调制速率 10.3125Gb/s		45		ps
下降时间	P_{out}=0.5mW，调制速率 10.3125Gb/s		50		ps
阈值电流			0.7	1.0	mA
I_{th}温度变化	T=−10～85℃		+1.0		mA
LD 正向电压	P_{out}=0.5mW		2.0	2.4	V
结电阻	P_{out}=0.5mW	90	100	110	Ω
耦合效率			75		%
斜率效率	P_{out}=0.5mW	0.105		0.175	mW/mA
斜率效率温度变化			−4000		10^{-6}/℃
总电容（@VCSEL）	偏置电流 6mA			0.6	pF
小信号带宽	P_{out}=0.5mW	7.75			GHz
光回波损耗				−12	dB
监测 PD 光电流	P_{out}=0.5mW，V_r= 1.5V	0.12		0.6	mA
监测 PD 暗电流	V_r= 1.5V			500	nA
监测 PD 电容	V_{rm}=1.5V			50	pF

3.5　光发送机

光发送机的功能是把从电端机送来的电信号转变成光信号，并送入光纤线路进行传输。光发送机的研发和设计中需要综合考虑光、电、热、机械等问题，光纤通信对光发送机的稳定性、可靠性有很高的要求，怎么才能达到这样的要求呢？光发送机通常使用光发射组件（TOSA）、再加上偏置、调制、自动功率控制和自动温度控制等电路制作成模块化产品。

3.5.1　光发送机的组成

在光纤以太网、SDH、DWDM 光通信传输设备中，光信号的发送和接收都是采用标准化的收发一体化数字光模块提供双向光通信的，图 3-43 是计算机网络中光纤以太网交换机和光模块实物图。为了学习方便，我们分开介绍光发送机和光接收机，本节以通用的光模块发送部分为例介绍光发送机的组成和功能。

光模块（Optical Module）包括光发送和光接收两部分，光模块发送部分也称为光发送模块。一个典型的光发送模块主要由输入接口、LD 驱动和调制电路、光发射组件等构成，如图 3-44 所示。

图 3-43　光纤以太网交换机和光模块

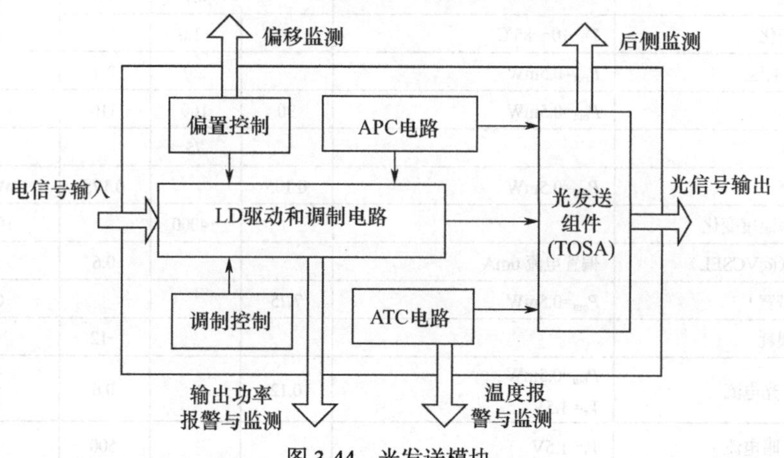

图 3-44　光发送模块

LD 驱动和调制电路也称为 LD 驱动器（LDD，Laser Diode Driver），包括调制电路、直流偏置电路、自动功率控制（APC）电路等。该部分是光发送机的核心，许多重要技术指标都由该部分决定。根据应用环境的不同，光发送模块内还需要温度自动控制（ATC）电路。

1．LD 驱动和调制电路

LD 驱动和调制电路的主要功能是实现 LD 的驱动和调制。LD 驱动电路为 LD 提供合适的偏置和调制电流，使激光器能够正常工作，其中偏置电流是恒定的，它使 LD 始终工作在阈值电流以上的线性区域内。调制电流随输入电信号而变化，实现光信号调制。

常用的调制电路是正发射极耦合逻辑电路（PECL），如图 3-45 所示。激光二极管 LD 的偏置电流为 I_{bias}，阈值电流为 I_{th}；PECL 由三极管 Q1 和 Q2 组成射极耦合开关，输入的电脉冲信号或电平变换后的信号分别加在两管的基极上，电流源由三极管 Q3 组成，它提供恒定的偏置电流。

PECL 是由 ECL 发展而来的，ECL 有两个供电电压 V_{CC} 和 V_{EE}，当 V_{CC} 接地、V_{EE} 接负电压时，即 V_{CC}=0，V_{EE}=−5.2V，这时电路称为负发射极耦合逻辑电路（NECL）。当 V_{CC}=+5V，V_{EE}=0V（V_{EE} 接地）时，这时的电路称为正发射极耦合逻辑电路（PECL），图 3-45 就是 PECL 电路。

LVPECL（Low Voltage PECL）电路是目前使用更广泛的新一代低电压供电的 PECL 电路，与 PECL 电路不同的是，V_{CC}=+3.3V，V_{EE}=0V。

PECL 电路的输入是一个具有高输入阻抗的差分对，这样允许的输入信号电平动态最大。

有的芯片在内部已经集成了偏置电路，使用时直接连接即可；有的芯片没有集成偏置电路，使用时需要在芯片外部加直流偏置电路。

电信号输入部分包括输入缓冲部分和电信号接口电路，完成LVPECL/PECL/TTL接口的电压变换。低速电信号（数据传输速率100Mb/s以下），一般采用TTL接口，高速电信号采用PECL接口。输入缓冲部分可以产生高电平和低电平，分别对应逻辑的“1”和“0”，而与输入电信号电压的高低无关。有的光发送模块的接口电路还能实现电信号编码和串并变换等功能。

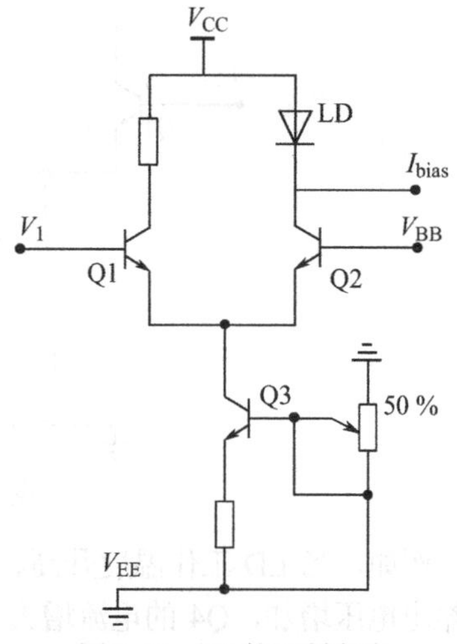

图 3-45　LD 的调制电路

图3-45中，当输入电压V_1高于V_{BB}时，Q1导通，而Q2截止，LD中没有电流流过，LD不发光。当输入电压V_1低于V_{BB}时，Q1截止，Q2导通，LD中有电流流过，LD发光。Q1和Q2轮流导通和截止，LD上的电流便随着输入信号的变化而变化，输出光功率也随之变化，即电信号被调制到了光载波上。

由于三极管一直工作在非饱和状态下，因此消除了限制调制速度的主要障碍——三极管的饱和时间，极大程度上改善了电路的开关速度，使之能应用于传输速率较高的数字光纤通信系统中。

为了使激光器输出较好的光信号，首先要对其设置合适的偏置电流，即激光器的最佳静态工作点，保证电信号有足够的线性调制区域，从而输出无失真的光信号，所以激光器的偏置电流（I_{bias}）应大于阈值电流（I_{th}）。不同类型的激光器，其阈值电流相差很大，VCSEL 的阈值电流一般小于 5mA，而 FP-LD、DFB-LD 的阈值电流一般为 10～20mA。

2．自动功率控制（APC）电路

由于温度变化和工作时间加长，激光器的输出光功率会发生变化，为了使光发送机输出稳定的光功率信号，必须采用相应的负反馈措施来控制光源器件的发光功率。可能引起激光器输出功率变化有两个因素：芯片温度的变化和激光器的老化效应。

激光器的阈值电流一般随温度的变化而发生剧烈变化，所以，在室温下性能良好的激光器在温度过高时，其发光性能随温度变化而产生的变化也有很大的差异。DFB-LD 的阈值电流随温度的变化比较大，在 85℃时的阈值电流可达 50mA，再加上器件老化引起的阈值电流增大，阈值电流高达 60～70mA。因此，为了适应不同类型的激光器，要求激光器的偏置电流有比较大的可调范围，一般为 10～100mA。

激光器的老化还会使阈值电流变大，降低发光效率。根据光纤通信设备的要求，为了使信号得到有效、可靠及稳定地传输，作为光发送模块性能指标之一的输出光功率必须稳定在一个很窄的范围内，由于以上不利因素，仅靠偏置电路的作用很难满足这种要求。因此，激光器需要一个自动功率控制（APC）电路，以对偏置电流进行补偿控制，使得偏置电流相对于阈值电流的差值相对稳定，从而可以保持基本稳定的光功率输出。

APC 电路利用与 LD 封装在一起的光电二极管（PD），监测 LD 后向输出的光，根据 PD 输出光电流的大小，采用负反馈电路控制自动改变 LD 的偏置电流，使 LD 的输出光功率保持恒定，如图 3-46 所示。从 LD 背向输出的光功率，经 PD 检测、放大器 A 负反馈放大，送到电流源 Q4 的基极，调节 LD 的偏置电流，使 LD 输出的光功率保持稳定。

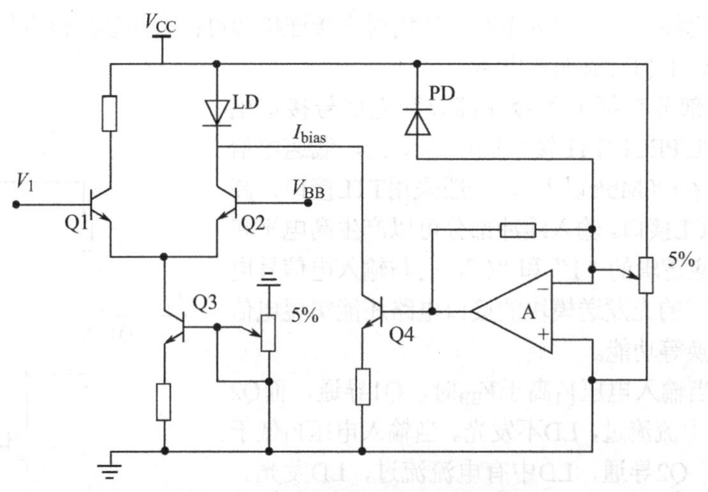

图 3-46 LD 的调制电路和 APC 电路

例如，当 LD 工作温度升高、LD 输出光功率减小时，PD 的输出电流就减小，导致放大器 A 输出电压增加，Q4 的电流增大，叠加在 LD 偏置电流上，使 LD 的偏置电流增加，使得 LD 输出的光功率增大，其变化过程如下：

$$P_{LD}\downarrow\to I_{PD}\downarrow\to U_A\uparrow\to I_{LD}\uparrow\to P_{LD}\uparrow$$

光发送模块的监测电路包括调制电流、偏置电流、工作温度及输出功率的报警与监测等电路。

3．温度自动控制（ATC）电路

激光器的阈值电流、偏置电流、输出光功率与激光器的工作温度有密切关系。激光器的阈值电流随温度变化，随着温度的升高，激光器的效率降低，输出光功率及激光器发射波的峰值波长发生变化。为了保证激光器的工作状态，即阈值电流不变，输出功率不变，必须通过温度自动控制（ATC）电路来控制激光器的工作状态，消除温度变化带来的影响。

密集波分复用（DWDM）要求光源峰值波长的间隔尽可能地小，对于采用 0.8nm（100GHz）信道间隔的 DWDM 系统，一个 0.4nm 的波长变化就能把波长从一个信道移到另一个信道上。DWDM 激光器的波长容差典型值为±0.1nm，DFB-LD 波长的温度依赖性典型值约为 0.08nm/℃。另外，实验表明，温度每升高 30℃，激光器的寿命会降低一个数量级。对于可靠性要求高的场合，为保证激光器的寿命，也需要对激光器管芯温度加以控制，这样在光发送机中就需要附加一个 ATC 电路来实现对激光器管芯的温度控制。

激光器的温度控制示意图如图 3-47 所示，首先将激光器、热敏电阻等安装在一个热沉上，然后再固定到制冷器上。

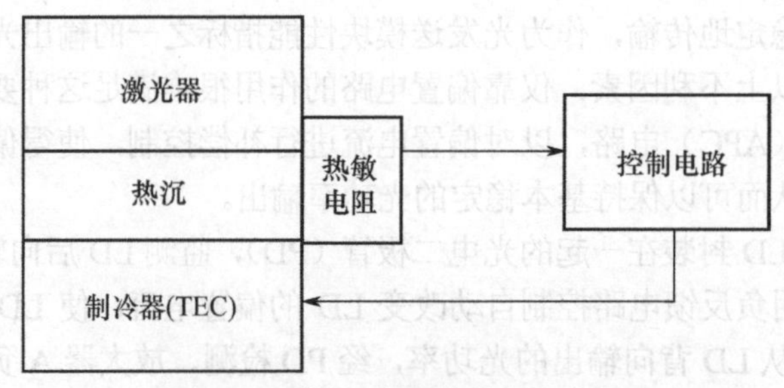

图 3-47 激光器的温度控制示意图

激光二极管的制冷器大多采用半导体制冷器，也称热电制冷器（TEC），它是利用半导体材料的珀尔帖效应制成的电偶来实现制冷的。当直流电流通过两种半导体组成的电偶时，出现一端吸热另一端放热的现象，这种现象称为珀尔帖效应。微型半导体制冷器的温差可以达到30～40℃。半导体制冷器有两种工作模式——制冷或制热，使用时改变制冷器工作电流的方向，即可改变制冷器的制冷或制热状态。

为提高制冷效率和温度控制精度，把制冷器和热敏电阻封装在激光器管壳内。热敏电阻能够监测激光器芯片的温度变化，均采用负温度系数热敏电阻，25℃时的电阻约为10kΩ，温度升高，电阻值下降，温度控制精度可达±0.5℃。

自动温度控制（ATC）电路如图3-48所示，主要由R_1、R_2、R_3和热敏电阻R_t组成电桥。通过电桥把温度的变化转换为电量的变化，放大器A的差动输入端跨接在电桥的对端，用以改变三极管Q的基极电流。在设定的温度，电桥平衡，*A*、*B*两点没有电位差，传输到放大器A的信号为零，流过制冷器TEC的电流为零。

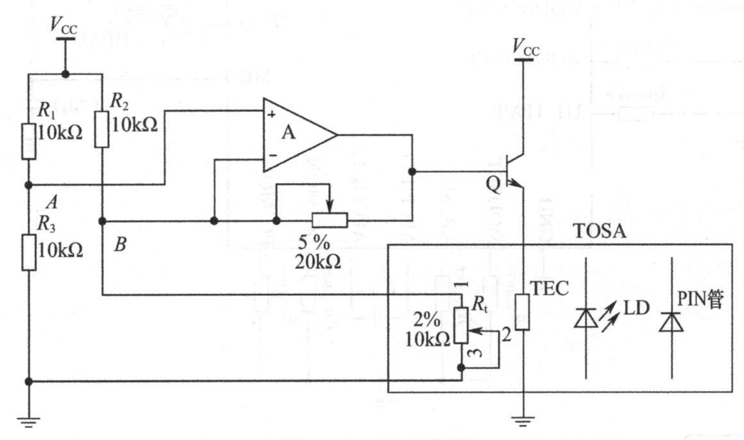

图3-48　ATC电路

当环境温度升高时，LD的管芯和热沉温度也升高，使具有负温度系数的热敏电阻R_t的阻值减小，电桥失去平衡。这时*B*点的电位低于*A*点的电位，放大器A的输出电压升高，三极管Q的基极电流增大，流过制冷器TEC的电流也增大，制冷效果增强，制冷端温度降低，热沉和管芯的温度也随之降低，从而保持了LD的温度恒定。其变化过程如下：

$$T_{LD}\uparrow\rightarrow R_t\downarrow\rightarrow U_{BA}\downarrow\rightarrow U_A\uparrow\rightarrow I_{TEC}\uparrow\rightarrow T_{LD}\downarrow$$

反之，当环境温度降低时，LD的管芯和热沉温度也降低，R_t的阻值增大，电路的工作过程和上面过程相反，最终也会保持LD的温度恒定。ATC电路使激光器输出的平均功率和发射波长保持恒定，避免调制失真。

ATC电路仿真时，可用可调电阻代替热敏电阻实现仿真分析。

在实际应用要求不高的情况下，光发送模块并不包括ATC功能，可根据需要决定是否在光发送模块中增加ATC电路。

3.5.2　光发送机电路芯片

1. MAX3738激光驱动器

MAX3738为+3.3V激光驱动器，是专为传输速率从155Mb/s至4.25Gb/s的多速率收发模块而设计的。激光器直流耦合到MAX3738，减少了外部元件数量，易于多速率运行，其应用如图3-49所示。

MAX3738内部电路主要包括高速调制驱动电路、消光比控制电路和安全逻辑控制电路。

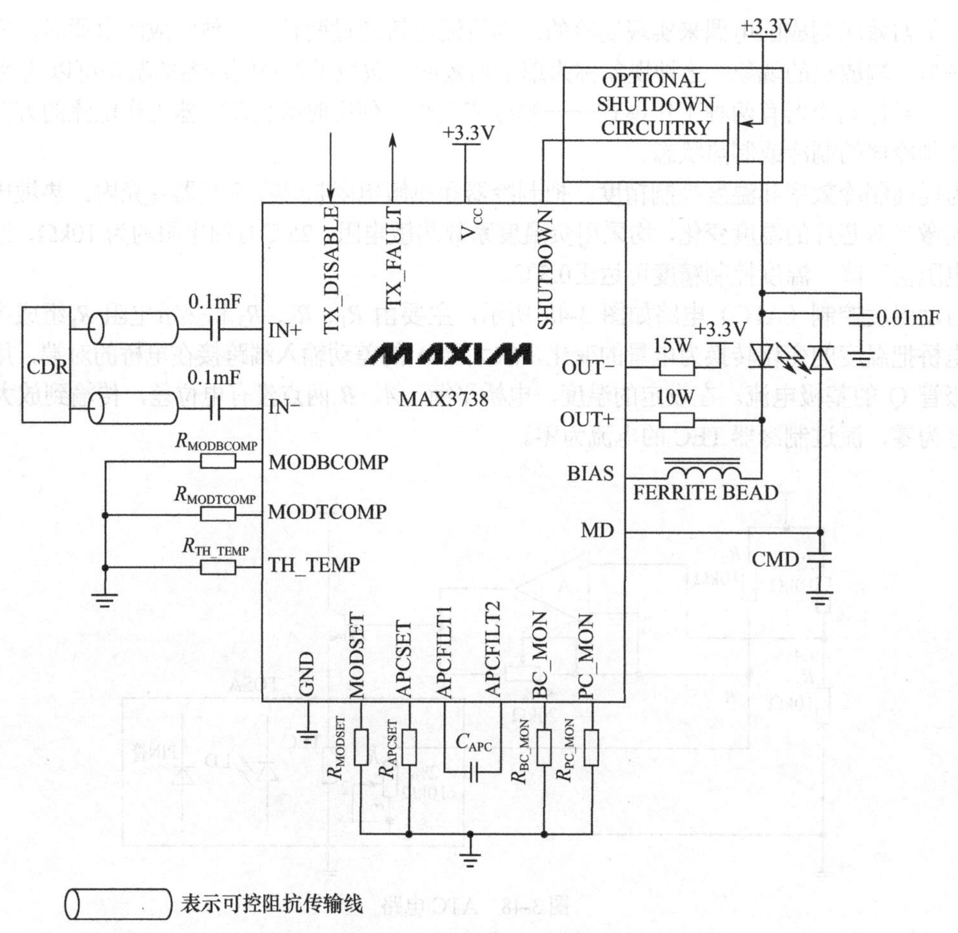

图 3-49　MAX3738 的应用

高速调制驱动电路包括输入级和输出级两部分，主要由输入缓冲、数据通道和高速差分对组成，其功能是对输入信号进行调制控制，并为外部激光器提供所需的激励信号。

消光比控制电路主要包括两部分：自动功率控制（APC）电路和自动调制控制（AMC）电路。APC 电路保持平均光功率恒定，AMC 电路根据偏置电流调节调制电流。这些控制电路具有温度补偿功能，在整个温度范围和有效使用期限内保持恒定的消光比。

安全逻辑控制电路主要包括传输控制电路、锁存失效输出电路和失效指示电路，主要功能是为驱动器正常工作提供安全保障，对驱动器工作状态进行监控，同时提供驱动器工作状态和失效信息。

MAX3738 接收差分数据输入信号，具有 5～60mA（交流耦合时最大达 85mA）的宽调制电流范围和高达 100mA 的偏置电流范围，尤其适合于驱动 FP/DFB 激光器，通过外部电阻可设置所需的激光器电流值。MAX3738 采用 4mm×4mm、24 引脚薄型 QFN 封装，且工作在−40～+85℃的温度范围内。

MAX3738 的应用：1G/2G/4Gb/s 光纤通道 SFF/SFP 和 GBIC 收发器；千兆位以太网 SFF/SFP 与 GBIC 收发器；多速率 OC-24 至 OC-48 FEC 收发器。

下面结合实际应用，分析电路设计时需要注意的一些问题。

（1）激光器驱动电路外部接口

激光器驱动电路的耦合驱动方式（激光器驱动方式）有两种，即激光器直流耦合驱动方式

（DC 耦合）和激光器交流耦合驱动方式（AC 耦合）。激光器驱动方式与激光器调制速率密切相关，目前 1.25Gb/s 及以下速率激光器一般均采用直流耦合驱动方式，2.5Gb/s 激光器根据具体情况和实际要求可采用交流耦合驱动方式。这两种驱动方式各具优势，应用于不同速率激光器的调制输出接口电路。

在设计过程中，为使电路正常工作，各种电流有一定的条件限制。若所需调制电流不大于 60mA，可采用直流耦合驱动方式；若调制电流大于 60mA，则应采用交流耦合驱动方式。

（2）消光比控制

MAX3738 的最大优点是能维持消光比稳定。消光比（ER）由最大光功率 P_1 和最小光功率 P_0 的比值所确定。若峰值光功率 $P_{\text{P-P}}$ 和平均光功率 P_{avg} 保持不变，则消光比保持恒定。

电路通过调节偏置电流 I_{bias} 变化以维持平均光功率 P_{avg} 的稳定，而通过调节调制电流变化以维持光峰值功率稳定。激光器斜率效率 η 降低时，通过补偿调制电流，能够在整个有效使用期限内和温度范围内保持峰值功率恒定。

根据光模块输出光功率及消光比要求，结合所选用激光器的特性，可以计算出电阻 R_{APCSET} 和 R_{MODSET} 的范围。

（3）APC 电路中监控光二极管反馈电流的设计

MAX3738 在任何时候都工作在 APC 模式，偏置电流将自动设置，平均光功率由 APCSET 引脚的外部电阻 R_{APCSET} 确定。

（4）调制电流的设计

MAX3738 内部集成了 K 因子调制补偿和片内温度补偿功能，因此，调制电流 I_{mod} 由 3 部分组成：固定调制电流（I_{mods}）、偏置补偿调制电流（$K \cdot I_{\text{bias}}$）和温度补偿调制电流（I_{modt}），它们之间的关系为

$$I_{\text{mod}} = I_{\text{mods}} + K \cdot I_{\text{bias}} + I_{\text{modt}} \tag{3-28}$$

固定调制电流 I_{mods} 是指 MAX3738 没有启用调制补偿和温度补偿时的调制电流，驱动器所需的调制电流由 MAX3738 内部电路和 MODSET 引脚外接电阻 R_{MODSET} 所确定。用户通常首先根据实际要求，确定所需要的固定调制电流 I_{mods}，然后确定 MODSET 引脚的外接电阻 R_{MODSET}。

偏置补偿调制电流 $K \cdot I_{\text{bias}}$ 是偏置电流变化所引起的，其作用大小由补偿因子 K 值确定，而 K 值大小由 MODBCOMP 引脚外接电阻 R_{MODBCOMP} 所确定。

温度补偿调制电流 I_{modt} 是指当 MAX3738 的工作温度超过预设的工作温度时，温度补偿电路就提供一定大小的电流补偿，作用是补偿温度变化对调制电流的影响，其大小与工作温度和阈值温度有关，由 TH-TEMP 引脚外接电阻 $R_{\text{TH-TEMP}}$ 和 MODTCOMP 引脚外接电阻 R_{MODTCOMP} 所确定。

（5）APC 电路滤波电容的设计

在 APC 电路中，滤波电容 C_{APC} 可以延迟 APC 电路的作用时间，从而有效降低低频信号的干扰。

2．TEC 驱动器芯片

MAX8521 是光模块业内尺寸最小的 TEC 驱动器之一，用于 SFF/SFP 模块，可减少发热 50%。其应用如图 3-50 所示。

MAX8520/8521 设计用于驱动空间受限的光模块中的制冷器（TEC）。这两款芯片提供 ±1.5A 输出电流，有一路模拟输出信号监测 TEC 电流，独特的纹波抵消技术有助于减小噪声，具有精确的、独立可调的加热电流限制和冷却电流限制，以及最大 TEC 电压限制，以提高光模

块的可靠性。MAX8520 采用 5mm×5mm TQFN 封装，通过外部电阻调节，开关频率可高达 1MHz。MAX8521 也采用 5mm×5mm TQFN 封装，具有 500kHz 或 1MHz 可选择的开关频率。

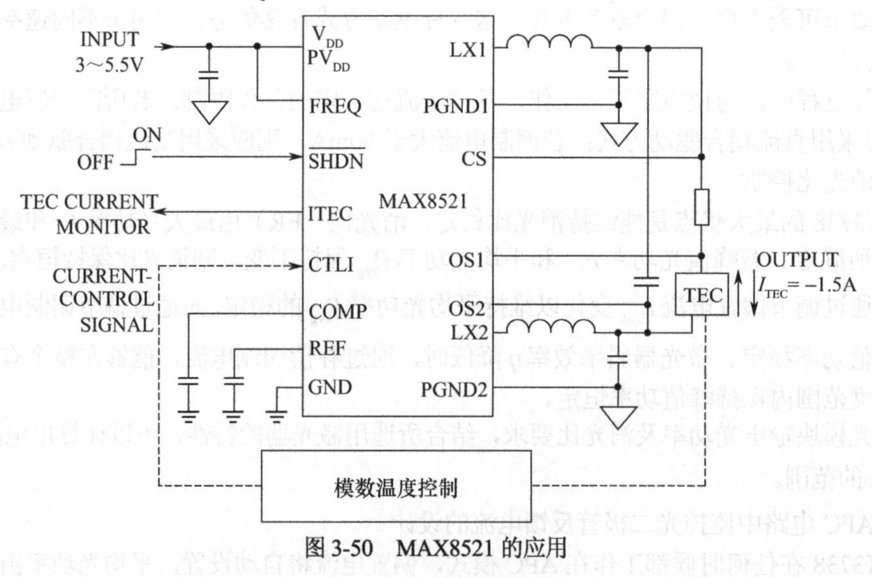

图 3-50　MAX8521 的应用

3.6　习题与设计题

（一）选择题

1．已知 LD 光源的功率为 0dBm，对应下面的哪个值？（　　）

（A）1mW　　（B）10mW　　（C）0.1mW　　（D）20mW

2．光模块的发射部分由下面哪几部分组成？（　　）

（A）输入接口　　（B）调制驱动电路　　（C）光发射组件　　（D）监控电路

3．根据发光二极管光辐射方式，LED 有哪两种类型？（　　）

（A）SLED　　（B）ELED　　（C）SLD　　（D）LED

4．下面光源中，哪个光源的谱线宽度最小？（　　）

（A）LED　　（B）DFB-LD　　（C）SLD　　（D）FP-LD

5．单纵模激光器的光谱宽度是主模的最大峰值功率跌落（　　）时的光谱宽度。

（A）3dB　　（B）10dB　　（C）20dB　　（D）30dB

（二）问答题

1．光与物质间的相互作用过程有哪些？

2．为什么 LED 会有很多种颜色？为什么 LED 的谱线比较宽？

3．LED 的调制带宽为什么不高？

4．什么是粒子数反转？FP-LD 是如何实现激光辐射的？

5．什么是激光器的阈值条件？

6．画图并说明光源的谱线宽度是怎样定义的？

7．DFB 激光器的结构是怎样的？有何优点？

8．量子阱（QW）半导体激光器结构是怎样的？有何优点？

9．VCSEL 激光器的结构是怎样的？有何优点？

10．简述电吸收波导调制器的工作原理。

11．画出 MZM 调制器的原理图，简述工作原理。

12．画出 LD 发送模块的框图，说明各部分的功能。

（三）计算题

1．激光二极管发射光子的能量近似等于材料的禁带宽度，已知 GaAs 材料的 E_g=1.43eV，InGaAsP 材料的 E_g=0.96eV，求两种材料的激光器各自发射光子的波长。

2．有一个 FP-LD，工作波长λ=850nm，谐振腔长 500μm，激活物质的折射率 n=3.7，激光器的纵模间隔是多少？

（四）设计题

1．LD 驱动调制电路仿真设计。

本设计综合电子线路、光发送模块知识。学习光模块电路原理，学习 MAX3757、MAX3272 芯片原理，画出 LD 驱动调制电路及 APC 电路原理图，仿真分析电路原理，提交设计报告。

2．自动温度控制（ATC）电路的仿真设计。

画出 LD 自动温度控制电路，仿真分析电路原理，提交设计报告。

项目实践：光模块特性及眼图测试

【项目目标】

掌握光模块主要参数及测试方法。

【项目构思与设计】

项目实施前，应根据现有的技术和设计规范，分析问题，归纳要求，构思设计项目。

工厂生产的光模块必须经过严格测试才能使用。根据光模块测试指标设计项目，需要学习光模块测试指标，设计光模块测试方案和眼图测试方案。同时需要学习常见光纤通信测量仪器的原理和使用方法，在教师指导下学习和使用实验设备。

在项目实施过程中，采用团队模式，成立项目组，2～4 个同学一组，每个学生在组内有不同的角色，充分发挥学生的积极性，测试时发现问题，相互讨论，分析问题和解决问题。

仿真设计：不具备实验条件的情况下，可使用 OptiSystem 软件仿真设计，观察光脉冲的传输和眼图。

【项目内容与实施】

1．光发送部分主要参数的测试

（1）平均光功率

平均光功率即为光模块中激光器输出的光功率。其测量方法是以标准跳线连接光模块发射端口与光功率计，直接由光功率计上读出，单位通常以 dBm 表示。发射部分的平均光功率输出大小直接影响到传输距离的远近，因此是光纤通信系统中一个非常主要的指标。平均光功率要求有良好的稳定性，是指在器件老化或环境温度变化时，平均光功率的输出要保持稳定。光模块发送部分测试框图如图 3-51 所示，工厂里一般采用光模块测试板。

误码仪（Bit Error Ratio Tester）由码型发生器和误码分析仪组成。它通过比较码型发生器产生的数据码和光接收机收到并转换成电信号的数据码来测试待测光接收机在不同输入光功率时的误码率。码型发生器产生的数据码发送伪随机二进制序列（PRBS，Pseudo Random Binary Sequence）。PRBS 序列长度为 2^n-1，即每隔 2^n-1 个比特就重复。PRBS 相当于“随机数据”，因此它的频谱特征（在有限频带内）与白噪声接近，所以它适合用于测试光纤通信系统的性能。

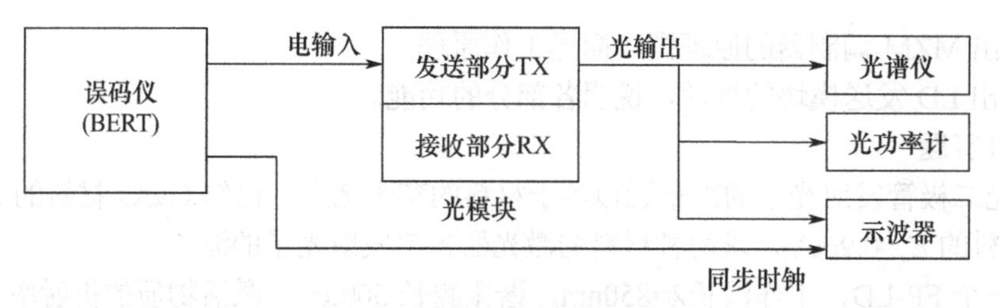

图 3-51 光发送部分测试框图

（2）消光比

消光比（ER，Extinction Ratio）指光发送机的数字驱动电路送全“0”码，测得此时的光功率P_0；给光发送机的数字驱动电路送全“1”码，测得此时的光功率P_1。我们常常把消光比进行取对数，将P_0、P_1代入式（3-29），计算如下

$$\mathrm{ER}=10\lg\frac{P_0}{P_1} \tag{3-29}$$

式中，ER 表示以 dB 为单位的消光比；P_1和P_0分别为“1”和“0”时的光功率大小。

消光比的大小决定了通信信号的品质。消光比越大，代表在光接收机会有越好的逻辑鉴别率；消光比越小，表示信号较易受到干扰，系统误码率会上升。消光比直接影响光接收机的灵敏度，从提高光接收机灵敏度的角度希望消光比尽可能大，有利于减少功率代价。但对于码速率很高的光纤传输系统，太高的消光比会导致啁啾现象的产生，降低系统的传输质量。一般对于 FP/DFB 直调激光器，要求消光比不小于 8.2dB，EML 电吸收激光器的消光比不小于 10dB。一般建议实际消光比与最低要求消光比大 0.5～1.5dB。

消光比的大小一般可以由示波器测试的光模块眼图来得到，通过观察输出眼图的眼睛中心处的P_1和P_0值，再经过式（3-29）计算即可得到消光比。

（3）波长和光谱特性测试

单纵模激光器的主要能量集中在主模，所以它的光谱宽度定义为最大－20dB 带宽，即主模的最大峰值功率跌落到－20dB 时的最大带宽。

（4）光源边模抑制比

边模抑制比（SMSR）是指主模的平均光功率P_1与最显著的边模的平均光功率P_2之比，通常取对数，如式（3-30）。该技术指标是针对使用单纵模激光器的光发送机而言的，SMSR 应不小于 30dB。

$$\mathrm{SMSR}=10\lg\frac{P_1}{P_2} \tag{3-30}$$

光模块的光源光谱特性可用光纤光谱仪（OSA）直接测量。

2．光接收部分主要参数的测试

（1）光接收机灵敏度

灵敏度（Sensitivity）指在一定的误码条件下，光接收机所能接收的最低接收光功率，单位通常为 dBm。光接收部分测试框图如图 3-52 所示，工厂里一般采用光模块测试板。

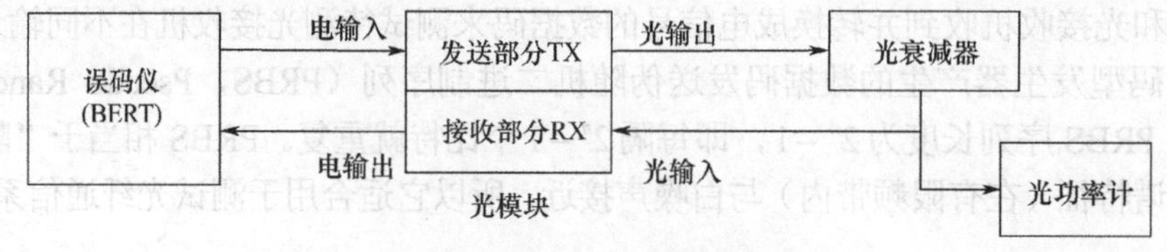

图 3-52 光接收部分测试框图

测量方法：首先用误码仪向光发送机的数字驱动电路发送 $2^{15}-1$ 的伪随机序列作为测试信号，调整光衰减器使其衰减值逐渐增大，从而使输入光接收机的平均光功率逐步减小，使系统处于误码状态，并且使得系统测试得到的误码率达到最高允许值（如 1×10^{-11}），测得此时的光功率即为此误码率条件下光接收机的最小光功率，这也就是光接收机的灵敏度。

（2）光接收机的动态范围

光接收机的动态范围（DR，Dynamic Range）是指在保证一定误码率的前提下，光接收机所允许接收的最大和最小光功率之比的分贝数，计算公式为

$$\mathrm{DR}=10\lg\frac{P_{\max}}{P_{\min}} \tag{3-31}$$

它表示了光接收机对输入信号变化时的适应能力。

测试光接收机动态范围的测量方法是：首先用误码仪向光发送机的数字驱动电路发送 $2^{15}-1$ 的伪随机序列作为测试信号，调整光衰减器使其衰减值逐渐减小，从而使输入光接收机的平均光功率逐步增大，使系统处于误码状态，并且使得系统测试得到的误码率为 1×10^{-11}，测得此时的光功率即为光接收机的最大光功率，这也就是光接收机的动态范围的上限 $P_{\max}$。反之，调整光衰减器使其衰减值逐渐增大，测得光接收机的动态范围的下限 $P_{\min}$。

光模块在平时使用中，要注意光模块的清洁和保护。使用完后，塞上防尘塞，因为如果光触点不清洁，有可能影响信号质量，从而导致链路问题和误码问题。

3．光模块眼图的测试

眼图（Eye Diagram）是将采集到的周期性信号波形累积叠加而形成的图形，在传输二进制信号波形时，叠加后的图形形状看起来和眼睛很像，故名眼图。

（1）眼图的形成

对于数字信号，其高电平与低电平的变化可以有多种序列组合。以 3 比特（bit）为例，可以有 000～111 共 8 种组合，在时域上将足够多的上述序列按某一个基准点对齐，然后将其波形叠加起来，就形成了眼图。对于测试仪器而言，首先从待测信号中恢复出信号的时钟信号，然后按照时钟基准来叠加出眼图，最终显示出来。

如果信号没有受到干扰，得到归零码（RZ）完整的眼图，如图 3-53（a）所示；如果这 8 种状态中的信号受到噪声干扰，眼图就会不完整，如图 3-53（b）所示。

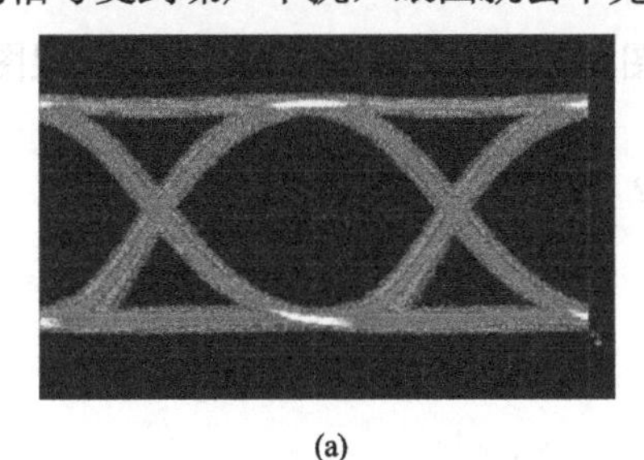

(a)

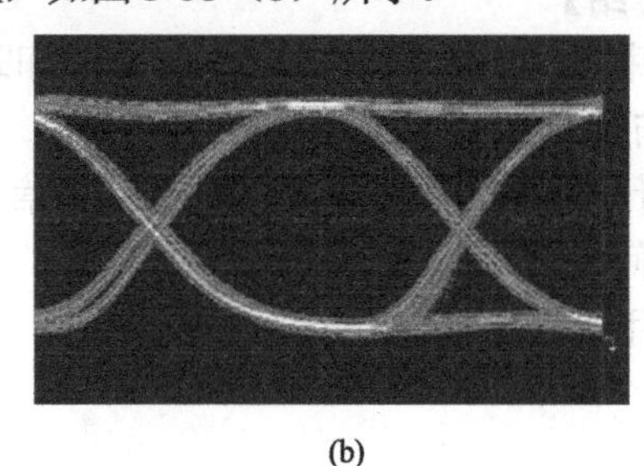

(b)

图 3-53　完整眼图和不完整眼图

（2）眼图包含的信息

从一幅实际测量眼图可以看出数字波形的平均上升时间（Rise Time）、下降时间（Fall Time）、上冲（Overshoot）、下冲（Undershoot）、门限电平（Threshold）等参数。眼图参数有很多，如眼高、眼宽、眼幅度、眼交叉比、“1”电平、“0”电平、消光比、Q 因子、平均功率等。

在眼图上叠加的数据足够多时，眼宽很好地反映了传输线上信号的稳定时间；眼高很好地反映了传输线上信号的噪声容限，同时，眼图中眼高最大的地方，即为最佳判决时刻。

在实际测试时，为了提高测试效率，经常使用到的方法是模板测试（Mask Test）。即根据信号传输的需求，在眼图上规定一个区域，要求左右的信号全部出现在这个区域之外，一旦菱形区域内有出现信号，则测试未通过。

通过眼图的形状特点可以快速判断信号的质量，这是观测系统性能最直观、最简单的方法。眼图可用于分析形成误码的原因。在无码间串扰和噪声的理想情况下，波形无失真，每个码元将重叠在一起，最终在示波器上看到的是迹线又细又清晰的"眼睛"。最佳采样时刻应是"眼睛"张开最大的时刻，采样失真反映了信号受噪声干扰的程度，水平中线对应判决门限电平。

由于眼图是用一张图形就完整地表征了串行信号的比特位信息，所以成为衡量信号质量的最重要工具，眼图测量有时就叫"信号质量测试"。此外，眼图测量的结果是合格还是不合格，其判断依据通常是相对于"模板（Mask）"而言的。模板规定了串行信号"1"电平的容限，"0"电平的容限，上升时间、下降时间的容限，所以眼图测量有时又被称为"模板测试"。不同信号编码的模板的形状是各种各样的，信号的眼图也就是各种各样的。

眼图的参数较多，充分理解眼图参数的含义并熟练地进行眼图测试，是一个工程师必须掌握的基本技能。

（3）光模块眼图的测试

若加上噪声，则使眼图的线条变得模糊，"眼睛"开启得小了，因此，"眼睛"张开的大小表示了失真的程度，反映了码间串扰的强弱。由此可知，眼图能直观地表明码间串扰和噪声的影响，可评价一个传输系统性能的优劣。

光发送机眼图测试框图如图 3-51 所示，误码仪向光发送机的数字驱动电路发送 $2^{15}-1$ 的伪随机序列作为测试信号，具有眼图功能的示波器可以直接观察到眼图。

（4）信号抖动测试

信号抖动指的是数字信号中短暂的时序偏移现象。一般的测量方法是取眼图中上升沿与下降沿的交叉点在时间上的分布。最常见的有表示最大时间偏移范围的峰-峰抖动（peak-to-peak jitter）及定义为分布标准差的均方根抖动（RMS jitter）。抖动以时间（ps/ns）为计量单位。

这里仅测试了光模块几个重要的参数，实际上光模块的技术指标很多，工厂生产的光模块制成品，为保证产品的质量，要经过多个步骤的测试方可出货，读者可参考专门的书籍。

【项目总结】

项目结束后，所有团队完成光模块特性和眼图测试过程，提交光模块特性和眼图测试报告。

【讨论与创新】

（1）为什么要采用伪随机序列作为测试信号？

（2）如何改善光模块的眼图性能？

（3）使用光模块时有哪些注意事项？

1880年，亚历山大·格拉汉姆·贝尔（Alexander Graham Bell，1847—1922）用太阳光作为光源，大气为传输介质，成功进行了光电话的实验，通话距离最远达到了213m。在贝尔本人看来，在他的所有发明中，光电话是最伟大的发明，贝尔光电话是现代光通信的雏形。

左图是贝尔和光电话。

第4章　光检测器和光接收机

光纤通信中光检测器的作用是把光纤输出的微弱的光信号转换为电信号，光纤通信中常用的光检测器是光电二极管（PD，PhotoDiode）。光纤通信中对光电二极管的响应波长、响应速度、灵敏度有较高的要求，目前常用的光电二极管由Si、InGaAs、InGaAsP等材料制成，分为PIN管和APD两种类型。光发送机发送的光信号经过光纤传送，由于光纤色散和损耗、链路噪声的影响，到接收端时，光信号功率比较微弱，并且信号质量下降，需要高性能的光接收机从接收到的微弱的光信号中恢复出原始的电信号。光接收机包括光检测器、前置放大器、限幅放大器和时钟数据恢复电路等。

本章首先学习光电二极管的基本原理和工作特性，然后学习光接收机的功能与电路设计，讨论光接收机噪声和灵敏度等性能指标。学习中注意对比，光纤通信用的光电二极管和普通的硅光电二极管有哪些不同？PIN管和APD的原理和特性有何不同？

4.1　光电二极管的原理

光电二极管是利用半导体材料PN结的内光电效应来实现光电转换的。图4-1是一个硅（Si）光电二极管的结构图，采用N型单晶硅和扩散工艺制成，称为$P^{+}N$结构。

以适当波长的光照射PN结，如图4-2所示，当入射光子的能量大于或者等于材料禁带宽度时，入射光子被吸收，价带中的电子受激跃迁到导带中，而空穴留在价带，因光照射在导带和价带中产生的电子和空穴称为光生载流子。在耗尽层，由于电子和空穴的扩散运动，会形成内部电场，分离的电子和空穴分别受到耗尽层的内部电场正、负电势的吸引，N区中的光生空穴向P区移动，P区中的光生电子向N区移动，若此时不加外部反向偏压，P区出现过剩的空穴的积累，N区出现过剩的电子的积累，于是在PN结耗尽层的两侧形成一个光生电动势，这一现象称为光伏效应。

如果在PN结上加一个外部反向偏压，反向偏压会吸引更多的光生电子和空穴流动，载流子定向流动形成电流，耗尽层生成的光生电流称为漂移电流。当连接的电路闭合时，N区过剩的电子通过外部电路流向P区，P区过剩的空穴流向N区，外部电路中出现电流，这种由光照射激发的电流称为光电流（也称为光生电流）。

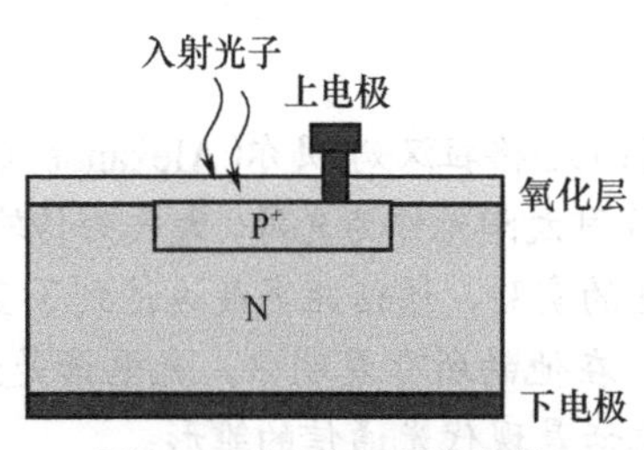

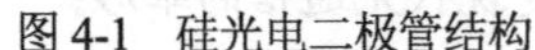

图 4-1　硅光电二极管结构

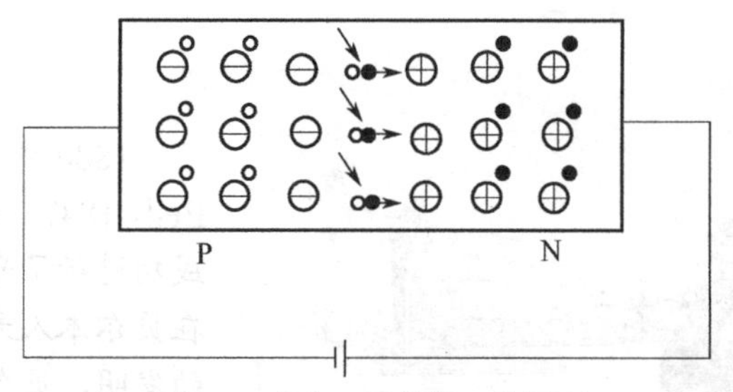

图 4-2　光电二极管的工作原理

在耗尽层两侧是没有电场的中性区，由于热运动，部分光生电子和空穴通过扩散运动可能进入耗尽层，然后在电场作用下，形成和漂移电流相同方向的扩散电流。

漂移电流和扩散电流的总和即为光生电流。当入射光变化时，光电二极管的光电流随之做线性变化，也就是说，输出电流与输入光功率成正比，从而把光信号转换成电信号。

从能级的角度看，当在 PN 结的两边外加一个反向偏压时，此时整个 PN 结就不再处于热平衡状态，因此整个 PN 结中也就不再具有统一的费米能级，PN 结能带图如图 4-3 所示。PN 结内部空间电荷区中的电场增强，PN 结耗尽层的能带形成一个“斜坡”，势垒增大，PN 结耗尽层宽度将会进一步展宽。反向偏压使光生电子和空穴的运动速度加快，从而使光电流能快速地跟着光信号变化，既能提高响应时间，还能减小暗电流、减少光生载流子二次复合、改善光电二极管的线性。

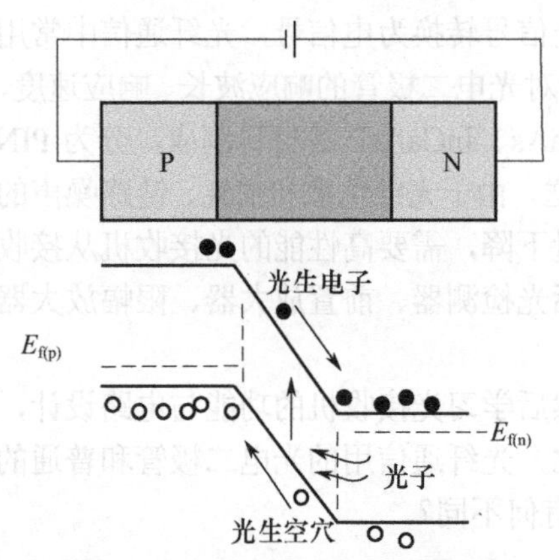

图 4-3　光电二极管 PN 结的能带

外加偏压使得耗尽层的宽度增大，响应度增大，结电容变小，响应度趋向直线，但工作在这些条件下容易产生很大的暗电流，可以选择光电二极管的制作材料以限制其大小。

光电二极管的实物图如图 1-4（b）所示。为了便于接收入射光，PN 结的面积尽量做得大一些，电极面积要尽量小。PN 结的表面部分需要开窗以便于光线入射，为了减少入射光在器件表面的反射，需要在表面涂一层抗反射膜，这样可以提高器件的量子效率。普通的光电二极管几乎全部选用硅或锗的单晶材料制作，硅器件和锗器件相比，硅器件的暗电流、温度系数要小得多，硅光电二极管的光谱响应范围为 0.4～1.1μm，峰值响应波长约为 0.9μm。

普通的光电二极管由于PN结耗尽层只有几微米，大部分入射光被PN结两侧的中性区吸收，在耗尽层以外产生的光生电子-空穴对，其扩散运动速度慢，容易被复合掉，造成光电二极管光电转换效率低，响应速度慢。虽然提高反向偏压，能加宽耗尽层，但也会增加载流子漂移的渡越时间，减慢响应时间，怎么解决这一矛盾呢？

4.2　PIN 光电二极管

为了改善光电二极管的响应速度和转换效率，显然，适当加大耗尽层宽度是有利的。为此在制造光电二极管时，在 P 型材料和 N 型材料之间增加一层轻掺杂且具有一定厚度的 N 型材料，由于掺杂浓度很低，近乎本征（Intrinsic）半导体，故称为 I 层，人们将这种结构的光电二极管称为 PIN 光电二极管，简称 PIN 管。

4.2.1 PIN 管的原理

PIN 管的结构如图 4-4 所示，由于中间的 I 层是轻掺杂，故电子浓度很低，经扩散作用后可形成一个很宽的耗尽层。另外，为了降低 PN 结两端的接触电阻，以便与外电路连接，将两端的材料做成重掺杂的 P^{+}层和 N^{+}层。因为本征层相对于 P 区和 N 区是高阻区，这样 PN 结的内电场就基本上全集中于 I 层中。制造这种 PIN 管的本征材料可以是 InGaAs、InGaAsP，通过掺杂后形成 P 型材料和 N 型材料。

当入射光照射 PIN 管时，入射光子在 I 区内因受激吸收而产生电子-空穴对。在 I 区电场作用下，光生电子向 N 区加速漂移，光生空穴向 P 区加速漂移，形成光生电流，将光信号转换成电信号。PIN 管的耗尽层很宽，几乎是整个本征半导体的宽度，而 P 型半导体与 N 型半导体的宽度与之相比是很小的。一个典型的异质结 PIN 管，P 区和 N 区均为 InP，本征层 InGaAs 生长在 N 型 InP 上，当 InGaAs 和 InP 之间晶格匹配时，窄的禁带宽度能使光谱响应达到 1.65μm。

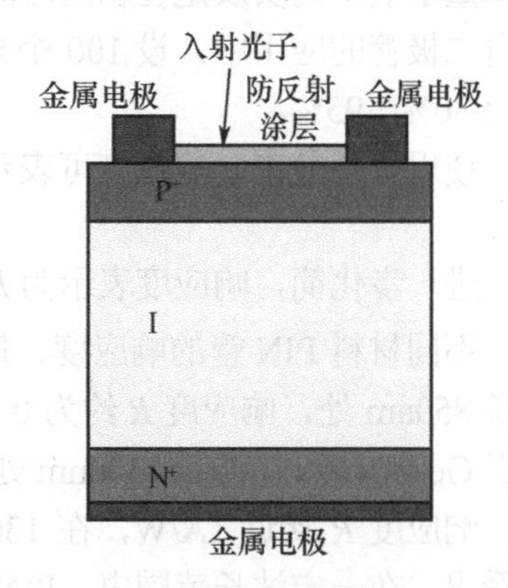

图 4-4　PIN 管结构

在 PIN 管中，由于 I 层很厚，吸收系数很小，入射光很容易进入材料内部被充分吸收而产生大量的电子-空穴对，因而大幅度提高了光电转换效率。两侧 P 层和 N 层很薄，吸收入射光的比例很小，扩散电流小，I 层几乎占据整个耗尽层，因而光生电流中漂移分量占支配地位，从而大大提高了响应时间。

4.2.2 PIN 管的特性

1．响应度和量子效率

入射到 PIN 管耗尽区的光子数目越多，产生的光电流就越大。在一定波长的光照射下，光电二极管的平均输出电流 I_p 与入射的平均光功率 P_{in} 之比称为响应度 R，即

$$R = I_p / P_{in} \tag{4-1}$$

响应度的实质是表示 PIN 管把光信号转化为电信号的效率，响应度的单位为 A/W。根据响应度和输入光功率，可以计算出输出电流的大小，在设计光模块时，这是必须要考虑的一个问题。

例如，当光功率为 1mW 的光入射到 PIN 管上，其响应度为 0.65A/W，则 PIN 管产生的光电流为

$$I_p = RP_{in} = 0.65\,\text{A/W} \times 1\,\text{mW} = 0.65\,\text{mA}$$

光电二极管响应度的大小主要是由其量子效率决定的。PIN 管的响应度与量子效率的关系推导如下。

设入射光产生的电子数为 N_e，电子电量 $e = 1.6\times10^{-19}\,\text{C}$，则时间 t 内流过的光生电荷数，即光信号产生的光电流为

$$I_p = N_e \cdot e / t \tag{4-2}$$

设总的光子数为 N_p，那么入射信号的光功率为

$$P_{in} = (N_p E_p) / t \tag{4-3}$$

式中，E_p 为单个光子能量，$E_p = hc/\lambda$，h 为普朗克常数，$h = 6.626\times10^{-34}$J•s；c 为光波速度；λ为入射光波长。

联立式（4-2）和式（4-3），响应度表示为

$$R = I_p / P_{in} = (N_e \bullet e / N_p)(\lambda / hc) \tag{4-4}$$

定义 PIN 管的量子效率

$$\eta = N_e / N_p \tag{4-5}$$

量子效率的实质是在相同时间内，一次光生电子-空穴对和入射的总光子数之比。在 InGaAs 光电二极管的应用中，设 100 个光子会产生 30～95 个电子-空穴对，则该 PIN 管的量子效率范围为 30%～95%。

使用量子效率，响应度可表示为

$$R = \eta e\lambda / hc \tag{4-6}$$

进一步化简，响应度表示为 $R \approx \eta\lambda / 1240$，波长的单位为 nm。

不同材料 PIN 管的响应度、量子效率随波长的变化关系如图 4-5 所示。对于 Si-PIN 管，在波长 850nm 处，响应度 R 约为 0.55A/W，在 800～900nm 的波长范围内，量子效率接近 90%；对于 Ge-PIN 管，在波长 1300nm 处，响应度 R 约为 0.45A/W；对于 InGaAs-PIN 管，在波长 1550nm 处，响应度 R 接近 1A/W，在 1300～1600nm 的波长范围内，量子效率接近 90%。从图中还可以看出，在一定波长范围内，PIN 管的响应度与波长大小成比例，这和式（4-6）是一致的。

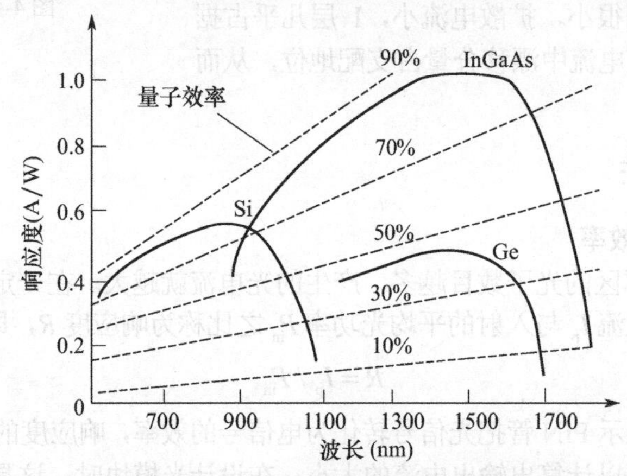

图 4-5　不同材料 PIN 管的响应度和量子效率随波长的变化关系

为了获得高的量子效率，常采用具有一定厚度的半导体平板。设耗尽区宽度为 w，入射光功率为 P_{in}，I 层的吸收系数为 a，器件表面反射率为 R_0，P 层和 N 层对量子效率的贡献可以忽略，在工作电压下，I 层全部耗尽，即每个被吸收的光子都产生一个电子，那么 PIN 管的量子效率可以近似表示为

$$\eta = \frac{P(w)}{P_{in}} = (1-R_0)\,[1-\exp(-a\cdot w)] \tag{4-7}$$

式中，a 为 I 层的吸收系数，它是波长的函数，不同材料的吸收系数不相同，所以量子效率也会不同。

由式（4-7）可以看到，当 $a\cdot w \gg 1$ 时，$\eta \to 1$。对于给定的材料，吸收系数一定，I 层越宽，量子效率就越大。为了提高量子效率，I 层的厚度要足够大，这是 PIN 管遵循的工作原理。

PIN 管在较小的负载电阻下，入射光功率与光电流之间呈现较好的线性关系，如图 4-6 所示。

暗电流是指当加规定反向电压时，在无入射光情况下 PIN 管内部产生的电流，主要是由热效应产生的电子-空穴对形成的。

当输入的光功率过大时，光电流不再是线性的，如图 4-6 所示弯曲的虚线部分，这是 PIN 管的饱和特性。

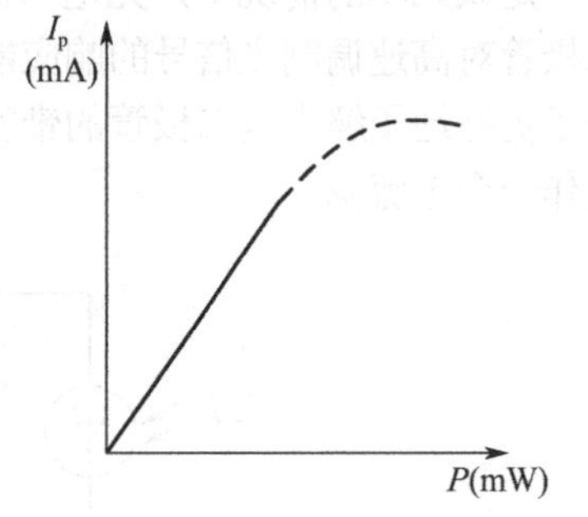

图 4-6　PIN 管入射光功率与光电流特性

【例 4-1】一个 InGaAs 材料的 PIN 管，在 100ns 的脉冲时段内共入射了波长为 1310nm 的光子 6×10^6 个，平均产生了 5.4×10^6 个电子-空穴对，则其量子效率为多少？

解：根据已知条件，利用式（4-5），量子效率为

$$\eta=\frac{5.4\times10^6}{6\times10^6}=90\%$$

2．截止波长

对于给定的材料，当光子能量大于半导体材料的禁带宽度 E_g 时，价带上的电子可以吸收光子而跃迁到导带。入射光的波长越来越长，光子的能量就变得越来越小，当光子能量不能满足电子受激吸收的最低的能量要求时，光子不会被吸收，响应度就会在这个波长处迅速降低，如图 4-5 所示。所以，PIN 管有一个截止波长 λ_c，即

$$\lambda_c(\text{nm})=\frac{hc}{E_g}\approx\frac{1240}{E_g(\text{eV})} \tag{4-8}$$

若已知半导体材料的带隙能量 E_g（eV），则该材料的上限工作波长可以通过上式计算。

【例 4-2】一个 PIN 管，P 型和 N 型区域均采用 InP，本征层采用 InGaAs。其中 InP 在 300K 时，其带隙能量为 1.35eV，则 InP 的截止波长是多少？

解：根据已知条件和式（4-8），可得 InP 的截止波长为

$$\lambda_c=\frac{hc}{E_g}=\frac{6.62\times10^{-34}\ \text{J.s}\times3\times10^8\ \text{m/s}}{1.35\text{eV}\times1.6\times10^{-19}\ \text{J/eV}}=920\,\text{nm}$$

在光电二极管中，用得最多的是硅（Si）管和 InGaAs 管，其中 Si 在 300K 时，带隙能量为 1.17eV，截止波长约为 1.1μm；InGaAs 在 300K 时，带隙能量为 0.75～1.24eV，波长限制范围为 1.0～1.66μm。硅光电二极管用作 850nm 波长的光检测器，InGaAs 和 InGaAsP 被用作 1310nm 和 1550nm 波长的光检测器材料。

PIN 管中，P 型和 N 型半导体采用 InP，本征半导体采用 InGaAs，这样的光电二极管称为双异质结或异质结，因为它包含两种完全不同的半导体材料组成的两个 PN 结。PIN 管为什么选择这样的材料和结构设计呢？

InP 的截止波长为 0.92μm，InGaAs 的波长限制范围为 1.0～1.66μm，因此 PIN 管中，I 区对 1.0～1.66μm 波长表现为强烈的吸收，InP 在 1.0～1.66μm 波长是透明的，不吸收，最终的结果是光电流中的扩散电流完全减少了。

PIN 管的不足之处是 I 层电阻很大，输出电流小，一般多为零点几微安至数微安。

3．响应时间与带宽

试想一想，当发送端光信号的调制速率达到 100Gb/s 或者更高，光电二极管能检测出这样高速调制的光信号吗？

在一定误码率的情况下，光电二极管能检测到的信号的最大频率称为光电二极管的带宽。光电二极管对高速调制光信号的响应能力也用响应时间或截止频率表示。

为了更好地了解光电二极管的带宽特性，一般采用其等效电路模型（见图 4-7），光电二极管可视作一个电流源。

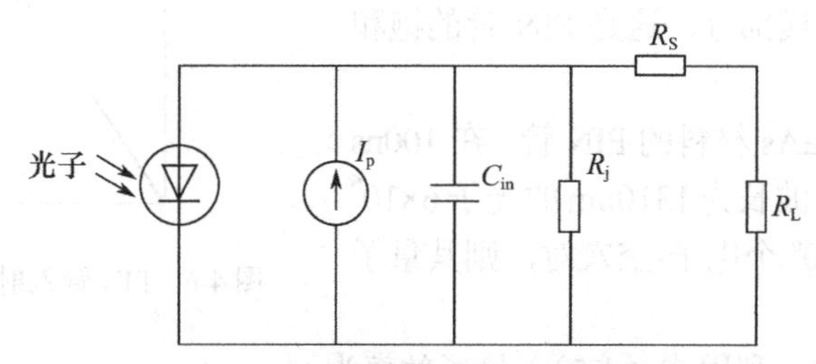

图 4-7　光电二极管等效电路模型

图 4-7 中，I_p 为光电二极管接收光照射后所产生的光电流。R_S 为串联电阻，由接触电阻、非耗尽层材料的体电阻组成，大小与光电二极管的尺寸、结构和偏压有关，偏压越大，耗尽层越宽，R_S 越小，对于大面积的硅光电二极管，R_S 一般为几欧姆至几十欧姆。R_j 为光电二极管的并联电阻，由光电二极管耗尽层电阻和污染引起的漏电阻组成。它也随温度的变化而变化，与光电二极管的尺寸有关，结面积越小，R_j 越大；温度越高，R_j 越小。对不同的光电二极管，R_j 的变化范围很大，可从几十千欧到上百兆欧。R_L 为负载电阻。C_{in} 为光电二极管的结电容，电容的大小与光电二极管的尺寸、结构和偏压有关，可在几皮法到几千皮法之间变化。结电容是 PIN 管的重要参数，一方面它影响 PIN 管的响应时间，另一方面，它对光接收机的灵敏度起重要作用。

$$C_{in} = \frac{\varepsilon A}{W} \tag{4-9}$$

式中，ε 为耗尽层半导体材料的介电常数；A 为结面积；W 为耗尽层宽度。

响应时间是光电二极管的一个重要参数，与耗尽层中载流子渡越时间、耗尽层外载流子扩散时间有关。它还与 RC 电路的参数有关，RC 电路时间与负载电阻 R_L、串联电阻 R_S、结电容 C_{in} 有关。

（1）RC 电路时间常数

对于数字脉冲调制信号，把光生电流脉冲上升沿由最大幅度的 10%上升到 90%，或下降沿由 90%下降到 10%的时间，分别定义为脉冲上升时间和脉冲下降时间。脉冲上升时间由光电二极管的 RC 电路时间常数 τ_{RC} 决定，因为串联电阻 R_S 较小，所以 τ_{RC} 主要由负载电阻 R_L 决定，即

$$\tau_{RC} = (R_S + R_L)C_{in} \approx R_L C_{in} \tag{4-10}$$

激活区面积越大，接收的功率越大；但激活区越大，内部电容变大，RC 电路时间常数变大，带宽变小。减小负载电阻，可减小 RC 电路时间常数 τ_{RC}。实际上，R_L 远大于 R_S，并且为了减小噪声，需要增加负载电阻，因此，实际应用中，需要选择一个合适的负载电阻。

（2）耗尽层内载流子渡越时间

$$\tau_{tr} = W / v_s \tag{4-11}$$

式中，W 为耗尽层宽度；v_s 为载流子漂移速度，与电场强度成正比。

为了得到较高的量子效率，必须加大耗尽层的厚度，使得耗尽层可以吸收大部分的光子。但是，耗尽层越厚，光生载流子漂移渡越反向偏置 PN 结的时间就越长。由于载流子的漂移时间又决定了光电二极管的响应速度，所以必须在响应时间和量子效率之间折中考虑。

另外，由耗尽层宽度与外加电压的关系可知，增加反向偏压会使耗尽层宽度增加，从而结电容进一步减小，可使带宽变宽。

由 RC 电路时间常数和耗尽层内载流子渡越时间限制的光电二极管的频率称为截止频率，也称为带宽，表示为

$$f_c = 1/\left[2\pi(\tau_{tr} + \tau_{RC})\right] \tag{4-12}$$

（3）耗尽层外载流子扩散时间

在耗尽层外产生的光生载流子，虽然这部分光生载流子扩散较慢，但因为光已经被耗尽层尽可能吸收，所以扩散时间对响应速度的影响很小。

一个 PN 结光电二极管，已知 τ_{tr}=100ps，τ_{RC}=100ps，根据式（4-12），可计算得 f_c=0.796GHz。PIN 管的带宽可达 10GHz，为了得到 50GHz 的带宽，PIN 管的激活区面积应在 10μm 内。

【讨论与创新】光纤通信系统要不断提高传输速率，上网搜索资料，讨论学习：

（1）还有哪些方法可以提高光检测器的带宽？

（2）目前光检测器的带宽最高能达到多少？

4．PIN 管的噪声

灵敏度是指在一定误码率的条件下，光电二极管能检测到的最小光功率。噪声会影响光电二极管的灵敏度，PIN 管噪声等效电路如图 4-8 所示，PIN 管的噪声主要包括散粒噪声、热噪声和 1/*f* 噪声等。

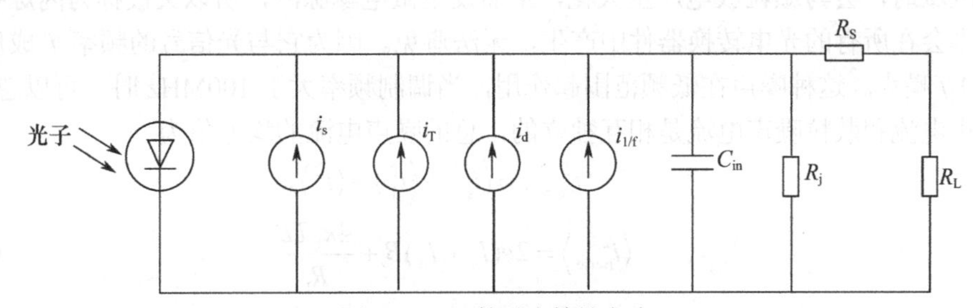

图 4-8　PIN 管噪声等效电路

（1）散粒噪声（Shot noise）

散粒噪声由信号光电流和暗电流产生，由光生载流子形成的实际电子数围绕平均值的起伏涨落的噪声称为光电流散粒噪声。尽管假定输入光电二极管的光功率是一个确定的值，也就是说，单位时间内产生的平均光子数是一个确定的值。但实际上，到达光电二极管的光子数目是随机的，因此，单位时间内产生的平均光生电子数目是随机的。另外，材料的吸收特性、光生载流子的量子特性也决定了光生载流子是随机起伏的，所以光电流散粒噪声也称为量子噪声。其他的噪声可以进行限制甚至消除，而这种噪声总是存在的，它限制了接收机灵敏度的极限值。散粒噪声在 1918 年被发现，符合泊松统计特性，可用泊松分布描述。

根据泊松统计分析，光电流散粒噪声的电流均方值为

$$\left\langle i_s^2 \right\rangle = 2eI_pB \tag{4-13}$$

式中，e 为电子电荷量；I_p 为光电流的平均值；B 为光电二极管的带宽。

暗电流是指器件在反偏压条件下，没有入射光时产生的反向直流电流，它是由 PN 结的热激发产生的电子-空穴对形成的。暗电流散粒噪声的电流均方值为

$$\left\langle i_d^2 \right\rangle = 2eI_dB \tag{4-14}$$

式中，I_d 为暗电流的平均值。

根据式（4-13）和式（4-14），可计算散粒噪声的均方根。散粒噪声的均方根是散粒噪声的典型代表特征。

（2）热噪声（Thermal noise）

温度变化会引起电子数目的变化，温度变化而使电子数目围绕平均值的起伏称为热噪声。热噪声与负载电阻成反比，其均方值表达式为

$$\langle i_{\mathrm{T}}^2 \rangle = \frac{4k_{\mathrm{B}}TB}{R_{\mathrm{L}}} \tag{4-15}$$

式中，k_{B} 为波耳兹曼常数，$k_{\mathrm{B}} = 1.38\times10^{-23}\ \mathrm{J/K}$；$T$ 为材料的热力学温度；R_{L} 为光电检测电路中的等效负载电阻，严格来说，R_{L} 应是电阻 R_{j} 与 R_{L} 的并联，见图 4-8。因为 R_{j} 远大于 R_{L}，所以这里直接写为 R_{L}，R_{L} 随频率 f 变化，纯电阻时，R_{L} 与频率无关。B 为光电二极管的带宽。

热噪声由负载电阻和后继放大器输入电阻产生，从式（4-15）可以看出，降低器件的热力学温度可以降低热噪声，降低探测带宽也可以减少热噪声。

热噪声通常也被称为约翰逊噪声，这是根据首次用实验方法对其进行研究的科学家的名字来命名的。有时也称为奈奎斯特噪声，这是根据研究其原理的科学家的名字来命名的。

（3）$1/f$ 噪声

$1/f$ 噪声源于光电二极管 PN 结材料里少量杂质或者颗粒的分布不均匀，当有电子经过这些不均匀的区域时，会与颗粒放电产生火花，从而发生微电爆脉冲，所以又被称为闪烁噪声。这种噪声基本会在所有的光电转换器件中产生，无法避免。因为它与光信号的频率 f 成反比，所以被称为 $1/f$ 噪声。这种噪声在低频范围起作用，当调制频率大于 100MHz 时，可以忽略不计。

热噪声电流和散粒噪声电流是相互独立的，总的噪声电流的均方值为

$$\langle i_{\mathrm{noise}}^2 \rangle = \langle i_{\mathrm{s}}^2 \rangle + \langle i_{\mathrm{d}}^2 \rangle + \langle i_{\mathrm{T}}^2 \rangle \tag{4-16a}$$

$$\langle i_{\mathrm{noise}}^2 \rangle = 2e(I_{\mathrm{s}} + I_{\mathrm{d}})B + \frac{4k_{\mathrm{B}}TB}{R_{\mathrm{L}}} \tag{4-16b}$$

噪声电流的均方根值表示为

$$i_{\mathrm{noise}} = \sqrt{i_{\mathrm{s}}^2 + i_{\mathrm{d}}^2 + i_{\mathrm{T}}^2} \tag{4-17}$$

5. PIN 管的信噪比和等效噪声功率

信噪比（SNR）是光电二极管的重要特性之一，是信号功率和噪声功率之比。信号功率与光电流平均值 I_{p} 的平方成正比，而噪声功率与噪声电流 i_{noise} 的均方根值的平方成正比，信号功率和噪声功率都与同一个负载电阻有关，所以 SNR 表示为

$$\mathrm{SNR} = I_{\mathrm{p}}^2 / i_{\mathrm{noise}}^2 = R^2 P_{\mathrm{in}}^2 / i_{\mathrm{noise}}^2 \tag{4-18}$$

式中，R 为响应度；P_{in} 为入射光功率；i_{noise}^2 为噪声引起的总电流的均方值。

光电二极管的另一个重要特性是等效噪声功率（NEP，Noise-Equivalent Power）。NEP 是指 SNR=1 时能够产生光电流所需的最小光功率，等效噪声功率等于光电二极管的最小可探测输入功率，NEP 越小，光电二极管的灵敏度越高。根据式（4-18），可得等效噪声功率

$$\mathrm{NEP} = i_{\mathrm{noise}} / R(\mathrm{W}) \tag{4-19}$$

对于 PIN 管，若热噪声电流远大于散粒噪声电流，则忽略散粒噪声，等效噪声功率等于

$$\mathrm{NEP} = \sqrt{\frac{4k_{\mathrm{B}}TB}{R_{\mathrm{L}}}} / R(\mathrm{W}) \tag{4-20}$$

从上式可以看出，光电二极管等效噪声功率与带宽 B 的平方根成比例，也就是说，如果增

大光电二极管的带宽，则光电二极管的等效噪声功率增大，即光电二极管最小可探测的输入信号的功率提高了，光电二极管的灵敏度减小了，因此必须在带宽和噪声之间采取折中措施。

工业上，工程师更喜欢用单位带宽的等效噪声功率，即标准带宽噪声等效功率 $\mathrm{NEP_{norm}}$，其值等于 1Hz 带宽内的噪声功率均方根值，即

$$\mathrm{NEP_{norm}} = \mathrm{NEP} / \sqrt{B}(\mathrm{W}/\sqrt{\mathrm{Hz}}) \tag{4-21}$$

当光电二极管用在光纤通信系统中时，这些参数直接决定了光接收器的灵敏度，即获得指定比特误码率（BER，Bit Error Rate）的最小输入功率。NEP 决定了在噪声存在的前提下，所能检测到的最小的光信号功率。实际上，NEP 随着频率的升高而增加，对于不同频率范围的带宽，NEP 也不一样。

【例 4-3】 某 PIN 管的平均输入功率为 0.1μW，响应度 R=1，暗电流平均值为 3nA，负载电阻 R =50kΩ，带宽为 2.5GHz，在室温下工作，则总的噪声电流的均方根值、信噪比 SNR、等效噪声功率 NEP 各是多少？

解： PIN 管的光电流为

$$I_{\mathrm{p}} = RP_{\mathrm{in}} = 1\mathrm{A/W} \times 0.1\mu\mathrm{W} = 0.1\mu\mathrm{A}$$

根据式（4-13），光电流散粒噪声的电流均方值为

$$\begin{aligned}\left\langle i_{\mathrm{s}}^{2}\right\rangle &= 2eI_{\mathrm{p}}B \\ &= 2\times1.6\times10^{-19}\,\mathrm{C}\times0.1\times10^{-6}\,\mathrm{A}\times2.5\times10^{9}\,\mathrm{Hz} \\ &= 80\times10^{-18}\,\mathrm{A}^{2}\end{aligned}$$

得

$$i_{\mathrm{s}} = 8.9\,\mathrm{nA}$$

暗电流的平均值为 3nA，根据式（4-14），计算得暗电流散粒噪声的电流均方值为

$$\begin{aligned}\left\langle i_{\mathrm{d}}^{2}\right\rangle &= 2eI_{\mathrm{d}}B \\ &= 2\times1.6\times10^{-19}\,\mathrm{C}\times3\times10^{-9}\,\mathrm{A}\times2.5\times10^{9}\,\mathrm{Hz} \\ &= 2.4\times10^{-18}\,\mathrm{A}^{2}\end{aligned}$$

得

$$i_{\mathrm{d}} = 1.5\,\mathrm{nA}$$

取温度 T=300K，负载电阻 R_{L}=50kΩ，根据式（4-15），计算可得热噪声均方值为

$$\left\langle i_{\mathrm{T}}^{2}\right\rangle = \frac{4k_{\mathrm{B}}TB}{R_{\mathrm{L}}} = 828\times10^{-18}\,\mathrm{A}^{2}$$

得

$$i_{\mathrm{T}} = 28.8\,\mathrm{nA}$$

当负载电阻 R_{L}=50kΩ 时，虽然热噪声电流大于散粒噪声电流，但不能忽略其他噪声源，所以，总的噪声电流均方根（RMS）为

$$i_{\mathrm{noise}} = \sqrt{i_{\mathrm{s}}^{2} + i_{\mathrm{d}}^{2} + i_{\mathrm{T}}^{2}} = \sqrt{(80 + 2.4 + 828)\times10^{-18}\,\mathrm{A}^{2}} = 30.2\,\mathrm{nA}$$

信噪比为

$$\mathrm{SNR} = R^{2}P_{\mathrm{in}}^{2} / i_{\mathrm{noise}}^{2} = 1^{2}\times(0.1\times10^{-6}\,\mathrm{W})^{2} / (30.2\times10^{-9}\,\mathrm{A})^{2} = 10.96$$

这个信噪比结果已经非常好了！根据计算，SNR=6 时，比特误码率（BER）的值不会大于 10^{-9}，这已经能满足光纤通信系统对误码的基本要求了。

根据式（4-19），等效噪声功率为

$$\mathrm{NEP} = i_{\mathrm{noise}} / R = 30.2\,\mathrm{nW}$$

根据式（4-21），可进一步计算 PIN 管的标准带宽等效噪声功率为

$$\mathrm{NEP_{norm}} = \mathrm{NEP} / \sqrt{B} = 19.1\mathrm{pW}/\sqrt{\mathrm{Hz}}$$

在光纤通信链路的功率预算中，在给定损耗的条件下，光电二极管越灵敏，设计者所能提供的链路就越长。放大器跟其他电子线路一样，会引入噪声，这将降低灵敏度，怎么办呢？

4.3 雪崩光电二极管

虽然 PIN 管的结构通过扩展空间电荷区，有效提高了响应时间和量子效率，但是它无法将光生载流子放大，因此信噪比和灵敏度还不够理想。为了能探测到微弱的入射光，我们希望光检测器具有内部增益，即少量的光生载流子在倍增电场作用下能产生较大的光生电流。雪崩光电二极管（APD，Avalanche PhotoDiode）就是这样具有内部增益的光检测器，可用来检测微弱的光信号，并能获得较大的输出光电流。

4.3.1 APD 的原理

当 PN 结上加高的反向偏压时，耗尽层的电场很强，光生载流子经过时就会被电场加速，当电场强度足够高（约 3×10^5V/cm）时，光生载流子获得很大的动能，它们在高速运动中与半导体晶格碰撞，使晶体中的原子电离，从而激发出新的电子-空穴对，这种现象称为碰撞电离。碰撞电离产生的电子-空穴对，在强电场作用下同样又被加速，重复前一过程。经过这样多次碰撞电离，载流子数目迅速增加，电流也迅速增大，这个物理过程称为雪崩倍增效应。

APD 是利用雪崩倍增效应，将探测到的光电流进行放大的光检测器。APD 的结构有很多种，常用的是拉通型 APD，它在 PIN 管的 I 层和 N^+层之间插入了一薄的 P 型层，如图 4-9 所示。

外侧与金属电极接触的 P 区和 N 区都进行了重掺杂，分别以 P^+和 N^+表示；在 I 区和 N^+区中间是宽度较窄的另一层 P 区。APD 工作在大的反向偏压下，当反向偏压加大到某一值后，耗尽层从 N^+P 结区一直扩展（或称拉通）到 P^+区，包括中间的 P 区和 I 区。

从图 4-9 中可以看到，电场在 I 区分布较弱，而在 N^+P 区分布较强，碰撞电离区即雪崩区在 N^+P 区，雪崩区存在一个碰撞电离所需要的最小场强。尽管 I 区的电场比 N^+P 区低得多，但也足够高（可达 2×10^4V/cm），可以保证载流子达到饱和漂移速度。

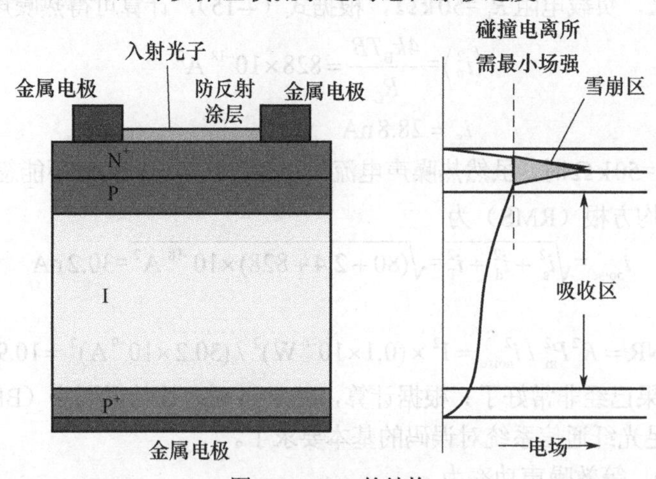

图 4-9 APD 的结构

APD 的工作原理如下：

① 当入射光照射时，由于雪崩区较窄，不能充分吸收光子，相当多的光子进入了 I 区。I

区很宽，可以充分吸收光子，提高光电转换效率。把I区吸收光子产生的电子-空穴对称为初级电子-空穴对。

② 在电场的作用下，初级光生电子从I区向雪崩区漂移，在雪崩区通过碰撞电离，再次产生电子-空穴对，称为二次电子-空穴对。可见，I区仍然作为吸收光信号的区域并产生初级电子-空穴对。此外，它还具有分离初级电子和空穴的作用，初级电子在$N^{+}P$区通过碰撞电离形成更多的电子-空穴对，从而实现对初级光电流的放大作用。需要注意的是，这里所有的初级空穴则直接被P^{+}层吸收，并不参与雪崩电离。

③ 二次电子-空穴对在强电场作用下同样又被加速，重复前一过程，经过这样多次碰撞电离，载流子数目在雪崩区内以雪崩式倍增，从而实现光电流的内部放大。

这种拉通型APD具有稳定的倍增系数，消除了APD的倍增系数随偏压改变而改变的特性。在图4-9中，只有电子参与了雪崩倍增过程，空穴只在耗尽区电场作用下向P^{+}区漂移，并不参与雪崩电离，因此消除了两种载流子倍增引起的正反馈效应，噪声低。此外，拉通型APD具有很宽的耗尽区，耗尽区比倍增区宽得多，外加电压的变化部分加在了耗尽区从而保持倍增区电场的相对稳定。

在PIN管中，虽然I区中的载流子能以较大漂移速度运动，但在离本征区边界一个扩散长度内的载流子仍然需要经过缓慢的扩散才能到达耗尽区，这一部分载流子的扩散时间就影响了PIN管的工作速度。而在APD中，所有的光吸收都发生在宽的耗尽区中，避免了载流子的扩散，既提高了工作速度，又使得入射光被充分吸收，从而提高了响应度，因此拉通型APD还具有高速、高响应度等特点。

目前商品化的APD器件大都采用InP/InGaAs材料，InGaAs作为吸收层，InP作为增益区材料。对于10Gb/s APD，在结构设计和制作技术有很高的要求，国内外只有部分公司能提供。目前，国内光迅科技等公司已经在10Gb/s APD的结构设计和制作技术上取得关键性突破，已开发出满足商用技术指标要求的10Gb/s APD芯片。

4.3.2 APD的特性

与PIN管相比，APD在雪崩倍增过程中，初级电子-空穴对和碰撞电离产生的二次电子-空穴对都具有随机性，因此APD的特性较为复杂。

1．APD的平均倍增因子和响应度

APD的最大优点是倍增效应，即输入同样大小的光功率信号能获得比PIN管多几十倍的光电流，因此APD的增益越大，它所产生的光电流也越大，从而能大大提高光接收机的灵敏度。

APD的电流增益即倍增因子g可表示为

$$g=\frac{I_{\mathrm{p}}}{I_{\mathrm{p0}}} \tag{4-22}$$

式中，I_{p}为APD倍增后的光生电流；I_{p0}为未倍增时的初始电流，即一次光生电流。

APD的倍增因子g还与反向偏压、体电阻、增益区厚度和离化过程中电子和空穴的比有关。APD的倍增因子g随着反向偏压的升高而增大，可以达到几十甚至1000，典型值为10～500。

在高电场区发生的碰撞电离效应是一个随机过程，也就是说，每一个初级电子-空穴对在什么位置产生，在什么位置发生碰撞电离，总共碰撞出多少二次电子-空穴对，这些都是随机的。例如，一个初级电子-空穴对可能会产生50个新的电子-空穴对，而另一个初级电子-空穴对可能再会产生100个新的电子-空穴对，因此我们只能用其平均效应，即平均增益G来描述APD的倍增性能。

平均增益 G 也称为统计平均倍增因子，或平均倍增系数，简称倍增因子，即

$$G=\langle g\rangle \tag{4-23}$$

式中，$\langle g\rangle$ 表示随机量 g 的平均值。

APD 的响应度表示为

$$R_{\mathrm{APD}}=G(I_{\mathrm{p0}}/P_{\mathrm{in}})=GR \tag{4-24}$$

式中，P_{in} 为入射光功率；R 和 PIN 管的响应度的含义相同。从上式可以看出，APD 的响应度比 PIN 管的响应度增加了 G 倍。

由于 APD 的光生电流被倍增了 G 倍，所以它的响应度比 PIN 管提高了 G 倍，但因为量子效率只与初始载流子数目有关，与倍增无关，所以不管 PIN 管还是 APD，量子效率总小于 1。

平均倍增因子 G 与反向偏压 V 的关系为

$$G=\frac{1}{1-\left[(V-I_{\mathrm{p}}\cdot R)/V_{\mathrm{BR}}\right]^{n}} \tag{4-25}$$

式中，V 为 APD 的反向偏压；V_{BR} 为击穿电压；I_{p} 为 APD 倍增后总的输出电流；R 为回路总电阻，包括光电二极管串联电阻和负载电阻；参数 n 与 APD 的材料、掺杂、工作波长有关，范围为 2.5～7。

从式（4-25）可以看出，倍增因子 G 随反向偏压的增大而增大。这是因为，当反向偏压上升时，耗尽层内电场普遍增强，靠近雪崩区的那部分吸收区中的电场超过碰撞电离所需的最低电场，也变成雪崩区，使雪崩区加宽，倍增作用增强。击穿时，倍增因子 G 达到最大。

通过调整 APD 反向偏压可获得需要的倍增增益，这对光接收机非常重要。当进入 APD 的光功率过强时，降低其偏压使 G 减小，反之当光功率较弱时，提高偏压使 G 增大，这样可使 APD 输出光电流保持恒定。

【例 4-4】一种硅 APD 在波长 900nm 时的量子效率为 60%，假定 0.5μW 的光功率产生的倍增电流为 8μA，试求倍增因子 G。

解：初级光电流为

$$I_{\mathrm{p0}}=RP_{\mathrm{in}}=\frac{\eta e\lambda}{hc}P_{\mathrm{in}}$$

$$=\frac{0.6\times1.6\times10^{-19}\,\mathrm{C}\times9\times10^{-7}\,\mathrm{m}}{6.63\times10^{-34}\,\mathrm{J\cdot s}\times3\times10^{8}\,\mathrm{m/s}}\times0.5\times10^{-6}\,\mathrm{W}=0.217\mu\mathrm{A}$$

倍增因子

$$G=\frac{I_{\mathrm{p}}}{I_{\mathrm{p0}}}=\frac{8\mu\mathrm{A}}{0.217\mu\mathrm{A}}=36.9$$

本题中倍增因子较大，实际上，雪崩过程是一个统计过程，并不是每一个载流子都经过了同样的倍增，倍增因子 G 只是一个统计平均值。

2．APD 的电流和电压关系

APD 的电流和电压关系如图 4-10 所示，与电子二极管的 *I-V* 图非常相似，不同的是 APD 工作在反向偏压（负电压），图中给出不同入射光功率时的 *I-V* 特性。

由图 4-10 可见，随着反向偏压的增加，光电流开始基本保持不变。当反向偏压增加到一定数值时，光电流急剧增加，最后器件被击穿，这个电压称为击穿电压 V_{BR}。

在低的反向偏压下，光电流随反向偏压的变化非常敏感。这是由于反向偏压增加使耗尽层加宽、结电场增强，它对于结区光的吸收率及光生载流子的收集效率影响很大。当反向偏压进

一步增加时，光生载流子的收集已达极限，光电流就趋于饱和。这时，光电流与外加反向偏压几乎无关，而仅取决于入射光功率。

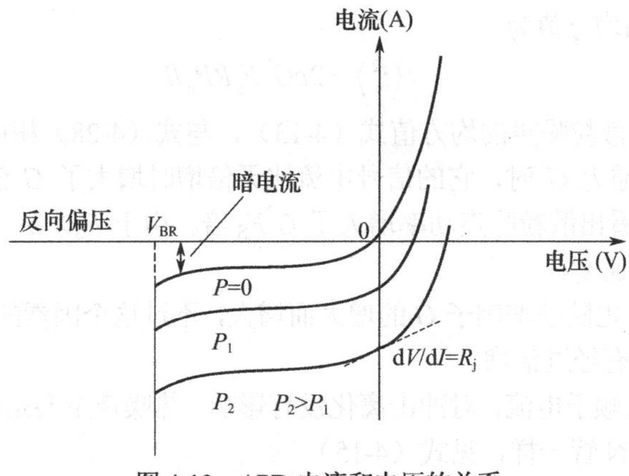

图 4-10　APD 电流和电压的关系

在击穿电压时，耗尽区被击穿，这时的二极管就像电线一样开始导电。因此，当电压超过 V_{BR} 后继续增大时，并没有使电流增大。击穿电压是绝对最大额定值，超过击穿电压将导致 APD 被永久破坏。

对于 PIN 管，其击穿电压 V_{BR}=20V；对于 APD，由于材料的不同，它的击穿电压从 70V 到 200V 不等，对于 InGaAs，V_{BR} 的典型值为 70V。其次，APD 运行在很高的反向偏压下，APD 的反向偏压接近击穿电压，典型的反向偏压为 V_{BR} 的 0.8 倍或 0.9 倍。

图 4-10 还提供了另外一个有用的信息，当 V=0 时，曲线的斜率就是并联电阻 R_j。

3．APD 的带宽

APD 带宽为增益带宽积（增益×带宽）。APD 的脉冲响应上升时间可做到小于 1ns，Si 材料的 APD 的增益带宽积可达到 500GHz，如增益为 500，则带宽为 1GHz。InGaAs 材料的 APD 增益带宽积可达到 120GHz，如增益为 40，则带宽为 3GHz，可以满足高传输速率系统的要求。

4．APD 的噪声

APD 的噪声包括散粒噪声（也称为量子噪声）、暗电流噪声、漏电流噪声、热噪声和附加的倍增噪声，其中倍增噪声是 APD 中的主要噪声。

APD 倍增因子是一个统计平均的概念，不同的光生载流子的放大倍数可能不同，给放大后的信号带来了幅度上的随机噪声，由于倍增效应的起伏性，使 APD 产生了一种特殊的噪声——倍增噪声，或者称为过剩噪声。

定义 F_S 为过剩噪声因子，过剩噪声因子随倍增因子 G 增加，与材料中空穴与电子的电离系数有关，这里给出电子碰撞电离所决定的过剩噪声因子

$$F_S = G[1-(1-k)(1-1/G)^2] \tag{4-26}$$

式中，k 表示材料中空穴与电子的电离系数的比值。根据电离特性，可得 $2 \leqslant F_S \leqslant G$，要降低倍增噪声，应尽可能只让一种载流子参与雪崩过程。

APD 也常用过剩噪声指数 x 来描述雪崩噪声的大小，用于衡量由于倍增过程的随机性导致的光检测器噪声的增加。

$$F_S = G^x \tag{4-27}$$

参数x称为过剩噪声指数（倍增噪声指数因子），其大小随APD的组成材料而异，此外也与其结构形式、工艺水平有一定关系。参数x在0～1之间变化，Si材料的APD，x=0.3～0.5；InGaAs

材料的APD，x=0.5～0.7；Ge材料的APD，x=0.6～1.0。在实际使用中，式（4-26）极不方便，因此经常使用式（4-27）。

APD 的散粒噪声的均方值为

$$\left\langle i_{\mathrm{s}}^{2}\right\rangle = 2eG^{2}F_{\mathrm{S}}RP_{\mathrm{in}}B \tag{4-28}$$

回想一下 PIN 管的散粒噪声的均方值式（4-13），与式（4-28）相比，二者有何不同呢？

当 APD 的雪崩增益为 G 时，它的信号电流比无倍增时增大了 G 倍，信号功率增大了 G^2 倍。由式（4-28）可以看出散粒噪声功率增大了 G^2F_S 倍。由于 $F_S>2$，所以噪声功率增大的速度大于信号功率增大的速度。

APD 的暗电流噪声也随倍增因子 G 的增大而增大，不过这个因素的影响很小。另外，还有漏电流噪声，漏电流没有经过倍增。

APD 的热噪声不依赖于电流，对冲击离化没有影响，热噪声主要是电阻产生的，所以 APD 的热噪声的均方值和 PIN 管一样，见式（4-15）。

5．温度对 APD 增益的影响

APD 的增益对温度的变化非常敏感，因为电子、空穴的电离速度取决于温度，这种温度变化的依赖性在高偏置电压的条件下更为明显，一个很小的温度变化都可能引起 APD 增益有很大的变化。根据式（4-25）可知，增益与击穿电压 V_{BR} 有关。

击穿电压 V_{BR} 与温度 T 的关系为

$$V_{\mathrm{BR}}(T)=V_{\mathrm{BR}}(T_0)\left[1+a\left(T-T_0\right)\right] \tag{4-29}$$

参数 n 也随温度变化，即

$$n\left(T\right)=n(T_0)[1+b(T-T_0)] \tag{4-30}$$

式中，参数 a 和 b 可从实验中得到。

当温度升高时，APD 的增益会下降。因此，设计光接收模块时，为保证温度变化时 APD 的增益不变，需要增加一个补偿电路，根据温度变化自动调整偏置电压。一般地，温度变化 1℃，大约偏置电压需要改变 1.4V。

6．APD 的信噪比

由于 APD 的倍增效应，在相同光功率的作用下，能产生比 PIN 管大几十倍甚至几百倍的光电流，相当于起到一种光放大作用（实际上并不是真正的光放大），因此能大大提高光接收机的灵敏度（比 PIN 管光接收机提高约 10dB 以上）。然而正是由于这种倍增效应，产生的倍增噪声也会降低光接收机的灵敏度，因此在实际使用中要权衡两者的关系。

根据信噪比的含义，APD 的信噪比为

$$\begin{aligned}\mathrm{SNR}&=I_{\mathrm{p}}^{2}/i_{\mathrm{noise}}^{2}=(\mathrm{GRP_{in}})^{2}/(i_{\mathrm{s}}^{2}+i_{\mathrm{T}}^{2})\\&=\frac{G^{2}R^{2}P_{\mathrm{in}}^{2}}{2eG^{2}F_{\mathrm{S}}RP_{\mathrm{in}}B+4k_{\mathrm{B}}TB/R_{\mathrm{L}}}\end{aligned} \tag{4-31}$$

式中，G 为倍增因子；R 为未倍增时的响应度；P_{in} 为入射光功率；F_S 为过剩噪声因子；k_B 为波耳兹曼常数；T 为材料的热力学温度；B 为 APD 的带宽；e 为电子电荷量；R_L 为负载电阻。

由式（4-31）可知，倍增因子出现在光电流功率中，也出现在噪声功率中。进一步的分析发现，对 APD 光接收机而言，存在一个最佳增益值，它既能使 APD 产生的光电流最大，又能使 APD 产生的倍增噪声影响最小，此时 APD 的信噪比最大。也就是说，此时，APD 处于最佳使用状态——最佳增益，实际 G 的取值在几十至 100 之间。

APD 的等效噪声功率 NEP 的概念和 PIN 管类似，这里不再重复。

7. APD 的线性饱和特性

APD 的功率线性工作范围没有 PIN 管的宽，APD 适宜检测微弱的光信号，当输入光功率达到几μW 时，入射光功率和输出电流之间的线性关系变坏，最大增益降低，即产生增益饱和现象。APD 中产生非线性光电变换的原因是器件上的偏置电压不能保持恒定，继而会引起雪崩区的变窄、倍增因子的下降，这种影响比 PIN 管的情况更明显。在使用 APD 之前，一定要仔细阅读 APD 的数据资料，了解 APD 的饱和功率等特性参数。

8. APD 与 PIN 管的比较

表 4-1 列出了 InGaAs 两种材料的 PIN 管、APD 特性参数，注意比较二者响应度、暗电流、带宽、偏置电压等特性。实际使用中，不同产品的特性参数会有不同。

表 4-1　PIN 管和 APD 的主要特性

参数	符号	单位	InGaAs PIN 管	InGaAs APD
波长范围	λ	nm	1100～1700	1100～1700
响应度	R	A/W	0.75～0.95	0.75～0.95
倍增因子	G	—	—	10～40
量子效率	η	%	60～70	60～70
灵敏度	P_r	dBm	0～-18	-20～-40
暗电流	I_D	nA	2～5	10～50@G=10
带宽	B	GHz	0.0025～40	20～250@G=10
反向偏压	V_B	V	5	20～30

在短距离应用中，工作在 850nm 的 Si 器件对于大多数链路是一个相对比较廉价的解决方案。在长距离应用中，需要工作在 1310nm 和 1550nm，所以常使用基于 InGaAs 的器件。

InGaAs PIN 管的工艺成熟、性能优良，常与场效应管（FET）前置放大器构成集成接收组件 PINFET。PINFET 组件与 APD 比较，简单、价廉、温度稳定性好，PIN 管适用于中短距离和中低速率系统，尤其以 PINFET 组件使用广泛。PIN 管具有良好的光电转换线性度，不需要高的工作电压，考虑到简化接收机电路的设计，一般情况下多采用 PIN 管作为光检测器。

APD 与 PIN 管相比，首先，APD 具有载流子倍增效应，其检测灵敏度特别高，可达-40dBm；APD 的偏置电压（通常所说的高压）常温下约为 60V，市场上也有低偏压 APD，为 20～30V。而目前光模块的工作电压一般为 3.3V 或 5V，为保证 APD 的正常工作，需要引入高压电路；其次，APD 的灵敏度随着温度的升高而降低，需要引入相应的温度补偿电路措施。一般来说，APD 适用于接收灵敏度要求高的长距离传输和 DWDM 等高接收灵敏度要求的光纤通信系统。

4.4　光接收组件

4.4.1　光接收组件简介

光电二极管（PD）在使用中，为了隔绝环境影响、避免损害，同时为了保证清洁，光电二极管要进行适当的封装，称为光接收组件（ROSA，Receiver Optical Sub-assembly）。光接收组件提供合适的外引线，提高了机械强度，能抵抗恶劣环境，提高了光学性能。

ROSA 的封装有同轴型带尾纤封装（见图 4-11（a））和蝶形封装（见图 4-11（b））。蝶形封装因其外形而得名，这种封装形式一直被光纤通信系统所采用，根据应用条件不同，蝶形封装可以带制冷器，也可以不带，通常在长距离光纤通信系统中需要带制冷器。

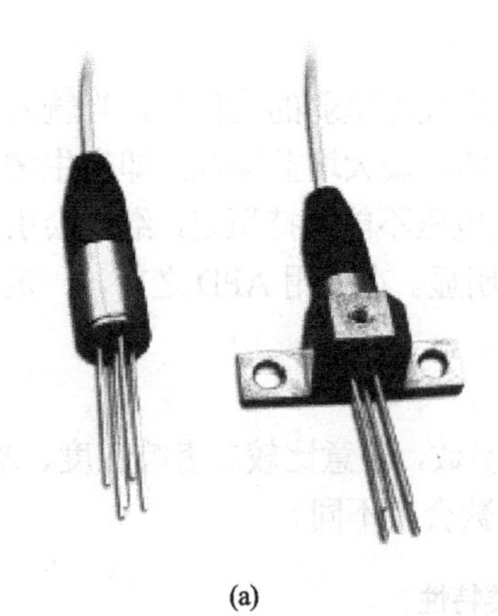

(a)

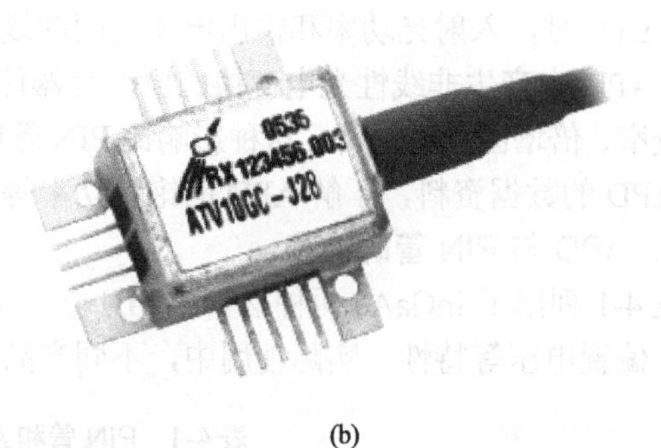

(b)

图 4-11　光接收组件（ROSA）

光接收组件主要包括以下部件：①光电二极管（PD）；②前置放大器，具体内容参见本章4.5 节。

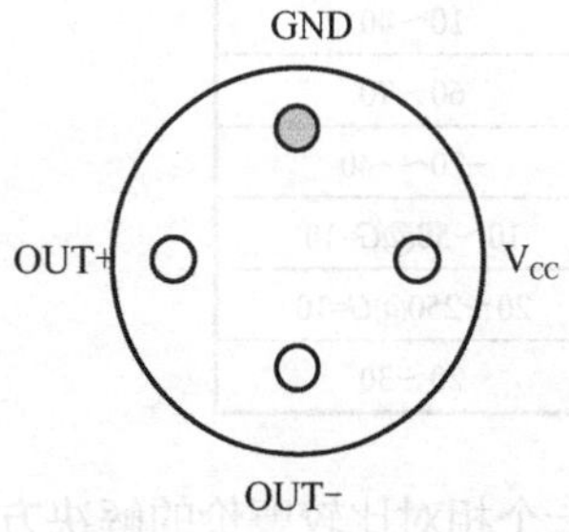

图 4-12　光接收组件 ROSA 底视图

和 TOSA 一样，常见的 ROSA 引脚排列也有 A、B、C 3 种类型，目前最常见的是类型 A，如图 4-12 所示。此图为底视图，涂阴影的引脚与外壳相连，由图可以看出，这种 ROSA 一般包含 4 个引脚：V_{CC}（接电源）；GND（接地，这个引脚一般与 ROSA 外壳 CASE 相连）；OUT+（正输出信号引脚）；OUT-（负输出信号引脚）。

在引脚排列类型 C 中，还有一个引脚 VPD，该引脚主要用来监控接收的光功率强度，主要用于带 DDM（数字诊断）功能的 SFP 中。

ROSA 还有 LC 接口形式的封装，如图 4-13 所示，使用时需要注意引脚的功能，一般产品相关的技术资料都会明确标识各引脚功能。

4.4.2　光接收组件举例及其参数

高可靠性的 Lumentum 1310/1550nm 光接收组件（ROSA）如图 4-13 所示，此组件专为 XFP 收发模块而设计，参数如表 4-2 所示。

图 4-13　Lumentum 1310/1550nm 光接收组件（ROSA）

应用：10Gb/s 以太网 10G Base-LR/ER；SONET OC-192 SR1/IR2；遵循：RoHS 6。

表 4-2　Lumentum 1310/1550nm 光接收组件参数

参数	条件	最小	典型	最大
TIA 电压		3.15V	3.30V	3.45V
TIA 电流	V_{CC}=3.3V		28 mA	41mA
波长		1260nm		1565 nm
PD 响应度	测试波长 1310 nm	0.75A/W		
单端输出阻抗		40 Ω	50 Ω	60 Ω
功耗			100mW	
传输速率		9.95Gb/s		11.35Gb/s
RF 带宽（-3dB）	小信号带宽	7GHz		
低截止频率（-3dB）			30kHz	100kHz
灵敏度	10.709Gb/s, NRZ，PRBS $2^{31}-1$ 1550nm, ER>10dB, BER=10^{-12}		−19.5dBm	
过载	10.709Gb/s, NRZ, PRBS $2^{31}-1$, 1260～1355nm, ER=13.0dB,BER=10^{-12}	1.5dBm		
跨阻（单端）		5000Ω	7000Ω	10000Ω
最大差分输出电压		240mV	280mV	350mV
TIA 输入噪声	10GHz 带宽		0.9mA	1.6mA

4.5　光接收机

光接收机的功能是从光纤线路接收微弱的光信号，进行光电信号转换，并进行电信号放大和处理，恢复出发送前的电信号。通常使用光接收组件（ROSA），再加上放大、滤波、时钟恢复、数据判别等电路制作成模块化产品。

本节以数字光模块接收部分为例介绍光接收机的组成及其性能。

4.5.1　光接收机的组成

1．光接收机的组成

在数字光纤通信中，光信号的发送部分和接收部分做成标准化的光收发一体化模块，简称“光模块”。光模块采用 TOSA、ROSA 和集成芯片，制作在一个电路板上，完成光信号发送和接收功能，所有器件封装在标准尺寸的金属盒子里（低速的器件可采用塑料盒子）。一个实际的 SFP 光模块内部结构如图 4-14 所示，光模块有统一的标准和技术规范。

图 4-14　SFP 光模块内部结构

SFP 光模块接口部分的电信号接触片，俗称“金手指”。金手指的长度不一样，最长的是信号地，其次是电源，最短的是信号，这样在插拔的时候就保证了地→电源→信号的顺序。

光模块接收部分主要由光接收组件（ROSA）、主放大电路和判决电路等组成，如图 4-15 所示。光接收组件由光检测器和前置放大器组成，主放大电路由信号检测电路（用于判断信号是否丢失）和限幅放大电路组成，判决电路由时钟恢复电路和判决器组成。

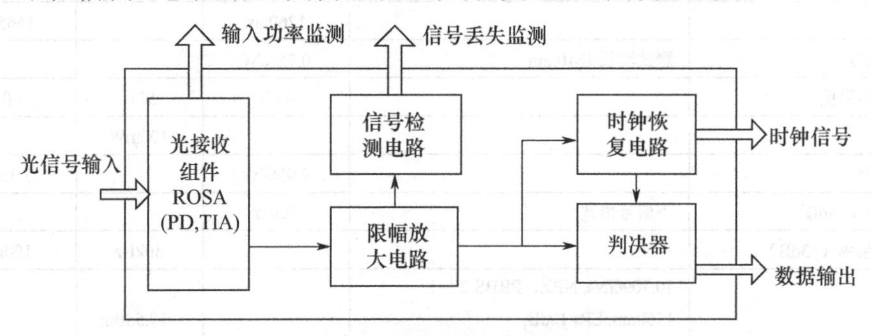

图 4-15　光模块接收部分框图

常用的光检测器是光电二极管（PD），其作用是把接收到的光信号转换为电信号，光纤通信对光检测器的基本要求是高的光电转换效率、低附加噪声和快速响应。光信号经历了光纤衰减后，信号到达接收端时已经很微弱，PD 产生的光电流也非常微弱，需要一个低噪声、高增益的前置放大器对信号进行放大。光检测器和前置放大器部分通常被称为光接收机的光前端。

限幅放大电路的任务是把前端输出的毫伏级信号放大到后面信号处理电路所需的电平，经限幅放大器放大后的数据信号需要被重新定时，并进行幅度判决，从而实现数据的再生。再生的高速数据可经分接器降低数据传输速率，供后续的信号处理电路使用。

完整的光接收机包括 3 个功能：光接收（Optical Receive）、时钟恢复（Clock Recovery）、数据整形（Re-shape/DataRe-timing），具备这 3 个功能的接收机称为 3R 接收机，只具备 2 个功能的接收机称为 2R 接收机。

2．前置放大部分

PD 将光信号转换为电信号，由于此时的信号电流很微弱，必须设计前置放大器对转换后的电信号进行第一级放大。设计前置放大器需要注意以下几点：

- 较小的等效输入噪声电流，高灵敏度；
- 高输入阻抗，低输入电容；
- 足够的带宽，使其与信号传输速率相适应；
- 反馈电阻足够大，提供足够大的增益，以克服后续电路噪声的影响；
- 宽的动态范围。

这些要求有的是相互矛盾和相互影响的，例如，带宽的增加将导致噪声的增加和增益的下降，因此必须合理设计前置放大器以满足实际需要。

前置放大器的设计可分为高阻抗设计、互阻抗设计、带有 AGC 的互阻抗设计 3 种。

（1）高阻抗设计

高阻抗前置放大器的等效电路如图 4-16（a）所示，它具有高的灵敏度，输入阻抗非常高，热噪声非常小。虽然高阻抗前置放大器可设计成能得到噪声最小的放大器，但它存在着两个局限性：首先，高的输入阻抗减小了带宽，在宽带应用时必须进行均衡；其次，动态范围有限。

（2）互阻抗设计

为了解决前置放大器带宽与动态范围这一矛盾，可以采用并联高阻抗负反馈放大器，其等效电路如图 4-16（b）所示。电流流过电阻 R_f 产生电压，放大器 A 构成 I-V 变换电路，这种 I-V 变换电路中有一个负反馈电阻，所以又被称作跨阻放大器（TIA，Tranimpedance Amplifier）。

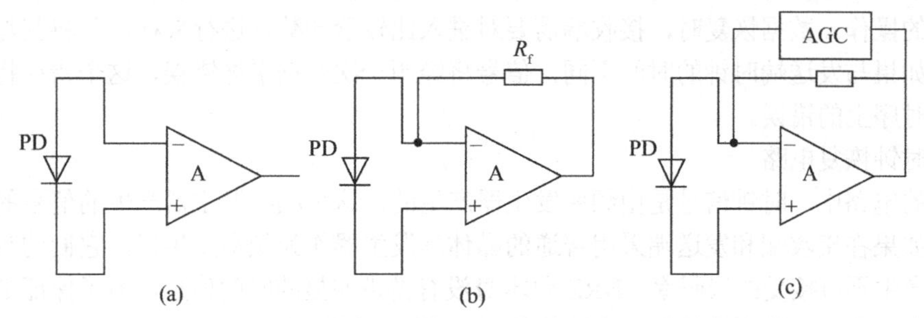

图 4-16　前置放大器的等效电路

带负反馈的放大器的输入阻抗被称为互阻抗（R_Z），这是光电二极管的实际负载电阻。互阻抗是放大器增益（A）和反馈电阻（R_f）的函数，设计时可以改变这两个参数以取得理想的值。前置放大器的输出电压 $V_{out}=I_pR_Z$，I_p 为光电二极管产生的光电流，R_Z 为带负反馈的前置放大器的互阻抗。

互阻抗放大器要尽量靠近光电二极管，电信号传输的路径越短，传输的损耗就越小，引入的噪声也越小，所以光电二极管通常与互阻抗放大器集成在一起，称为 PINAMP。比如，在 ROSA 中，TIA 放置在光检测器旁边，用金丝做键合，光电流到 TIA 的距离非常短。

（3）具有 AGC 的互阻抗设计

互阻抗放大器的动态范围比高阻抗放大器的动态范围要大得多，这是因为前置放大器的输出电压与它的输入阻抗成比例，而互阻抗放大器的输入阻抗比高阻抗放大器的输入阻抗小得多，但这仍然不够。为了进一步提高互阻抗前置放大器的动态范围，在反馈回路中增加了自动增益控制电路（AGC），这种设计称为带有 AGC 的互阻抗设计，如图 4-16（c）所示。

当输入信号低时，互阻抗 R_Z 变高，当输入信号高时，互阻抗 R_Z 变低，实现输入信号的大的动态范围。这种设计方法既有低噪声，又有大带宽、宽动态范围、放大倍数稳定等优点。

在设计电路时，TIA 和 PD 偏置电压必须通过良好的去耦滤波电路供电。另外，PD 和 TIA 必须有良好的屏蔽，PD 和 TIA 封装后制作成光接收组件。

3．主放大电路

为了与光电二极管达到良好的匹配，并获得较低的噪声和较宽的带宽，前置放大器的增益不能太高，其输出电压范围为几至几十毫伏。由于后续时钟恢复及判决电路的理想输入电压的范围为几百毫伏至一点几伏，所以就需要 40～50dB 增益的主放大器。

主放大电路一般使用限幅放大器（LA，Limiting Amplifier），限幅放大器在时钟恢复电路和前置放大器之间。TIA 输出的是模拟信号，要把它转换成数字信号后才能被后面的信号处理电路识别，限幅放大器的作用就是把 TIA 输出的幅度不同的信号处理成等幅的数字信号，以便于其后的判决电路和时钟恢复电路的工作。

主放大电路还包括光功率检测、告警电路。

限幅放大器与前置放大器之间最好采用差动方式，或者 AC 耦合方式。

4．时钟恢复电路和判决电路

时钟恢复电路和判决电路的作用是在输入数据信号中提取时钟信号并找出数据和时钟正确的相位关系。也就是说，时钟恢复电路和判决电路的作用是从限幅放大器输出的信号中恢复出与发送端一样的初始数字信号“0”或“1”。这部分电路也称为 CDR（Clock and Data Recovery）电路。

为什么需要时钟恢复电路呢？

同步数字电路在时钟信号的控制下工作，这个时钟信号在发送端和接收端必须相同，以便同步所有的操作。数据恢复时，接收端需要对进入比较器的数据进行采样，并将其与门限电平比较，但如果与发送端时钟的时间不同，信号将经历一次数据采样错误，这个错误将导致接收到的信号时序上的错误。

（1）时钟恢复电路

一般的电路中，时钟信号是由频率发生器产生的，这种频率发生器产生的信号的稳定性是有限的。如果在接收端和发送端采用普通的晶体硅发生器作为频率发生器，它们的频率差异比较大，会产生不可接受的误码率。NRZ 码本身没有携带明显的时间信息，为了保证更高精度的时间的同步，我们需要采用特殊的方法从数据中提取时间信息。

典型的时钟恢复电路如图 4-17 所示，这是一个锁相环（PLL）电路，由相位检测器（鉴相器 PD）、低通滤波器（LPF）和压控振荡器（VCO）电路组成。

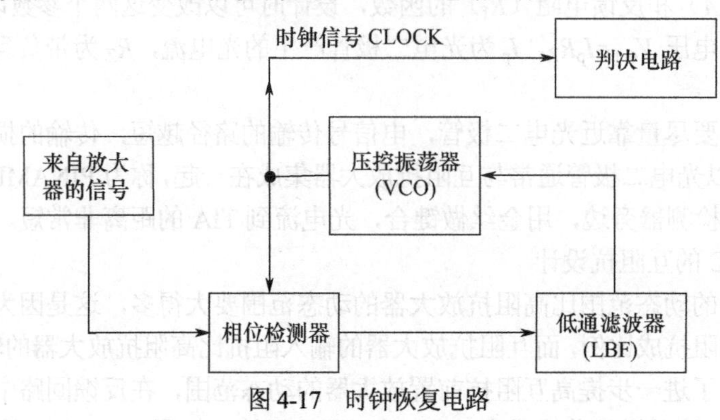

图 4-17　时钟恢复电路

压控振荡器（VCO）产生和发送机接近的频率的信号，将接收到的数据与 VCO 信号的相位进行比较，经过低通滤波器（LBF）转化为直流信号，控制 VCO 的频率，使得 VCO 的频率尽可能与发送机的频率相同，最终把修正过的压控振荡器的输出信号作为时钟信号。

（2）判决电路设计

判决器的功能是判断接收信号的逻辑意义，判决器的基本电路是比较器，如图 4-18 所示。根据给定的门限电平（阈值），按照时钟信号所“指定”的瞬间来判决由限幅放大器送过来的信号。若信号电平超过门限电平，则判为“1”码，低于门限电平，则判为“0”码，从而把脉冲恢复（再生）为“0”码或“1”码。

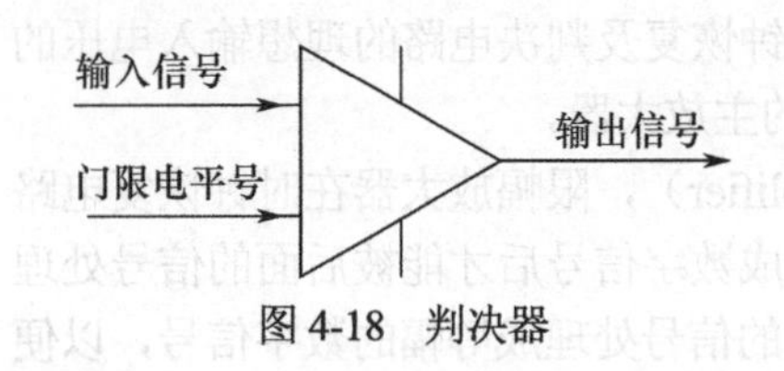

图 4-18　判决器

光接收机采用判决器对数据进行整形，可明显改善信噪比和信号上升、下降时间，具有良好的整形效果。

判别电路设计中的主要问题是决定其门限电平的大小，理论上，门限电平应该取接收信号的最大电平幅度值的一半。对于理想信号，接收机输出信号的脉冲宽度与发送机输入信号的脉冲宽度相同。

在实际中，接收信号的最大电平幅度值也是变化的。显然，采用的门限电平不同，判决后的脉冲宽度是不同的，会产生脉冲宽度失真（PWD）。也就是说，接收机输出信号的脉冲宽度与发送机输入信号的脉冲宽度不相同，如图 4-19 所示。

脉冲宽度失真（PWD）使接收信号产生一个相位移动，影响时钟恢复。那么，如何设置判决器中的门限电平信号呢？门限电平可采用 AGC 电路，AGC 电路找到接收数据流的平均值，然后据此设置门限电平。电路设计还需要考虑脉冲宽度与负载周期、灵敏度与负载周期之间的关系。

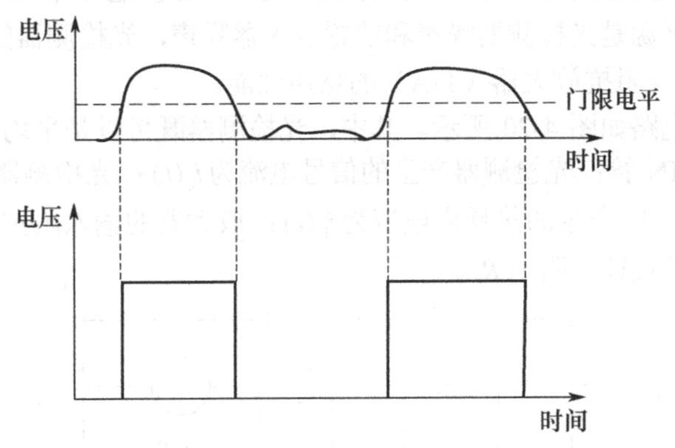

图 4-19　判决器门限电平与信号宽度

5．辅助电路

光接收机除上面介绍的若干部分外，还有一些辅助电路，包括告警电路、信号丢失监测等电路。当输入光接收机的光信号太弱或无光信号时，则由告警电路输出一个告警信号至告警盘。

另外，由于光接收机环境温度变化时，APD 的增益将发生变化，由此导致接收机的灵敏度变化。为了尽可能减少这种变化，就需给 APD 的偏压加温度补偿电路，使 APD 的偏压随温度相应变化。

4.5.2　光接收机的噪声

光接收机的噪声有外部噪声和内部噪声两部分。外部噪声可以通过屏蔽或滤波加以消除，现在终于明白了为什么高速光模块器件都封装在金属盒子里，这主要是用来屏蔽外部噪声的。内部噪声是在信号检测和放大过程中引入的随机噪声，只能通过器件的选择和电路的设计与制造尽可能减小，一般不可能完全消除。我们要讨论的噪声是指光接收机内部产生的随机噪声。

在光纤通信系统的光接收机中，不仅有传统的热噪声与散粒噪声，还有一种特殊的噪声——倍增噪声。热噪声与散粒噪声相对比较简单，因为它们的频谱密度是相互独立的，即与信号无关，而且它们的分布服从高斯分布，所以处理起来比较方便。而倍增噪声则不然，其频谱密度和信号密切相关，和信号传输速率的高低、输入与输出脉冲的形状等有关联。

1973 年，玻尔松尼克（S.D.Personick）首次提出用高斯分布来近似描述倍增噪声的概率分布，并推导出关于灵敏度、最佳增益、门限电平等一整套计算公式，奠定了作为光接收机理论之一的高斯近似法的基础。该方法的优点是比较简单、计算精度较好，尤其是对灵敏度的计算，很接近实测值（误差小于 1dB），因此很适合于工程使用。

本节将简要介绍该方法，因篇幅所限，省去了烦琐的数学推导过程，需要深入学习的读者可查阅相关资料。

在强度调制系统的光接收机中，把光信号变为电信号之后，电信号还要经过一系列的放大电路。在一个多级放大器中，每一级放大器都可能引入附加的噪声，而且在每一级放大器里，噪声和信号都将同样地被放大，在这种情况下，多级放大器的第一级就显得至关重要。只要第一级放大器的增益足够高，后面各级放大器对噪声的影响就比较小，所以一个放大电路的噪声性能主要是由其前置放大器的噪声性能决定的。

互阻抗放大器中，由于负反馈的作用改善了放大器的带宽与非线性，并基本上保持了原有的噪声性能，且又获得了较大的动态范围。因此，互阻抗放大器在光纤通信中得到了广泛应用。下面重点分析互阻抗放大器的噪声功率，计算噪声电压，等价地计算噪声电流。

光接收机噪声的来源是光检测器噪声和前置放大器噪声，光检测器的噪声分析见本章 4.2、4.3 节，下面重点分析互阻抗放大器（TIA）的噪声性能。

光接收机的等效电路如图 4-20 所示。其中，光检测器既可以是平均增益为 G 的 APD，也可以是增益 G=1 的 PIN 管；光检测器产生的信号电流为 $i_s(t)$；光检测器的结电容为 C_d；光检测器的偏置电阻为 R_b，它产生的热噪声电流为 $i_b(t)$；放大器的输入阻抗用电阻 R_a 和电容 C_a 的并联来表示；放大器的反馈电阻为 R_f。

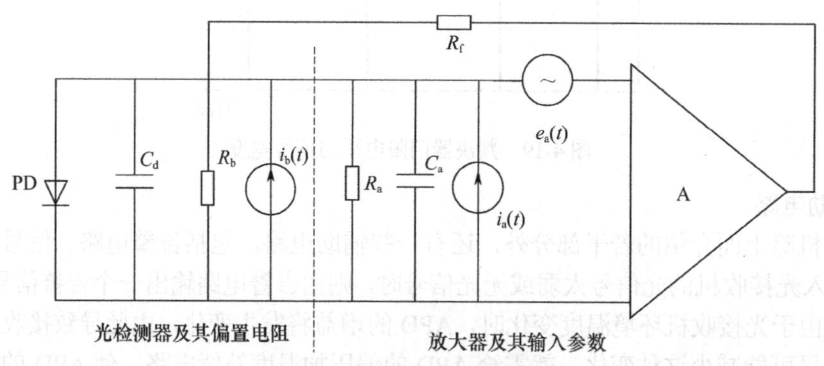

图 4-20　光接收机的等效电路

互阻抗放大器有两种形式的噪声源，其中并联输入噪声电流源 $i_a(t)$ 是放大器输入电阻 R_a 的热噪声，而串联输入噪声电压源 $e_a(t)$ 代表了放大器通道的热噪声。这些噪声假定具有高斯统计特性，其频谱是平坦的，称为白噪声，而且是不相关的（统计独立的），因此这些噪声可以完全使用它们的噪声谱密度来表示。

互阻抗放大器的热噪声性能可以用热噪声因子 Z 来描述。经过烦琐的数学推导，可得到热噪声因子

$$Z = \frac{1}{e^2}\left(\frac{2k_B T}{R_b'} + S_I + \frac{2k_B T}{R'}\right)\cdot T_b I_2 + \frac{(2\pi C)^2}{e^2 T_b}\cdot S_E I_3 \tag{4-32}$$

式中，e 为电子电量，e=1.6×10^{-19}C；T_b 为时隙，$T_b = 1/f_b$，f_b 为传输速率（b/s）；k_B 为玻耳兹曼常数，k_B =1.38×10^{-23}J/K；T 为热力学温度（K）；R_b' 为光检测器偏置电阻 R_b 和反馈电阻 R_f 并联的电阻值；R' 为输入端总电阻，$R' = R_b // R_a // R_f$；C 为输入端总电容，它是光检测器结电容 C_d、放大器输入电容 C_a 和杂散电容 C_s 之和（并联值）；S_I 为放大器并联噪声电流源的谱密度（A^2/Hz）；S_E 为放大器串联噪声电压源的谱密度（V^2/Hz）；I_2、I_3 分别为与输入波形及输出波形有关的待定因数。

互阻抗放大器实际上就是通过反馈电阻 R_f 给放大器输入端提供负反馈的高增益。互阻抗放大器较未引入负反馈前，其噪声性能有所劣化，它增加了一个新的噪声源，即由负反馈电阻 R_f 产生的噪声，其谱密度为 $S_{Rf} = \dfrac{2k_B T}{R_f}$。

从式（4-32）可以看出，如果光检测器偏置电阻 R_b 和放大器的输入电阻 R_a 分别增大，或放大器输入端的总电容 C 变小，或者放大器并联噪声电流源的谱密度 S_I、电压源串联噪声的谱密度 S_E 分别变小，噪声就会减小。通常这些参数是相关的，为了降低噪声，就必须取一个折中值。回想一下，本章 4.2 节为了提高 PD 的带宽，是不是也存在这样类似的情况？另外，设计中对器

件参数的优化还受到可用器件种类的限制。因此在实际的设计中，需要综合考虑多个参数，选取一组最优值。

对于 PINFET 构成的互阻抗放大器，放大器的输入电阻 $R_a \approx \infty$，光检测器偏置电阻 R_b 远大于反馈电阻 R_f，即 $R_b \gg R_f$，忽略后面各级放大器所产生的噪声。$S_I \approx 0$，$S_E = \dfrac{1.4k_B T}{g_m}$，其中，$g_m$ 为 PINFET 的跨导。

根据这些条件，对式（4-32）进行化简，可得 PINFET 互阻抗放大器的热噪声因子为

$$Z \approx \frac{2k_B T}{e^2 R_f} \cdot T_b I_2 + \frac{1.4k_B T(2\pi C)^2}{e^2 g_m T_b} \cdot I_3 \tag{4-33}$$

4.5.3 光接收机的误码率

由于噪声电压的存在，光接收机中放大器的输出信号中包括随机的噪声信号，因此光接收机在信号恢复判决时，就可能发生误判，把发送的“0”码误判为“1”码，或把“1”码误判为“0”码。

光接收机对码元误判的概率称为误码率（在二元制的情况下，等于误比特率 BER）。工程上，误码率是指在较长时间间隔内，在传输的码流中误判的码元数和接收的总码元数的比值。

例如，BER=10^{-6}，表示每百万个比特中出现一个误判的比特；BER=10^{-9}，表示每 10 亿个比特中出现一个误判的比特。

对于随机的噪声信号，往往用概率密度函数分布来分析研究。要确定码元被误判的概率，不仅要知道噪声功率的大小，而且要知道噪声电流（或电压）的概率密度函数分布，如图 4-21 所示。

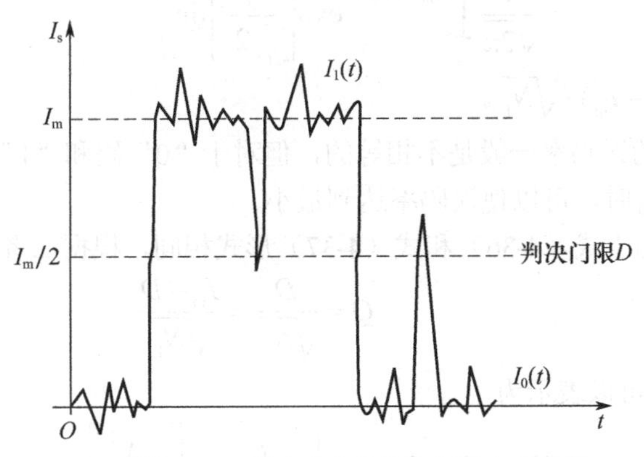

图 4-21　判决点上的信号与噪声

图 4-21 中，$I_1(t)$为“1”码的电流；$I_0(t)$为“0”码的电流；I_m为“1”码的平均电流，而“0”码的平均电流为 0；D 为判决门限值，一般取 $D=I_m/2$。

在“1”码时，如果在采样时刻带有噪声的电流 $I_1<D$，则可能被误判为“0”码；在“0”码时，如果在采样时刻带有噪声的电流 $I_0>D$，则可能被误判为“1”码。

光接收机输出噪声的概率分布十分复杂，一般假设噪声电流（或电压）的瞬时值服从高斯分布，其概率密度函数为

$$f(x) = \frac{1}{\sqrt{2\pi}\sigma} \exp\left(-\frac{x^2}{2\sigma^2}\right) \tag{4-34}$$

式中，x 为代表噪声这一高斯随机变量的取值，其均值为零，方差为σ^2，且方差等于噪声平均

功率 N，即 $\sigma^2 = N$。

根据光检测器和前置放大器的噪声功率及噪声的概率分布，可分别计算“0”码和“1”码的误码率。

在“0”码条件下，平均噪声功率 $N_0=N_A+N_D$，N_A 为前置放大器的平均噪声功率，N_D 为光检测器的平均噪声功率。这时没有光信号输入，光检测器的平均噪声功率 $N_D=0$（略去暗电流）。根据式（4-34），可得发送“0”码条件下的噪声概率密度函数为

$$f(I_0) = \frac{1}{\sqrt{2\pi N_0}} \exp\left(-\frac{I_0^2}{2N_0}\right) \tag{4-35}$$

根据误码率的定义，“0”码误判成“1”码的概率等于 I_0 超过判决门限 D 的概率，计算如下

$$\begin{aligned} P_{e,01} &= \int_D^\infty f(I_0)\mathrm{d}I_0 = \frac{1}{\sqrt{2\pi N_0}} \int_D^\infty \exp\left(-\frac{I_0^2}{2N_0}\right)\mathrm{d}I_0 \\ &= \frac{1}{\sqrt{2\pi}} \int_{D/\sqrt{N_0}}^\infty \exp\left[-\frac{x^2}{2}\right]\mathrm{d}x \end{aligned} \tag{4-36}$$

式中，引入变量 $x = I_0 / \sqrt{N_0}$。

发送“1”码时，平均噪声功率 $N_1=N_A+N_D$。这时噪声电流的幅度为 I_1-I_m，判决门限仍为 D，则只要采样值 $I_1-I_m<D-I_m$，就可能把“1”码误判为“0”码。

所以，“1”码误判成“0”码的概率为

$$\begin{aligned} P_{e,10} &= \frac{1}{\sqrt{2\pi N_1}} \int_{-\infty}^{D-I_m} \exp\left[-\frac{(I_1-I_m)^2}{2N_1}\right]\mathrm{d}(I_1-I_m) \\ &= \frac{1}{\sqrt{2\pi}} \int_{-\infty}^{-(I_m-D)/\sqrt{N_1}} \exp\left[-\frac{y^2}{2}\right]\mathrm{d}y \end{aligned} \tag{4-37}$$

式中，引入变量 $y = (I_1 - I_m) / \sqrt{N_1}$。

“0”码和“1”码的误码率一般是不相等的，但对于“0”码和“1”码等概率的码流而言，一般认为，当 $P_{e,01}=P_{e,10}$ 时，可以使误码率达到最小。

当 $P_{e,01}=P_{e,10}$ 时，由于式（4-36）和式（4-37）形式相同，根据二者积分的上下限，定义

$$Q = \frac{D}{\sqrt{N_0}} = \frac{I_m - D}{\sqrt{N_1}} \tag{4-38}$$

总误码率（BER）可以表示为

$$\mathrm{BER} = P_e(Q) = \frac{1}{\sqrt{2\pi}} \int_Q^\infty \exp\left[-\frac{x^2}{2}\right]\mathrm{d}x \tag{4-39}$$

Q 称为超扰比，含有信噪比的概念，也称为数字信噪比，Q 就是信号电流和噪声电流的简单比。

从式（4-38）推导可得 Q 的另一种表达形式为

$$Q = \frac{I_m}{\sqrt{N_0} + \sqrt{N_1}} \tag{4-40}$$

式中，I_m 为“1”码的平均电流；N_0 为“0”码的平均噪声功率；N_1 为“1”码的平均噪声功率。

Q 还表示在对“0”码进行采样判决时，判决门限 D 超过放大器平均噪声电流的倍数。由此可见，只要知道 Q，就可根据式（4-39）的积分求出误码率，BER 和 Q 的关系如图 4-22 所示。

Q 被广泛用来说明光接收机的特性。显然，Q 越大，即数字信噪比越大，误码率就越小。仔细观察一些特定的值，比如 Q=6 时，BER=10^{-9}，Q=7 时，BER=10^{-12}。现代光纤通信中，BER<10^{-12} 是一个普遍要求，为了达到这个值，Q 必须大于 7。

通常，2.5Gb/s 系统的接收灵敏度对应的误码率 BER=10^{-9}，10Gb/s 系统的接收灵敏度对应的误码率 BER=10^{-10}。

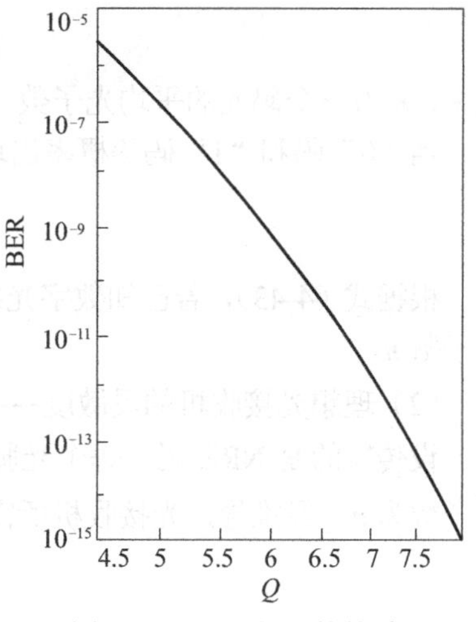

图 4-22　BER 和 Q 的关系

4.5.4　光接收机的灵敏度

1. 光接收机的灵敏度

光接收机的灵敏度定义为在保证通信质量的条件下，即满足给定的误码率条件下（如 10^{-10} 或 10^{-12}），光接收机能接收的最小平均光功率。光接收机灵敏度的实质是表示光接收机接收微弱光信号的能力，是光接收机的重要指标之一。

工程上，光接收机灵敏度中的光功率常用相对值来描述，单位为 dBm，即

$$P_r = 10\lg\left[\frac{P_{min}(\text{mW})}{1\text{mW}}\right](\text{dBm}) \tag{4-41}$$

式中，P_{min} 指在满足给定的误码率指标条件下的最低接收光功率，单位为毫瓦。

根据式（4-41），部分功率 mW 与 dBm 的对应值如表 4-3 所示。

表 4-3　部分功率 mW 与 dBm 的对应值

mW	100	10	2	1	0.5	0.1	0.01	0.001
dBm	20	10	3	0	−3	−10	−20	−30

注意：0dBm 对应的功率是 1mW，不是 0mW。有的人以为 0dBm 就是没有功率，这是错误的。

在给定的误码率为 10^{-9} 时，若接收机能接收的最小平均光功率为 1nW（10^{-9}W），光接收机的灵敏度是多少呢？根据式（4-41）计算得，光接收机的灵敏度为−60dBm。

由于平均光功率与光子的平均数目有关（参考第 3 章例 3-1），因此光接收机的灵敏度也可用每个光脉冲的最小光子数来表示，即每比特最小光子数；光接收机的灵敏度也可用每个光脉冲的最低能量来表示，这几种表示方法本质上是一样的。

2. 理想光接收机的灵敏度

假设光检测器的暗电流为零，放大器完全没有噪声，系统可以检测出单个光子形成的电子-空穴对所产生的光电流，这种接收机称为理想光接收机。它的灵敏度只受到光检测器的量子噪声的限制，因为量子噪声是伴随光信号的随机噪声，只要有光信号输入，就有量子噪声存在。

（1）理想光接收机的误码率

当光检测器没有光输入时，放大器就完全没有电流输出，因此“0”码误判为“1”码的概率为 0。

产生误码的可能是当一个光脉冲输入时，光检测器有可能不产生电子，没有产生光电流，放大器没有电流输出，这个概率即“1”码误判为“0”码的概率为

$$P_{e,10}=\exp(-n) \tag{4-42}$$

式中，n 为一个码元的平均光子数。

当“0”码和“1”码等概率出现时，误码率为

$$P_e=\frac{1}{2}\exp(-n) \tag{4-43}$$

根据式（4-43），若已知数字光纤通信系统要求的误码率 P_e，就能够计算出一个码元的平均光子数 n。

（2）理想光接收机的灵敏度——量子极限

设传输的是 NRZ 码，每个光脉冲最小平均光能量为 E_d，码元宽度为 T_b，一个码元的平均光子数为 n，经推导，光接收机所需最小平均接收功率为

$$\langle P\rangle_{\min}=\frac{E_d}{2\eta T_b}=\frac{nhf}{2\eta T_b} \tag{4-44}$$

式中，考虑“0”和“1”光功率平均的结果，平均光能量减半，所以分母中出现因子 2。h=6.626×10^{-34}J·s，为普朗克常数；$f=c/\lambda$，f、λ分别为光频率和光波长，c 为真空中的光速；$T_b=1/f_b$，f_b 为传输速率；η 为光电转换的量子效率。

理想光接收机的灵敏度为

$$P_r=10\lg\frac{nhcf_b}{2\lambda\eta} \tag{4-45}$$

这是光接收机可能达到的最高灵敏度，这个极限值是由量子噪声决定的，所以称为量子极限。

【例 4-5】 量子极限的计算。对于数字光纤通信系统，一般要求误码率 $P_e\leqslant10^{-9}$，根据式（4-43），计算得 $n\geqslant21$，这表明至少要有 21 个光子产生的光电流，才能保证判决时误码率小于或等于 10^{-9}。

设$\eta=0.7$，利用式（4-45），计算出不同的λ和 f_b 的灵敏度，如表 4-4 所示。相同波长的情况下，数据传输速率越高，接收机需要的最小可接收的功率较大。

光接收机的传输速率和灵敏度、量子极限的关系如图 4-23 所示。

表 4-4 不同传输速率时理想光接收机的灵敏度

波长（nm）	1310		1550	
传输速率（Mb/s）	34	140	140	622
灵敏度（dBm）	−71.1	−63.8	−65.7	−59.2

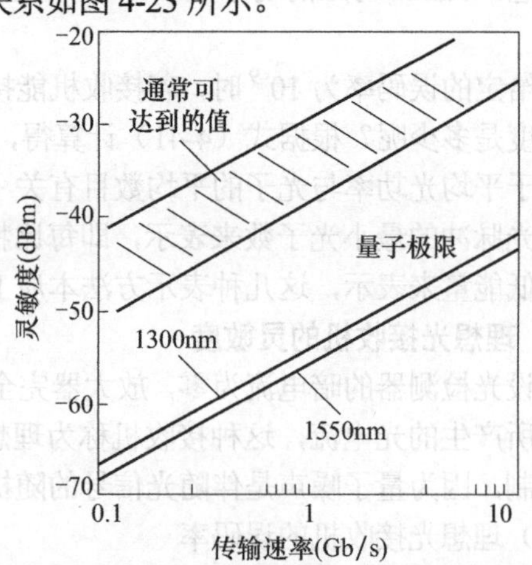

图 4-23 光接收机传输速率和灵敏度、量子极限的关系

光接收机的量子极限大约为−70dBm，通常可达到的灵敏度为−40～−50dBm。随着传输速率的提高，放大器和均衡滤波器的带宽增加，噪声等效带宽也增加，放大器和光检测器的噪声影

响加剧，灵敏度会下降。也就是说，为了达到一定的误码率的要求，此时，光接收机需要的最小功率增加了。

3．实际光接收机的灵敏度

根据光接收机的热噪声与倍增噪声的数学表达式（4-32）和式（4-33），并假定它们皆服从高斯分布，经过复杂的推导，可得到PIN光接收机灵敏度的计算公式为

$$P_{\mathrm{r}}=\frac{Q\sqrt{Z}}{RT_{\mathrm{b}}} \tag{4-46}$$

式中，R为PIN管的响应度，$R=\eta e/hf$；Z为互阻抗放大器的热噪声因子；光脉冲宽度T_{b}=1/f_{b}，f_{b}为传输速率；Q为数字信噪比，参见式（4-39）。

可以看出，PIN光接收机的灵敏度与量子效率η、放大器的热噪声因子Z有密切关系，尤其是热噪声因子Z，每降低一个数量级可使灵敏度提高5dB（APD光接收机仅改善1.5～2dB）。

仔细设计放大器电路是提高PIN光接收机灵敏度的重要手段，这就是人们喜欢把PIN管和FET集成在一起的原因。

APD光接收机的灵敏度公式可做类似的分析。

实际工程应用中，光接收机所需灵敏度可通过下面近似计算公式得到：

PIN光接收机　　$P_{\mathrm{e}}=10^{-9}$，$P_{\mathrm{r}}=3.25\times10^{-8}\left(f_{\mathrm{b}}/f_{\mathrm{b0}}\right)^{3/2}$

APD光接收机　　$P_{\mathrm{e}}=10^{-9}$，$P_{\mathrm{r}}=1.64\times10^{-9}\left(f_{\mathrm{b}}/f_{\mathrm{b0}}\right)^{7/6}$

其中，f_{b}为系统码速（Mb/s），f_{b0}为基准计算码速，f_{b0}=25Mb/s。

4.5.5　光接收机电路芯片

1．MAX3864前置放大器芯片

MAXIM公司提供多种速率的前置放大器，这里重点介绍MAX3864，其典型应用如图4-24所示。MAX3864是互阻抗前置放大器，应用于SDH/SONET系统，传输速率可达到2.5Gb/s，具有490nA的输入噪声、2.0GHz带宽、2mA输入过载等特点。

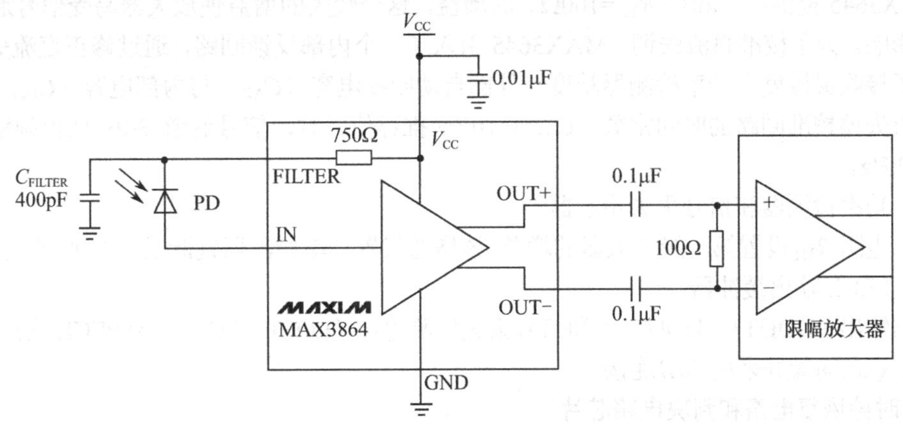

图4-24　MAX3864的典型应用

MAX3864的工作电压为3.0～5.5V，它包括一个集成的低频补偿电容及一个滤波器，通过750Ω电阻连接V_{CC}提供正的偏置电压。MAX3864使用PIN管，典型的光学动态范围为-24～0dBm。

2．MAX3645 限幅放大器芯片

MAXIM 公司提供多种速率的限幅放大器，这里重点介绍 MAX3645，其速率范围为 125～200Mb/s。MAX3645 由增益级、失调校准、功率检测器、信号丢失指示器和 PECL 输出缓冲器组成，其典型应用如图 4-25 所示。

MAX3645 具有集成的功率检测功能，提供互补的 PECL 信号丢失（LOS）输出，用来指示输入功率何时跌落到低于编程门限值；可选的钳位功能在 LOS 条件下使数据输出保持不变。MAX3645 工作于 3.3V 或 5.0V 单电源，工作温度范围为-40～85℃，需通过外部电容交流耦合来自 TIA 的数据信号。

（1）数据输入

数据输入端的单端输入阻抗为 4.8kΩ，需通过外部电容交流耦合数据信号，参见图 4-25。对于给定的输入阻抗，最好选用足够大的耦合电容，以便通过更低的有用频率（连续的 1 和 0）。选择电容时，应保证-3dB 频率的设置比最低频率低 10 倍，推荐使用 0.1μF 电容。

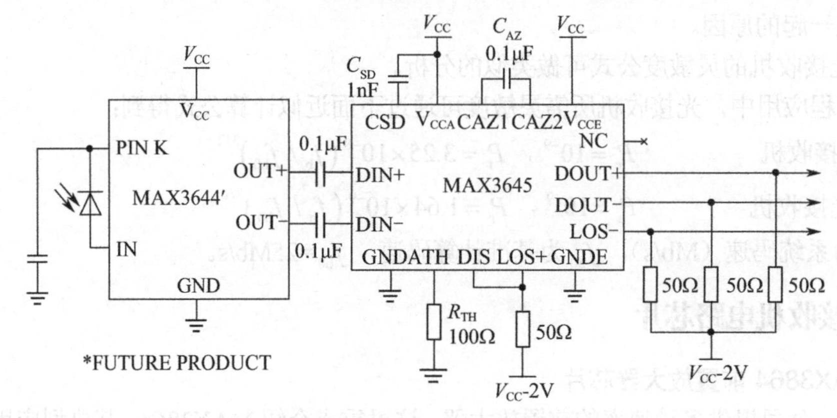

图 4-25　MAX3645 的典型应用

（2）增益级和失调校准

MAX3645 提供近 74dB（R_{TH}=100Ω）的增益，这个较大的增益使放大器易受信号通道直流失调的影响。为了校准直流失调，MAX3645 引入了一个内部反馈回路，通过修正直流失调，大大提高了接收灵敏度和功率检测器精度。外部自动归零电容（C_{AZ}）与内部电容（C_{INT}）并联，确定直流失调校准回路的时间常数。C_{AZ}=0.1μF（推荐值）时，信号通道-3dB 截止频率的典型值为 0.5kHz。

（3）功率检测器和信号丢失指示器

外部电阻 R_{TH} 设置第一级放大器的增益，该增益设置功率检测器判断发生 LOS 情况的门限。

（4）PECL 输出缓冲器

数据输出（DOUT+、DOUT-）和信号丢失检测输出（LOS+、LOS-）为 PECL 输出。PECL 输出与 V_{CC} 之间最好采用 50Ω连接。

3．时钟恢复电路和判决电路芯片

时钟恢复电路和判决电路芯片包括 MAX3270（155Mb/s、622Mb/s）、MAX3765（622Mb/s）、MAX3875（2.5Gb/s）、MAX3872（2.5Gb/s）、MAX3991（10Gb/s）等，带有限幅放大器。这里简要介绍 MAX3872，其典型应用如图 4-26 所示。

MAX3872 为内置限幅放大器的多速率时钟恢复和数据恢复芯片，适用于 OC-3、OC-12、OC-24、OC-48、带 FEC SONET/SDH 的 OC-48 及千兆位以太网（1.25Gb/s、2.5Gb/s）等应用。

MAX3872 完全集成的锁相环（PLL）从串行 NRZ 数据输入中恢复出同步时钟信号，无须采用外部参考时钟。

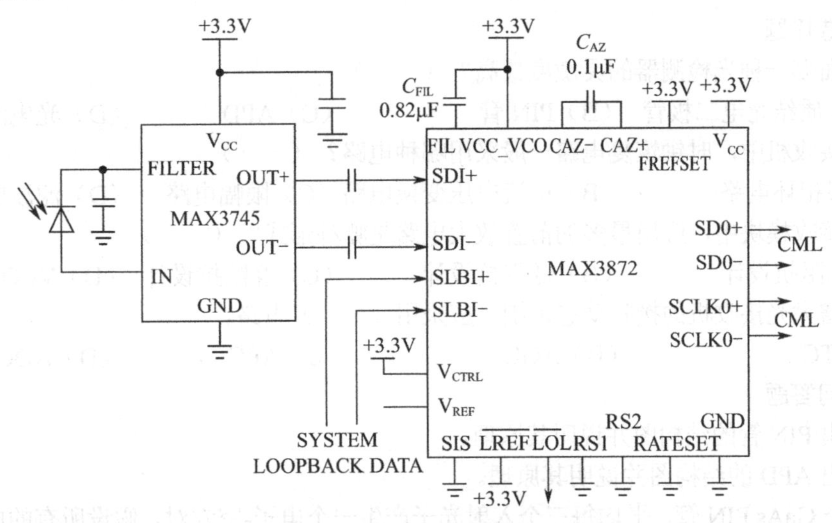

图 4-26 MAX3872 的典型应用

4．升压电路芯片

APD 需要较高的工作电压，而光模块输入电压最高仅为+5V，因此需要升压电路将+5V 电压升至几十伏。设计中可使用 MAX15059 作为升压芯片。MAX15059 为固定频率的脉宽调制（PWM）升压型 DC-DC 转换器，集成内置开关和能够高速调节限流的电流监测器。该芯片能够输出高达 76V 的电压，其中 MAX15059A 输出功率可达 300mW，MAX15059B 输出功率可达 200mW，监测电流高达 4mA。MAX15059 采用 2.8～5.5V 电源供电。

4.5.6 单芯片光模块

单芯片光模块集成了除光电转换外的所有功能电路，使用单芯片光模块，仅需要一个芯片即可达到使用要求，大幅降低了硬件成本，同时节省了很大的模块空间，PCB 走线更加方便，目前越来越多的光模块产品采用单芯片设计。

MAX3711 提供高集成度、低成本、高性能 PMD 解决方案，其中，低抖动激光二极管驱动器提供激光偏置电流的平均功率控制（APC）及消光比控制（ERC），ERC 省去了控制调制电流的温度查找表（LUT）；低噪声限幅放大器支持最高的光信号检测灵敏度；具有可调节 SD/LOS 门限及可编程输出电平；差分 CML 输出级带有摆率调节功能，适用于 1.25Gb/s 工作；集成偏置电流监测器和功率监测器，允许以低成本实现带有数字诊断功能。

MAX3711 采用小尺寸（4mm×4mm）、24 引脚 TQFN 封装，带有裸焊盘，工作温度范围为−40～95℃。集成 APC 和 ERC 环路，可工作在 155Mb/s～3.125Gb/s。

另外，MAXIM 公司还提供了高速单芯片光模块，比如，MAX3955 是 11.32Gb/s 收发器，集成双 CDR、数字诊断监测和直流耦合激光驱动器，用于下一代 SONET 传输系统；MAX3956 是 11.3Gb/s、高集成度、低功耗、带数字诊断监测的收发器，用于下一代以太网传输系统。

【深入学习】

参考 MAXIM 公司网站，可获得以上芯片的详细资料。

【讨论与创新】工业级光模块与商业级光模块有什么区别？

4.6 习题与设计题

（一）选择题

1．下面哪一种光检测器的灵敏度最高？（　　）

（A）单质结光电二极管 （B）PIN 管 （C）APD （D）光电池

2．光接收机中，时钟恢复电路一般采用哪种电路？（　　）

（A）锁相环电路 （B）电流电压变换电路 （C）限幅电路 （D）滤波电路

3．光接收模块中，应用最多的前置放大电路是哪种形式？（　　）

（A）高阻抗设计 （B）低阻抗设计 （C）互阻抗设计 （D）VCO 电路设计

4．为增大光接收机的接收动态范围，应采用（　　）电路。

（A）ATC （B）AGC （C）APC （D）ADC

（二）问答题

1．画出 PIN 管的结构图并说明其原理。

2．画出 APD 的结构图并说明其原理。

3．一个 GaAs PIN 管，平均每三个入射光子产生一个电子-空穴对，假设所有的电子都被收集。（1）计算该 PIN 管的量子效率；（2）当入射光波长为 850nm，接收功率为 10^{-7}W 时，计算该 PIN 管的平均输出光电流。

4．设 PIN 管的量子效率为 80%，计算在 1310nm 和 1550nm 波长时的响应度，比较不同波长时，PIN 管的响应度有何不同？

5．画出 PIN 管的带宽等效电路，说明如何提高 PIN 管的带宽？

6．某 PIN 管的平均输入功率为 0.1μW，响应度 R 等于 1，暗电流平均值为 3nA，当负载电阻 R =50Ω 时，带宽为 2.5GHz，在室温下工作，计算总的噪声电流的均方根值、信噪比（SNR）、等效噪声功率（NEP）。对比例 4-3，此时负载电阻小，热噪声电流大于散粒噪声电流，可忽略其他噪声。

7．画出光接收模块的框图，说明各部分的功能。

8．设计光接收前置放大器时需要注意哪些问题？

9．光接收机中存在哪些噪声？

10．什么是理想的光接收机？

（三）设计题

1．仿真设计和分析光接收机和互阻抗放大器（TIA）电路，写出简要的设计报告。

2．参考本章项目实践设计实例，设计 1×9 光模块。

项目实践：光模块设计

【项目目标】

通过 1×9 光模块的设计，培养光模块的设计与研发能力。

【项目构思与设计】

项目实施前，应根据现有的技术和设计规范，分析问题，归纳要求，构思设计项目。

光模块是光纤通信系统的核心器件之一，先查找相关文献资料，结合光纤通信知识和电路基础进行电路分析及设计，对光模块进行深入的理论研究和设计；选择芯片，然后设计光模块电路原理图、PCB 制作；最后制作光模块。

1×9 光模块的基本参数：①双纤模块，传输速率为 155Mb/s；②波长为 1310nm；③传输距离为 20km；④输出功率为-15～8dBm，灵敏度小于-32dBm；⑤Duplex SC 连接器，单模 SMF；⑥PECL 电平输出；⑦应用于 100Mb/s 以太网，STM-1。

光模块芯片：选择 MAXIM 公司的 MAX3738 和 MAX3645。

在项目实施过程中，采用团队模式开发，成立项目组，每个学生在组内有不同的角色，分别完成电路原理图设计、PCB 制作、光模块制作、光模块测试。在项目实践过程中，充分发挥学生的积极性，大胆参与实践和创新。部分有条件的同学，也可设计传输速率为 2.5Gb/s 的光模块。

【项目实施】

1. 项目基础知识

光模块的设计，需要了解下面的协议。

- ITU-T G.957（STM-1、STM-4、STM-16 SDH 光接口）
- ITU-T G.958（SDH 系统基础）
- MSA 多源协议，指定电接口和机械接口的定义。

（1）光模块分类

按照支持光纤分类，有单模光纤（SMF）和多模光纤（MMF）两种光纤类型。

按照封装形式分类，有 1×9、SFF、SFP、GBIC、XENPAK、XFP 等各种封装。

按照传输速率分类，有以太网应用的 100Base（百兆）、1000Base（千兆）、10GE、25GE、100GE 光模块；SDH 应用的 155Mb/s、622Mb/s、2.5Gb/s、10Gb/s 光模块。

按照光模块的传输距离分类，有短距离、中距离和长距离 3 种。一般认为 2km 及以下的为短距离，10～20km 的为中距离，30km、40km 及以上的为长距离。

按常用的光模块的中心波长分类，主要有 3 种，即 850nm、1310nm 及 1550nm。850nm 多用于≤2km 的短距离传输；1310nm 一般用于 40km 以内的传输；1550nm 一般用于 40km 以上的长距离传输，最远可以无中继直接传输 120km。

按照光纤连接器的连接头形式，分为 FC、SC、ST、LC、MU、MTRJ 等，目前常用的有 FC、SC、ST、LC。

（2）光模块封装类型

常见的有下面几种。

① 1×9 封装，即 SIP9 封装。1×9 光模块是早期光模块中最常见的一种封装形式，也是市场上需求量非常大的一种类型，通常直接焊接在通信设备的电路板上，一般传输速率不高于 1Gb/s，多采用 SC 接口，如图 4-27 所示。

② SFF（Small Form Factor），小封装光模块，其外形尺寸只有 1×9 封装的一半，有 2×5 和 2×10 两种封装形式。2×10 封装器件的前面 2×5 个引脚，与 2×5 封装的器件完全兼容，其余 2×5 个引脚具有激光器功率和偏置监控等功能。

③ SFP（Small Form-Factor Pluggable），小封装可插拔光模块，支持热插拔，它的电接口是 20 个引脚的金手指，数据信号接口与 SFF 封装基本相同。光接口主要有 LC 接口，其外形尺寸为 1×9 封装的一半。如图 4-28 所示。由于受散热限制，SFF、SFP 封装只能用于 2.5Gb/s 及以下速率的超短距离、短距离和中距离应用。

图 4-27　光模块 1×9 封装

图 4-28　光模块 SFP 封装

④ XFP 封装。XFP 封装光模块使用光纤连接的高速计算机网络和通信链路的光模块标准，其主要应用包括万兆以太网、10Gb/s 光纤通道、STM-64。

不同封装形式的光模块，技术标准和要求不一样，读者可参考相关的技术标准，比如 SFF MSA、CFP MSA。

如何快速识别光模块呢？

一般以光模块拉环的颜色辨别光模块的参数类型。比如，黑色拉环的为多模，波长为 850nm；蓝色拉环的为波长 1310nm 的模块；黄色拉环的则为波长 1550nm 的模块；紫色拉环的为波长 1490nm 的模块等。

（3）1×9 光模块参数

1×9 光模块主要用在光纤收发器、PDH 光端机、光纤交换机、单多模转换器及一些工业控制领域。1×9 光模块参数如表 4-5 所示。光模块接口设计采用 SIP9 针接口，如表 4-6 所示。

2．项目实施过程

根据设计要求，本项目选用工作波长为 1310nm 的 FP 激光器光发射组件（ROSA），SC 连接器。选择芯片 MAX3738，+3.3V 激光驱动器，具体使用可参考 3.6 节。激光驱动器与激光二极管的接口方式分为直流耦合和交流耦合两种。高速芯片与高速光模块间互联通常有 4 种接口。目前，光模块生产厂家推荐的多为 PECL/LVPECL 直流耦合匹配。根据设计要求，本项目选用 LVPECL。

表 4-5　1×9 光模块参数

参数	条件	最小	典型	最大
工作波长（nm）	1310		1310	
电源电压（V）	V_{CC}	3.135	3.3	3.465
信号电平（V）	PECL		3.2～4.0	
	LVPECL		1.5～2.3	
输出谱宽（nm）	FP-LD,RMS			4
	DFB-LD,-20dB			1
消光比（dB）	EX	10		
光隔离度（dB）			35	
最小过载点（dBm）	BER=1×10^{-10}	-3		
收无光告警点（dBm）	光减小/光增加		-5/-1	
发送电流（mA）	V_{CC}=5V			70
	V_{CC}=3.3V			70
接收电流（mA）	V_{CC}=5V			75
	V_{CC}=3.3V			75

表 4-6　SIP9 针接口

引脚	引脚名称	电平	说明
1	GNDR		接收部分接地脚
2	RD+	PECL/LVPECL	接收部分数据输出
3	NR−	PECL/LVPECL	接收部分反向数据输出
4	SD	PECL/LVPECL	接收部分无光告警，低电平告警
5	V_{CC}		接收部分正电源，为 5/3.3V
6	V_{CC}		发送部分正电源，为 5/3.3V
7	NT+	PECL/LVPECL	发送部分反向数据输入
8	TD−	PECL/LVPECL	发送部分数据输入
9	GNDT		发送部分接地脚

本项目选择 InGaAsP PIN 光接收组件，SC 连接器，采用 MAX3645 作为限幅放大器。

选择合适的电路板设计软件，设计光模块电路原理图，并制作 PCB。

发送部分选用芯片 MAX3738，发送部分电路图如图 4-29 所示。设计中所选择的芯片和光组件都工作在+3.3V，所以需要+3.3V 的稳压电源。

图 4-29 中，要发送的电信号通过电容 C_3、C_4 耦合进 IN+、IN−引脚；C_1、C_8 稳定电源输入电压；激光驱动器通过 BIAS 引脚提供激光器需要的偏置电流，使激光器产生激射；双端差分调制电流输出引脚 OUT+、OUT− 提供激光器所需要的调制电流，加载到 LD 上产生调制光信号；RC 作为补偿网络，调节调制光信号的质量；驱动器主要通过检测背光二极管（PD）产生的背光光电流（平均值）来实现闭环控制，并通过调节驱动器提供的偏置电流来维持激光器前向出光的稳定。

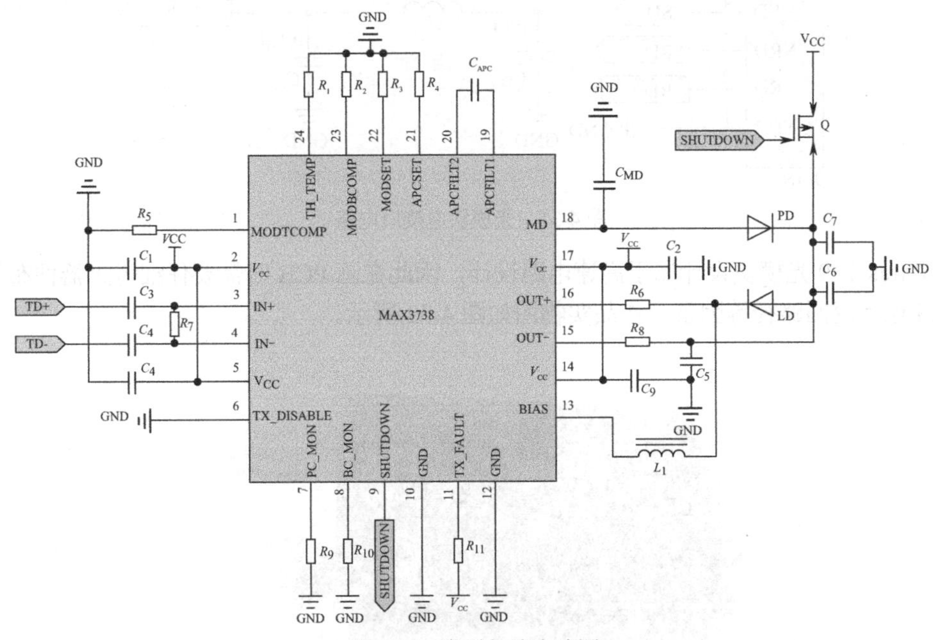

图 4-29　发送部分电路图

接收部分选用芯片 MAX3645，接收部分电路图如图 4-30 所示。TIA 的主要作用是将 PIN 管上产生的光电流放大，进入 DIN+、DIN−引脚转换为差分电压信号，进行限幅放大和数据恢复，最后通过输出引脚 DOUT+、DOUT− 输出信号，电容 C_{14}、C_{15} 用于交流信号耦合输入，C_{16} 用于稳定电源输入电压。

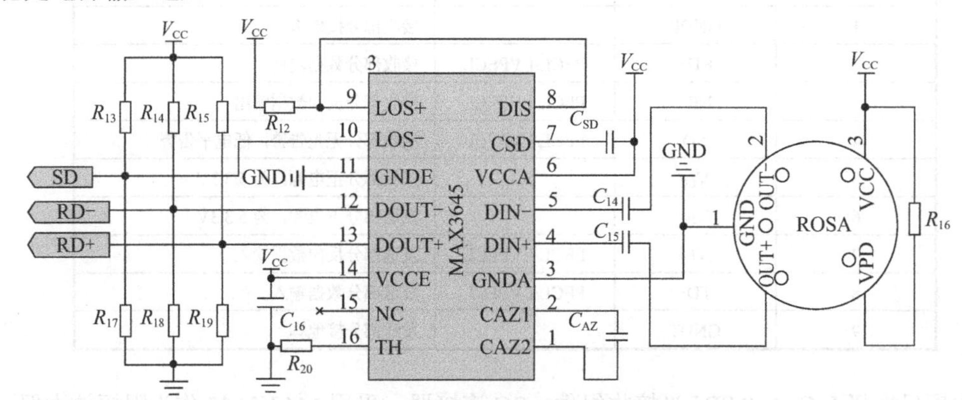

图 4-30　接收部分电路图

光模块电接口电路如图 4-31 所示。其中，4 个电容 C_{10}、C_{11}、C_{12}、C_{13} 起电源滤波作用，大电容滤低频，小电容滤高频。

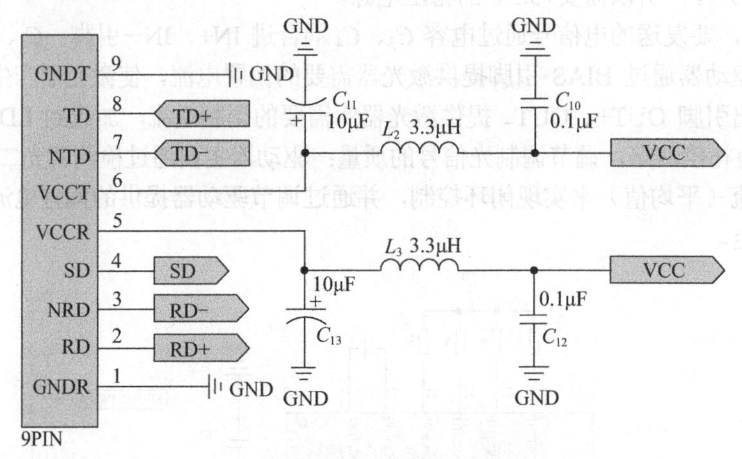

图 4-31　光模块电接口电路

155Mb/s 1×9 光模块设计属于高速电路设计，因此在画 PCB 时需要仔细考虑器件布局、阻抗匹配和电流返回路径等因素，作品实物图如图 4-32 所示。

图 4-32　1×9 光模块设计作品实物图

因为光模块中使用的芯片引脚较小，焊接时需要一定的焊接技巧，可采用热风枪和拖焊法焊接，具体方法可参考网上视频学习。

最后说明一下，本次设计的低速光模块没有数字诊断监测（DDM，Digital Diagnostics Monitoring）功能，高速光模块一般会带有 DDM 功能。具有 DDM 功能的 SFP 光模块，网络管理单元可以实时监测收发模块的供电电压、激光偏置电流、温度及发送和接收光功率等。

【项目总结】

项目设计结束后，所有团队完成传输速率为 155Mb/s 的 1×9 光模块设计，提交完整的设计文档和技术资料文档。

【讨论与创新】上网搜索资料，讨论学习光模块使用时需要注意哪些事项？如何设计高速光模块呢？Cadence 软件在这方面有何优势？

Cadence 设计是高速电路板设计中实际上的工业标准，Cadence 软件对于一些高速、高密度 PCB 等高端设计有着自己独特的优势，越是高端、复杂的设计要求，Cadence 的产品就越能彰显其特点。

Charles Vernon Boys (1855—1944)，英国物理学家，以仔细与创新的实验工作而闻名。

1887 年，Charles Vernon Boys 把一根加热过的玻璃棒放在十字弓上，当玻璃棒足够热时，把箭射出去，箭带动热玻璃棒在实验室里拉出了一道长长的、纤细的玻璃纤维，第一次获得了长 27m、直径为 2.5μm 的玻璃纤维。

第 5 章　光无源器件

前面学习了光源、光调制器和光检测器等器件，这些器件使用时需要加电源才能工作，称为光有源器件。除此以外，我们还需要一些光器件，它们使用时不需要外部电源，比如光纤连接器、光纤滤波器、光衰减器、光隔离器、光环形器等，称之为光无源器件，它们在光纤通信系统中也具有重要的作用。本章介绍几种常用的光无源器件，每种器件的原理后面都给出了实际的器件及其技术参数。在工厂里，每种器件都有一条生产线，从原料采购、生产、产品测试，每个环节都精益求精，才能生产出性能优异的产品。

5.1　光纤连接器

5.1.1　光纤连接器简介

在生产实践和应用中，总是需要实现光纤（缆）之间的活动连接。光纤连接器是实现光纤与光纤之间可拆卸（活动）的连接器件，光发送机、光接收机、光无源器件都需要活动连接，光器件和光纤链路测试时和测试仪表的连接也需要光纤连接器。光纤连接器是光纤通信领域最基本、应用最广泛的光无源器件。

除光纤的活动连接外，工程上也需要光纤永久地连接在一起，即把两根光纤熔接在一起，光纤的熔接可参考本章项目实践部分。

光纤在连接的过程中会产生连接损耗，连接损耗包括内部损耗、外部损耗和反射损耗，要尽可能减小连接引起的损耗。

1．内部损耗

内部损耗是指由于光纤不匹配引起的损耗，有以下几种情形。

（1）纤芯直径不匹配引起的损耗

若 $a_1 \geqslant a_2$，则损耗计算为

$$\text{Loss}_{\text{core}} = -10\lg[(a_2 / a_1)^2] \tag{5-1}$$

常规 62.5/125μm 多模光纤，纤芯直径的最大值 a_1=(62.5+3)μm，最小值 a_2=(62.5−3)μm。根据式（5-1），纤芯直径不匹配引起的内部损耗为 0.83dB。

（2）数值孔径不匹配引起的损耗

若 $NA_1 \geqslant NA_2$，则损耗计算为

$$\mathrm{Loss}_{\mathrm{NA}} = -10\lg[(\mathrm{NA}_2 / \mathrm{NA}_1)^2] \tag{5-2}$$

常规多模光纤，数值孔径最大值 NA_1=(0.275+0.015)μm，最小值 NA_2=(0.275−0.015) μm。根据式（5-2）可知，数值孔径不匹配引起的内部损耗为 0.95dB。

（3）MFD 不匹配引起的损耗

计算公式为

$$\mathrm{Loss}_{\mathrm{MFD}} = -10\lg[4/(w_2/w_1 + w_1/w_2)^2] \tag{5-3}$$

常规多模光纤，MFD 最大 w_1=(9.3+0.5)μm，MFD 最小 w_2=(9.3−0.5)μm。根据式（5-3）可知，MFD 不匹配引起的内部损耗为 0.05dB。

2. 外部损耗

外部损耗是由于光纤接合不理想而引起的损耗或者是由于末端切割不正确引起的损耗，分别如图 5-1 和图 5-2 所示。

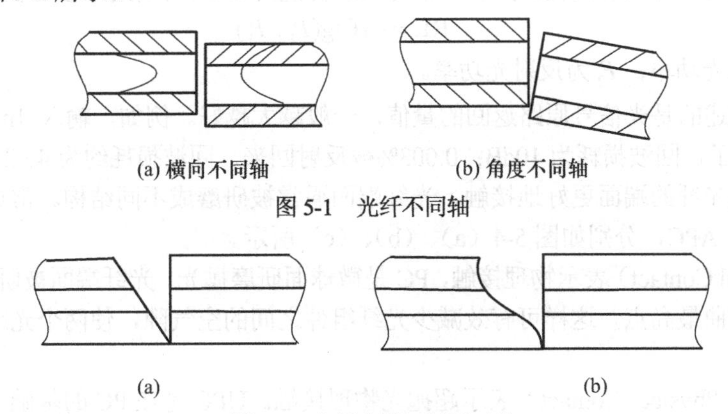

图 5-1　光纤不同轴

(a)　(b)

图 5-2　光纤末端切割不正确

另外，还有表面微粒和光纤连接时两个界面的反射损耗。

3. 光纤连接器结构

光纤连接器的种类众多，各种类型的光纤连接器的基本结构却是一致的，大多数的光纤连接器结构如图 5-3 所示（实物图见图 5-6 等）。光纤连接器由精度较高的陶瓷插针及耦合套筒组成，陶瓷插针是直径为 2.5mm、1.4mm 或 1.25mm 的陶瓷圆柱体，其轴心有 125～126μm、125.3～126.3μm 或 125.5～126.5μm 的孔径，直径和孔径的精度可达 0.1μm。光纤穿入并固定在插针中，还将插针表面进行抛光处理，在耦合套筒中实现对准。耦合套筒一般由陶瓷或青铜等材料制成的两半合成的、紧固的圆筒形构件做成；插针现在多使用性能更加稳定的氧化锆；闭锁装置是一个卡口连接或者螺旋连接螺母。

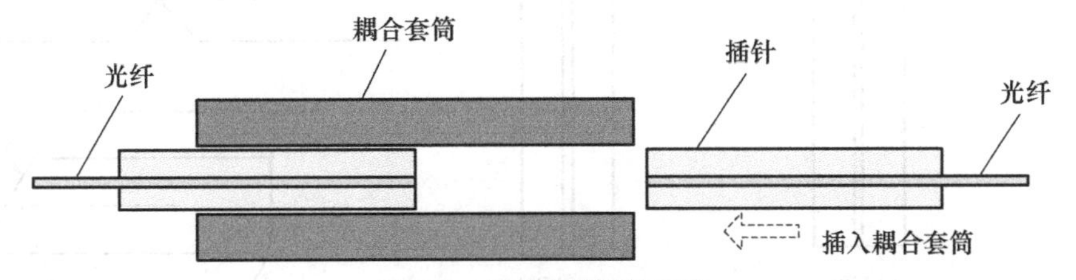

图 5-3　光纤连接器的结构

光纤连接头通过光纤适配器（Fiber Optic Adapter）内部的开口套筒连接起来，光就能够从一根光纤传到另一根光纤。光纤适配器也称为法兰盘，是实现光纤端面精密对接的器件，是光纤连接头连接的桥梁。通过对端面抛光研磨，可实现最优的光学性能和良好的机械性能。

4．光纤连接器特性

① 插入损耗。插入损耗（IL，Insertion Loss）是指当使用光纤连接器进行连接时光功率减小的量值，通常用分贝表示。

插入损耗是由制造商提供的，有插入损耗平均值和插入损耗最大值。例如，当插入损耗为3dB时，光功率损耗大约为50%；当插入损耗为1dB时，光功率损耗大约为20%。计算公式为

$$\mathrm{IL} = -10\lg(P_2 / P_1) \tag{5-4}$$

式中，P_1为输入光功率；P_2为输出光功率。

② 回波损耗。回波损耗（RL，Return Loss）的问题起源于一个简单的矛盾现象，为了最小化插入损耗，需要尽可能将光纤端面抛光研磨，而这样回波损耗却增加了。反射波发生在纤芯端空气的交界面，有效的解决方法是将两个光纤连接器通过物理接触（PC）来减小它们之间的空气隙。回波损耗又称反射损耗，是表示信号反射性能的参数，回波损耗的计算公式为

$$\mathrm{RL} = -10\lg(P_2 / P_1) \tag{5-5}$$

式中，P_1为输入光功率；P_2为反射光功率。

回波损耗描述的是光信号原路返回的量值，一般越大越好。例如，输入1mW功率，其中10%被反射回来了，回波损耗为10dB；0.003%被反射回来，回波损耗约为45dB。

为了让两根光纤的端面更好地接触，光纤端面通常被研磨成不同结构。常见的研磨方式主要有PC、UPC、APC，分别如图5-4（a）、（b）、（c）所示。

PC（Physical Contact）表示物理接触，PC是微球面研磨抛光，光纤端面被研磨成轻微球面，光纤纤芯位于弯曲最高点，这样可有效减少光纤组件之间的空气隙，使两个光纤端面达到物理接触。

UPC（Ultra Physical Contact）表示超抛光物理接触。UPC是在PC的基础上更加优化了光纤端面抛光和表面光洁度，端面看起来更加呈圆顶状。

APC（Angled Physical Contact）表示角度抛光物理接触，也称为斜面物理接触，光纤端面通常研磨成8° 斜面。8° 斜面让光纤端面更紧密，并且将光通过其斜面角度反射到包层而不是直接返回到光源处，提供了更好的连接性能。

为什么APC光纤连接器的光纤端面要研磨成8°角呢？

经过计算，APC光纤连接器研磨成8°角时，如图5-5所示，反射光反射后进入包层，而不是沿入射光的原方向反射，这样就使得反射的光功率尽可能减小了。

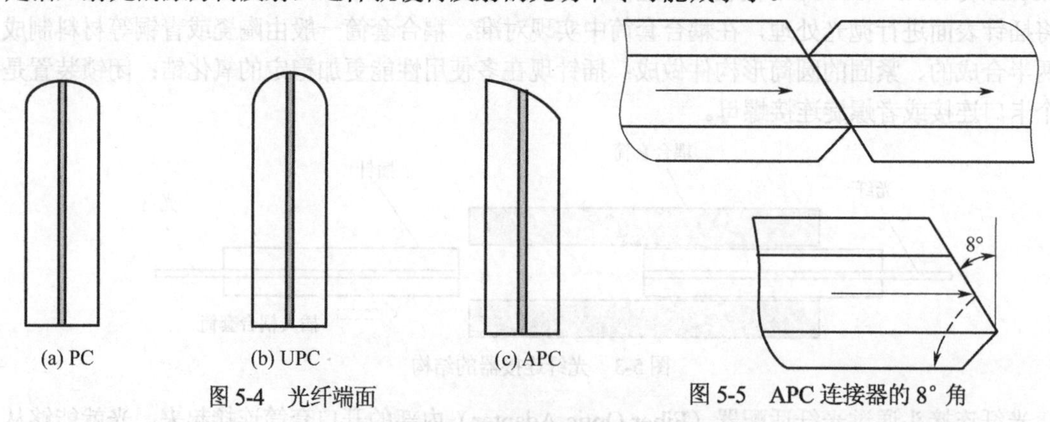

图5-4　光纤端面　　图5-5　APC连接器的8°角

PC光纤连接器是光纤连接器最常见的研磨方式，被广泛应用于电信运营商的设备上；UPC光纤连接器通常被用于以太网设备上；APC光纤连接器用于对回波损耗要求较高的环境。

另外要说明的是，APC 光纤连接器的保护套通常是绿色的，PC 光纤连接器的保护套则是黑色的，而且人眼就能看到 APC 光纤连接器光纤端面的倾斜角。

③ 可重复性，即每次插拔时连接损耗变化量要小。

④ 插拔寿命，即最大可插拔次数，一般由光器件的机械磨损情况决定。

⑤ 互换性，每次互换后，连接损耗变化量越小越好。

一般情况下，PC 回波损耗为-40dB。UPC 回波损耗相对于 PC 来说更高，一般为-55dB（甚至更高）。APC 回波损耗的工业标准为-65dB。

5.1.2 光纤连接器的类型

光纤连接器应用广泛，品种繁多，分类如下。

按光纤分类，可分为单模连接器和多模连接器。

按连接头结构形式分类，可分为 FC、SC、ST、LC、D4、DIN、MU、MT 等。

按光纤端面形状分类，可分为 PC、UPC 和 APC。

按光纤芯数分类，可分为单芯和多芯（如 MT-RJ）。

1. FC（Ferrule Connector）型光纤连接器

如图 5-6 所示，FC 接头的形状是圆形螺纹，这种连接器最早由日本 NTT 公司研制。FC 型光纤连接器采用的陶瓷插针的对接端面是平面接触方式的，其外部加强方式采用金属套，紧固方式为螺丝扣。此类连接器结构简单，操作方便，制作容易，但光纤端面对微尘较为敏感，且容易产生菲涅尔反射，提高回波损耗较为困难。后来，NTT 公司对该类型连接器做了改进，采用对接端面呈球面的插针，而外部结构没有改变，使得插入损耗和回波损耗有了较大幅度的提高。目前电信网常用的是 FC/PC 型光纤连接器，FC/APC 型光纤连接器多用于有线电视系统。

FC/PC 型光纤连接器的性能参数如表 5-1 所示。

图 5-6 FC 型光纤连接器

表 5-1 FC/PC 型光纤连接器的性能参数

项目	性能
光纤连接头	FC，PC
传输模式	单模
工作波长（nm）	1260～1620（SM）
插入损耗	0.2～0.3dB
重复性	±0.1dB
回波损耗	≥40dB
偏振相关损耗	≤0.2dB
互换性	≤±0.01dB
最大插入损耗	≤0.5dB
工作温度范围	-40～80℃

2. SC（Standard Connector）型光纤连接器

SC 型光纤连接器是一种由日本 NTT 公司开发的光纤连接器，如图 5-7 所示。其外壳呈矩形，所采用的插针和耦合套筒的结构尺寸与 FC 型完全相同。其中，插针的端面多采用 PC 或 APC 研磨方式；紧固方式采用插拔销闩式，不需旋转。此类连接器价格低廉，插拔操作方便，插入损耗波动小，抗压强度较高，安装密度高。

SC 接头是标准方形接头，采用工程塑料，具有耐高温、不易氧化等优点，传输设备侧的光接口一般用 SC 接头。而 FC 接头是金属接头，一般在光纤配线架（ODF）侧采用，金属接头的可插拔次数比塑料接头要多。

图 5-7　SC 型光纤连接器

3．ST 型光纤连接器

ST（Straight Tip）型光纤连接器常用于光纤配线架，外壳呈圆形，紧固方式为螺丝扣。ST 型光纤连接器属于旧一代的连接器，但在多模网络中仍被采用。对于 10Base-F 连接来说，连接器通常是 ST 型的；对于 100Base-FX 连接来说，连接器大部分情况下为 SC 型的。

4．MT-RJ 型光纤连接器

MT-RJ 型光纤连接器起步于 NTT 公司开发的 MT 型光纤连接器，带有与 RJ-45 型 LAN 连接器相同的闩锁机构，通过安装于小型套管两侧的导向销对准光纤。为便于与光收发机相连，连接器端面光纤为双芯（间隔 0.75mm）排列设计，是主要用于数据传输的下一代高密度光纤连接器。MT 型光端接件是一种用于多芯光纤连接器的端接件。采用 MT 光端接件的连接器一般密度都较高，单个端接件可同时实现最多 72 路的光信号传输。端接件采用两端的导销引导校正，使多根光纤在插针中同时对中。

5．LC 型光纤连接器

LC 型光纤连接器是著名的贝尔通信研究所研究开发出来的，采用操作方便的模块化插孔（RJ）闩锁机理制成，如图 5-8 所示。

图 5-8　LC 型光纤连接器

LC 型光纤连接器所采用的插针和套筒的尺寸是普通 SC、FC 型光纤连接器等尺寸的一半，为 1.25mm，这样可以提高光纤配线架中光纤连接器的密度。目前，在单模光纤方面，LC 型光纤连接器实际已经占据了主导地位，在多模方面的应用也增长迅速。

6．MU 型光纤连接器

MU（Miniature Unit Coupling）型光纤连接器是以目前使用最多的 SC 型光纤连接器为基础，由 NTT 公司研制开发出来的世界上最小的单芯光纤连接器，如图 5-9 所示。

MU 型光纤连接器采用 1.25mm 直径的套管和自保持机构，其优势在于能实现高密度安装。利用 1.25mm 直径的套管，NTT 公司已经开发了 MU 连接器系列。它们有用于光缆连接的插座型连接器（MU-A 系列）；具有自保持机构的底板连接器（MU-B 系列）及用于连接 LD / PD 模块与插头的简化插座（MU-SR 系列）等。随着光纤网络向更大带宽、更大容量方向的迅速发展和 DWDM 技术的广泛应用，对 MU 型光纤连接器的需求也将迅速增长。

7．MPO/MTP 型光纤连接器

MPO（Multi-fiber Pull Off）型光纤连接器是一种多芯多通道插拔式连接器，如图 5-10 所示。

它的特征是一个标称直径为6.4mm×2.5mm的矩形插芯，利用插芯端面上左右两个直径为0.7mm的导引孔与导引针进行定位对中。它用于2～12芯并排光纤的连接，可以使两排24芯光纤同时连接。MPO型光纤连接器根据IEC 61754-7规定由几个因素来区分：芯数，光纤阵列数（Array Number），公母头（Male-Female），极性（Key），抛光类型（PC或APC）。

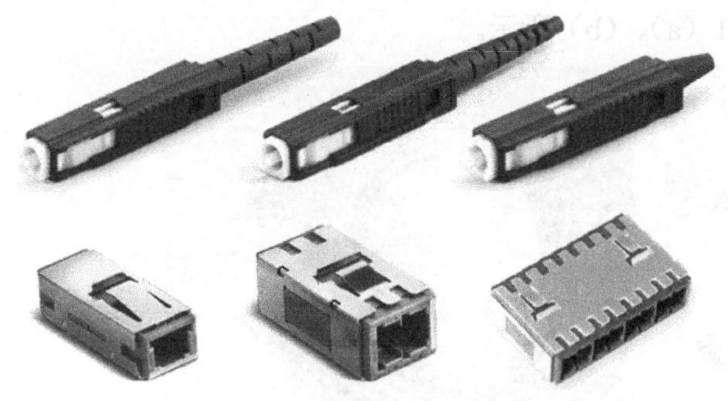

图5-9　MU型光纤连接器

图5-10　MPO型光纤连接器

MPO/MTP型光纤连接器的优势是：

① 体积小，体积比SC型光纤连接器还小；

② 精度高，精密的导引孔和导引针保证了光纤对中的准确；

③ 密度大，采用精确的几何设计，能够支持12～72芯甚至96芯的光纤连接。

MPO高密度光纤预连接系统目前主要用于三大领域：数据中心的高密度环境的应用，光纤到大楼的应用，在光分路器、100Gb/s、QSFP+等光收发设备内部的连接应用。

MTP型光纤连接器是MPO型光纤连接器的升级版本，传输性能更好，损耗更低，对纤度更高。从外观上看，MPO和MTP型连接器几乎没有明显的区别。事实上，它们是完全兼容的。

8．E2000型光纤连接器

E2000型光纤连接器也称为LSH型光纤连接器，带自动保护防尘盖的光纤接头，在光纤拔出后自动关闭。

【光纤连接器使用注意事项】

① 不同传输模式的光纤、相同传输模式但不同纤芯的光纤，不能连接到一起。

② 相同纤芯、不同插针面型的光纤连接器，不能连接到一起。

③ 研究显示，在数据中心、校园网和其他光通信设备中，85%以上的光纤网络故障是由光纤连接头端面受污染而引起的，为了获得最佳的光学性能，至关重要的一步是保证所有连接头干净无污染。在光纤连接器连接之前，必须对光纤连接器的插芯、法兰等进行清洁。

④ 光纤连接器不用时，应盖上防灰尘的小帽子，这是工程师的基本素养。

5.1.3　光纤跳线与配线架

1．光纤跳线

光纤跳线（也称为跳纤）是光通信中应用最为广泛的基础器件之一，光纤的两端都有连接头的称为跳线，只有一端有连接头的称为尾纤。它们是实现光纤通信中不同设备及系统活动连接的无源器件，是光纤、光缆配线管理系统的重要组成部分，与光纤配线架、交接箱、终端盒配合使用，可以实现不同方向的光缆的连接。跳线和配线的灵活分配，可实现整个光纤通信网络高效灵活的管理维护。

光纤跳线的种类有很多。根据接头形状，可分为FC、SC、ST、LC等；根据插芯的类型，可分为PC、UPC、APC等；根据光纤种类，可分为单模、50/125多模、62.5/125多模、保偏等；根据光缆直径，可分为900μm、2mm、3mm等；根据光纤长度，一般有1m、3m、5m、10m的跳线，也有100m和300m的跳线。

光纤跳线广泛应用于通信机房、光纤到户、局域网络、光纤传感器、光纤通信系统中。FC/FC光纤跳线和SC/SC光纤跳线分别如图5-11（a）、（b）所示。

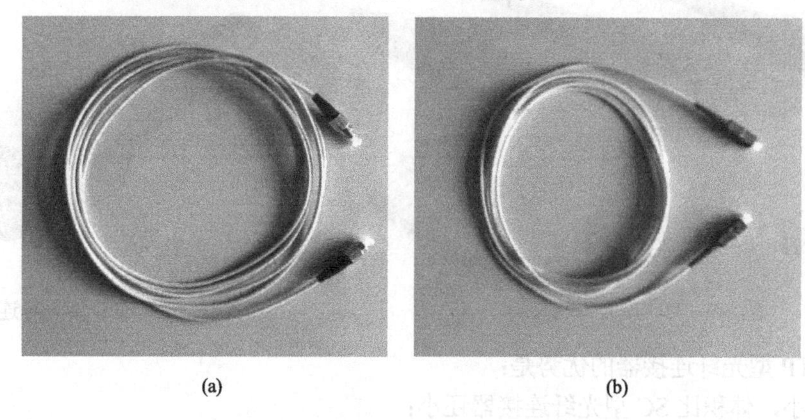

(a)　　　　　　(b)

图5-11　FC/FC、SC/SC光纤跳线

在工程实践中，不同接头的光纤跳线也是很有需要的。例如，3M FC/PC-FC/APC表示跳线长度为3m，圆形螺纹连接的PC型转接成APC型的光纤跳线。

2. 光纤配线架

光纤配线架用来连接垂直主干和水平光缆，一般都是1U高度的19英寸机架，通常最少端数为12口，常规端口数为24口、48口，一般用在标准机柜内。

图5-12是19英寸1U的普通光纤配线架，放置在设备区或楼层管理区，可根据需要灵活配置。

图5-12　19英寸1U的普通光纤配线架

3. ODF光纤配线架

ODF（Optic Distribution Frame）光纤配线架又称为光纤配线柜，是用于光纤通信网络中对光缆、光纤进行终接、保护、连接及管理的配线设备。在本设备上可以实现对光缆的固定、开剥、接地保护，以及各种光纤的熔接、光纤跳转、冗纤盘绕、合理布放、配线调度等功能，常规端口数为12～1440口。当光纤的数量很多时，光纤的布线就是一个问题，图5-13（a）所示为混乱的传统光纤配线架ODF。光纤总配线架（MODF）的设计采用了电缆总配线架（MDF）的设计理念，架体分线路侧和设备侧，如图5-13（b）所示，外线光缆的纤芯成端在线路侧、设备的端口连接光纤成端在设备侧，跳纤从设备侧对应的设备端口跳接到线路侧对应的外线光缆纤芯。

(a)

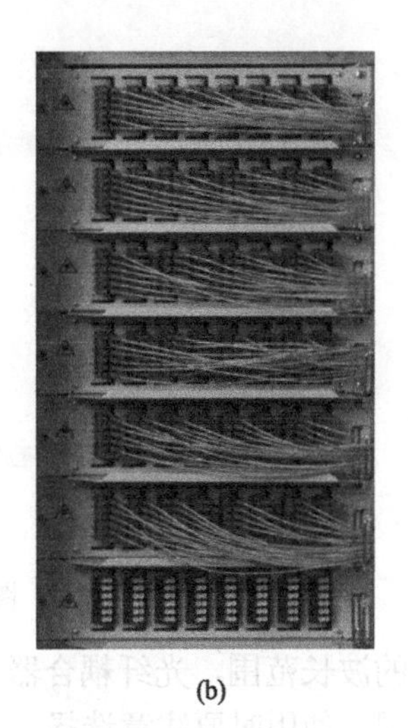

(b)

图 5-13　传统光纤配线架 ODF 和光纤总配线架 MODF

好的光纤的连接、光纤的布放、盘纤是一门艺术，不仅赏心悦目，而且也非常有利于以后光纤线路的维护。

5.2　光纤耦合器/分路器

在光器件和光网络中，有时需要把两个或者多个输入的光信号耦合成一个光信号输出，也可能需要把一个光信号分成几个端口输出，怎么耦合或者分开光信号呢？

5.2.1　光纤耦合器/分路器简介

光纤耦合器（Coupler）的作用是把多个输入的光信号组合成一个光信号输出，光纤分路器（Splitter）的作用是把一个输入的光信号分成多个光信号输出。常用光纤耦合器/分路器的功能是功率耦合，或者功率分配，是对同一个波长的光信号进行耦合或分路。光纤耦合器/分路器是光纤网络中最基本的无源光器件之一。如果光纤耦合器/分路器与波长有关，则称为波分复用器/波分解复用器，或者合波器/分波器。

常见光纤耦合器有 1×2 光纤耦合器和 2×2 光纤耦合器，这两种光纤耦合器是应用最广泛的光纤耦合器，也是构成其他光纤器件的基础。

1×2 光纤耦合器的使用比较简单，应用更多的是将其作为功率分配器，把一根光纤的光功率分配到两根光纤的输出端口，如图 5-14（a）所示。

对于 2×2 光纤耦合器，从光纤 1 输入光，光从光纤 3 和 4 输出，如图 5-14（b）所示。理想情况下，光纤 2 是无输出的，所以也称为定向耦合器。

若光纤 1 和 2 都输入光，光从光纤 3 和 4 输出，输出光是一个混合信号，输出光纤 3 和 4 中都包含光纤 1 和 2 的信号，功率的比例取决于耦合器的耦合比。

需要注意的是，从耦合器的光纤 1 输入光，如果光纤 4 上有一个反射体，结果是光再次被反射回到耦合器中，分路器再次分光，则光纤 1 和 2 都有反射光信号，这个特性可用于一些光器件的测试。

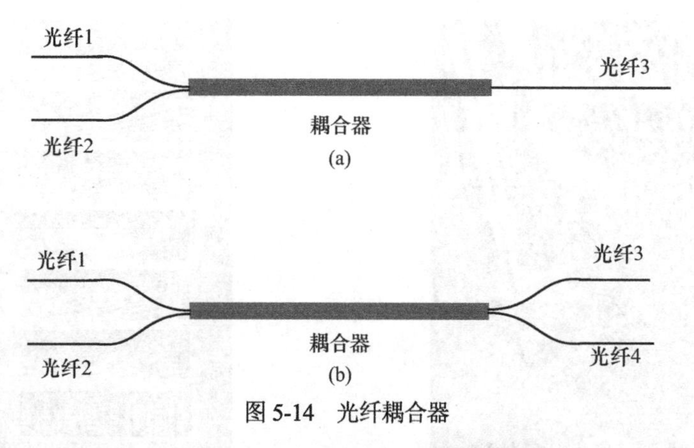

图 5-14　光纤耦合器

根据适用的波长范围，光纤耦合器分为窄带耦合器和宽带耦合器。另外，不同光纤耦合器的中心波长不同，使用时要注意选择。

耦合器按照偏振模式分为普通耦合器和保偏耦合器。保偏耦合器的最大特点是能稳定地传输两个正交的线偏振光，并能长距离地保持各自的偏振态不变，这就为制造高性能、高精度光纤传感器和光纤惯性器件提供了条件。

5.2.2 FBT 光纤耦合器

1．熔拉双锥光纤耦合器的原理

制作熔拉双锥（FBT）光纤耦合器时，首先将两根（或两根以上）除去涂覆层的光纤以一定的方法靠近，在高温加热下熔融（常用的加热源是氢氧焰或氢焰等），然后同时向两侧拉伸，最终在加热区形成双锥体形式的特殊波导结构，实现传输光的耦合。通过控制光纤扭转的角度和拉伸的长度，可得到不同的分光比例，如图 5-15 所示。

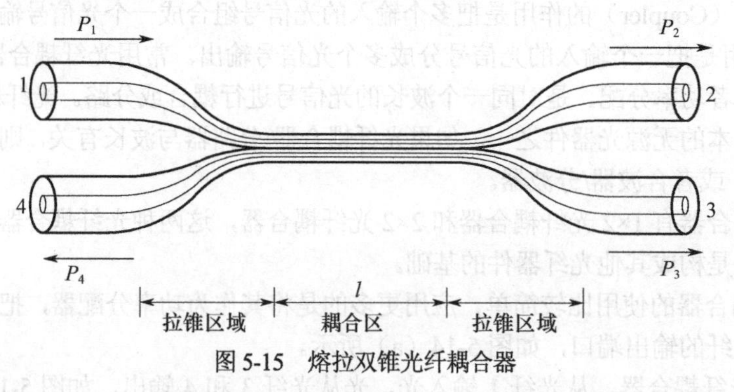

图 5-15　熔拉双锥光纤耦合器

FBT 器件通过改变光纤间的消逝场相互耦合长度，以及改变光纤纤芯形状来实现不同大小的功率分量，通过锥形区的消失波耦合达到所需要的输出功率。常用模耦合理论来分析 FBT 器件的基本原理，假如一段波导中可以传输多个模式，当存在微扰时（可以是外界电磁场、应力、波导直径变化等），这些模式之间将发生能量交换。

熔拉双锥光纤耦合器共有 4 个端口，如图 5-15 所示。其中 1、2 端口属于同一根光纤，3、4 端口属于另一根光纤。通常把 1-2 端口、3-4 端口称为直通臂，把 1-3 端口、2-4 端口称为耦合臂（或称为交叉臂）。端口 2、3 的功率如下

$$P_2 = P_1 \cos^2(kl) \tag{5-6}$$

$$P_3 = P_1 \sin^2(kl) \tag{5-7}$$

式中，l 为耦合区长度；k 为描述两根光纤中场的相互作用的耦合系数，在适当的波导结构（纤芯距离、折射率分布、纤芯形状）下，与光波的波数 $2\pi/\lambda$ 有关。

固定工作波长 λ，改变耦合区的长度 l，可以调整输出端口的功率比，可以作为光功率耦合器（此时 k 在一定的波长范围内基本为常数），即实现光功率耦合或者分配。对于无损耗耦合器，$P_2 + P_3 = P_1$，满足能量守恒。

当固定耦合区的长度 l，改变工作波长，也可以调整 P_2、P_3 的功率比，构成熔拉双锥型波分复用器。

当 $\lambda = \lambda_1$ 时，使 $k(\lambda)$ 的取值为 $k(\lambda_1)l = 2\pi n + \pi/2$；当 $\lambda = \lambda_2$ 时，使 $k(\lambda)$ 的取值为 $k(\lambda_2)l = 2\pi m + \pi$ (n，m 为整数)。

当 $\lambda = \lambda_1$ 时，$P_2(\lambda_1) = 0$，$P_3(\lambda_1) = P_1$；当 $\lambda = \lambda_2$ 时，$P_2(\lambda_2) = P_1$，$P_3(\lambda_2) = 0$。图5-16是熔拉双锥型波分复用器的输出曲线。

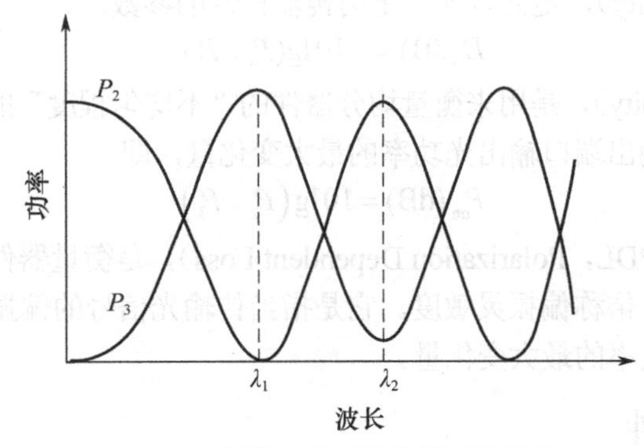

图 5-16　熔拉双锥型波分复用器原理

调整耦合区长度，在适当的耦合系数下，可使1310nm及1550nm光信号分别从直通功率端口或耦合功率端口输出，可作为1310/1550nm双波长波分复用器。

熔拉双锥型光纤合波器又分为两类：一类用于通信系统，作为1310nm和1550nm的合波、分波器；另一类用于掺杂光纤的激光器和放大器，作为信号光和泵浦光的合波器，主要工作波长有1017/1310nm、807/1550nm、980/1550nm和1480/1550nm等。

FBT器件制造简单，更易于批量生产，因而应用广泛。制作时，用计算机较精确地控制各种过程参量，并随时监控光纤输出端口的光功率变化，从而实现制作各种器件的目的。目前已有自动封装装置，当熔融拉锥完成后，即可完成器件的封装。

FBT 器件的优点：

① 附加插入损耗小（最大值<5dB，典型 0.2dB）；

② 具有较好的光通路带宽 / 通路间隔比和温度稳定性；

③ 反射和串扰噪声，连接容易。

FBT 器件的不足之处是尺寸稍大，波分复用波长数少，隔离度较差（20dB 左右），这种合波方式有 3dB 固有插入损耗。

2．耦合器特性

下面介绍耦合器特性，其中端口定义如图 5-15 所示。

① 插入损耗（Insertion Loss），指定输出端口的光功率（端口 2 或 3）相对指定输入光功率（端口 1 或 4）的比值，单位为 dB，即

$$\mathrm{IL}_{12} = -10\lg(P_2 / P_1) \tag{5-8}$$

② 附加损耗（Excess Loss），所有输出端口的光功率总和相对于全部输入光功率的减小值，单位为 dB，即

$$P_{\rm ex}=-10\lg\left[\left(\sum_{j}P_{j}\right)/P_{\rm i}\right] \tag{5-9}$$

对于三端口器件，附加损耗为

$$P_{\rm ex}=-10\lg[(P_2+P_3)/P_1] \tag{5-10}$$

③ 耦合比（CR，Coupling Ratio），定义为耦合器各输出端口的输出功率的比值，用相对输出总功率的百分比来表示。比如，1:1 或 50:50 代表了同样的分光比，即输出为均分的器件。

$$\mathrm{CR}=P_2/\left(P_2+P_3\right)\times100\% \tag{5-11}$$

根据耦合比，光纤耦合器有 50:50、75:25、90:10 或 99:1 等类型。

④ 方向性（Directivity），是衡量器件定向传输特性的参数。

$$D(\mathrm{dB})=-10\lg(P_4/P_1) \tag{5-12}$$

⑤ 均匀性（Uniformity），是用来衡量均分器件的“不均匀程度”的参数。它定义为在器件的工作带宽范围内，各输出端口输出光功率的最大变化量，即

$$P_{\rm un}(\mathrm{dB})=10\lg\left(P_2/P_3\right) \tag{5-13}$$

⑥ 偏振相关损耗（PDL，Polarization Dependent Loss），是衡量器件性能对传输光信号的偏振态的敏感程度的参量，俗称偏振灵敏度。它是指当传输光信号的偏振态发生 360°变化时，器件各输出端口输出光功率的最大变化量。

5.2.3 光纤耦合器器件

由于采用 FBT 技术制作耦合器的耦合区都非常细（微米量级），所以耦合区十分脆弱，极易断裂，需要采用与光纤材料相近的石英基板来保护（石英与光纤的热膨胀系数极为接近），然后把拉锥区用固化胶固化在石英基板上并插入不锈钢管内，这就是光纤耦合器/分路器。根据应用场景不同，有时也需要光纤耦合器/分路器封装在小盒子里，如图 5-17 所示。FBT 光纤耦合器的技术参数如表 5-2 所示。

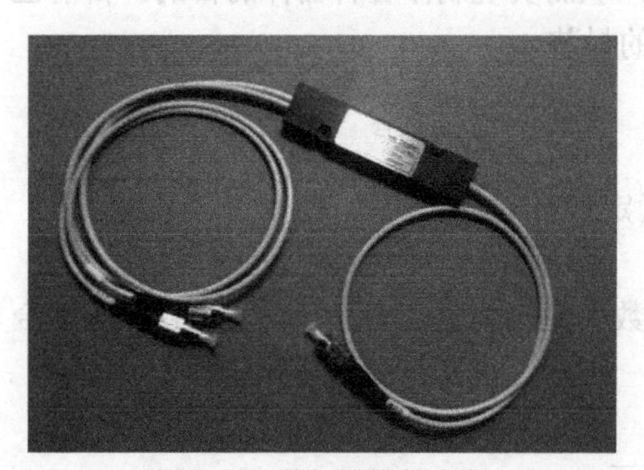

图 5-17　熔拉双锥耦合器

表 5-2　FBT 光纤耦合器的技术参数

耦合比（%）	50/50
方向性（dB）	≥55
附加损耗（dB）	0.1
插入损耗（dB）	3
偏振相关损耗（dB）	0.1
工作波长（nm）	850，980，1310，1480，1550，1585
光纤类型	SMF-28
光纤连接类型	FC/APC，FA/PC
尾纤长度（m）	1
端口	1×2 或 2×2

5.3 光纤滤波器

5.3.1 光纤滤波器简介

1．光纤滤波器特性

光纤滤波器实际上是光学滤波器的一种，光纤滤波器只允许一个波长或者特定的几个波长通过，而滤除其他波长的光信号。光纤滤波器的滤波特性如图 5-18 所示。

① 中心波长，指滤波器能够通过的信号的幅度最大值所对应的波长（或中心频率）。

② 通带宽度，一般是指滤波器幅度减小 3dB 时信号的带宽。有的产品也会标明-1dB 和-20dB 信号的带宽，这两个数字显示边带或通带边沿的陡度。

③ 插入损耗，指滤波器本身带来的损耗，一般不包括连接器损耗。

④ 调谐范围，指可调谐滤波器能够通过的最大波长和最小波长的差。

⑤ 回波损耗，指滤波器端口的反射波功率与入射波功率之比，以对数形式来表示，单位为 dB，其绝对值可以称为反射损耗。

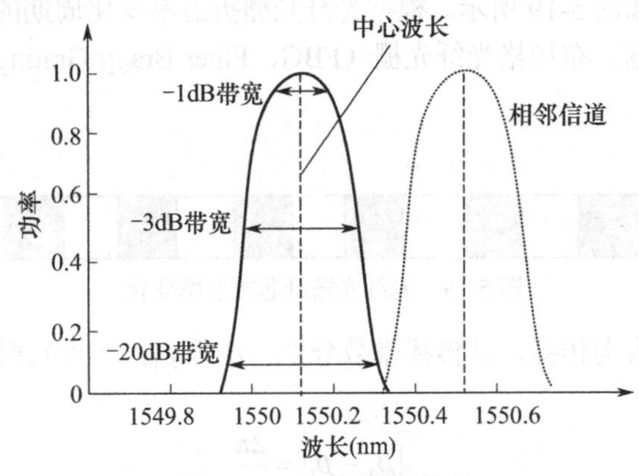

图 5-18 光纤滤波器特性

2．光纤滤波器类型

常见的光纤滤波器，按技术分为传统型介质薄膜滤波器、法布里-珀罗（FP）谐振腔型滤波器、光纤光栅滤波器；根据滤波器的波长是否可调，分为固定波长光纤滤波器和可调谐光纤滤波器。固定波长光纤滤波器允许一个固定的、预先确定的波长通过，而可调谐光纤滤波器可动态选择滤波的波长，根据通带宽度的不同，滤波器可分为窄带滤波器（Narrow Band Filter）和宽带滤波器（Broad Band Filter），通常认为带宽小于 0.8nm 的为窄带滤波器，大于 100nm 的为宽带滤波器。随着对滤波器性能要求的不断提高及其应用范围的不断扩大，近些年又出现了超窄带滤波器（Ultra-Narrow Band Filter）和超宽带滤波器（Ultra-Broad Band Filter）。

（1）介质薄膜滤波器

它是利用介质薄膜反射技术制作的一类光纤滤波器，具体原理可以参考本书 7.3 节。

（2）布拉格光纤光栅（FBG）滤波器

FBG 能反射一个布拉格波长，可以作为滤波器使用，FBG 滤波器已得了广泛的应用。

（3）梳状滤波器

梳状滤波器采取一种交叉滤波方案，按照奇偶分配的原则，把 DWDM 信号分解为两组信号流，分解后的每组信号频道间隔比原来增大了一倍，从而降低了后面密集波分复用器的难度。

（4）可调谐滤波器

目前已有几种不同技术类型的可调谐滤波器。

基于介质薄膜滤波器（TFF）技术的可调谐滤波器国外已经发展了两种技术：一是日本的SANTEC公司使用非均匀多腔薄膜滤光片通过机械推拉改变腔长滤波，二是美国Optoplex公司通过转动滤光片的角度来实现波长可调。

由于光纤光栅对温度和压力敏感，光纤光栅可调谐滤波器一般通过温度控制和压力控制等方式改变光栅周期，达到调谐滤出波长的目的。

基于MEMS（微电子机械系统）微镜调整结构的可调谐滤波器通过MEMS微镜的方向调整功能，选择经过体光栅色散光的不同方向来实现可调谐滤波。

5.3.2 光纤光栅滤波器

1．布拉格光纤光栅（FBG）

光纤光栅是利用光纤折射率对紫外光照射具有敏感性而制作的一种特殊光纤器件，纤芯折射率变化呈周期分布，如图5-19所示。根据光纤光栅折射率变化周期的长短，可分为布拉格光纤光栅和长周期光纤光栅。布拉格光纤光栅（FBG，Fiber Bragg Grating）的周期是均匀的，一般为几百纳米。

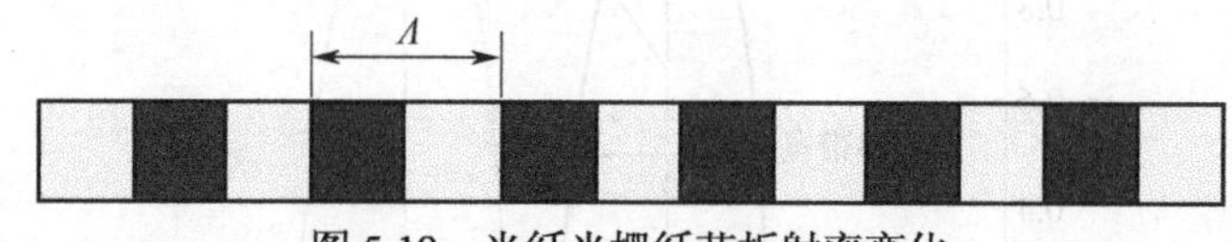

图5-19 光纤光栅纤芯折射率变化

设两列波沿着同一方向传播，其传播常数分别为β_0和β_1，Λ为光栅周期，如果满足布拉格相位匹配条件，即

$$\left|\beta_0-\beta_1\right|=\frac{2\pi}{\Lambda} \tag{5-14}$$

则其中一个波的能量可以耦合到另一个波中去。

在布拉格光纤光栅中，正向传输与反向传输的模式相互耦合。假设传播常数为β的光波从左向右传播，如果满足

$$\left|\beta-(-\beta)\right|=2\beta=\frac{2\pi}{\Lambda} \tag{5-15}$$

则这个光波的能量可以耦合到沿它的反方向传播的具有相同波长的反射光中。

假设

$$\beta=2\pi n_{\text{eff}}/\lambda_{\text{B}}$$

其中，λ_{B}为输入光的波长；n_{eff}为波导或光纤的有效折射率。

也就是说，如果满足$\lambda_{\text{B}}=2\Lambda n_{\text{eff}}$，光波将发生反射，这个波长$\lambda_{\text{B}}$就称作布拉格波长，即

$$\lambda_{\text{B}}=2\Lambda n_{\text{eff}} \tag{5-16}$$

如果具有几个波长的光同时传输到布拉格光纤光栅上，则只有波长等于布拉格波长的光才反射，而其他的光全部透射。光纤光栅的耦合主要发生在基模的正向传输导模与反向传输导模之间，用耦合模法或矩阵法可计算光纤光栅的反射光谱特性。用MATLAB设计程序，计算布拉格光纤光栅（FBG）的反射光谱如图5-20所示。

布拉格光纤光栅典型的长度可达几厘米，但有时布拉格光纤光栅也需要较长的光栅长度。

目前，作为商品用的布拉格光纤光栅，其典型的技术数据如下：

- 中心波长，1550nm；
- 波长准确度，0.05nm；
- 反射率，0～99%；
- 带宽，0.1～0.2nm；
- 插入损耗，<0.1dB。

光纤光栅的周期会随温度变化而变化，因此布拉格波长 λ_B 也会变化。布拉格光纤光栅温度系数的典型值为 12.5pm/℃，一般采用负热膨胀系数的材料封装来改善。改善过的光栅的温度系数约为 0.7pm/℃，这意味着在整个工作温度范围（100℃）内，中心波长的漂移可以小到 70pm。

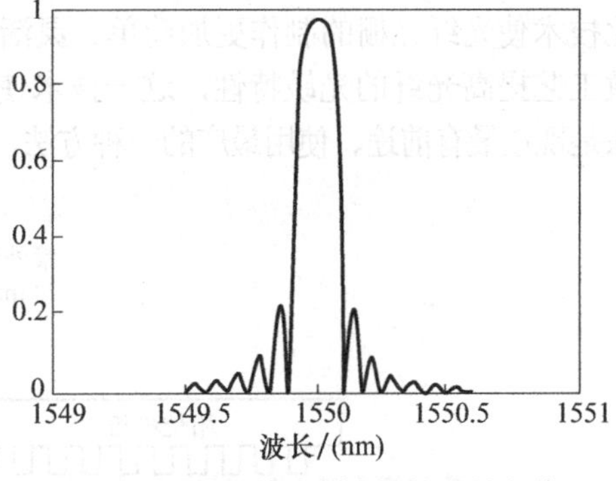

图 5-20　布拉格光纤光栅的反射光谱

2. FBG 滤波器

FBG 的一个重要特性是将某波长的光反射回去，其他波长范围的光可透射通过，因此 FBG 可作为光纤滤波器使用，如图 5-21 所示。FBG 滤波器可制作成可调谐滤波器，通过改变光栅周期 Λ，滤波器能得到不同波长 λ_B。通过施加拉力或加热光栅，可改变光栅周期 Λ。FBG 滤波器的优点是低损耗、易耦合、窄通带和高分辨率。

长周期光纤光栅（LPG，Long-Period Grating）也叫传输光栅，也可作为光纤滤波器，其光栅周期也是均匀的，一般为几十至几百微米，耦合发生在同向传输的模式之间。它的特性是将导波中某频段的光耦合到包层中损耗掉而让其他频段的光通过。

除此之外，还有周期不均匀的光纤光栅，比如 Chirped（啁啾）光纤光栅（Chirped Fiber Grating）、线性 Chirped 光纤光栅、Taper 型光纤光栅、Morie 型光纤光栅和 Blazed 型光纤光栅等。均匀光纤光栅反射一个波长。啁啾光纤光栅可以反射一组波长。啁啾光纤光栅可以看作是一组周期均匀的光纤光栅组合而成的，材料色散在光纤中引起的脉冲扩展可使用啁啾光纤光栅进行补偿。

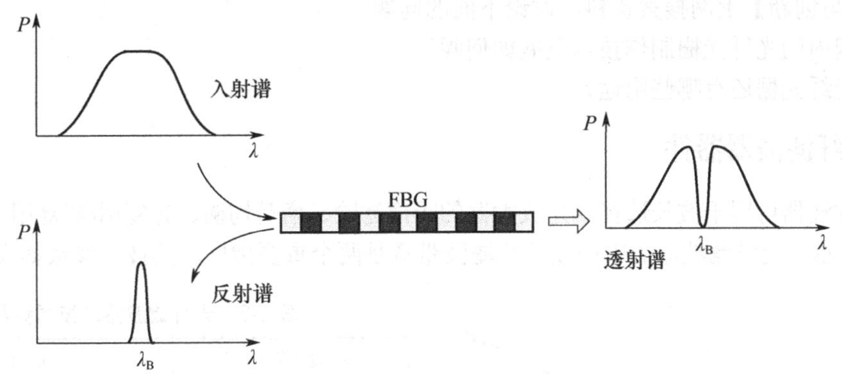

图 5-21　FBG 滤波器的滤波特性

3. FBG 的制作

1978 年，加拿大通信研究中心的 Ken Hill 等人首次在掺锗石英光纤中发现了光纤的光敏特性，并采用驻波写入法制成了世界上第一根光纤光栅。

全息相干法是最早用于横向写入制作 FBG 的一种方法，入射的紫外光经分光镜分成两束。经全反射后相交于光纤上并产生干涉场，形成正弦分布的、明暗相间的干涉条纹，光纤经过一定时间照射，在纤芯内部引起和干涉条纹同样分布的折射率变化。

1993 年，Hill 等人提出了相位掩模技术，如图 5-22 所示。它主要利用紫外光透过相位掩模板后的±1 级衍射光形成的干涉光对光纤曝光，使纤芯折射率产生周期性变化，从而写入光栅，此技术使光纤光栅的制作更加简单、灵活，便于批量生产。Alkins 等人还采用了低温高压氢扩散工艺提高光纤的光敏特性，这一技术使大批量、高质量光纤光栅的制作成为现实。相位掩模法是现在最有前途、使用最广的一种方法，相位掩模是一个衍射元件，由计算机控制经刻蚀而成。

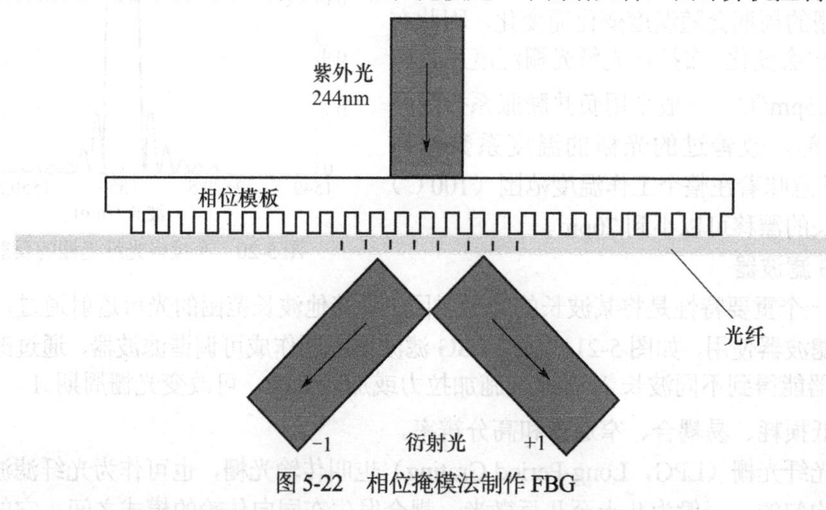

图 5-22　相位掩模法制作 FBG

由于裸露的光纤光栅直径只有 125μm，在恶劣的工程环境中容易损伤，只有对其进行保护性的封装，才能赋予光纤光栅更稳定的性能。光纤光栅的发展方向主要是宽带 FBG、多信道 FBG、色散斜率补偿的啁啾光纤光栅等。

光纤光栅的产品可由 TEAXION 公司提供，目前国内多个单位也已能生产；光纤光栅模板一般使用 IBSEN 公司的产品；常用的光纤光栅仿真设计软件是 OptiGrating。读者可参考有关公司网站深入学习。

【讨论与创新】上网搜索资料，讨论下面的问题。

（1）国内的光纤光栅制作技术发展如何呢？

（2）光纤光栅还有哪些用途？

5.3.3　光纤滤波器器件

光纤滤波器可用于波长选择、光放大器的噪声滤除、增益均衡、光复用/解复用，其实物图如图5-23所示。光纤滤波器的中心波长和滤波带宽是两个重要指标，其技术参数如表5-3所示。

图 5-23　光纤滤波器实物图

表 5-3　光纤滤波器的技术参数

波长范围	C 或 L 带，ITU 通道
通带带宽	最小值±33GHz(±0.26nm)
通带波纹	最大值 0.3dB
插入损耗	最大值 1.1dB
反射损耗	最大值 0.4dB
相邻通道隔离度	最小值 30dB
不相邻通道隔离度	最小值 50dB
偏振相关损耗	最大值 0.15dB

5.4 光 隔 离 器

5.4.1 光隔离器原理

在电子线路技术中，有时需要电信号单向通过，对于光纤链路中的光信号，我们也有类似的需求。

1．光隔离器简介

光隔离器是一种非互易器件，其主要作用是只允许光波往一个方向上传输，阻止光波往其他方向，特别是反方向传输。光隔离器主要用在激光器或光放大器的后面，以避免反射光返回到该器件致使器件性能变坏。光隔离器原理图如图5-24所示，光隔离器由偏振器、法拉第旋转器等组成。为了增加隔离度，有的光隔离器产品增加了二级隔离结构。

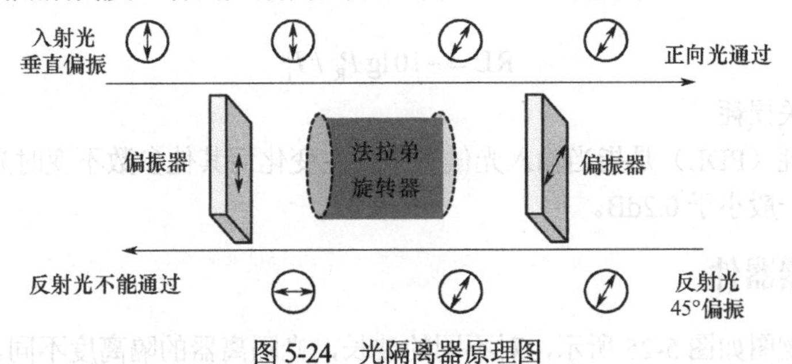

图5-24　光隔离器原理图

法拉第旋转器是利用法拉第磁致旋光效应的器件，在外加磁场的作用下，某些原本各向同性的介质变成旋光性物质，偏振光通过该物质时其偏振面发生旋转。

对于给定的磁光材料，光振动面旋转的角度θ与光在该物质中通过的距离L和磁感应强度成正比，即

$$\theta = \rho HL \tag{5-17}$$

式中，ρ为材料的特性常数，表示单位磁场强度使光偏振面旋转的角度；H为沿入射光方向的磁场强度；L为光和磁场相互作用长度。

这里假定入射光是垂直偏振光，第一个偏振器的透振方向也在垂直方向，因此输入光能够通过第一个偏振器。紧接第一个偏振器的是法拉第旋转器，法拉第旋转器由旋光材料制成，能使光的偏振态旋转角度45°，并且其旋转方向与光传播方向无关，第二个偏振器的透振方向在45°方向上，因此经过法拉第旋转器旋转45°后的光能够顺利通过第二个偏振器，也就是说，光信号从左到右通过这些器件（正方向传输）是没有损耗的（插入损耗除外）。

反射回来的光经第二个偏振器后，反射光的偏振态也在45°方向上，当反射光通过法拉第旋转器时再继续旋转45°，此时就变成了水平偏振光。水平偏振光不能通过第一个偏振器，于是就达到隔离效果。

在实际应用中，入射光的偏振态（偏振方向）是任意的，并且随时间变化，因此必须要求光隔离器的工作与入射光的偏振态无关，可在光路中增加两个空间分离偏振器（SWP，Spatial Walk off Polarizer）和半波片来实现，但光隔离器的结构就变复杂了。

2．光隔离器特性

（1）插入损耗

光隔离器的插入损耗是光隔离器正向接入时输出光功率相对输入光功率的比率（以dB为

单位）。假设光隔离器的正向输入光功率为 P_1，输出光功率为 P_2，计算公式为

$$\mathrm{IL} = -10\lg(P_2 / P_1) \tag{5-18}$$

（2）隔离度

假设光隔离器反向输入光功率为 P_1，输出光功率为 P_2，光隔离器隔离度的计算公式为（单位为 dB）

$$\mathrm{Isolator} = -10\lg(P_2 / P_1) \tag{5-19}$$

对于不同波长的入射光，光隔离器的隔离度不一样，隔离度是最重要的指标之一。对正向入射光的插入损耗，其值越小越好；对反向反射光的隔离度，其值越大越好。插入损耗的典型值约为 1dB，隔离度典型值的大致范围为 40～50dB。

（3）回波损耗

回波损耗是指在光隔离器输入端测得的返回光功率 P_R 与输入光功率 P_i 的比值，计算公式为（单位为 dB）

$$\mathrm{RL} = -10\lg P_R / P_i \tag{5-20}$$

（4）偏振相关损耗

偏振相关损耗（PDL）是指当输入光偏振态发生变化而其他参数不变时光隔离器插入损耗的最大变化量，一般小于 0.2dB。

5.4.2 光隔离器器件

光隔离器实物图如图 5-25 所示，对不同的波长，光隔离器的隔离度不同。偏振光入射时，还需要考虑选择偏振无关和偏振相关的产品。当用于高功率信号的线路时，需要考虑光隔离器最大的承受功率，以免烧坏器件。光隔离器上面一般有一个箭头，用来标明光隔离器的通光方向。光隔离器的技术参数如表 5-4 所示。

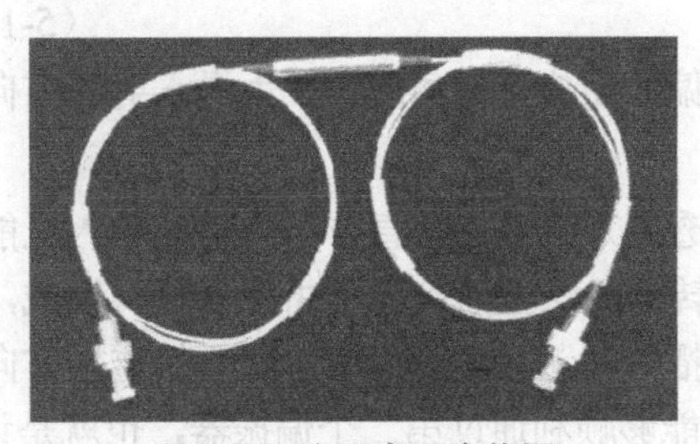

图 5-25 光隔离器实物图

表 5-4 光隔离器的技术参数

参数	单级，双级
工作波长（nm）	1310 或 1550
典型隔离度（dB）	单级 40，双级 50
最小隔离度（dB）	单级 40，双级 50
典型插入损耗（dB）	＜0.50
回波损耗（输入/输出）	＞55/55
偏振相关损耗（dB）	＜0.1dB
带宽（nm）	单级±15，双级±30
最大光功率（mW）	300mW

5.5 光环形器

5.5.1 光环形器原理

试想一想，图 5-21 中，布拉格光纤光栅（FBG）的入射光和反射光都在一根光纤里传输，怎么把它们分开呢？光环形器的非互易性使其成为双向通信中的重要器件，它可以完成正反向传输光的分离任务。

光环形器一般有 3 个或 4 个端口，分别如图 5-26 和图 5-27 所示。光环形器的端口中，光

沿箭头方向传播，反向则被隔离。在三端口光环形器中，端口 1 输入的光信号在端口 2 输出，端口 2 输入的光信号在端口 3 输出，端口 3 输入的光信号由端口 1 输出。

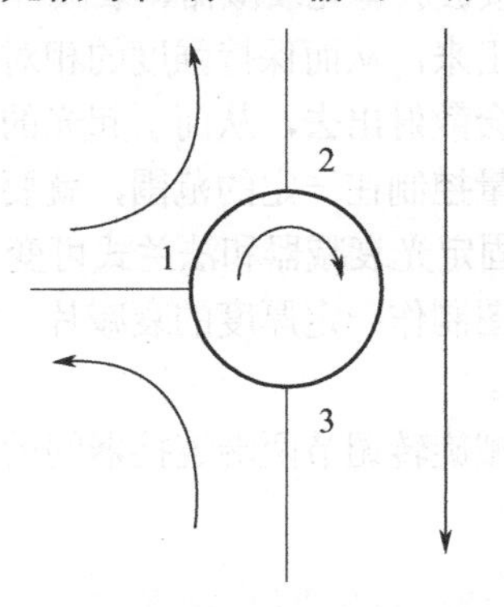

图 5-26　三端口光环形器

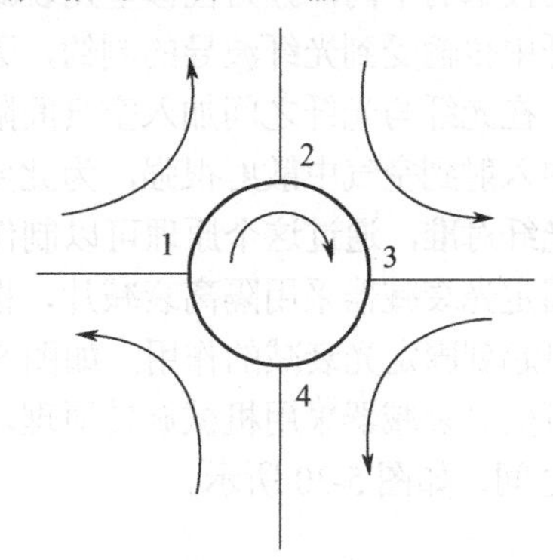

图 5-27　四端口光环形器

为了提高光的耦合效率，光环形器的每个端口均有光纤准直器，光环形器由分束/合束器、偏振旋转器、光束变换器等组成。单向通光的原理和光隔离器类似，不同的地方是使用了光束变换器，改变反射光的空间位置，使得反射光能从第 3 个端口输出。

光环形器的技术参数包括插入损耗、隔离度、串音、偏振相关损耗、偏振模色散及回波损耗等。

5.5.2　光环形器器件

光环形器的中心波长有 1064nm、1310nm 或 1550nm。此外，单模光纤环形器产品可选择有无接头、FC/PC 接头或 FC/APC 接头，还有保偏（PM）光纤环形器。光环形器具有低插入损耗、高隔离度、结构紧凑等特点，可用于单纤双向光通信、波分复用（WDM）的 OADM、光学时域反射计（OTDR）、光纤传感和光学色散补偿等领域。

光环形器实物图如图 5-28 所示，其技术参数如表 5-5 所示。

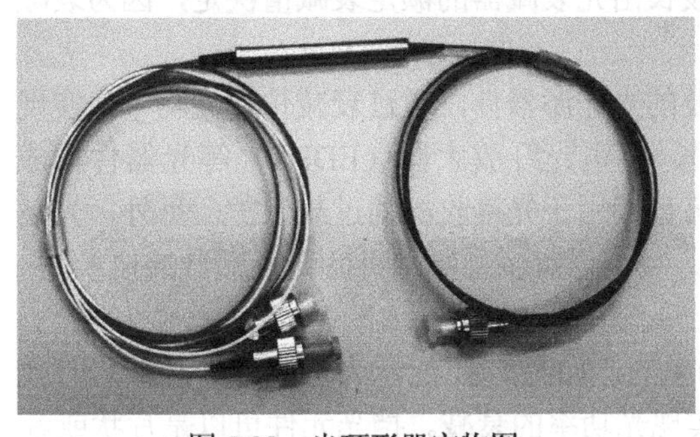

图 5-28　光环形器实物图

表 5-5　光环形器技术参数

参数	C 波段
中心波长	1310±30nm 或 1550±30nm
插入损耗	最大值 0.8dB
典型隔离度	55dB
最小隔离度	40dB
方向性（端口 1→3，端口 3→1）	最小值 50dB
温度依赖损耗	0.05dB
偏振相关损耗	典型值 0.05dB，最大值 0.15dB
回波损耗（所有端口）	最小值 50dB
最大光功率（mW）	最大值 500mW

5.6　光衰减器

5.6.1　光衰减器原理

光衰减器是一种用来降低光功率的器件，是调节光功率不可缺少的器件。根据使用方式，光衰减器分为固定光衰减器和可变光衰减器。根据接口类型，分为 LC、SC、FC 和 ST 接口光衰减器。根据技术的不同，分为位移型光衰减器、直接镀膜型光衰减器、衰减片型光衰减器。

光在光纤中传输受到光纤波导的制约，无法散射出来，从而保持强度的相对稳定，而一旦光脱离光纤，在光纤与光纤之间加入空气间隔，光就会散射出去，从而引起光的衰减。由于光从普通光纤中入射到空气中散射很强，为此要使衰减量控制在一定的范围，就要确保隔离距离及保持两端光纤对准，通过这个原理可以制作法兰式固定光衰减器和法兰式可变光衰减器。

法兰式固定光衰减器采用隔离衰减片，根据曲线图制作一定厚度的衰减片，将衰减片植入法兰中，就可起到固定光衰减的作用，如图 5-29 所示。

法兰式可变光衰减器采用机械旋转原理，通过机械旋转调节两端连接器间的距离使光衰减在 0～30dB 之间，如图 5-30 所示。

图 5-29　法兰式固定光衰减器

图 5-30　法兰式可变光衰减器

光衰减器的原理各不相同，但只要原理和技术上可行，就可设计成为光衰减器。最简单的例子是利用光纤弯曲损耗特性来制作光衰减器，把裸光纤在铅笔上绕若干圈，用透明胶带粘住，光纤两端熔接连接头，用功率计测量光纤的损耗，此时，你已经制作了一个原始的光衰减器！

固定光衰减器主要用于调整光纤通信线路的光功率，若光纤通信线路的光功率太高，就需要串入固定光衰减器，例如，一个-3dB 光衰减器应使输出功率降低为原来的一半。固定光衰减器的衰减值不能改变，衰减值用 dB 表示。工作波长由光衰减器的额定衰减值决定，因为衰减值随波长而变化。

可变光衰减器（VOA）是光纤通信中一种重要的光无源器件，通过衰减传输光功率来实现对信号的实时控制，可与光波分复用器（WDM）、掺铒光纤放大器（EDFA）等光器件构成 ROADM、VMUX、增益平坦 EDFA 等模块，还可直接用于光接收机的过载保护。另外，光功率计等仪器仪表的计量、定标，也需要用到 VOA，目前已有多种制造可变光衰减器的技术。

（1）机械式 VOA

机械式 VOA 是用机械的方法来达到衰减光功率的，如图 5-31 所示为挡光型光衰减器的原理图。图中挡光元件拦在两个光纤准直器之间，实现光功率的衰减。挡光元件可以是片状或者锥形，后者可通过旋转来推进，而前者需平推或者通过一定机械结构实现旋转至平推动作的转换。挡光型光衰减器可以制成图 5-31 所示的在线式结构，也可以制成光纤适配器结构。该类型的光衰减器具有工艺成熟、光学特性好、低插入损耗、偏振相关损耗小、无须控温等优点；其缺点在于体积较大、组件多结构复杂、响应速度不高、难以自动化生产、不利于集成等。

还有一种机械电位器形式的 EVOA 方案，其原理是用步进电机拖动中性梯度滤光片，当光束通过滤光片不同的位置时，其输出光功率将按预定的衰减规律变化，从而达到调节衰减量的目的。

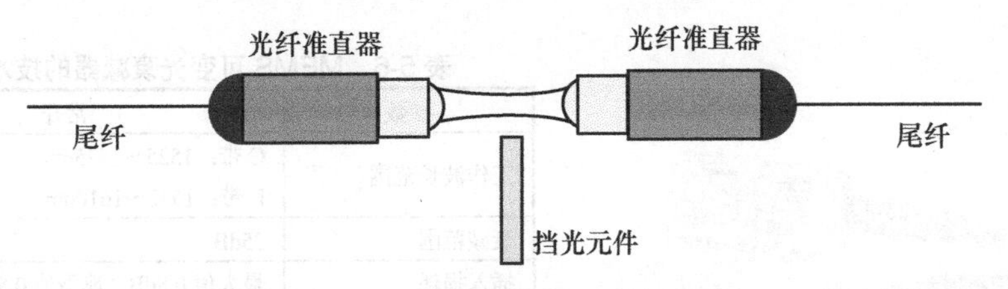

图 5-31　挡光型光衰减器的原理图

（2）反射式 MEMS VOA

MEMS（微电子机械系统）是此领域中较新的应用技术，MEMS 芯片的生产工艺已趋于成熟，MEMS VOA 有反射式 MEMS VOA 和衍射式 MEMS VOA。反射式 MEMS VOA 技术相对成熟，具有响应快、体积小、重量轻、功耗低、动态衰减范围大、精度高等优点，已被广泛使用。

反射式 MEMS VOA 的结构如图 5-32 所示，主要分为两部分。一部分是由双芯插针和 C 形透镜等构成的准直器，作为光的输入和反射输出通道。可对插针斜面角度、C 形透镜曲率半径和材料等参数进行优化设计，制作出不同指标要求的 MEMS VOA。另一部分是 MEMS 密封件，通过贴片、金丝键合、真空封帽等精密工艺将 MEMS 芯片封装在稳定可靠的密封环境内。外界施加几伏或十几伏的电压到器件的正、负极后，由于 MEMS 芯片的特定构造，在硅基镀金面与镀金反射面之间产生静电力，驱动 MEMS 芯片反射面发生微量角度的转动，从而使入射到 MEMS 芯片镜面的反射光同步偏移，导致返回光的模场与耦合的单模光纤模场形成失配，从而产生衰减。随着施加电压的变化，衰减也相应地变化，并且连续可调。当正、负极间施加反偏电压时，器件仍能正常工作。

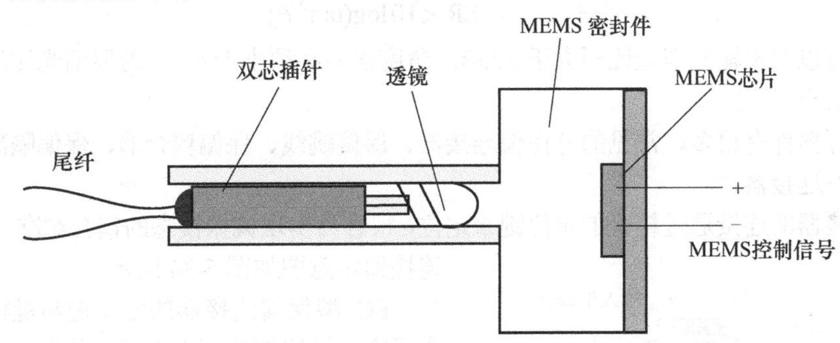

图 5-32　反射式 MEMS VOA 的结构

反射式 MEMS VOA 的工作原理如下：光经过双光纤准直器的一根光纤进入，以一定角度入射到 MEMS 芯片反射面上，当施加电压时，MEMS 芯片反射面在静电作用下被扭转，倾角改变，入射光的入射角度发生改变，光反射后能量不能完全耦合进准直器的另一根光纤，达到调节光强的目的；而未加电压时，MEMS 芯片反射面呈水平状态，光反射后能量完全耦合进准直器的另一根光纤。

目前生产 MEMS VOA 的厂家主要有 Santec、Lumentum、Avanex、NTT、Bookham、Oplink 等。MEMS VOA 除单通道的应用外，还经常与其他光器件一起组成模块使用，如 OADM、VMUX、EDFA 等。

5.6.2 MEMS 光衰减器器件

Lumentum MEMS 可变光衰减器的实物图如图 5-33 所示。其专注于网络光功率管理的应用，提供常开和常闭状态，主要特点是体积小、波长相关损耗小、可靠性高，技术参数见表 5-6。

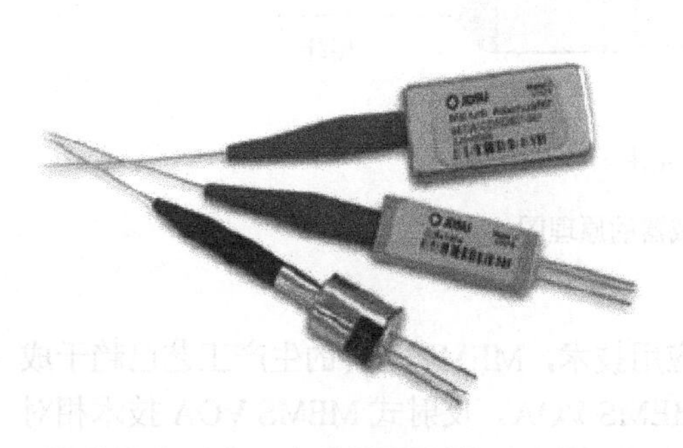

图 5-33　MEMS 可变光衰减器的实物图

表 5-6　MEMS 可变光衰减器的技术参数

参数	常开
工作波长范围	C 带：1525～1575nm L 带：1570～1610nm
衰减范围	25dB
插入损耗	最大值 0.8dB（典型值 0.5dB）
调谐速度	20ms
光功率	24dBm
可重复性	最大值 0.1dB
回波损耗	最小值 50dB
驱动电压	最大值 6V DC
器件阻抗	最大值 240Ω
峰值功率消耗	120mW

5.7　保偏光纤器件

保偏光纤器件的目的就是在接续或者耦合两根保偏光纤中的偏振光时，尽量保持偏振光原有的偏振状态或者对偏振态进行某种变换。保偏光纤器件保持偏振状态的好坏依赖于偏振光的入射状态，要求偏振光的偏振态与保偏光纤慢（快）轴方向耦合对准。

假定一束理想的线偏振光入射到一根保偏光纤中，对准的角度误差为 θ ，则输出端消光比可能的最大值为

$$ER < 10\log(\tan^2\theta) \tag{5-21}$$

由此式可以得出输出消光比要大于 20dB，角度误差必须小于 6°。若要消光比达到 30dB，角度误差必须小于 1.8°。

保偏光纤器件有很多，常见的有保偏连接器、保偏跳线、保偏耦合器、保偏隔离器等。

（1）保偏连接器

保偏连接器的连接通过精确的定位键来定位，很容易实现偏振模态的耦合对准。FC 型保偏连接器示意图如图 5-34 所示。

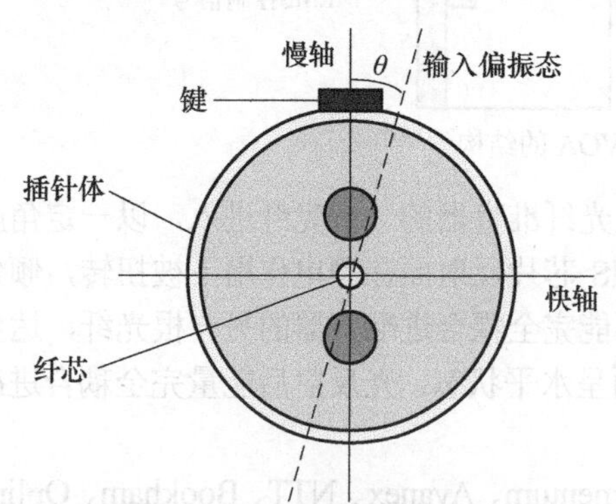

图 5-34　FC 型保偏连接器示意图

FC 型保偏连接器的定位键与键槽配合得非常紧密，被连接的两根光纤的偏振模态的对准通过以下两个条件来实现：①连接器法兰盘两端键槽的公差和同轴度；②连接头定位键与光纤中偏振方向（快轴或慢轴）的耦合一致性。

（2）保偏跳线

保偏跳线有多种连接选项，包括 FC/PC、FC/APC 和混合 FC/PC 及混合 FC/APC 跳线。

（3）保偏耦合器

保偏耦合器是实现线偏振光耦合、分光及复用的关键器件。保偏耦合器一般使用熊猫型保偏光纤生产，光沿光纤慢轴耦合时能够维持高偏振消光比（PER）。偏振消光比（PER）是衡量保偏光纤或器件可以多好地防止光纤不同偏振轴之间产生交叉耦合的一个参量。

（4）在线起偏器

在线起偏器是建立在保偏光纤或普通光纤之上的光纤组件，它允许光只有一个极化传输而

阻断其他偏振传输。它可以用来转换非偏振光使其成为具有高偏振消光比的光，其优良的偏振性能也常被用来增加极化信号的偏振消光比。根据需要，可以制作不同波长的在线起偏器，中心波长有980nm、1310nm、1550nm等。

（5）偏振分束器/合束器

偏振分束器（PBS）和偏振合束器（PBC）是由保偏光纤和普通光纤构成的组件，用于将两束垂直偏振光合成到单根光纤中，或者将一束光分成两束互相垂直的线偏振光。在相干光通信中，光纤基模的两个偏振分量上分别传输光信号，发送端先用偏振分束器（PBS）把一束光分成两束互相垂直的线偏振光，调制后再把两束偏振光用偏振合束器（PBC）耦合到一根光纤上。

光纤陀螺及光纤水听器可用于军用惯导和声呐，保偏光纤是其核心部件，所以曾长期属于技术保密产品，但现在国内已能自主生产。保偏器件还有其他类型，比如保偏光隔离器、保偏光纤环形器、保偏光纤准直器等，读者可参考相关资料。

5.8 习题与设计题

（一）问答题

1．光纤连接器有哪些类型？

2．APC连接器端面为什么要制作成8°角？

3．光纤耦合器的原理是什么？

4．FBG光纤滤波器的原理是什么？

5．画图说明光隔离器的原理，并举例说明光隔离器的应用。

6．画图说明光环形器的原理，并举例说明光环形器的应用。

7．常见保偏光纤器件有哪些？

8．画图说明利用MEMS技术制作的反射式MEMS VOA的原理。

（二）设计题

1．根据所学知识，设计一个可变光衰减器。

2．根据所学知识，设计一个机械式光开关。

项目实践：光纤熔接

【项目目的】

掌握标准单模光纤的熔接技术。

【项目构思与设计】

项目实施前，应根据现有的技术和设计规范，分析问题，归纳要求，构思设计项目。

学习光纤基础知识后，必须掌握标准单模光纤熔接技术。先学习光纤熔接机的使用方法，观看光纤熔接视频，或者观看教师示范，然后自行练习熔接。

高级技能：特种光纤和标准单模光纤的熔接。

设备清单：光纤熔接机、单模光纤、光纤熔接工具箱。

【项目内容与实施】

1．项目基础知识

光纤熔接是指用光纤熔接机将光纤和光纤或光纤和尾纤永久连接。高精度全自动光纤熔接机如图5-35所示，它具有三维（3D）图像处理技术和自动调整功能，可对欲熔接光纤进行端面检测、位置设定和光纤对准。光纤熔接机把两根光纤的纤芯对准，通过 CCD 镜头找到光纤的纤芯，然后放电；两根电极棒释放瞬间高压，达到击穿空气的效果，击穿空气后会产生一个瞬间的电弧，电弧产生高温，将已经对准的两根光纤的前端熔化，由于光纤是二氧化硅材质，很容易达到熔融状态，然后稍微向前推进两根光纤，于是两根光纤就熔接在一起了。自动熔接时，损耗一般可达到 0.03～0.07dB；人工操作时，损耗可达到 0.15dB。

普通光纤熔接机一般是指单芯光纤熔接机，除此之外，还有专门用来熔接带状光纤的带状光纤熔接机、熔接保偏光纤的保偏光纤熔接机等。

2. 项目实施过程

光纤熔接工具箱（见图 5-36）内包含光纤剥纤钳、无水酒精、清洁棉、工具刀、剪刀等基本工具。

图 5-35　光纤熔接机

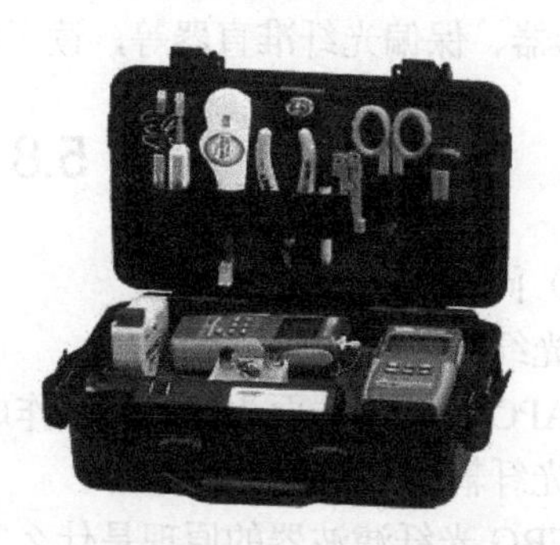

图 5-36　光纤熔接工具箱

（1）预处理

预处理包括 3 个步骤：剥离光缆、剥离缓冲管、剥离涂覆层。

剥开光缆，剥好后将光缆固定到盘纤架，将剥离后的光纤分别穿过热缩管。剥离长度以 3cm 为宜。剥离涂覆层应注意：

平——持纤要平，左手拇指和食指捏紧光纤，使之成水平，防止打滑；

稳——剥纤钳要握得稳；

快——剥纤要快，剥纤钳应与光纤垂直，上方向内斜一定角度，然后用钳口轻轻卡住光纤，右手随之用力，顺光纤轴向平推出去，整个过程要自然流畅，一气呵成。

（2）光纤切割

剥去涂覆层后，用蘸用酒精的清洁麻布或棉花在裸纤上擦拭几次，使用精密光纤切割刀切割光纤。光纤切割刀如图 5-37 所示。光纤端面制作的好坏将直接影响熔接质量，光纤切割不良（见图 5-2）会带来熔接损耗，所以在熔接前必须制备合格的光纤端面。

（3）放置光纤

将光纤放在光纤熔接机的 V 形槽中，小心压上光纤压板和光纤夹具，要根据光纤切割长度设置光纤在压板中的位置，并正确放入防风罩中。

（4）光纤熔接机自动熔接过程

打开光纤熔接机的电源，选择合适的熔接方式。要根据不同的光纤类型选择合适的熔接方式，而最新的光纤熔接机有自动识别光纤的功能，可自动识别各种类型的光纤。按下接续键后，光纤相向移动，在移动过程中，产生一个短的放电清洁光纤端面。当光纤端面之间的间隙合适后，光纤停止相向移动，高压放电产生电弧，将左边光纤熔到右边光纤中，最后微处理器计算损耗并将数值显示在显示器上。

（5）加热热缩管

打开防风罩，把光纤从光纤熔接机取出，将热缩管放在熔接好的裸纤中心部位，然后放到加热器中加热。单芯光纤热缩套管主要用于保护单芯光纤接续的裸纤部分，如图 5-38 所示，内管为热熔管，中间衬加强件，外管为透明的热缩管，加强件一般为不锈钢棒、石英棒或陶瓷棒。

图 5-37　光纤切割刀

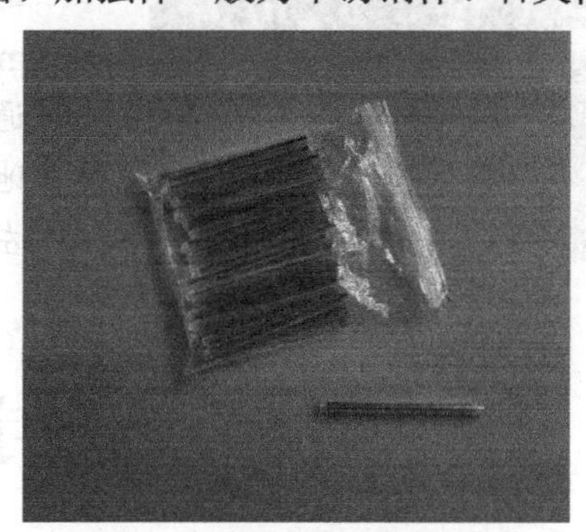
图 5-38　单根光纤热缩套管

（6）盘纤固定与密封

将接续好的光纤盘到光纤收容盘上，在盘纤时，盘圈的半径越大，弧度越大，整个线路的损耗越小。所以一定要保持一定的半径，使光在纤芯里传输时避免产生一些不必要的损耗。

3．光纤熔接机的清洁

光纤熔接机采用图像处理系统来观测光纤，如果光纤熔接机的显微镜镜头变脏，会影响正常的光纤观测，导致熔接效果不佳，故应定期清洁显微镜的镜片，保持显微镜镜头的干净整洁。

光纤熔接机的 V 形槽内如果存在污染物，就会使光纤图像偏离正常位置，造成不能正常对准，引起熔接损耗偏大，因此平时应定期检查并清洁 V 形槽。

光纤熔接机的电极表面会因长时间使用会附着杂质，影响放电效果，故需要对电极进行定期清洁。在清洁电极过程中，不要用硬物触及电极尖部，避免损坏电极，影响熔接效果。

光纤熔接机清洁的具体操作可参考光纤熔接机使用手册。

【项目总结】

项目结束后，所有团队完成光纤熔接项目，提交学习报告和光纤熔接心得，讨论交流光纤熔接技巧。

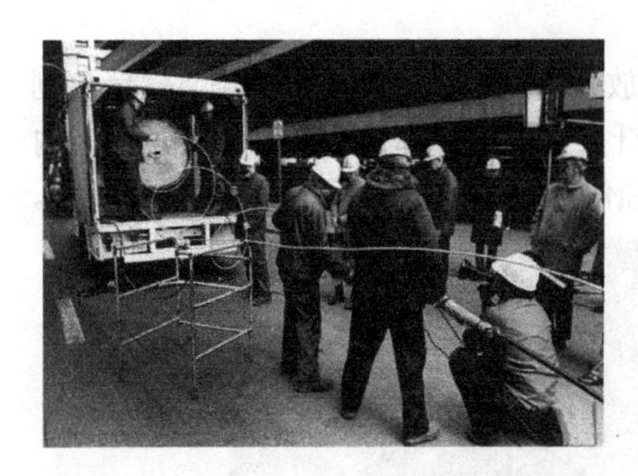

1977年，世界上第一个商用的光纤通信系统在美国芝加哥两个相距7km的电话局之间开通。

这个光纤通信系统采用多模光纤，两根直径仅为0.1mm左右的玻璃丝，就能开通8000路电话。这个商用光纤通信系统的投入使用，使得人类通信领域发生了翻天覆地的变化。

左图是安装现场。

第6章　数字光纤通信系统

光纤通信要传输哪些信号？怎样传输这些信号？也就是说，我们要把哪些电信号变成光信号？还有如何把低速的电信号复用成高速的电信号？信号的传输中，有哪些规则或者协议？通过本章学习，可以掌握数字光纤通信技术。

6.1　PDH传输技术

在数字通信系统中，传送的信号是数字化的脉冲序列，这些数字信号流在数字交换设备之间传输时，在时间上必须完全保持一致，才能保证信息传送的准确无误，这就是信号传输的同步的意义。

光纤数字信号传输采用时分复用（TDM）技术，在数字光纤传输系统中，有两种数字传输系列，一种叫“准同步数字系列”（Plesiochronous Digital Hierarchy），简称PDH；另一种叫“同步数字系列”（Synchronous Digital Hierarchy），简称SDH。

6.1.1　PDH概述

采用准同步数字系列（PDH）的系统，在数字通信网的每个节点上都分别设置高精度的时钟，这些时钟的信号都具有统一的标准速率。尽管每个时钟的精度都很高，但总还是有一些微小的差别。为了保证通信的质量，要求这些时钟的差别不能超过规定的范围，因此这种同步方式严格来说不是真正的同步，所以称为“准同步”。PDH 规定标称速率和允许偏差范围，如欧洲制式的偏差为：$\pm5\times10^{-5}\times2048$kb/s，$\pm3\times10^{-5}\times8448$kb/s，这种有相同的标称速率但又允许有一定偏差的信号称为准同步信号。

PDH技术开启了第一次数字通信革命，早在1976年就实现了标准化，目前还在被大量使用。PDH有两种基础速率，数据传输速率如表6-1所示。

① 1.544Mb/s（基群）基础速率，采用的国家有北美各国和日本；

② 2.048Mb/s（基群）基础速率，采用的国家有欧洲各国和中国。

表6-1　PDH数据传输速率

一次群E1	2.048Mb/s
二次群E2	8.448Mb/s
三次群E3	34.368Mb/s
四次群E4	139.264Mb/s

对于以 1.544Mb/s 为基础速率的制式，在三次群以上，日本和北美各国又不相同，看起来很杂乱。PDH 各次群的数据传输速率相对于其标准值有一个规定的容差，而且是异源的，通常采用正码速调整方法实现准同步复用。PDH 主要适用于中、低速率点对点的传输。

在光纤通信系统中，光纤中传输的是二进制光脉冲，它由二进制数字信号对光源进行调制而产生。数字信号是对连续变化的模拟信号进行采样、量化和编码产生的，称为 PCM（Pulse-Code Modulation），即脉冲编码调制。PCM 通信系统中，常用的电信号接口码型有传号交替反转码（AMI，Alternate Mark Inversion）、三阶高密度双极性码（HDB3 码，3rd Order High Density Bipolar）、传号反转码（CMI，Coded Mark Inversion）。HDB3 是一、二、三次群的接口码型，是 ITU-T 推荐使用的码型之一。

6.1.2 光线路编码

光纤线路中的光信号是由发送电路中输入的电脉冲信号进行电光转换而来的，电光转换并不改变码型。PCM 通信系统中的码型并不都适合在光纤数字通信系统中传输，因为信源编码后的数字信号是不归零码，有直流、无时钟分量，不便于光纤传输和接收端提取时钟，所以在光纤数字通信系统中，通常不是直接将 PCM 码型进行电光转换，而是先转换为一种适合于光纤线路传输的码型，这种转换称为线路编码。

例如，HDB3 码有+1、0、−1 三种状态，而在光纤数字通信系统中，光源只有发光和不发光两种状态，没有发负光这种状态。因此，在光纤数字通信系统中无法传输 HDB3 码，为此，在光发送机中传输速率为 140Mb/s 以下时，必须将 HDB3 解码，变为单极性的“0”和“1”码，但是 HDB3 解码后，这种码型所具有的误码监测等功能都将失去。

另外，在光纤线路中，除需要传输主信号外，还需增加一些其他功能的信号，如监控信号、区间通信信号、公务通信信号、数据通信信号等。为此，需要在原来传输速率基础上，提高传输速率，以增加一些信息余量（冗余度），从而实现上述目的。具体做法是在原有码流中插入脉冲，这也需要重新编码，例如，将二次群的 HDB3 码解码后，编为 1B2B 码；将三次群的 HDB3 码解码后，编为 4B1H 或 8B1H 或 5B6B 码。

一般来讲，线路码型的选择应满足下列要求：

① 便于在中继器和光收发机上实现运行误码监测；

② 尽量减少连“0”和连“1”个数，便于接收端的时钟提取；

③ 尽量使“0”“1”分布均匀，使直流基线起伏小，便于接收端判决；

④ 比特序列独立，以适应各种业务的传输要求；

⑤ 便于插入监控、公务、数据通信及区间通信等辅助信号，且总码速率增加不多；

⑥ 码型变换电路简单、功耗低、成本低。

光纤中传输的光脉冲信号的码型称为光纤线路码型，常见光纤线路码型有归零码（RZ）、非归零码（NRZ）。PDH 接口码型有 *m*B*n*B、插入比特码（*m*B1P，*m*B1C，*m*B1H）等；在 SDH 光纤通信系统的数字调制格式中，常采用加扰二进制码。

加扰二进制码是一种在同步数字体系（SDH）中广泛采用的码型。它根据一定规则将信号码流进行扰码。经过扰码后，使线路码流中的“0”“1”出现的概率相等，因此，采用这种码型后在线路码流中不会出现长“0”或长“1”的情况。因为如果线路码流中出现长“0”或长“1”，将会给系统中时钟信号的提取带来困难。在光的发送端采用加扰二进制码后，在接收端还需将被扰的码流恢复过来。ITU-T 规范了对 NRZ 码的加扰方式，采用标准的 7 级扰码器。扰码生成多项式为：$1+X^6+X^7$，扰码序列长为 $2^7-1=127$ 位。这种方式的优点是：码型最简单、不增加线路信号速率、没有光功率代价，无须编码，发送端需一个扰码器即可。接收端采用同样标准的解扰器即可接收发送端业务，实现多厂家设备环境的光路互联。

下面重点介绍PDH设备中使用较多的码型。

*m*B*n*B又称分组码（Block Code），它是把输入码流中每*m*比特码分为一组，然后变换为*n*比特一组，且$n>m$。这就是说，变换以后码组的比特数比变换前大，这就使变换后的码流有“富余”（冗余）。有了它，在码流中除可以传送原来的信息外，还可以传送与误码监测等有关的信息，最后以不归零或归零格式传送这些新码流。*m*和*n*均为正整数，一般是$n=m+1$，经这样变换后，线路的传输速率比原二进制码的速率提高了，通常提高了n/m倍。*m*B*n*B码有1B2B、3B4B、5B6B、8B9B、17B18B等，设计者可以根据传输特性的要求确定某种码。*m*B*n*B码的特点是：

① 码流中“0”和“1”出现的概率相等，连“0”和连“1”的数目少，定时信息丰富；

② 高、低频分量较小，信号频谱特性较好，基线漂移小；

③ 在码流中引入一定的冗余码，便于在线误码检测。

*m*B*n*B码的缺点是传输辅助信号比较困难。因此，在要求传输辅助信号或有一定数量的区间通信的设备中，不宜用这种码型。

最简单的*m*B*n*B码是1B2B，即曼彻斯特码。曼彻斯特码用两个码表示一个信号码，就是把原码的“0”变换为“01”，把原码的“1”变换为“10”，因此使线路的传输速率提高了一倍，是低速34Mb/s以下系统中常用的线路码型。曼彻斯特码也是10Mb/s以太网常用的编码，其特点是电路简单，最大连“0”、连“1”仅为2，定时信息丰富，便于不停止业务的误码检测。

百兆以太网用的是4B/5B编码与MLT-3编码组合方式，千兆以太网用的是8B/10B码与NRZ码组合方式，万兆以太网用的是64B/66B码。感兴趣的读者，可进一步参考专门书籍。

下面以3B4B码为例介绍。3B4B码输入的原始码流3B码共有8（2^3）个码字，变换为4B码时，共有16（2^4）个码字，为保证信息的完整传输，必须从4B码的16个码字中挑选8个码字来代替3B码。

设计者应根据最佳线路编码特性的原则来选择码表。例如，在3B码中有2个“0”，变为4B码时补1个“1”；在3B码中有2个“1”，变为4B码时补1个“0”。而000用0001和1110交替使用；111用0111和1000交替使用。同时，规定一些禁止使用的码字，称为禁字，例如0000和1111，如表6-2所示。

作为普遍规则，为了描述码字的均匀性，引入“码字数字和”（WDS），并以WDS的最佳选择来保证线路编码的传输特性。

码字数字和（WDS），是指在*n*B码的码字中，用“−1”代表“0”码，用“+1”代表“1”码，整个码字的代数和即为WDS。如果整个码字“1”码的数目多于“0”码，则WDS为正；如果“0”码的数目多于“1”码，则WDS为负；如果“0”码和“1”码的数目相等，则WDS为0。例如，对于0111，WDS=+2；对于0001，WDS=−2；对于0011，WDS=0。*n*B码的选择原则是：尽可能选择|WDS|最小的码字，禁止使用|WDS|最大的码字。

以3B4B为例，应选择WDS=0和WDS=±2的码字，禁止使用WDS=±4的码字。表6-3是根据这个规则编制的一种3B4B码表，表中正组和负组交替使用。

我国三次群和四次群最常用的码型是5B6B码。5B6B码是将信号码流中每5位码分为一组，然后将这组5位码变换为6位码。按照数学中的排列理论可知，由“0”“1”组成的5位码和6位码，可以有如下排列：5位码的排列数为2^5=32种，6位码的排列数为2^6= 64种。

这里不详述其他码型的编码规则、编/译码电路，读者可参考通信原理方面的专门书籍。

表 6-2 3B4B 码

3B	4B	
000	0000	1000
001	0001	1001
010	0010	1010
011	0011	1011
100	0100	1100
101	0101	1101
110	0110	1110
111	0111	1111

表 6-3 一种 3B4B 码表

信号码（3B）		线路编码（4B）			
		模式 1		模式 2	
		码字	WDS	码字	WDS
0	000	1011	+2	0100	−2
1	001	1110	+2	0001	−2
2	010	0101	0	0101	0
3	011	0110	0	0110	0
4	100	1001	0	1001	0
5	101	1010	0	1010	0
6	110	0111	+2	1000	−2
7	111	1101	+2	0010	−2

6.1.3 信号的复用与分解

我们打电话时，要把信号传送到对方的电话机上，一路话音信号的传输速率为 64kb/s。如果每次在传输线路中只传一路话音信号，对线路资源来说将是极大的浪费，因此，我们需要把很多路话音信号利用时分复用技术，复用成一个高速率的信号来传送。数字信号是对连续变化的模拟信号进行采样、量化和编码产生的，称为 PCM，即脉冲编码调制，这种数字信号称为数字基带信号，由 PCM 设备产生。

在电话通信系统中，PCM 设备以每秒 8000 次的速率对话音采样，即每隔 125μs 采样一次，每个样值采用 8 位编码表示，如图 6-1 下面部分所示。每个话路的编码数据传输速率为 8000×8b/s，即 64kb/s。

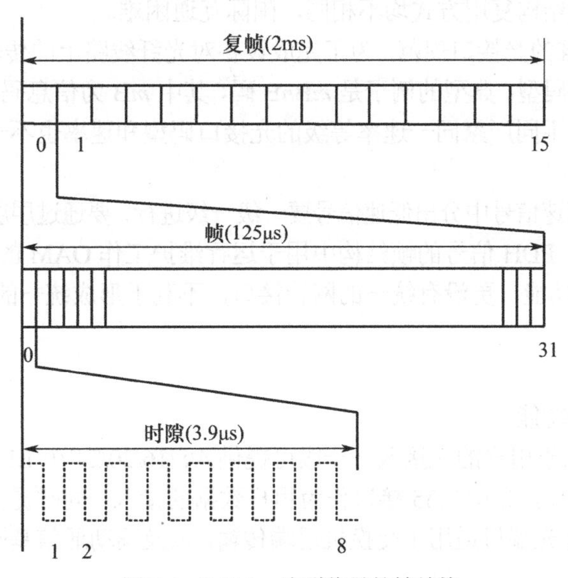

图 6-1 PCM 一次群信号的帧结构

每个话路一次采样的数据放在 PCM 一次群帧的一个时隙（3.9μs），PCM 一次群的一帧有 32 个时隙（TS），时隙编号为 0～31，如图 6-1 中间部分所示。TS0 主要用来传送帧同步码，TS16 用来传送各话路的信令（标志信号）。TS1，TS2，…，TS15 和 TS17，TS18，…，TS31 共 30 个时隙用来传送 30 路 PCM 话音信号。30/32 路体制的 PCM，在 125μs 内要传送 32 个话路的话音编码码组。

32 路全用以后，PCM 设备一次群（也称为基群）的数据传输速率为 32×64kb/s=2048kb/s，简称 2M。

PCM的4个基群合成一个二次群，按位复接，帧长1056位，分成8段，每段插入4位帧同步码或业务码（公务、告警等）和128位信令码。本节只讲述PCM一次群帧结构及复用过程，PCM二次群帧结构、三次群帧结构、四次群帧结构及复用可参考有关资料。现在PCM基群设备与数字程控交换机合二为一，对外能提供多个2M接口。

PDH技术中，在140Mb/s信号分出2Mb/s信号过程中，使用了大量的背靠背设备，通过三级解复用设备（140M/34Mb/s、34M/8Mb/s和8M/2Mb/s），才从140Mb/s信号中分出2Mb/s低速信号，如图6-2所示。反过来，再通过三级复用设备，将2Mb/s的低速信号复用到140Mb/s信号中，这样不仅增加了设备的体积、成本、功耗，还增加了设备的复杂性，降低了设备的可靠性。

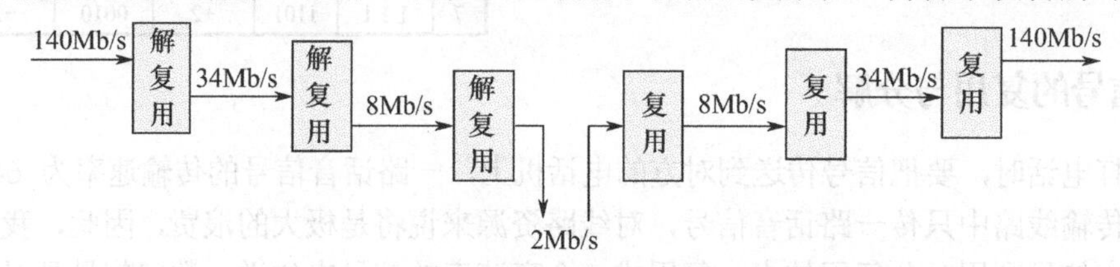

图 6-2　从 140Mb/s 信号中分出 2Mb/s 信号

PDH 的缺点如下：

① PDH 主要是为话音业务设计的，而现代通信的趋势是宽带化、智能化。

② PDH 传输线路主要是点对点连接，缺乏网络拓扑的灵活性。

③ 只有地区性的电接口规范，不存在世界性标准。欧洲系列、北美系列、日本系列的电接口速率等级、信号的帧结构复用方式均不相同，国际互通困难。

④ 没有世界性标准的光接口规范，为了完成设备对光纤线路上的传输性能进行监控，各厂家采用自行开发的线路码型。典型的例子是 *m*B*n*B 码，其中 *m*B 为信息码，*n*B 为增加的冗余码。各厂家的冗余码不同，不同厂家同一速率等级的光接口码型和速率也不一样，不同厂家的设备无法实现横向兼容。

⑤ 异步复用，从高速信号中分出低速信号要一级一级进行，要通过层层的解复用和复用过程。

⑥ 运行维护方面，PDH 信号的帧结构中用于运行维护工作 OAM 的开销字节不多。

⑦ PDH 没有网管功能，更没有统一的网管接口，不利于形成统一的电信管理网。

6.1.4　PDH 光端机

1. PDH 光端机的功能

PDH 光端机主要用于用户的光接入，一般可提供 4/8/16/20/24 个 E1 接口，并提供 1～4 路 10M/100Mb/s 以太网接口，提供 V.35 接口作为用户数据的接入，同时提供 1 路公务电话和 1 路 RS-232 用户通道。PDH 光端机适用于交换机远端传输，以及移动通信基站等光纤支持的中小容量、点对点的应用场合。

PDH 光端机的组成如图 6-3 所示，PDH 光端机包括以下功能。

（1）光发送功能

输入接口：将数字复用设备送来的电信号变换成二进制（单极性）数字信号，均衡放大、补偿经电缆传输后产生的数字电信号失真。其中电信号包括电话信号、计算机网络信号、视频信号等。

码型变换：将输入接口送来的普通二进制数字信号变换为适于在光纤线路中传送的码信号。

光发送电路：包括光驱动电路、自动光功率控制电路。光驱动电路将码型变换后的信号变换成光信号，送入光纤向对端传输。

时钟提取：提取与网络同步的时钟供给扰码与线路编码等电路。

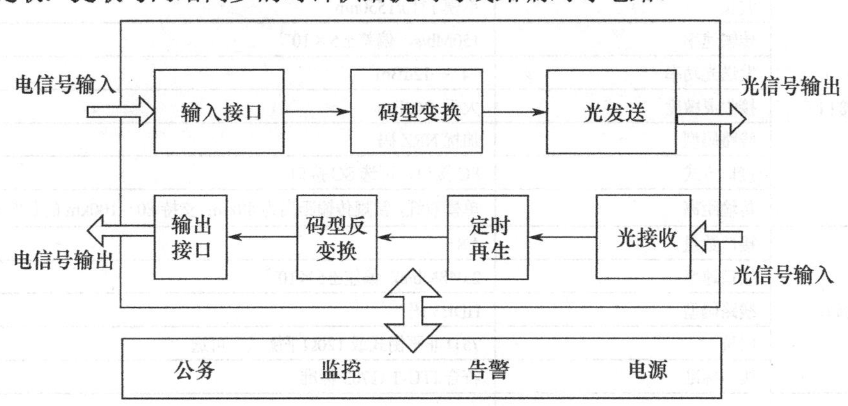

图 6-3 PDH 光端机的组成

（2）光接收端功能

光接收电路：将对端通过光纤送来的光脉冲信号变换成电信号，并进行放大、均衡、改善脉冲波形，消除码间干扰。

定时再生：由定时提取和判决再生两部分组成。功能是从均衡以后的信号流中提取出时钟，再经定时判决，从而再生出规则波形的线路码信号流。

光线路码型反变换：将再生出来的线路码信号流还原成普通二进制信号流。

输出接口：将码型反变换后的普通二进制信号，变换成符合要求的接口信号并送给数字复用设备。

（3）辅助系统

包括告警、监控、公务通信等系统。

2．PDH 光端机产品与性能

典型的 PDH 光端机产品如图 6-4 所示，该光端机是一款小型 PDH 光传输设备，采用超大规模 ASIC 设计，以简洁的单板形式实现了 4/8 路 E1 和 4 路 100Mb/s 以太网数据的混合复用及传输，同时提供 1 路公务电话和 1 路 RS-232 用户通道，具有完善的告警、监控功能，集成度高、功耗低、工作稳定、使用方便。PDH 光端机性能指标如表 6-4 所示。

图 6-4 PDH 光端机

表 6-4　PDH 光端机性能指标

名称	项目	指标
光接口	波长	单模 1310/1550nm
	传输速率	150Mb/s，偏差±5×10^{-5}
	发送光功率	−4～−12dBm
	接收灵敏度	大于−36dBm
	线路码型	加扰 NRZ 码
	接口方式	FC 接口，可选 SC 接口
	传输距离	单模双纤，常规传输距离为 40km；支持 80～100km 的长距离传输
E1 接口	接口数量	4/8
	接口速率	2.048Mb/s，偏差±5×10^{-5}
	线路码型	HDB3 码
	阻抗	75Ω非平衡式或 120Ω平衡式，可选
	接口标准	符合 ITU-T G.703 标准
V.35 接口	波特率	N×64kb/s（N=1～32）
	连接器类型	DB25F（分 DTE 电缆和 DCE 电缆）
	工作方式	V.35 方式，DTE/DCE 工作方式
以太网接口	接口数量	1 个
	接口速率	10M/100Mb/s 自适应
	接口类型	10/100 Base-T 以太网接口，RJ-45 插座
	接口标准	完全兼容 IEEE 802.3 标准
配置口	接口类型	异步串行模式，RJ-45 插座
	接口标准	RS-232
电源	输入电压范围	直流：−36～−72V，交流：100～240V
	功耗	8W±10%
机箱尺寸	434mm×44mm×155mm（宽×高×深）	

6.2　SDH 传输技术

1985 年，美国贝尔通信研究所提出 SDH 传输网的概念，称为同步光网络（SONET，Synchronous Optical NETwork），它是高速、大容量光纤传输技术和高度灵活又便于管理控制的智能网技术的有机结合。最初的目的是在光传输线路上实现标准化，便于不同厂家的产品能在光路上互通，从而提高网络的灵活性。

1986 年，SONET 成为美国数字体系的新标准，同时引起了 ITU-T 的关注。1988 年，ITU-T 接受了 SONET 概念并与美国标准化协会（ANSI）的 TI 委员会达成协议，将 SONET 修订后重新命名为同步数字系列（SDH，Synchronous Digital Hierarchy），使之成为同时适用于光纤、微波、卫星传送的通用技术体制，并且使其网络管理功能大大增强。

1989 年，ITU-T 发布了 G.707、G.708 和 G.709 标准，从而揭开了现代信息传输崭新的一页。

SDH 是一种数字信号传输体制，这种传输体制规定了数字信号的帧结构、复用方式、传输速率等级、接口码型、信息同步传输、复用、分插和交叉连接等特性。

SDH 的优点如下：

① SDH 采用世界上统一的标准传输速率等级，如 STM-1、STM-4、STM-16 等。

② SDH 各网络单元的光接口有严格的标准规范。

③ 在 SDH 帧结构中，有丰富的开销比特，用于网络的运行、维护和管理，便于实现性能监测、故障检测和定位、故障报告等功能。

④ 采用数字同步复用技术。低速信号复接成高速信号，或从高速信号分出低速信号，不必逐级进行。

⑤ SDH 采用 DXC 后，大大提高了网络的灵活性及对各种业务量变化的适应能力。

SDH 传输系统可传送电话信号、计算机网络信号、有线电视视频信号。电话信号通过程控交换机合成 PCM 基群信号（2Mb/s）并映射到 SDH 帧结构中，按 STM-*N* 速率传输。传送计算机网络信号时，IP 数据包通过采用 PPP 协议等进行封装，然后映射到 SDH 帧结构中，按 STM-*N* 速率传输。有线电视网在有线电视台和用户之间，通过射频调制解调器完成射频模拟信号与数字信号的转换，再将数字信号映射到 SDH 帧结构中，按 STM-*N* 速率传输，这样就可以在骨干网上快速传输有线电视视频信号，有效利用现有网络结构。

SDH 技术发展迅猛，根本原因是当今高度发达的信息化社会有巨大的需求，通信网传输的信息量不断增大，这就要求组建现代化、大容量的通信网。世界各国大力发展的信息高速公路，其中一个重点就是组建大容量的光纤传输网络。

6.3 SDH 帧结构

6.3.1 帧结构

ITU-T规定STM-*N*的帧是以字节（8bit）为单位的矩形块状结构，如图6-5所示。块状帧结构并不是什么新概念，PDH数据格式、分组交换的数据包的帧结构也是块状帧结构，例如，E1信号的帧是32字节组成的1行32列的块状帧，将信号的帧结构等效为块状，仅仅是为了分析的方便。SDH帧结构是实现数字同步时分复用、保证网络可靠有效运行的关键。

STM-1 信号是 SDH 的第一级，称为基本同步传送模块信号，比特率为 155520kb/s。STM-*N* 信号是 SDH 的较高等级的同步传送模块信号，比特率是 STM-1 的整数倍，等级为第 *N* 级。

STM-*N* 的每帧由 9 行、270 列组成，每行有 270×*N* 字节，每帧共有 9×270×*N* 字节，每字节为 8bit。帧周期为 125μs，即每秒传输 8000 帧。

根据帧结构信息，可计算出 STM-1 的传输速率为 9×270×8×8000=155.520Mb/s。同样，可计算出其他 STM-*N* 的传输速率，如表 6-5 所示。

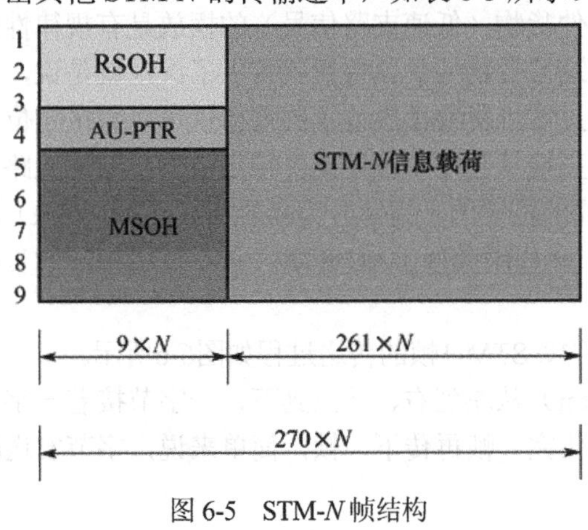

图 6-5　STM-*N* 帧结构

表 6-5　STM-*N* 的传输速率

STM-1	155.520Mb/s
STM-4	622.080Mb/s
STM-16	2488.320Mb/s
STM-64	9953.280Mb/s
STM-256	39813.12Mb/s

SDH 帧由 3 部分组成。

（1）信息载荷（Payload）

信息载荷是SDH帧内用于承载各种业务信息的部分，信息净负荷就是经过打包的低速信号。

STM-1 的信息载荷为：9×261=2349 字节；STM-1 的传输容量为：2349×8×8000= 150.336Mb/s。

为了实时监测信息载荷，在SDH帧中加入了通道开销（POH）字节。POH作为信息净负荷的一部分与信息码块一起装载在STM-*N* 中，在SDH网中传送。POH负责对打包的低速信号进行通道性能监视管理和控制，这与传感器有些类似。试想一想，信号的监测过程和一个物联网的全程监控有点类似。

（2）段开销（SOH）

段开销是在 SDH 帧中为保证信息正常传输所必需的附加字节，主要用于运行、维护和管理（OAM），如帧位、误码检测、公务通信、自动保护倒换及网管信息传输等。

SDH可对STM-*N*的所有信息净负荷在运输中是否有损坏进行监控，而POH的作用是当信息净负荷损坏时，通过它来判定具体是哪一信息净负荷出现损坏。也就是说，SOH完成对信息净负荷整体的监控，POH完成对某一特定的信息净负荷进行监控。当然，SOH和POH还有一些管理功能。

对于STM-1，SOH共使用9×8（第4行指针除外）=72字节，72×8=576位，每秒传输8000帧，所以，SOH的传输容量为576×8000=4.608Mb/s。

段开销又分为再生段开销（RSOH）和复用段开销（MSOH），分别对相应的段层进行监控。RSOH和MSOH的区别是什么呢？简单来说，二者的区别在于监管的范围不同。例如，若光纤上传输的是2.5Gb/s信号，那么RSOH监控的是STM-16整体的传输性能，而MSOH则是监控STM-16信号中每一个STM-1的性能情况。

（3）管理单元指针（AU-PTR）

管理单元指针位于STM-*N*帧中第4行的9×*N*列，共9×*N*字节。AU-PTR起什么作用呢？SDH能够从高速信号中直接分插出低速支路信号，例如2Mb/s，为什么会这样呢？这是因为SDH有AU-PTR字节。

AU-PTR是用来指示信息净负荷的第一字节在STM-*N*帧内的准确位置的指示符，以便接收端能根据这个位置指示符的值（指针值）正确分离信息净负荷。这句话怎样理解呢？若仓库中以堆为单位存放了很多货物，每堆货物中的各件货物（低速支路信号）的摆放是有规律性的，那么要定位仓库中某件货物的位置，只要知道这堆货物的具体位置就可以了。也就是说，只要知道这堆货物的第一件货物放在哪儿，然后通过本堆货物摆放位置的规律就可以直接定位出本堆货物中任一件货物的准确位置，这样就可以直接从仓库中搬运某件特定货物，低速支路信号AU-PTR的作用就是指示这堆货物中第一件货物的位置的。指针分为高阶指针（AU-PTR）和低阶指针（TU-PTR）。TU-PTR是支路单元指针，其作用类似于AU-PTR，只不过所指示的货物堆更小一些而已。

最后，SDH帧是怎样在线路上进行传输的呢？STM-1帧的传送过程如图6-6所示。

SDH 帧传输的原则是帧结构中的字节（8bit）从左到右、从上到下、一字节接着一字节、一位接着一位地传输，传完一行再传下一行，传完一帧再传下一帧，简单来说，字节发送顺序为：由上到下，先左后右。

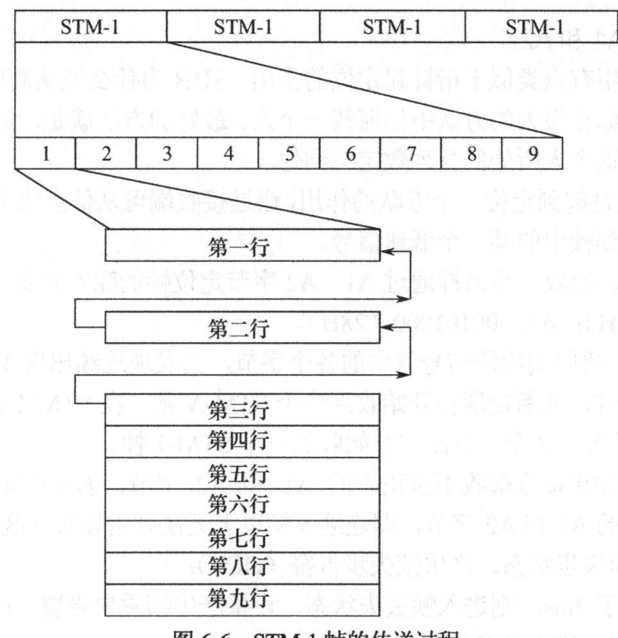

图 6-6 STM-1 帧的传送过程

6.3.2 段开销

段开销的功能是对 SDH 信号提供层层细化的监控管理功能，监控可分为段层监控和通道层监控。段层监控分为再生段层监控和复用段层监控；通道层监控分为高阶通道层监控和低阶通道层监控。学习段开销各字节的功能，可以深入理解 SDH 技术，对 SDH 网络设备的生产、研发、维护和管理是非常重要的。

再生段开销（RSOH）前 3 行和复用段开销（MSOH）5～9 行如图 6-7 所示。

A1	A1	A1	A2	A2	A2	J0	※	※
B1	△	△	E1	△		F1	×	×
D1	△	△	D2	△		D3		
AU-PTR								
B2	B2	B2	K1			K2		
D4			D5			D6		
D7			D8			D9		
D10			D11			D12		
S1					M1	E2	×	×

图 6-7 再生段开销（RSOH）前 3 行和复用段开销（MSOH）5～9 行

△为与传输介质有关的字节（暂用）；×为国内使用保留字节；※为不扰码字节。

所有未标记字节待将来的国际标准确定（与图 6-7 再生段开销（RSOH）前 3 行和复用段开销（MSOH）5～9 行传输介质有关的应用，附加国内使用和其他用途）。

1．帧定位字节 A1 和 A2

帧定位字节的作用有点类似于指针起定位的作用。SDH 为什么能从高速信号中直接分插出低速支路信号？就比如在很大的方队中如何找一个人。最好的方法就是，先定位到某一个方队，然后在本方队中通过这个人所处的行列数定位到他。

A1 和 A2 字节就是起到定位一个方队的作用，通过接收端可从信息流中定位分离出 STM-*N* 帧，再通过指针定位到帧中的某一个低速信号。

新问题又出现了，接收端是怎样通过 A1、A2 字节定位帧的呢？其实，A1、A2 是固定的，即 A1：11110110（f6H）；A2：00101000（28H）。

在 STM-*N* 帧中，接收端检测信号流中的各个字节，当发现连续出现 3*N* 个 f6H，又紧跟着出现 3*N* 个 28H 字节时，就断定现在开始收到一个 STM-*N* 帧。在 STM-1 帧中，接收端检测到连续的 A1 和 A2 字节各有 3 个，就断定开始收到一个 STM-1 帧。

第三个问题是，如果接收端收不到正确的 A1 和 A2 字节，怎么办呢？当连续 5 帧以上（625μs）收不到正确的 A1 和 A2 字节，即连续 5 帧以上无法判别帧头（区分出不同的帧）。

① 接收端进入帧失步状态，产生帧失步告警（OOF）；

② 若 OOF 持续了 3ms，则进入帧丢失状态，设备产生帧丢失告警（LOF）；

③ 下插 AIS 信号，整个业务中断；

④ 在 LOF 状态下，若接收端连续 1ms 以上又处于定帧状态，则设备回到正常状态。

最后一个问题是信号扰码问题。STM-*N* 信号对段开销第一行的所有字节，即第 1 行×9*N* 列（包括 A1、A2 字节）不扰码，而进行透明传输。STM-*N* 帧中的其余字节进行扰码后再进行线路传输，扰码的含义参考本书 3.3 节。

2．再生段踪迹字节 J0

该字节被用来重复地发送段接入点标识符，以便接收端能据此确认与指定的发送端处于持续连接状态。同一个运营者的网络内，该字节可为任意字符；不同两个运营者的网络边界处，要使设备收、发两端的 J0 字节相同匹配。通过 J0 字节，可使运营者提前发现和解决故障，缩短网络恢复时间。

J0 字节的另一个用法：在 STM-*N* 帧中，每一个 STM-1 帧的 J0 字节定义为 STM 的标识符 C1，用来指示每个 STM-1 在 STM-*N* 中的位置。

3．数据通信通道 DCC 字节 D1～D12

SDH 的一大特点就是通道的运行、维护和管理（OAM）功能的自动化程度很高，SDH 的 OAM 功能如何实现呢？SDH 通过网管终端对网元进行命令的下发、数据的查询。OAM 功能的相关数据存放在 STM-*N* 帧中的 D1～D12 字节处。

D1～D3：再生段数据通道字节（DCCR），传输速率为 3×64kb/s=192kb/s，用于再生段终端间传送 OAM 信息。

D4～D12：复用段数据通道字节（DCCM），传输速率为 9×64kb/s=576kb/s，用于在复用段终端间传送 OAM 信息。

DCC 通道的传输速率总共 768kb/s，它为 SDH 网络管理提供了强大的通信基础。

4．公务联络字节 E1 和 E2

E1 和 E2 分别提供一个 64kb/s 的公务联络通道。E1 属于 RSOH，用于再生段的公务联络；E2 属于 MSOH，用于终端间直达公务联络。

5．使用者通道字节 F1

F1 提供传输速率为 64kb/s 的数据/语音通道，保留给使用者（通常指网络提供者），用于特定维护目的的临时公务联络。

6．比特间插奇偶校验 BIP-8 字节 B1

该字节用于再生段层的误码监测，B1 位于再生段开销中。B1 字节的工作机理是，发送端对本帧（第 *N* 帧）加扰后的所有字节进行 BIP-8 偶校验，将结果放在下一个待扰码帧（第 *N*+1 帧）中的 B1 字节。接收端将当前待解扰帧（第 *N* 帧）的所有比特进行 BIP-8 校验，所得的结果与下一帧（第 *N*+1 帧）解扰后的 B1 字节的值比较，可监测出第 *N* 帧在传输中出现了多少个误码块。

7．比特间插奇偶校验 BIP-*N*×24 字节 B2

该字节用来监测复用段层的误码情况。B2字节对STM-*N*帧中的每一个STM-1帧的传输误码情况进行监测，STM-*N*帧中有*N*×3个B2字节，每3个B2字节对应一个STM-1帧。

8．自动保护倒换 APS 通道字节 K1、K2（b1～b5）

这两字节用作传送自动保护倒换 APS 信令，用于保证设备在故障时自动切换，使网络业务恢复自愈。

9．复用段远端失效指示 MS-RDI 字节 K2（b6～b8）

这是一个告警信息，由接收端回送给发送端信源，表示接收端检测到来话故障或正收到复用段告警指示信号。

10．同步状态字节 S1

S1 不同的值表示 ITU-T 的不同时钟质量级别，使设备能据此判定接收的时钟信号的质量，以此决定是否切换时钟源，即切换到较高质量的时钟源上。S1 字节 b5～b8 的值越小，表示相应的时钟质量级别越高，如表 6-6 所示。

表 6-6　时钟质量等级

S1 字节的 b5～b8	时钟等级
0000	质量未知
0010	G.811 基准时钟
0100	G.812 转接局从时钟
1000	G.812 本地局从时钟
1011	同步设备定时源（SETS）
1111	不可用于时钟同步

11．复用段远端误码块指示 MS-REI 字节 M1

接收端回发给发送端 M1 字节，用来传送接收端由 BIP-*N*×24（B2）所检出的误码块数，以便发送端据此了解接收端的误码块情况。

12．与传输介质有关的字节

该字节专用于具体传输介质的特殊功能，例如用单根光纤进行双向传输时，可用此字节来实现辨明信号方向。

13．国内保留使用的字节

所有未做标记的字节的用途由将来的国际标准确定。

6.3.3　通道开销

在信息载荷（Payload）中包含少量用于通道的运行、维护和管理（OAM）字节，称为通道开销（POH）。

通道开销字节有哪些功能呢？又是如何实现通道层监控的呢？

段开销负责段层的 OAM 功能，通道开销负责的是通道层的 OAM 功能。通道开销（POH）有高阶通道开销和低阶通道开销两种。

1．高阶通道开销（HP-POH）

高阶通道开销的位于 VC4 帧中的第一列，共 9 字节，如图 6-8 所示。

J1：高阶通道踪迹字节。

B3：高阶通道误码监测字节，负责监测 VC-4 在 STM-*N* 帧中传输的误码性能。

C2：高阶通道信号标记字节。

G1：高阶通道状态字节。

F2、F3：高阶通道使用者字节。

H4：位置指示字节。

K3：自动保护倒换字节，前 4 位用于传送 APS 指令，后 4 位备用。

N1：网络运营者字节，用于高阶通道串联连接监测。

2．低阶通道开销（LP-POH）

低阶通道开销，这里是指 VC-12 中的通道开销。当然，它监控的是 VC-12 通道级别的传输性能，也就是监控 2Mb/s 的 PDH 信号在 STM-*N* 帧中传输的情况。低阶通道开销放在 VC-12 的什么位置上呢？

图 6-9 显示了一个 VC-12 的复帧结构，由 4 个 VC-12 基帧组成，低阶通道开销位于每个 VC-12 基帧的第一字节。一组低阶通道开销共有 4 字节，即 V5、J2、N2、K4。

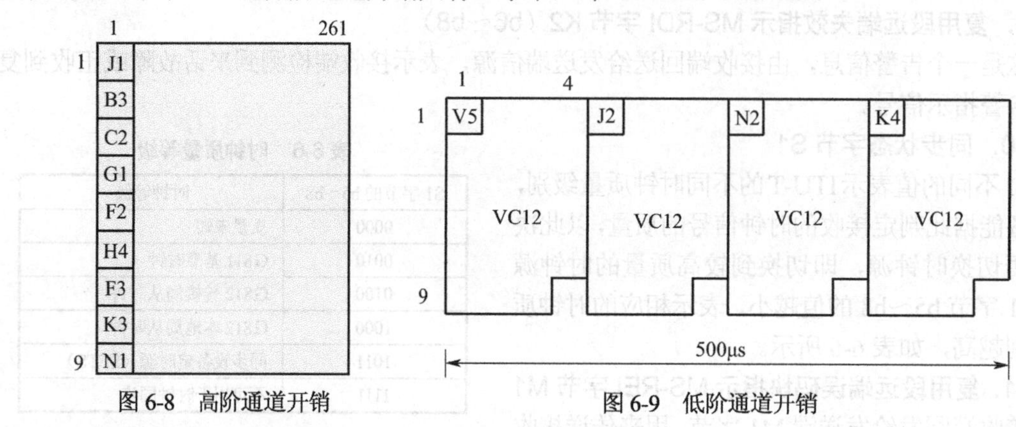

图 6-8　高阶通道开销　　　图 6-9　低阶通道开销

V5：通道状态和信号标记字节。

J2：VC-12 通道踪迹字节，接入点标识符。

N2：网络操作者字节，用于低阶通道串联连接监测。

K4：多项功能字节。

【讨论与创新】各种开销到底有何不同呢？以 2.5Gb/s 系统的监控为例，各种开销的功能如下：

① 再生段开销对整个 STM-16 信号监控。

② 复用段开销细化到对其中 16 个 STM-1 的任一个进行监控。

③ 高阶通道开销再将其细化成对每个 STM-1 中的 VC-4 进行监控。

④ 低阶通道开销又将对 VC-4 的监控细化为对其中 63 个 VC-12 的任一个进行监控，由此实现了从对 2.5Gb/s 级别到 2Mb/s 级别的多级监控手段。

6.4　SDH 指针

指针，我们在哪里见过呢？回想一下，C 程序设计语言中指针的作用是什么呢？

1．定位

在 SDH 技术中，指针的作用之一就是定位，通过定位使接收端能正确地从 STM-*N* 中拆离出相应的 VC，进而通过拆开 VC，C 分离出 PDH 低速信号。也就是说，实现从 STM-*N* 信号中直接分离出低速支路信号的功能。

何谓定位？定位是一种将帧偏移信息收进支路单元或管理单元的过程，即以附加于 VC 上的指针或管理单元指针，指示和确定低阶 VC 帧的起点在 TU 净负荷中或高阶 VC 帧的起点在 AU 净负荷中的位置，在发生相对帧相位偏差使 VC 帧起点浮动时，指针值亦随之调整，从而始终保证指针值准确指示 VC 帧起点位置的过程。对 VC-4 AU-PTR 指的是 J1 字节的位置，对 VC-12 TU-PTR 指的是 V5 字节的位置。

指针有两种：AU-PTR 和 TU-PTR，分别进行高阶 VC（这里指 VC-4）和低阶 VC（这里指 VC-12）在 AU-4 和 TU-12 中的定位。

2．指针的调整

以货车运货为例，将货物 VC-4 连续不停地装入这辆货车的车箱（信息净负荷区），货车的停站时间为 125μs。

如图 6-10 所示，可知 AU-PTR 由 H1YYH2FFH3H3H3 共 9 字节组成，其中 Y=1001SS11，F=11111111。指针的值放在 H1、H2 两字节的后 10 位中，3 字节为一个调整单位，即一个货物单位。

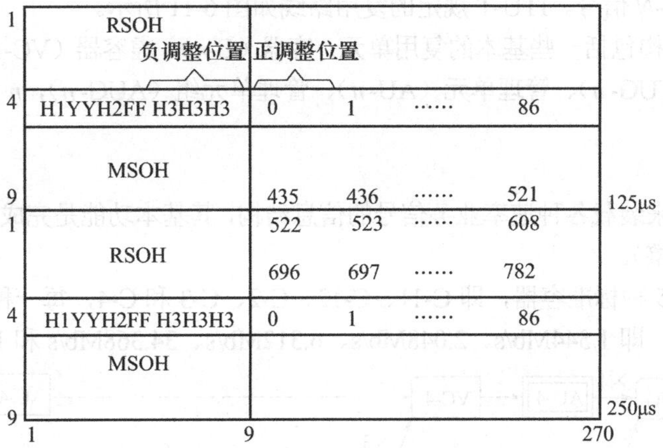

行	1～9 列	10～270 列	
1	RSOH	负调整位置 正调整位置	
4	H1YYH2FF H3H3H3	0　1　……　86	
	MSOH		
9		435　436　……　521	125μs
1		522　523　……　608	
	RSOH	696　697　……　782	
4	H1YYH2FF H3H3H3	0　1　……　86	
	MSOH		
9			250μs
	1　9	270	

图 6-10　SDH 指针调整

当 VC-4 的速率（帧频）高于 AU-4 的速率（帧频）时，怎么办呢？

此时将 3 个 H3 字节（一个调整单位）的位置用来存放货物，这 3 个 H3 字节就像货车临时加挂的一个备份存放空间。这时货物以 3 字节为一个单位将位置都向前串一位，以便在 AU-4 中加入更多的货物，即一个 VC-4 加 3 字节，这时每个货物单位的位置都发生了变化，这种调整方式称为负调整，紧跟着 FF 两字节的 3 个 H3 字节所占的位置称为负调整位置。

当 VC-4 的速率低于 AU-4 速率时，怎么办呢？

此时要在 AU-PTR 的 3 个 H3 字节后面再插入 3 个 H3 字节，那么 H3 字节中填充伪随机信息，相当于在车厢空间塞入添充物。这时 VC-4 中的 3 字节都要向后串一个单位（3 字节），于是这些货物单位的位置也会发生相应的变化，这种调整方式称为正调整。相应地插入 3 个 H3 字节的位置称为正调整位置。

指针的值是放在 H1H2 字节的后 10 位，10 位的取值范围为 0～1023。当 AU-PTR 的值不在 0～782 内时，为无效指针值，H1H2 的 16 位实现指针调整控制。

6.5 SDH 的复用结构和步骤

6.5.1 SDH 的复用

1. SDH 的复用结构

SDH 的复用包括两种情况，一种是将 PDH 信号复用进 STM-*N* 信号，即低速支路信号 2Mb/s、34Mb/s、140Mb/s 复用成 SDH 信号 STM-*N*；另一种是将低阶的 SDH 信号复用成高阶 SDH 信号 STM-*N*，这主要通过字节间插复用方式来完成，复用的个数为 4，例如：

$$4\times \text{STM-1} \rightarrow \text{STM-4}$$

$$4\times \text{STM-4} \rightarrow \text{STM-16}$$

在复用过程中保持帧频不变，即 8000 帧/秒，高一级的 STM-*N* 信号的速率是低一级的 STM-*N* 信号速率的 4 倍。STM-*N* 信号的帧频，也就是每秒传送的帧数是多少呢？ITU-T 规定，对于任何级别的 STM 等级，帧频为 8000 帧/秒，也就是帧长或帧周期为恒定的 125μs。

ITU-T 规定了一整套完整的复用路线，通过这些路线可将 PDH 的 3 个系列的数字信号以多种方法复用成 STM-*N* 信号。ITU-T 规定的复用路线如图 6-11 所示。

SDH 的复用结构包括一些基本的复用单元：容器（C-*n*）、虚容器（VC-*n*）、支路单元（TU-*n*）、支路单元组（TUG-*n*）、管理单元（AU-*n*）、管理单元组（AUG-*n*），*n* 为对应 PDH 系列中的等级序号。

（1）容器

容器是一种用来装载各种速率业务信号的信息结构，其基本功能是完成 PDH 信号与 VC 之间的适配（码速调整）。

ITU-T 规定了 5 种标准容器，即 C-11、C-12、C-2、C-3 和 C-4，每一种容器分别对应于一种标称的输入速率，即 1.544Mb/s、2.048Mb/s、6.312Mb/s、34.368Mb/s 和 139.264Mb/s。

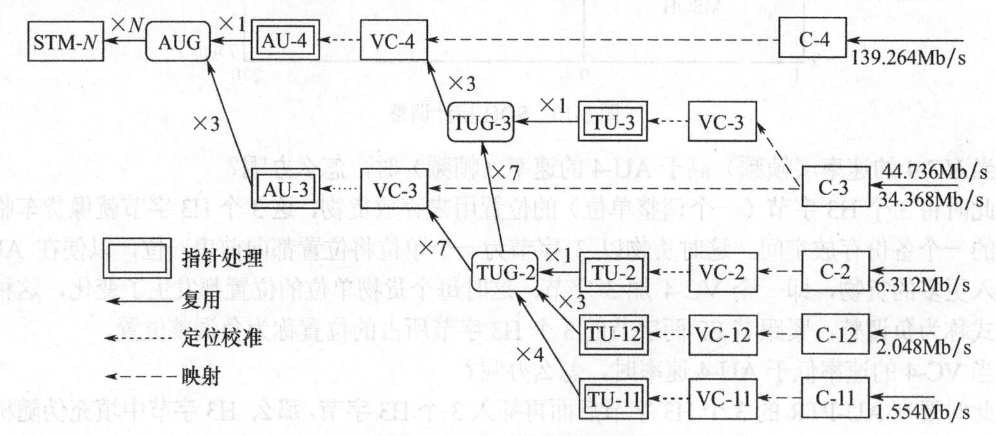

图 6-11　SDH 的复用路线

（2）虚容器

虚容器是用来支持 SDH 通道层连接的信息结构，由信息净负荷和通道开销（POH）组成，即

$$\text{VC-}n\text{=C-}n\text{+VC-}n\text{ POH}$$

VC 可分成低阶 VC 和高阶 VC 两类。TU 前的 VC 为低阶 VC，有 VC-11、VC-12、VC-2 和 VC-3（我国有 VC-12 和 VC-3）；AU 前的 VC 为高阶 VC，有 VC-4 和 VC-3（我国有 VC-4）。

（3）支路单元

支路单元是一种提供低阶通道层和高阶通道层之间适配功能的信息结构，是传送低阶 VC 的实体，可表示为 TU-*n*（*n*=11，12，2，3）。

TU-*n* 由低阶 VC-*n* 和相应的支路单元指针（TU-*n*PTR）组成，即

TU-*n*=低阶 VC-*n*+TU-*n*PTR

（4）支路单元组

支路单元组由一个或多个在高阶 VC 净负荷中占据固定的、确定位置的支路单元组成。有 TUG-3 和 TUG-2 两种支路单元组。

1×TUG-2=3×TU-12

1×TUG-3=7×TUG-2=21×TU-12

1×VC-4=3×TUG-3=63×TU-12

（5）管理单元

管理单元是一种提供高阶通道层和复用段层之间适配功能的信息结构，是传送高阶 VC 的实体，可表示为 AU-*n*（*n*=3，4）。它由一个高阶 VC-*n* 和一个相应的管理单元指针（AU-*n* PTR）组成，即

AU-*n*=高阶 VC-*n*+AU-*n* PTR

（6）管理单元组

管理单元组是由一个或多个在 STM-*N* 净负荷中占据固定的、确定位置的管理单元组成。例如，1×AUG=1×AU-4。

N 个 AUG 信号按字节间插同步复用后再加上 SOH 就构成了 STM-*N* 信号（*N*=4,16,64,…），即

N×AUG+SOH=STM-*N*

注意：从一个有效负荷到 STM-*N* 的复用路线不是唯一的；8Mb/s 的 PDH 信号无法复用成 STM-*N* 信号。

尽管一种信号复用成 SDH 的 STM-*N* 信号的路线有多种，但是对于一个国家或地区，则必须使复用路线唯一化。我国的光同步传输网技术体制规定，以 2Mb/s 信号为基础的 PDH 系列作为 SDH 的有效负荷，选用 AU-4 的复用路线。每种速率的信号只有唯一的复用路线到达 STM-*N*，接口种类由 5 种简化为 3 种，主要包括 C-12、C-3 和 C-4 三种进入方式。

STM-1 可装入 1 个 140Mb/s 信号，主要用于长途网通信；或装入 3 个 34Mb/s 信号，用于少数本地或长途网；或装入 63 个 2Mb/s 信号，主要用于本地网通信。

2．定位

将低速支路信号复用成 STM-*N* 信号，要经过 3 个步骤，即映射、定位和复用。

定位（Alignment）是指通过指针调整，把 VC-*n* 放进 TU-*n* 或 AU-*n* 中，同时将其与帧参考点的偏差也作为信息结合进去的过程。通俗来讲，定位就是用指针值指示 VC-*n* 的第一字节在 TU-*n* 或 AU-*n* 帧中的起始位置，使接收端能据此正确地分离。

3．复用

复用（Multiplex）是一种将多个低阶通道层的信号适配进高阶通道，或者把多个高阶通道层信号适配进复用段层的过程，即指将多个低速信号复用成一个高速信号。

复用方法采用字节间插的方式，将 TU 组织进高阶 VC 或将 AU 组织进 STM-*N*，复用过程为同步复用。

4．映射

映射（Mapping）即装入，是一种在网络边界处（如 SDH/PDH 边界处）把支路信号适配装

入相应虚容器的过程。例如，将各种速率的 PDH 信号先分别经过码速调整装入相应的标准容器，再加进低阶或高阶通道开销，以形成标准的 VC。

例如，140Mb/s、34Mb/s、2Mb/s 信号先经过码速调整，分别装入各自相应的标准容器中，再加上相应的低阶或高阶的通道开销，最终形成各自相对应的虚容器，即把 2Mb/s 信号适配进 VC-12，把 34（或 45）Mb/s 信号适配进 VC-3，把 140Mb/s 信号适配进 VC-4。

为了适应各种不同的网络应用情况，有异步、位同步、字节同步 3 种映射方法与浮动 VC 和锁定 TU 两种模式。

6.5.2 2Mb/s 信号复用到 STM-*N*

2Mb/s信号的复用是一个典型的复用过程，其他不同速率信号的复用过程与此类似。

当前用得最多的复用方式是将2Mb/s信号复用到STM-*N*中，这也是PDH信号复用进SDH信号最复杂的一种复用方式。

① 速率适配。首先将 2Mb/s 的 PDH 信号经过速率适配装载到对应的标准容器 C-12 中，为了便于速率的适配，采用了复帧的概念，即将 4 个 C-12 基帧组成一个复帧，C-12 基帧的帧频也为 8000 帧/秒，那么 C-12 复帧的帧频就为 2000 帧/秒。

② 加入相应的通道开销。为了在 SDH 网的传输中能实时监测任一个 2Mb/s 信号的性能，需将 C-12 再打包加入相应的通道开销（低阶通道开销），使其成为 VC-12 的信息结构。低阶通道开销加在每个基帧左上角的缺口上，如图 6-9 所示，一个复帧有一组低阶通道开销，共 4 字节，即 V5、J2、N2、K4。因为 VC 可看成一个独立的实体，所以以后对 2Mb/s 的调配是以 VC-12 为单位的。

③ 加上 4 字节的 TU-PTR。为了使接收端能正确定位，VC-12 的帧在 VC-12 复帧的右下角 4 个缺口上再加上 4 字节的 TU-PTR，信号的信息结构就变成了 TU-12，9 行 4 列。TU-PTR 指示复帧中第一个 VC-12 的起点在 TU-12 复帧中的具体位置。

④ 3 个 TU-12 经过字节间插复用合成 TUG-2，此时的帧结构为 9 行 12 列。

⑤ 7 个 TUG-2 经过字节间插复用合成 TUG-3 的信息结构。7 个 TUG-2 合成的信息结构为 9 行 84 列，为满足 TUG-3 的 9 行 86 列信息结构，则需在 7 个 TUG-2 合成的信息结构前加入两列固定塞入比特。

⑥ TUG-3 信息结构再复用进 STM-*N*，3×TUG-3=VC-4。

SDH 的复用过程和物流公司收发快递并用货车运输的过程非常类似。我们把 E1 当作一件货物，发送过程类比如下：

① SDH 提供一个称为 C-12 的箱子，这个箱子尺寸（速率）略大于 E1，E1 装入 C-12 时要塞一些泡沫板固定（码速调整）；

② C-12 贴上标签（通道开销）之后形成了带标签的箱子 VC-12；

③ VC-12 被放在货车的固定位置（一次指针定位）之后形成 TU-12；

④ 3 个 TU-12 组合在一起（复用）形成 TUG-2；

⑤ 7 个 TUG-2 组合在一起（复用）形成 TUG-3；

⑥ 3 个 TUG-3 又组合（复用）在一起装在了一个带标签（通道开销）VC-4 的大箱子里；

⑦ VC-4 被绳子固定（二次指针定位）后形成 AU-4；

⑧ AU-4 加上标签（段开销）后形成集装箱（STM-1）；

⑨ 几个集装箱（STM-1）装上货车（STM-*N*）就可以上路运输。

【讨论与创新】STM-1 容纳多少个 2Mb/s 信号？多少个 64kb/s 电话？

根据复用过程，3×7×3=63，即 STM-1 容纳 63 个 2Mb/s 信号。每个 2Mb/s 信号里有 30 个电话，所以总的电话数为 63×30=1890 个。

6.6 SDH 网络单元

SDH 传输网是由不同类型的网元通过光缆线路的连接组成的，通过不同的网元完成 SDH 传输网的传送功能、上/下业务、交叉连接业务、网络故障自愈等。

1. 终端复用器（TM）

终端复用器用在网络的终端站点上，如一条链路的两个端点上。它是一个双端口器件，如图 6-12 所示。终端复用器（TM）的作用如下：

① 将支路端口的低速信号复用到线路端口的高速信号 STM-*N* 中；

② 从 STM-*N* 的信号中分出低速支路信号。

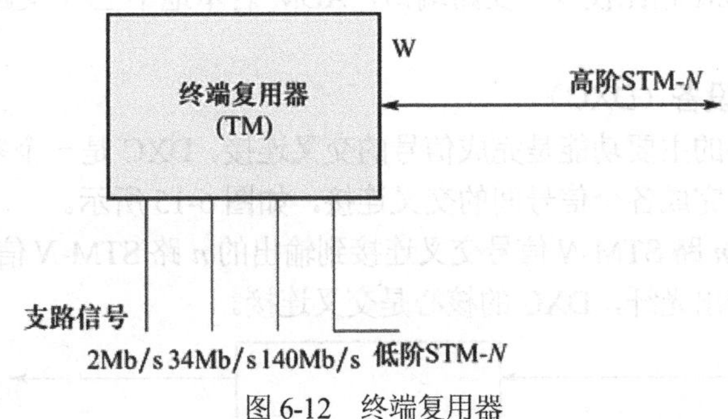

图 6-12　终端复用器

注意：线路端口输入/输出一路 STM-*N* 信号，支路端口可以输出/输入多路低速支路信号。将低速支路信号复用进 STM-*N*，即将低速信号复用到线路上，此时还有交叉的功能。

例如，可将支路的一个 STM-1 信号复用进线路上的 STM-16 信号中的任意位置上，也就是指复用进 1～16 个 STM-1 的任一位置上，将支路的 2Mb/s 信号复用到一个 STM-1 中 63 个 VC-12 的任一位置上。

2. 分插复用器（ADM）

分插复用器用于 SDH 传输网的转接站点处，例如链的中间节点或环上节点，是 SDH 传输网上使用最多且最重要的一种网元。它是一个三端口器件，如图 6-13 所示。

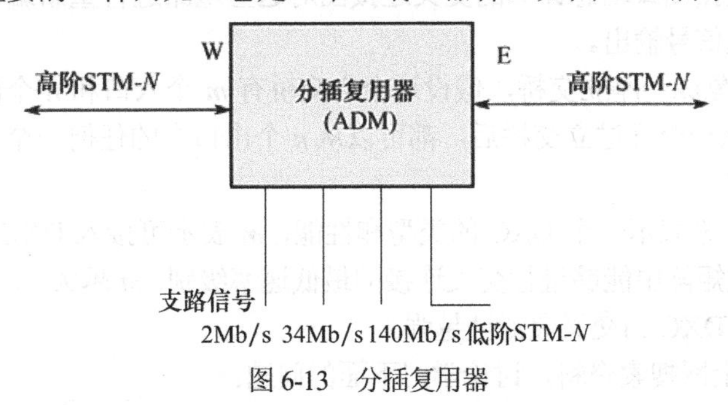

图 6-13　分插复用器

ADM 有两个线路端口和一个支路端口，两个线路端口各接一侧的光缆，每侧收/发共两根光纤，为了描述方便，我们将其分为西向（W）和东向（E）。

ADM 的作用如下：

① 将低速支路信号交叉复用进东或西向线路上去；

② 从东或西向线路端口收的线路信号中拆分出低速支路信号；

③ 可将东/西向线路侧的 STM-*N* 信号进行交叉连接。

3．再生中继器（REG）

光传输网的再生中继器有两种。一种是纯光的再生中继器，主要进行光功率放大以延长光的传输距离。另一种是用于脉冲再生整形的电再生中继器，主要通过光电转换、电信号采样、判决、再生、整形、电/光变换，以达到不积累线路噪声、保证线路上传送信号波形的完好性的目的。

第二种再生中继器是双端口器件，只有两个线路端口 W、E，如图 6-14 所示。

图 6-14　再生中继器

注意：REG 与 ADM 相比仅少了支路端口，ADM 若本地不上/下支路信号，完全可以等效为一个 REG。

4．数字交叉连接设备（DXC）

数字交叉连接设备的主要功能是完成信号的交叉连接。DXC 是一个多端口器件，它实际上相当于一个交叉矩阵，完成各个信号间的交叉连接，如图 6-15 所示。

DXC 可将输入的 *m* 路 STM-*N* 信号交叉连接到输出的 *n* 路 STM-*N* 信号上，图 6-15 表示有 *m* 条输入光纤和 *n* 条输出光纤，DXC 的核心是交叉连接。

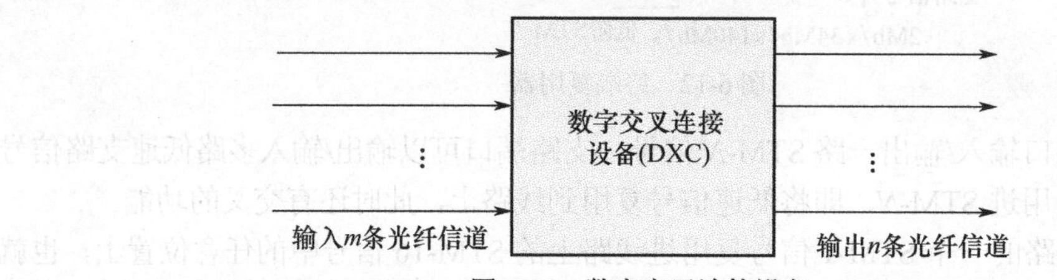

图 6-15　数字交叉连接设备

DXC 相当于一种自动的数字电路配线架，其核心部分是可控的交叉连接开关（空分或时分）矩阵。参与交叉连接的基本电路速率可以等于或低于端口速率，这取决于信道容量分配的基本单位。一般每个输入信号被分接为 *m* 个并行支路信号，然后通过时分（或空分）交换网络，按照预先存放的交叉连接图或动态计算的交叉连接图对这些电路进行重新编排，最后将重新编排后的信号复接成高速信号输出。

可以把 DXC 想象成一座立交桥，假设这个立交桥有 *m* 个入口和 *n* 个出口，那么一辆车在从 *m* 个入口中的任意一个开进立交桥后，都可以从 *n* 个出口中的任何一个开出来，达到了道路立体交叉连接的目的。

通常用 DXC*m*/*n* 来表示一个 DXC 的类型和性能，*m* 表示可接入 DXC 的最高速率等级，*n* 表示在交叉连接开关矩阵中能够进行交叉连接的最低速率级别。*m* 越大，表示 DXC 的承载容量越大；*n* 越小，表示 DXC 的交叉灵活性越强。

【讨论与创新】上网搜索资料，讨论学习下面的问题：

（1）DXC 与程控交换机有什么区别？

（2）如何实现交叉连接开关（空分或时分）矩阵？

（3）怎样设计一个光接口单元盘？

光接口单元盘实现光电转换、光信号发送和电信号接口等功能，设计一个光接口单元盘需要真正精通 SDH 技术和专门的研发经历。一个 SDH 的光接口单元盘如图 6-16 所示。

图 6-16 SDH 的光接口单元盘

6.7 SDH 传送网与保护

6.7.1 SDH 传送网分层

对于一个复杂的网络结构体系，分层和分割是研究网络结构最重要的方法之一。SDH传送网也是分层的，从垂直方向，自上而下分别为电路层、通道层和传输介质层（又分为段层和物理层），如图6-17所示。每一层网络为其相邻的高一层网络提供传送服务，同时又使用相邻的低一层网络所提供的传送服务。提供传送服务的层称为服务者（Server），使用传送服务的层称为客户（Client），因而相邻的层网络之间构成了客户/服务者关系。

传送网分层有什么好处呢？

将传送网分为独立的3层，每层能在与其他层无关的情况下单独被规定，可以较简便地对每层分别进行设计与管理；每层都有自己的操作和维护能力，从网络的观点来看，可以灵活改变某一层而不会影响到其他层。

（1）电路层

涉及电路层接入点之间的信息传送，直接为用户提供通信业务，如电路交换业务、分组交换业务、租用线业务和B-ISDN虚通路等。

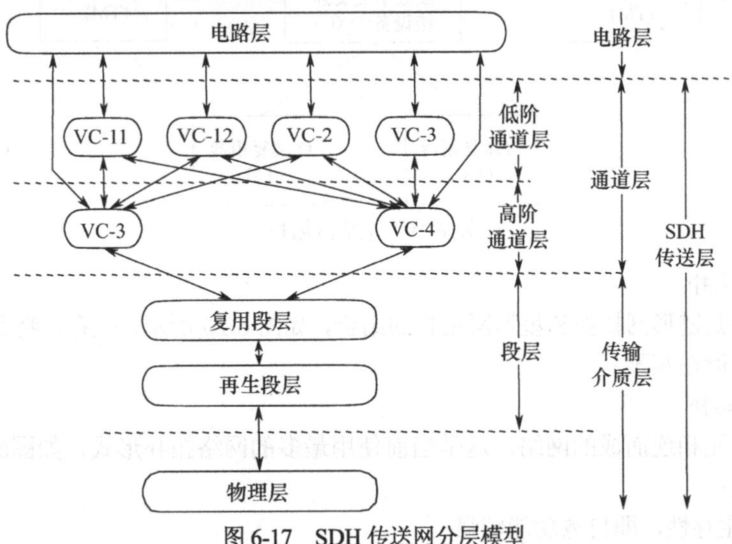

图 6-17 SDH 传送网分层模型

（2）通道层

用于通道层接入点之间的信息传递并支持不同类型的电路层，为电路层提供传送服务，其提供传输链路的功能与PDH中的2Mb/s、34Mb/s和140Mb/s，SDH中的VC-11、VC-12、VC-2、VC-3和VC-4功能类似。SDH传送网中的通道层网络还可进一步分为高阶通道层和低阶通道层。

（3）传输介质层

为通道层网络节点提供合适的通道容量，并且可以进一步分为段层和物理层。段层用于保证通道层的两个节点间信息传递的完整性。物理层指具体支持段层的传输介质，如光缆或微波。

6.7.2 SDH 网络拓扑结构

SDH网络是由SDH网元设备通过光缆互联而成的，网络节点网元和传输线路的几何排列就构成了网络的拓扑结构。网络的拓扑结构的影响因素有利用率、可靠性和经济性。SDH网络常见的拓扑结构如下。

1．链形网拓扑

所有节点一一串联而成的网络，如图6-18所示。特点是较经济，早期用于专网中。

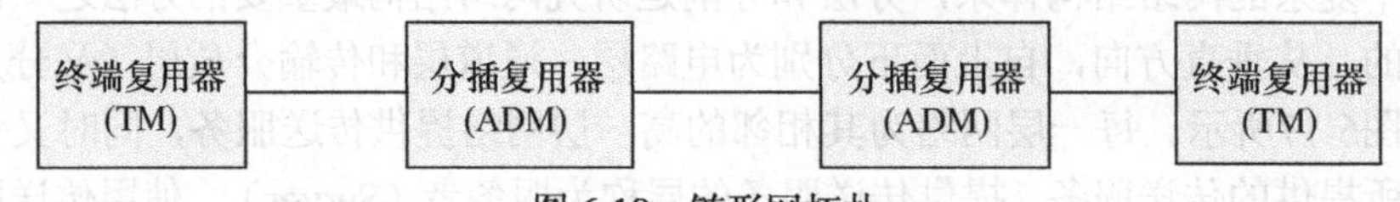

图 6-18 链形网拓扑

2．星形网拓扑

将网中某一网元作为特殊节点与其他各网元相连，其他各网元互不相连，网元的业务都要经过这个特殊节点转接，如图6-19所示。

星形网拓扑的特点是可通过特殊节点来统一管理其他网络节点，有利于分配带宽、节约成本，但存在特殊节点的安全保障和处理能力的潜在瓶颈问题。此种拓扑多用于本地网（接入网和用户网）。

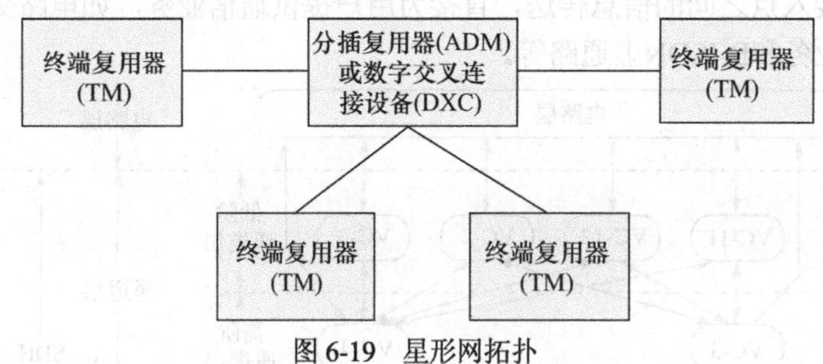

图 6-19 星形网拓扑

3．树形网拓扑

树形网拓扑是链形网拓扑和星形网拓扑的结合，如图 6-20 所示。也存在特殊节点的安全保障和处理能力的潜在瓶颈。

4．环形网拓扑

所有节点首尾相连而成的网络，这是当前使用最多的网络拓扑形式，如图6-21所示。环形网拓扑的特点是：

① 很强的生存性，即自愈功能较强；

② 常用于本地接入网和用户局间中继网。

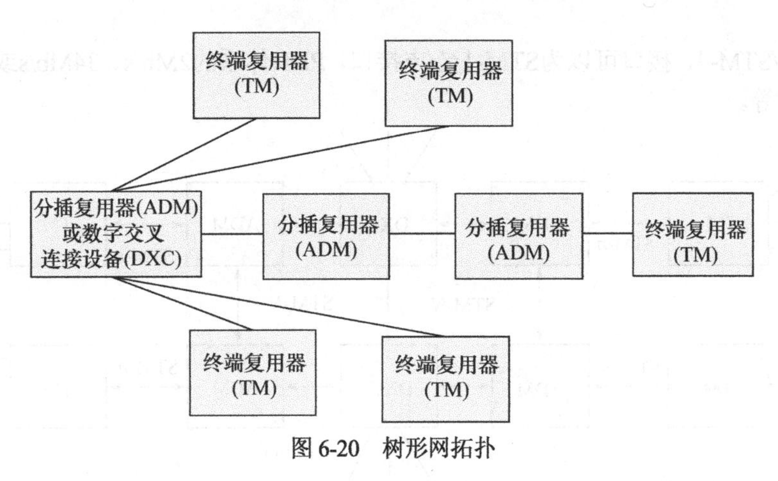

图 6-20　树形网拓扑

当某节点发生故障或光缆中断时，环形网仍能维持一定的通信能力。所以，SDH环形网目前得到广泛应用。

5. 网孔形网拓扑

节点两两相连就形成了网孔形网拓扑，如图6-22所示。特点是两节点间提供多个传输路由，使网络的可靠性更强，不存在瓶颈问题和失效问题。但是由于系统的冗余度高，必会使系统的有效性降低，成本高且结构复杂。网孔形网主要用于长途网中，以提供网络的高可靠性。

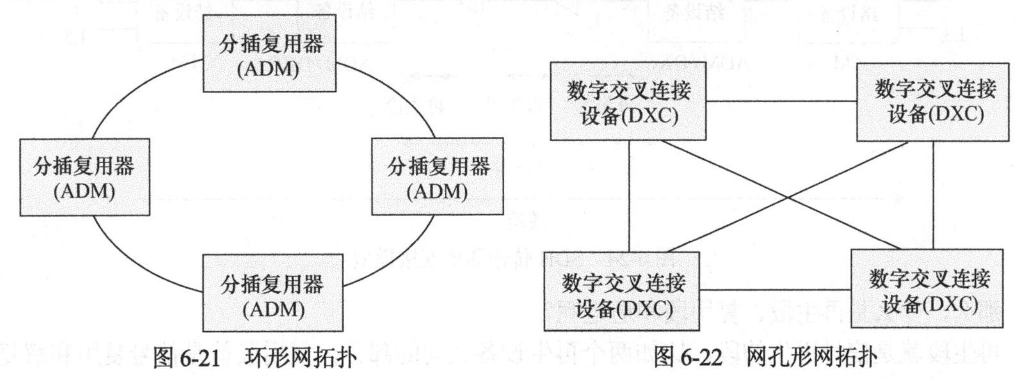

图 6-21　环形网拓扑　　　　图 6-22　网孔形网拓扑

SDH 通过 ADM 和 DXC 等，可以构成更为复杂的网孔形网。这种 SDH 网络的主要特点是端到端之间存在一条以上的路径，可同时构成一条以上的传输通道，通过 DXC 的灵活配置，使网络具有更好的抗毁性和更高的可靠性。

6.7.3　SDH 传送网

1. SDH 传送网结构

SDH 不仅适合于点对点传输，而且适合于多点之间的网络传输，图 6-23 给出 SDH 传送网典型的拓扑结构。

SDH 传送网由 SDH 终接设备（终端复用器，TM）、分插复用器（ADM）、数字交叉连接设备（DXC）等网络单元及连接它们的光纤物理链路构成。

高速光纤链路 STM-16 或 STM-64 等连接可形成一个大容量、高可靠的网状骨干网结构。由 DXC 和 ADM 组成 STM-4/STM-16/STM-64 的自愈环，这些环具有很强的生存性，又具有业务疏导能力。

接入网由于处于网络的边界处，业务容量要求低且大部分业务量汇集于一个节点端局上，速率为STM-1/STM-4，接口可以为STM-1光/电接口，PDH体系的2Mb/s、34Mb/s或140Mb/s接口及城域网接口等。

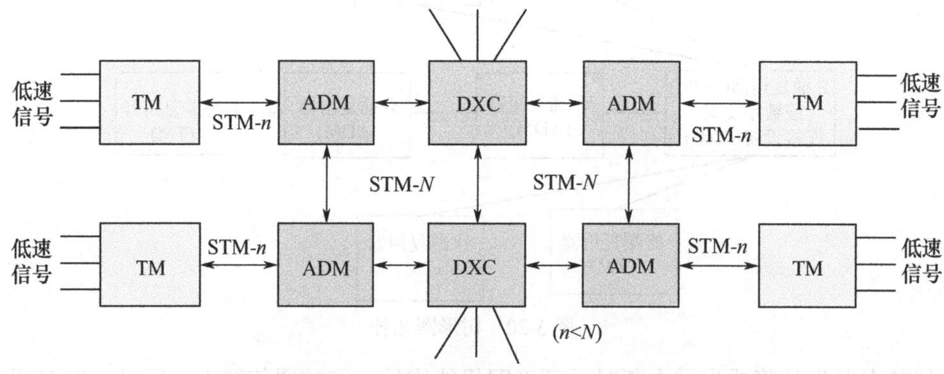

图 6-23　SDH 传送网典型的拓扑结构

2. SDH 传输通道连接模型

通过 DXC 的交叉连接作用，在 SDH 传送网内可提供多条传输通道，每条通道都有相似的结构，其连接模型如图 6-24 所示。

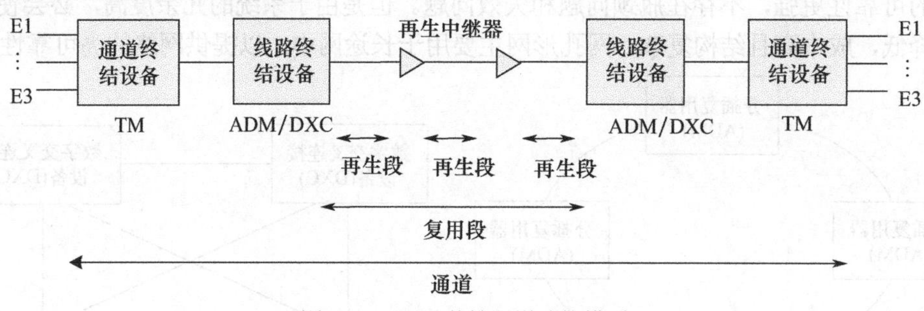

图 6-24　SDH 传输通道连接模型

那么，什么是再生段、复用段和通道呢？

再生段就是信号再生的段，比如两个再生设备之间的部分。复用段就是信号复用和解复用的段，比如两个 ADM 之间的部分。再生段只处理 STM-*N* 帧的 RSOH，复用段处理 STM-*N* 帧的 RSOH 和 MSOH。通道由一个或多个复用段构成，而每个复用段又由若干个再生段串接而成。

6.7.4　SDH 网络自愈和保护

1. 自愈含义

随着网上传输的信息越来越多，信号的传输速率越来越快，一旦网络出现故障，将对整个社会造成极大的破坏，因此网络的生存能力，即网络的安全性是首要考虑的问题，大规模的光纤网络必须具备有效的自愈（Self-healing）机制。

所谓自愈，是指在网络发生故障，如光纤断开时，无须人为干预，在极短的时间内（ITU-T规定为50ms以内），使业务自动从故障中恢复传输，从而使用户几乎感觉不到网络出了故障。

网络自愈的基本原理是网络要具备发现替代传输路由并重新建立通信的能力。替代路由可采用备用设备或利用现有设备中的冗余能力，以满足全部或指定优先级业务的恢复。自愈仅是通过备用信道将失效的业务恢复，而不涉及具体故障的部件和线路的修复或更换，所以故障点的修复仍需人工干预才能完成，比如断了的光缆还需人工接好。

在SDH中，定义了1+1保护和1:*n*保护，分别如图6-25（a）、（b）所示。

（1）1+1保护

业务信号在工作通道和保护通道同时发送，接收端选择优质信号进行接收，即“并发选收”，或者“双发选收”。此保护方式的特点是同一信号使用不同光路，比较浪费资源，不需要APS协议，倒换时间不超过10ms，保护切换点发生在接收端。

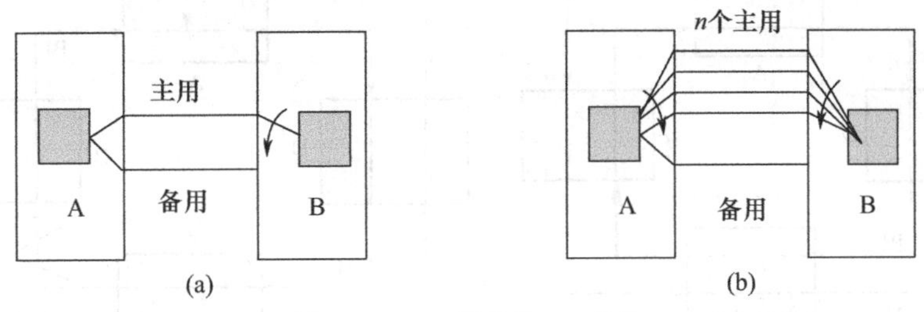

图 6-25 1+1 保护和 1:n 保护

（2）1:n保护

这种保护下，有n条工作通道，一条保护通道同时保护n条工作通道。在保护通道没有业务或传送一些不保护的业务，保护切换点同时发生在发送端和接收端，同时只能保护n条工作通道中的一条。这里要说的是，1: n保护中，n最大只能到14，为什么呢？这是由K1字节的b5～b8限定的。K1字节的b5～b8（0001～1110，1～14）指示要求倒换的主用信道编号。

目前环形网用得最多，这是因为环形网具有较强的自愈功能。自愈环（SHR）的分类如下：

- 按环上业务的方向，分为单向环、双向环；
- 按网元节点间的光纤数，分为二纤环、四纤环；
- 按保护的业务级别，分为通道保护环、复用段保护环。

通道保护环和复用段保护环是有区别的，要注意对比理解二者的不同。对于通道保护环业务的保护，是以通道为基础的，也就是保护的是STM-N信号中的某个VC（某一路PDH信号），倒换与否按环上的某一通道信号的传输质量来决定，通常利用接收端是否收到简单的ITU-AIS（告警指示信号）信号来决定该通道是否应进行倒换。

复用段保护环是以复用段为基础的，倒换与否是根据环上传输的复用段信号的质量决定的，倒换是由K1、K2（b1～b5）字节所携带的APS协议来启动的。当复用段出现问题时，环上整个STM-N或1/2STM-N的业务信号都切换到备用信道上。复用段保护倒换的条件是LOF、LOS、MS-AIS、MS-EXC告警信号。

通道保护环往往是专用保护，在正常情况下，保护通道也传送主用业务（业务的1+1保护），信道利用率不高。复用段保护环使用公用保护，正常时主用信道传送主用业务，备用信道传送额外业务（业务的1:1保护），信道利用率高。

2．环状网络的保护

（1）二纤单向通道保护环

二纤通道保护环是由两根光纤组成两个环，其中一个为主环S1，一个为备环P1，如图6-26所示，其特征是“并发选收”，通道业务的保护是1+1保护。

网络正常工作时，若环形网中网元A与C互通业务，网元A和C都将上环的支路业务并发到环S1和P1上，S1和P1上的所传业务相同且流向相反，S1为顺时针，P1为逆时针。在网络正常时，网元A和C都选收主环S1上的业务，主环业务由S1光纤传送，信号路径为A→B→C。

如果B、C间的光缆被切断，网元A到网元C的业务由于B、C间光缆断开，AC业务传不过来，这时网元C就会收到S1环上的TU-AIS告警信号，立即倒换，选收备环P1上的C到A的业务，于是

A到C的业务得以恢复，信号路径为A→D→C。

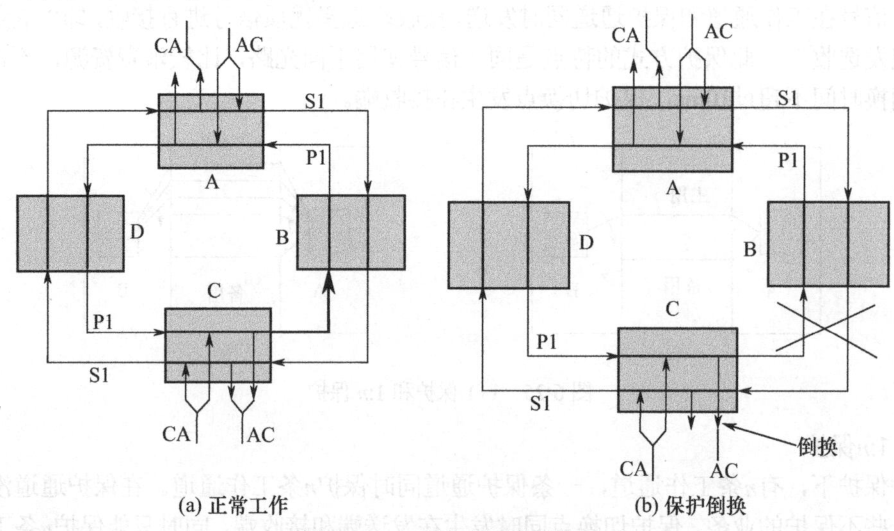

图 6-26　二纤单向通道保护环

网元C到网元A的业务，由于B、C间光缆断开，P1业务中断，但网元A默认选收主环S1上的业务，这时网元C到网元A的业务并未中断，即信号路径为C→D→A。

（2）二纤单向复用段保护环

以4个站A、B、C、D组成环路为例，如图6-27所示。主环S1上传主用业务，备环P1上传备用业务（备用业务是指其他额外业务），因此复用段保护环上业务的保护方式为1:1保护，有别于通道保护环。

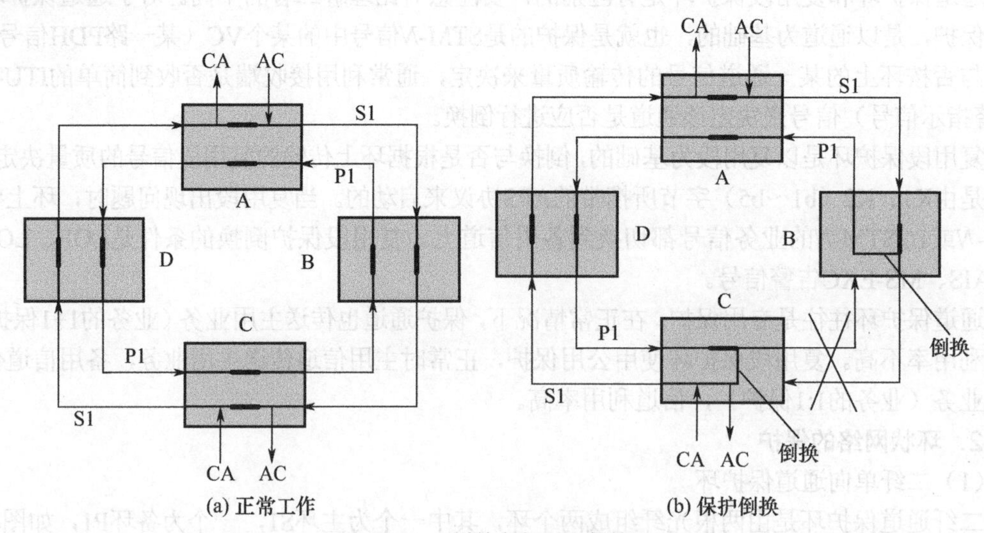

图 6-27　二纤单向复用段保护环

在环路正常时，网元A往主环S1上发送到网元C的主用业务，信号路径为A→B→C，往备环P1上发送到网元C的备用业务，信号路径为A→D→C，网元C从主环S1上接收网元A发来的主用业务，从备环P1上接收网元A发来的备用业务。网元C到网元A业务的互通与此类似。

当B、C间的光纤都被切断时，在故障端点的两网元B、C都产生一个倒换功能。网元A到网元C的主用业务先由网元A发到S1主环上，到故障端点B处环回到P1备环上，这时P1备环上的额外业务被清除，改传网元A到网元C的主用业务，经A、D网元穿通，由P1备环传到网元C，信号路径为A→B倒换→D→C倒换。

此时网元C到网元A的主用业务的传输与正常时无异。需要注意，此时备用业务已被清除，C→D→A的主用业务的保护通道已中断。

（3）四纤双向复用段保护环

四纤双向复用段保护环由4根光纤组成，分别为S1、P1、S2、P2，如图6-28所示。其中，S1、S2为主纤，传送主用业务，P1、P2为备纤，传送备用业务，其中S1与S2光纤的业务流向相反。

在环形网正常工作时，网元A到网元C的主用业务从S1光纤经网元B到网元C，网元C到网元A的业务经S2光纤经网元B到网元A。网元A与网元C的备用业务分别通过P1和P2光纤传送。网元A和网元C通过接收主纤上的业务互通两网元之间的主用业务，通过接收备纤上的业务互通两网元之间的备用业务。

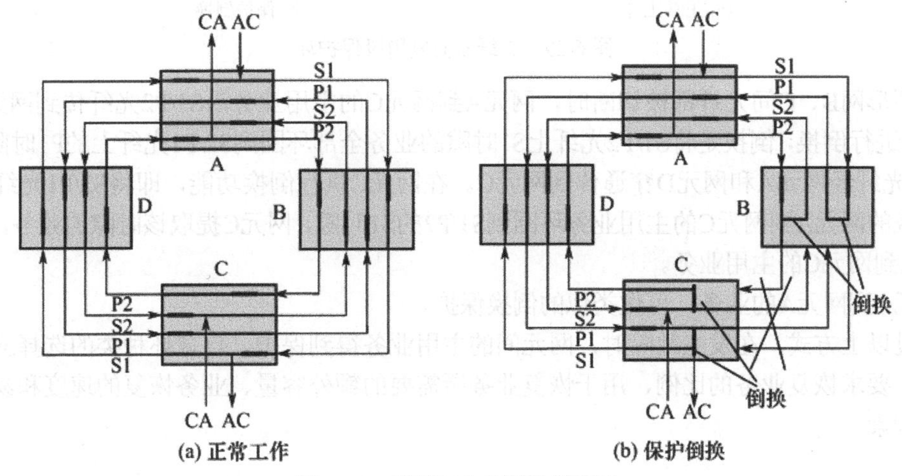

图 6-28　四纤双向复用段保护环

当B、C间光纤均被切断，在故障两端的网元B、C的光纤S1和P1、S2和P2都有一个倒换功能。这时网元A到网元C的主用业务沿S1光纤传到网元B处，在网元B执行倒换功能，将S1光纤上的网元A到网元C的主用业务环到P1光纤上传输，P1光纤上的备用业务被中断，经网元A和网元D穿通传到网元C。在网元C处，P1光纤上的业务环回到S1光纤上（故障端点的网元执行环回功能），网元C通过收主纤S1上的业务接收到网元A到网元C的主用业务。

系统发生类似的倒换，网元C到网元A的主用业务得到保护。四纤双向复用段保护环由于要求系统有较高的冗余度，4纤和双ADM，成本较高，故用得并不多。

（4）二纤双向复用段保护环

四纤双向复用段保护环的成本较高，出现了二纤双向复用段保护环，它们的保护机理相类似，采用双纤方式，网元节点只用单ADM即可，所以得到了广泛的应用。二纤双向复用段保护环利用时隙交换技术，可以使S1和P2信号都置于一根光纤（称S1/P2光纤）中，例如S1/P2光纤的一半时隙用于传送业务信号，另一半时隙留给保护信号。同样，S2和P1上的信号也可以置于一根光纤（称S2/P1光纤）中，如图6-29所示。

在网络正常情况下，网元A到网元C的主用业务放在S1/P2光纤的S1时隙（对于STM-16系统，只能放在STM-*N*的前8个时隙1#～8# STM-1中），备用业务放于P2时隙（对于STM-16系统，只能放在9#～16# STM-1中），沿光纤S1/P2由网元B穿通传到网元C，网元C从S1/P2光纤上的S1、P2时隙分别提取出主用、备用业务。网元C到网元A的主用业务放于S2/P1光纤的S2时隙；备用业务放于S2/P1光纤的P1时隙，经网元B穿通传到网元A，网元A从S2/P1光纤上提取相应的业务。

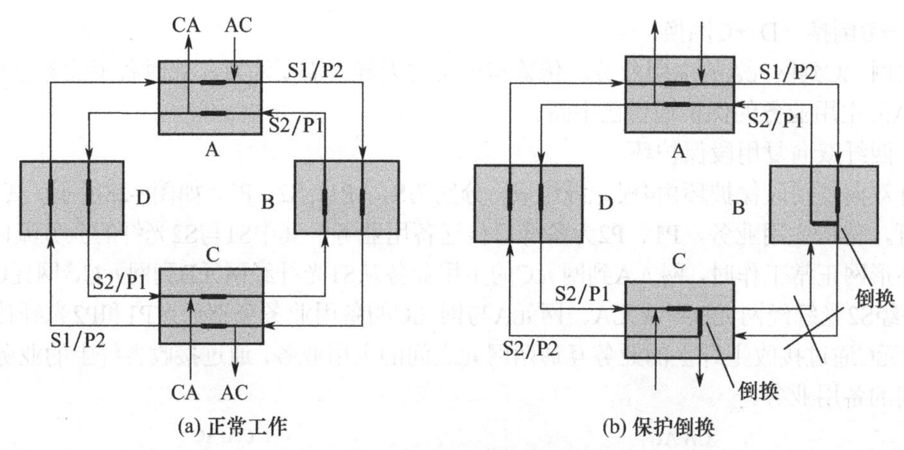

图 6-29　二纤双向复用段保护环

当环形网B、C间光纤都被切断时，网元A到网元C的主用业务沿S1/P2光纤传到网元B。在网元B处进行倒换，倒换是将S1/P2光纤上S1时隙的业务全部环回到S2/P1光纤上的P1时隙，然后沿S2/P1光纤经网元A和网元D穿通传到网元C。在网元C执行倒换功能，即将S2/P1光纤上的P1时隙所载的网元A到网元C的主用业务环回到S1/P2的S1时隙，网元C提取该时隙的业务，完成接收网元A到网元C的主用业务。

网元C到网元A的业务，可做类似的倒换保护。

通过以上方式，在发生故障时，网元间的主用业务得到保护。自愈环种类的选择应考虑初建成本、要求恢复业务的比例、用于恢复业务所需要的额外容量、业务恢复的速度和易于操作维护等因素。

6.8　同步与定时

同步问题是 SDH 同步网中最重要的问题之一，只有保证网同步，才可以借助于指针灵活实现支路信号的分插复用。

同步指数字通信网中运行的所有设备的时钟在频率或相位都控制在预先确定的容差范围内，以免由于数字传输系统中信息比特的溢出和取空而导致传输损伤。数字通信网中，要保证发送端在发送数字脉冲信号时将脉冲放在特定的时间位置上，即特定的时隙中，而接收端要能在特定的时间位置处将该脉冲提取解读以保证收、发两端的正常通信。而这种保证收、发两端能正确地在某一特定时间位置上提取/发送信息的功能则是由收、发两端的定时时钟来实现的。

1. 时钟类型

根据时钟精度，时钟分为3级。

（1）1级时钟：频率准确度优于$\pm 1\times 10^{-11}$

用于基准主时钟（PRC）为国家时钟基准源；用于区域基准时钟（LPR）设置在省、自治区和直辖市的通信中心。

（2）2级时钟：频率准确度优于$\pm 1.6\times 10^{-8}$

设置在省、自治区和直辖市通信大楼、地市级长途大楼及重要汇接局。

（3）3级时钟：频率准确度优于$\pm 4.6\times 10^{-6}$

未设置1、2级时钟的汇接局和端局都应设置3级时钟。

SDH 同步网的时钟种类有以下几种。

① 铯原子钟：长期频率稳定度和准确度很高的时钟，其长期频率准确度优于 1×10^{-11}，但短期频率稳定度不够理想。

② 石英晶体振荡器：廉价时钟源，可靠性高，但是长期频率稳定度不好。

③ 铷原子钟：稳定度、准确度和成本介于上述两种时钟之间。频率可调范围大于铯原子钟，长期频率稳定度比铯原子钟低一个量级左右，但有出色的短期频率稳定度和低成本特性，寿命约 10 年。

2．同步方式

同步有两种方式：伪同步和主从同步。

伪同步指数字通信网中各数字交换局在时钟上相互独立毫无关联，而各数字交换局的时钟都具有极高的准确度和稳定度（一般用铯原子钟）。由于时钟准确度高，网内各局的时钟虽不具有完全相同的频率和相位，但误差很小，接近于同步，于是称之为伪同步。

主从同步指网内设一主局（配有高准确度时钟），网内各局均受控于该主局，即跟踪主局时钟以主局时钟为定时基准，并且逐级下控直到网络中的终端局。

伪同步方式用于国际数字网之间，例如中国和美国的国际局均各有一个铯时钟。主从同步方式用于一个国家或地区内部的数字网。

为了增加主从定时系统的可靠性，可在网内设一个副时钟，采用等级主从同步方式。我国的同步网结构采用等级主从同步与伪同步相结合的方式，又称分布定时方式，其中主时钟在北京，副时钟在武汉。

① 用设在北京的符合G.811的基准主时钟（PRC）分级下控，直到最低一级的从时钟，符合等级主从同步方式。

② 把全国划分为几个同步区，每个同步区设一个区域基准时钟（LPR）。LPR既可以接收PRC信号，又可以接收GPS或者我国北斗时钟信号，因各同步区的LPR有微小差异，但误差极小，接近于同步，故又称为伪同步方式。

6.9　SDH 光传输设备——OptiX OSN 1500

SDH 光传输设备是一种将复接、线路传输及交换功能融为一体，并由统一网管系统操作的综合信息传送网络设备。SDH 光传输设备可实现网络有效管理、实时业务监控、动态网络维护等。不同厂商的设备间能互联互通，大大提高了网络资源的利用率，降低了管理及维护费用。下面简要介绍华为的 OptiX OSN 1500。

1．概述

OptiX OSN 1500 SDH 智能光传输系统设备子架如图 6-30 所示，包括有关信号的接入模块，可与 OptiX OSN 9500、OptiX 10G、OptiX Metro 3000、OptiX Metro 1000 混合组网，优化运营商的投资、降低建网成本。

OptiX OSN 1500 的绝大多数单板是兼容的，可节约初始投资和维护成本。

OptiX OSN 1500 单子架最多支持 2 个 STM-16 的 ADM 及上/下 128 个 2Mb/s 业务，有很强的以太网业务接入与处理能力。

2．OptiX OSN 1500 在城域网中的应用

OptiX OSN 1500 应用于城域网中的接入层，可与 OptiX OSN 9500、OptiX OSN 7500、OptiX OSN 3500、OptiX OSN 3500 II、OptiX OSN 2500、OptiX OSN 2500 REG、OptiX 2500+（Metro 3000）、OptiX 155/622H（Metro 1000）等光传输设备混合组网，如图 6-31 所示。

图 6-30　OptiX OSN 1500 SDH 智能光传输系统设备子架

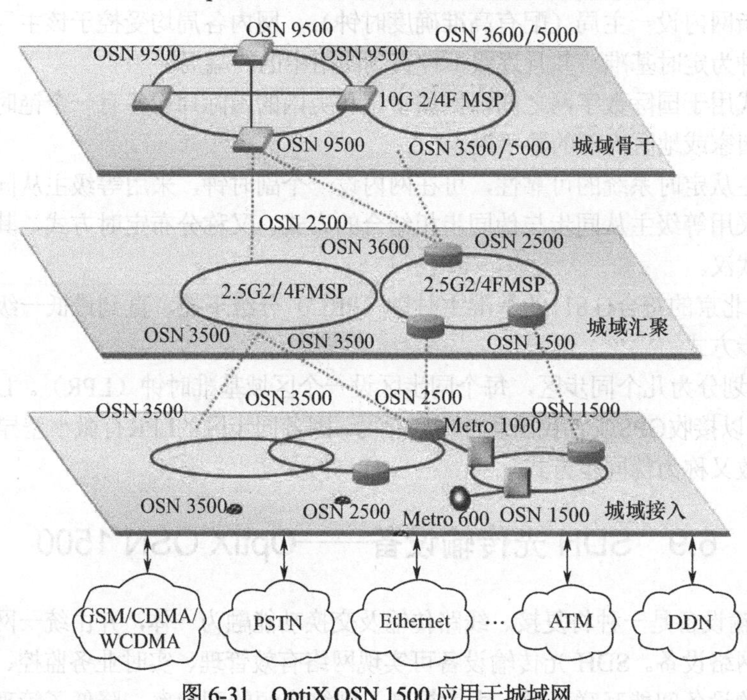

图 6-31　OptiX OSN 1500 应用于城域网

6.10　数字光纤通信系统性能与设计

6.10.1　数字传输参考模型

在进行数字光纤通信系统设计时，需要考虑技术和经济等多方面的因素，其中首要的因素是系统的传输性能。系统传输性能的设计规定了系统各部分设备的性能，以保证把它们构成一个完整的系统时，仍然能满足总的传输性能要求。数字光纤通信系统是数字通信网的一个重要组成部分，数字光纤通信系统的性能当然要满足整个数字通信网对传输性能的要求。

一个通信连接是通信网中从用户至用户建立的端到端的连接，包括参与交换和传输的各部分，如用户线、终端设备、交换机、传输系统等。实际的连接情况比较复杂，通常找出通信距离长、结构复杂、传输质量预计差的连接作为传输质量的核算对象。只要这种连接的传输质量能满足要求，那么通信距离较短、结构较简单的通信连接肯定能保证传输质量。为此，需要确定一个合适的传输模型，以便对数字网的主要传输损伤的来源进行研究，确定系统全程的性能指标，并根据传输模型对这些指标进行合理分配，从而为系统传输设计提供依据。ITU-T G.801建议中提出了一个数字传输参考模型，称为假设参考连接（HRX），如图 6-32 所示。最长的标准数字 HRX 为 27500km，它是两个用户网络接口 T 参考点之间的 64kb/s 信号的全数字连接。考虑到大国与小国不同，还考虑到国内长途电话与国际长途电话是同等质量的电路，因此不区分国内与国际部分各占多少，只规定每个国内部分包含 5 段电路，国际部分包含 4 段电路，共 14 段电路串联而成。

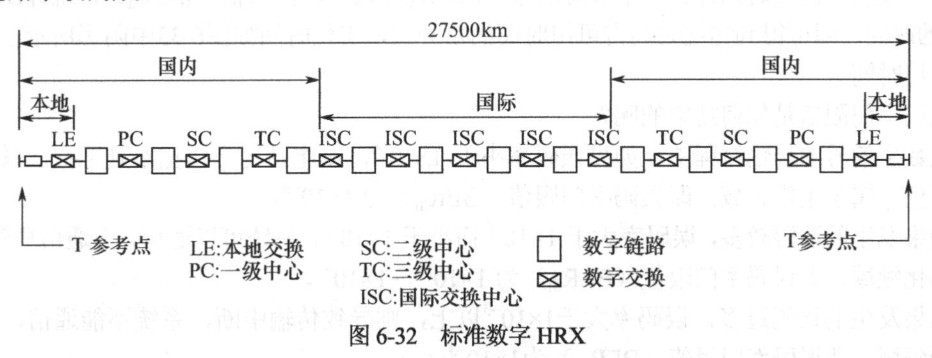

图 6-32　标准数字 HRX

为了便于进行数字信号传输劣化的研究（如误码率、抖动、漂移、时延等），保证全程通信质量，必须规定由各种不同形式的传输组成部分（如传输系统、复分接设备等）所构成的网络模型，即假设参考数字链路（HRDL）。HRDL是HRX的一个组成部分，标准数字HRX的总性能指标按比例分配给HRDL，使系统设计大大简化。建议的HRDL长度为2500km，但由于各国国土面积不同，采用的HRDL长度也不同，例如我国采用5000km，美国和加拿大采用6400km，而日本采用2500km。

为适应传输系统性能规范，保证全线质量和管理维护方便，引入了假设参考数字段（HRDS）。ITU-T建议用于长途传输的HRDS长度为280km，用于市话中继的HRDS长度为50km。我国数字网性能是以HRDS来分配的，依据GB/T 15941—2008规定，我国长途网光缆数字线路系统中，一级干线HRDS为420km，二级干线HRDS为280km；中继网光缆数字线路系统的HRDS为50km。

HRDS的性能指标从HRDL的指标分配中得到，一般情况下按HRDS来进行网络和系统的设计。

6.10.2　性能指标

数字光纤通信系统的性能指标有比特率、传输距离和误码率等，其中误码率是保证传输质量的基本指标。影响SDH传送网性能的主要传输损伤包括误码、抖动和漂移等，工程中可用SDH/PDH数字传输分析仪等设备测量系统的性能指标。

1．误码特性

（1）误码率

误码率是指在特定的一段时间内，所接收到的数字码元误差数与在同一时间内所收到的数字码元总数之比。对于二进制数字系统来说，误码率实际上指的是误比特率（BER，Bit Error Rate）。

用长期平均误码率来评定误码，即用较长的时间内平均误码率不超过某一定值来衡量误码性能，仅适用于误码是单个随机发生的情况。实际上，误码率是随时间变化的，长期平均误码率只给出一个平均累积结果。误码的出现往往呈突发性质，且具有极大的随机性，用长时间内的平均误码率来衡量系统性能的优劣，显然不够准确。因此在实际监测和评定中，除平均误码率外，还有一些短期度量误码的参数，比如误码秒与严重误码秒、误块秒与严重误块秒等。

（2）误码的时间百分比

为了能正确反映误码的分布信息，ITU-T G.821建议采用误码时间率的概念来代替平均误码率的评定方法。误码时间率是以误码率超过规定误码率门限值（BER_{th}）的百分数来表示的，即规定一个较长的监测时间T_L、一个较短的采样时间T_0和误码率门限值（BER_{th}），统计BER劣于BER_{th}的时间，即可得到劣化时间占可用时间的百分比，劣化时间如图6-33中阴影所示，其他时间为可用时间。

误码率门限值是如何规定的呢？

在数字信号的传输过程中，如果误码率小于 1×10^{-6}，则电话用户感觉不到干扰，系统可以正常通信，属于正常领域，即误码率门限值（BER_{th}）为 1×10^{-6}。

如果发生的误码较多，误码率大于 1×10^{-6} 而小于 1×10^{-3}，系统可以通信，但通信质量劣化，属于劣化领域，即误码率门限值（BER_{th}）为 1×10^{-6}～1×10^{-3}。

如果发生的误码过多，误码率大于1×10^{-3}以上，则导致传输中断，系统不能通信，属于不可接受领域，即误码率门限值（BER_{th}）为1×10^{-3}。

例如，规定一个较长的监测时间T_L，采样时间T_0=10s，误码率门限值（BER_{th}）为1×10^{-3}，如果在连续10s内，误码率大于1×10^{-3}，为不可用时间，系统处于故障状态；故障排除后，在连续10s内，误码率小于1×10^{-3}，为可用时间。

只要T_0和T_L选择恰当，就可以用误码时间率来评价各种数字信息在单位时间内误码的程度。误码时间率便于实际工程中测量和表征误码性能，是工程中实用的评定方法。

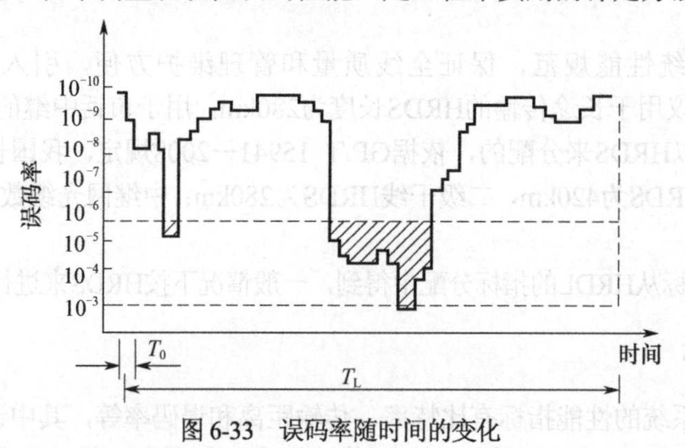

图 6-33　误码率随时间的变化

（3）$N\times64$kb/s数字连接的误码性能

对于目前的电话业务，传输一路PCM电话的速率为64kb/s。ITU-T G.821中定义了两个参数来度量$N\times64$kb/s（$N\leqslant31$）通道、27500km全程端到端连接的数字参考电路的误码性能。

① 误码秒（ES，Errored Second）

选择监测时间T_L为1个月，采样时间T_0为1s，BER_{th}=0，定义凡是出现误码（即使只有1位）的秒数称为误码秒。HRX指标要求误码秒占可用秒的百分数小于8%，如表6-7所示。

② 严重误码秒（SES，Severely Errored Second）

由于某些系统会出现短时间内大误码率的情况，严重影响通话质量，因此引入严重误码秒这个参数。选择监测时间T_L为1个月，采样时间T_0为1s，误码率大于1×10^{-3}的秒数称为严重误码秒（SES）。对于64kb/s的数字信号，BER=1×10^{-3}，相当于每秒平均有64比特发生错误，所以也可以这样理解，当某一秒内出现64个或64个以上的误码时，就称为一个严重误码秒。HRX指标要求严重误码秒占可用秒的百分数小于0.2%，如表6-7所示。

表6-7　误码率参数和HRX的误码率指标

误码率参数	指标	长期平均误码率
误码秒（ES）	ES占可用时间比例<8%	$<1.3\times10^{-6}$
严重误码秒（SES）	SES占可用时间比例<0.2%	$<3\times10^{-5}$

（4）高比特率数字通道的性能

高比特率数字通道中，由于数据传输是以块的形式进行的，其长度不等，可以是几十比特，也可能长达数千比特，然而无论其长短，只要出现误码，即使仅出现1比特的错误，该数据块也必须进行重发。

目前高比特率通道的误码性能是以块为单位进行度量的（B1、B2、B3监测的均是误码块）。当块中的比特发生传输差错时，称此块为误块。

对于高比特率数字通道的性能，ITU-T G.826定义的误码性能参数主要有：误块秒比（ESR）、严重误块秒比（SESR）和背景块误码比（BBER）。

① 误块秒比（ESR）

当某一秒中发现1个或多个误码块时，称该秒为误块秒。在规定的测量时间段内，出现的误块秒总数与总的可用时间之比，称为误块秒比。

② 严重误块秒比（SESR）

某一秒内包含不少于30%的误块，或者至少出现一个缺陷时，认为该秒为严重误块秒（SES）。在规定的测量时间段内，出现的SES总数与总的可用时间之比称为严重误块秒比。

严重误块秒一般是由于脉冲干扰产生的突发误块，所以SESR往往反映出设备的抗干扰能力，也可以反映系统的抗干扰能力。SESR通常与环境条件和系统自身的抗干扰能力有关，而与速率关系不大，因此不同速率的SESR相同。

③ 背景误块和背景误块比

扣除不可用时间和SES期间出现的误块后剩下的差错块称为背景误块（BBE）。BBE数与在一段测量时间内扣除不可用时间和SES期间内所有块数后的总块数之比称为背景误块比（BBER）。

若测量时间较长，则BBER往往反映的是设备内部产生的误码情况，与设备采用器件的性能稳定性有关。

由于计算BBER时，已扣除了大突发性误码的情况，因此该参数大体反映了系统的背景误码水平。由上面的分析可知，在3个指标中，SESR指标最严格，BBER最宽松，因而只要通道满足ESR指标的要求，必然BBER指标也能得到满足。

ITU-T将数字链路等效为全长27500km的假设数字参考链路，并为链路的每一段分配最高误码性能指标，以便使主链路各段的误码情况在不高于该标准的条件下连成串后，满足数字信号端到端27500km正常传输的要求。

表6-8至表6-10分别列出了420km、280km和50km HRDS在不同传输速率情况下应满足的误码性能指标。

表 6-8　420km HRDS 误码性能指标

传输速率（kb/s）	155520	622080	2488320
误块秒比（ESR）	3.696×10^{-3}	待定	待定
严重误块秒比（SESR）	4.62×10^{-5}	4.62×10^{-5}	4.62×10^{-5}
背景误块比（BBER）	2.31×10^{-6}	2.31×10^{-6}	2.31×10^{-6}

表 6-9　280km HRDS 误码性能指标

传输速率（kb/s）	155520	622080	2488320
误块秒比（ESR）	2.64×10^{-3}	待定	待定
严重误块秒比（SESR）	3.08×10^{-5}	3.08×10^{-5}	3.08×10^{-5}
背景误块比（BBER）	3.08×10^{-6}	1.54×10^{-6}	1.54×10^{-6}

表 6-10　50km HRDS 误码性能指标

传输速率（kb/s）	155520	622080	2488320
误块秒比（ESR）	4.4×10^{-4}	待定	待定
严重误块秒比（SESR）	5.5×10^{-6}	5.5×10^{-6}	5.5×10^{-6}
背景误块比（BBER）	5.5×10^{-7}	2.7×10^{-7}	2.7×10^{-7}

2．抖动特性

在理想情况下，数字信号在时域上的位置是确定的，即在预定的时间位置上将会出现数字脉冲（1 或 0）。然而由于种种非理想的因素，会导致数字信号偏离它的理想时间位置，如图 6-34 所示，我们将数字信号的特定时刻（如最佳采样时刻）相对其理想时间位置的短时间偏离称为定时抖动，简称抖动。偏差时间范围称为抖动幅度；偏差时间间隔对时间的变化率称为抖动频率。

抖动的单位用符号 UI（Unit Interval，单位间隔）表示。当数字信号为二进制比特流时，它在数值上等于传输速率的倒数。如偏差时间间隔为 0.5ns，码元周期为 7.18ns（140Mb/s），则抖动为 0.5/7.18=0.07UI。

产生抖动的机理是比较复杂的，如系统中的各种噪声（热噪声、散粒噪声及倍增噪声等），码间干扰现象、时钟的不稳定及 SDH 中的映射、指针调整等。抖动会对传输质量甚至整个系统的性能产生恶劣影响，如使信号发生失真、使系统的误码率上升及产生或丢失比特导致帧失步等。

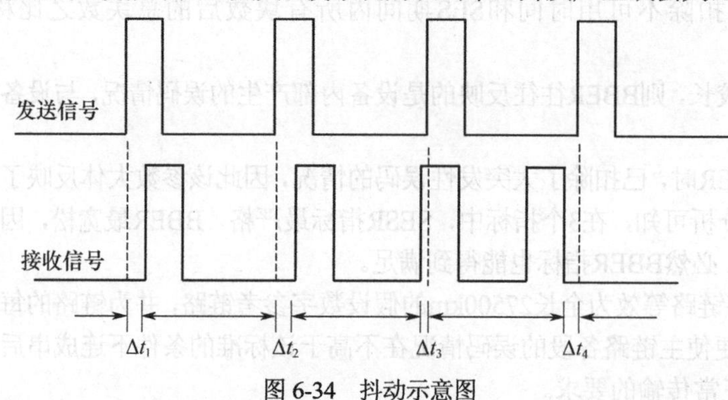

图 6-34　抖动示意图

抖动难以完全消除，为了保证系统正常工作，根据 ITU-T 的建议和我国国家标准的规定，抖动特性包括 3 项性能指标：输入抖动容限、输出抖动容限、抖动转移特性。

抖动容限一般用峰-峰抖动 UI_{pp} 来描述，它是指某个特定的抖动比特的时间位置相对于该比特无抖动时的时间位置的最大偏离。

（1）输入抖动容限

系统的输入接口容许输入信号最大抖动的范围称为输入抖动容限，它衡量的是数字设备接口适应数字信号抖动的能力。

输入抖动容限分为PDH输入（支路口）抖动容限和STM-*N*输入（线路口）抖动容限。PDH输入抖动容限是指在使设备不产生误码的情况下，该输入接口所能承受的最大输入抖动值；STM-*N*输入抖动容限定义为能使光设备产生1dB光功率代价的正弦峰-峰抖动值。

（2）输出抖动容限

当输入接口无抖动时，输出接口的抖动特性称为输出抖动，它衡量的是系统输出接口的信号抖动。与输入抖动容限类似，输出抖动容限也分为 PDH 输出（支路口）抖动容限和 STM-*N* 输出（线路口）抖动容限。SDH 设备的 PDH 输出抖动应保证在 SDH 网元下 PDH 业务时，所输出的抖动能使接收此 PDH 信号的设备所承受；STM-*N* 输出抖动应保证接收此 STM-*N* 信号的 SDH 网元能承受。

PDH 输入抖动和漂移的幅频特性如图 6-35 所示，不同传输速率时，其指标值如表 6-11 所示。

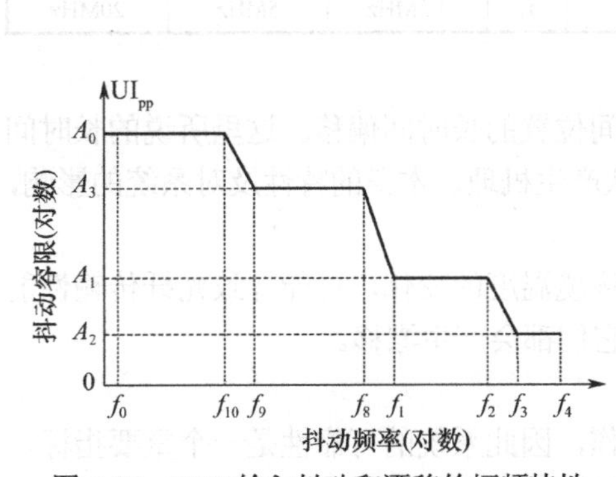

图 6-35　PDH 输入抖动和漂移的幅频特性

表 6-11　PDH 输入抖动和漂移容限指标

参数值 \ 速率		2048kb/s	8448kb/s	34368kb/s	139264kb/s
UI_{pp}	A_0	36.9	152.0	618.6	2506.6
	A_1	1.5	1.5	1.5	1.5
	A_2	0.2	0.2	0.15	0.075
	A_3	18	*	*	*
频率	f_0	1.2×10^{-5}Hz	1.2×10^{-5}Hz	*	*
	f_{10}	4.88×10^{-3}Hz	*	*	*
	f_9	0.01Hz	*	*	*
	f_8	1.667Hz	*	*	*
	f_1	20Hz	20Hz	100Hz	200Hz
	f_2	2.4kHz	400Hz	1kHz	500Hz
	f_3	18kHz	3kHz	10kHz	10kHz
	f_4	100kHz	400kHz	800kHz	3500kHz
伪随机测试信号 PRBS		$2^{15}-1$	$2^{15}-1$	$2^{23}-1$	$2^{23}-1$

*表示具体数值有待研究。

ITU-T G.825 规定了 SDH 输入抖动容限规范，SDH 输入抖动和漂移的幅频特性如图 6-36 所示，其指标值如表 6-12 所示。

（3）映射抖动和结合抖动

在 PDH/SDH 网络边界处，由于指针调整和映射会产生 SDH 的特有抖动。为了规范这种抖动，采用映射抖动和结合抖动来描述这种抖动情况。映射抖动指在 SDH 设备的 PDH 支路口处输入不同频偏的 PDH 信号，在 STM-*N* 信号未发生指针调整时，设备的 PDH 支路口处输出 PDH 支路信号的最大抖动。结合抖动是指在 SDH 设备线路口处，输入符合 G.783 规范的指针测试序列信号，此时 SDH 设备发生指针调整，适当改变输入信号频偏，设备的 PDH 支路口处输出信号测得的最大抖动。

【深入学习】这里只给出 PDH/SDH 输入抖动容限参数，PDH/SDH 其他抖动容限参数及其测量可参考专门的书籍。

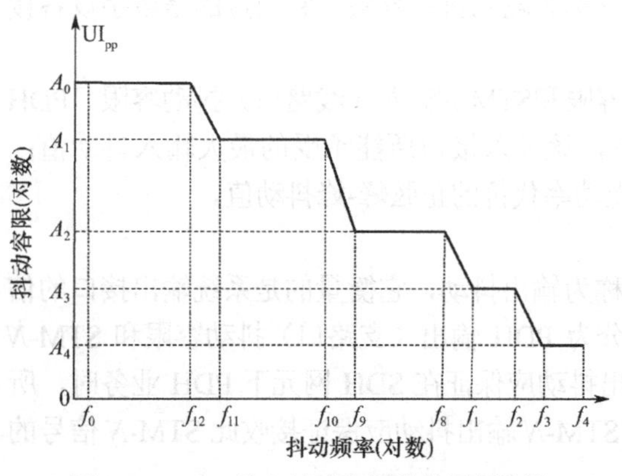

图 6-36 SDH 输入抖动和漂移的幅频特性

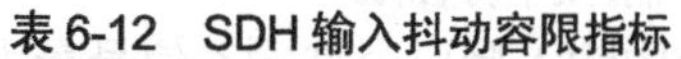

表 6-12 SDH 输入抖动容限指标

参数值 \ 速率		STM-1	STM-4	STM-16
UI_{pp}	A_0	2800	11200	44790
	A_1	311	1244	4977
	A_2	39	156	622
	A_3	1.50	1.50	1.50
	A_4	0.15	1.15	1.15
频率	f_0	1.2×10^{-5}Hz	1.2×10^{-5}Hz	1.2×10^{-5}Hz
	f_{12}	1.78×10^{-4}Hz	1.78×10^{-4}Hz	1.78×10^{-4}Hz
	f_{11}	1.6×10^{-3}Hz	1.6×10^{-3}Hz	1.6×10^{-3}Hz
	f_{10}	1.56×10^{-2}Hz	1.56×10^{-2}Hz	1.56×10^{-2}Hz
	f_9	1.25×10^{-1}Hz	1.25×10^{-1}Hz	1.25×10^{-1}Hz
	f_8	19.3Hz	9.65Hz	12.1Hz
	f_1	500Hz	1kHz	5kHz
	f_2	6.5kHz	25kHz	100kHz
	f_3	65kHz	250kHz	1MHz
	f_4	1.3MHz	5MHz	20MHz

3．漂移

漂移定义为数字脉冲的特定时刻相对于其理想时间位置的长时间偏移。这里所说的长时间是指变化频率低于 10Hz 的变化。与抖动相比，无论从产生机理、本身的特性及对系统的影响，漂移与抖动都不相同。

引起漂移最普遍的原因是环境温度的变化。因为环境温度的变化，可能导致光纤传输性能的变化、时钟变化及激光二极管发射波长的偏移等，它们都会产生漂移。

4．可靠性和可用性

对光纤通信系统的要求是稳定可靠、不间断地工作，因此系统的可靠性是一个重要指标。系统的可靠性直接影响光纤通信系统的使用、维护和经济效益，常用下面的参数表示系统的可靠性。

可靠性的一个参数是平均故障间隔时间，用 MTBF 表示；可靠性的另一个参数是故障率φ，指在单位时间内发生故障（功能失效）的概率，φ的单位为 10^{-9}/h，称为菲特（Fit），1Fit 等于在 10^{-9}h 内发生一次故障的概率。

$$\varphi=\frac{1}{\text{MTBF}} \tag{6-1}$$

系统的可用性是指在给定的时间间隔内处于良好工作状态的能力。系统的可用性A用系统的可用时间与规定的总工作时间的比值来表示，即可用率为

$$A=\frac{\text{可用时间}}{\text{总工作时间}}\times100\%=\frac{\text{MTBF}}{\text{MTBF+MTTR}}\times100\% \tag{6-2}$$

也可以用失效率（系统不可用性）来表示，即失效率为

$$F=\frac{\text{不可用时间}}{\text{总工作时间}}\times100\%=\frac{\text{MTTR}}{\text{MTBF+MTTR}}\times100\% \tag{6-3}$$

其中，MTTR 指不可用时间，即平均故障修复时间。

由于 MTTR 的值比较小，所以式（6-3）近似为

$$F=\frac{\text{MTTR}}{\text{MTBF}}\times 100\% \tag{6-4}$$

$$A=1-F \tag{6-5}$$

光纤通信系统主要包括PCM复用设备、光端机，中继机，光纤、供电设备，备用转换设备等。光纤通信系统多采用热备用系统和自动保护倒换设备来提高系统的可用性，设主用系统为 n 个，备用系统为 m 个，主、备用系统比为 n:m，若单个系统失效率为 F_0，假设各个主用系统的失效率相同，则每个主用系统发生故障的失效率为

$$F_1=\frac{F}{n}=\frac{(n+m)!}{n!(m+1)!}(F_0)^{m+1} \tag{6-6}$$

根据国家标准的规定，具有主、备用系统自动倒换功能的光纤通信系统，容许5000km双向全程每年4次全程故障，对应于420km和280km数字段双向全程分别约为每3年1次和每5年1次全程故障。市内数字光缆通信系统的假设参考数字链路长为100km，容许双向全程每年4次全程故障，对应于50km数字段双向全程每半年1次全程故障。

根据上述标准，以5000km为基准，按长度平均分配给各种数字段长度，相应的全年指标如表6-13所示。

表6-13　光纤通信系统可靠性指标

链路长度（km）	5000	3000	420	280
双向全程年故障次数	4	2.4	0.336	0.224
平均故障间隔时间MTBF（h）	2190	3650	26070	39107
故障率 φ（Fit）	456620	373970	38358	25570
平均故障修复时间MTTR（h）	24	14.4	2.016	1.344
失效率 F（%）	0.274	0.164	0.023	0.015
可用率 A（%）	99.726	99.836	99.977	99.985

对于市内光缆通信系统，若取平均故障修复时间为0.5h，则50km市内光缆通信系统可用性可达99.99%。

6.10.3　光接口性能

SDH长途光缆通信系统的光接口分类应符合ITU-T G.957标准等。STM-1、STM-14、STM-16、STM-64光接口分为两类。第一类是不包括任何光放大器且线路速率低于STM-64的系统，见表6-14；第二类是包括光放大器（功率放大器或前置放大器）及线路速率达到STM-64的系统。

表6-14　光接口分类

应用	局内	短距离局间		长距离局间			超长距离局间	
波长（nm）	1310	1310	1550	1310	1550	1550	1550	
光纤类型	G.652	G.652	G.652	G.652	G.652	G.653	G.652 G.654	G.653
传输距离（km）	≤2	～15		～40	～80		～120	
STM-1	I-1	S-1.1	S-1.2	L-1.1	L-1.2	L-1.3	—	—
STM-4	I-4	S-4.1	S-4.2	L-4.1	L-4.2	L-4.3	E-4.2	E-4.3
STM-16	I-16	S-16.1	S-16.2	L-16.1	L-16.2	L-16.3	E-16.2	E-16.3

I表示局内通信，S表示短距离局间通信，L表示长距离局间通信，E表示超长距离局间通信。

作为例子，表6-15给出STM-16光接口参数。

表 6-15　STM-16 光接口参数

项目		单位	数值							
标称比特率		kb/s	2488320							
应用分类代码			I-16	S-16.1	S-16.2	L-16.1	L-16.1（JE）	L-16.2	L-16.2（JE）	L-16.3
工作波长范围（nm）			1260～1360	1261～1360	1430～1576	1430～1580	1263～1360	1480～1580	1534～1566	1523～1577
发送机在 S 点特性	光源类型		MLM	MLM	MLM	SLM	SLM	SLM	MLM	MLM
	最大均方根谱宽（δ）	nm	4	—	—	—	—	—	—	—
	最大-20dB 谱宽	nm	—	1	<1	1	<1	<1*	<0.6	<1
	最小模抑制比	dB	—	30	30	30	30	30	30	30
	最大平均发送功率	dBm	−3	0	0	+3	+3	+3	+5	+3
	最小平均发送功率	dBm	−10	−5	−5	−2	−0.5	−2	+2	−2
	最小消光比	dB	8.2	8.2	8.2	8.2	8.2	8.2	8.2	8.2
S、R 点间光通道特性	衰减范围	dB	0～7	0～12	0～12	10～24	26.5	10～24	28	10～24
	最大色散	ps/nm	12	NA	*	NA	216	1200～1600	1600	*
	光缆在 S 点的最小回波损耗（含有任何活接头）	dB	24	24	24	24	24	24	24	24
	S、R 点间最大离散反射系数	dB	−27	−27	−27	−27	−27	−27	−27	−27
接收机在 R 点特性	最差灵敏度	dBm	−18	−18	−18	−27	−28	−28	−28	−27
	最小过载点	dBm	−3	0	0	−9	−9	−9	−9	−9
	最大光通道代价	dB	1	1	1	1	1	2	2	1
	接收机在 R 点的最大反射系数	dB	−27	−27	−27	−27	−27	−27	−27	−27

*表示待国际标准确定；NA 表示不做要求。

STM-1、STM-4、STM-16 光发送眼图应符合 ITU-T G.957 的要求，系统在 S 点的眼图应满足图 6-37 的要求，参数列于表 6-16 中。STM-64 光发送眼图应符合 ITU-T G.691 的要求，读者可参考 ITU-T G.691 的有关资料。

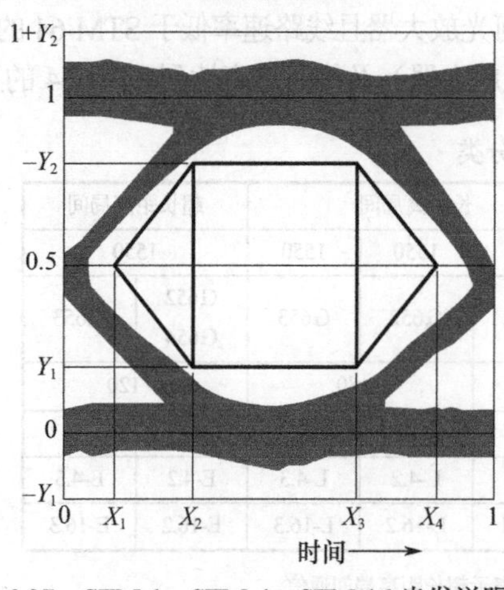

图 6-37　STM-1、STM-4、STM-16 光发送眼图

表 6-16　STM-1、STM-4 和 STM-16 参数值

	STM-1	STM-4	STM-16
X_1/X_4	0.15/0.85	0.25/0.75	—
X_2/X_3	0.35/0.65	0.40/0.60	—
X_3-X_2	—	—	0.2
Y_1/Y_2	0.20/0.80	0.20/0.80	0.25/0.75

6.10.4 光纤通信系统设计

光纤通信系统设计的主要要求是达到用户预期的传输距离、信道带宽（或传输速率）及系统性能（误码率和信噪比）；设计的任务就是通过选择适当的器件，以减小系统噪声的影响，确保系统达到要求的性能。

光纤通信系统就其拓扑而言是多种多样的，从应用的技术来看，分为光同步传输网、光纤用户网、光波分复用网等。不同的应用环境和传输体系，对光纤通信系统设计的要求是不一样的，这里只说明点到点传输光纤通信系统的设计。

光纤通信系统的设计包括两个方面的内容：工程设计和系统设计。工程设计的主要任务是工程建设中的详细经费概预算，设备、线路的具体工程安装细节。系统设计的任务是遵循建议规范，采用较为先进、成熟的技术，综合考虑系统经济成本，合理选用器件和设备，明确系统的全部技术参数，完成实用系统的合成。

光纤通信系统的设计涉及许多相互关联的变量，如光纤、光源和光检测器的工作特性、系统结构和传输体制等。例如，目前在骨干网和城域网中普遍选择 SDH 作为系统制式。在设计 SDH 制式的光纤通信系统时，首先要掌握其标准和规范，ITU-T 对每个级别所使用的工作波长范围、光纤通道特性、光发送机和光接收机的特性都做了规定。

1．系统设计的一般步骤

（1）网络拓扑、线路路由选择

一般可以根据网络/系统在通信网中的位置、功能和作用，承载业务的生存性要求等选择合适的网络拓扑。节点之间的光缆线路路由选择要服从通信网发展的整体规划，兼顾当前和未来的需求，而且要便于施工和维护。选定线路路由的原则：线路尽量短且直、地段稳定可靠、与其他线路配合最佳、维护管理方便。

（2）确定传输体制和系统容量

PDH 主要适用于中、低速率点对点的传输。SDH 设备已经成熟并在通信网中大量使用，由于 SDH 设备良好的兼容性和组网的灵活性，新建设的城域网一般都应选择能够承载多业务的 SDH 设备。城域网中系统的单波长速率通常为 2.5Gb/s、骨干网中系统的单波长速率通常为 10Gb/s，而且根据容量的需求采用几波到几十波的波分复用。

为了达到这些要求，需要对以下要素进行考虑。

① 波长：系统的传输容量确定后，就要确定系统的工作波长，然后选择工作在这一区域内的器件。一般情况下，如果传输距离较远，就选择 1310nm 或 1550nm 作为工作波长。

② 光纤：需要考虑选用单模光纤还是多模光纤。目前，ITU-T 已经在 G.652、G.653、G.654 和 G.655 中分别定义了 4 种不同的单模光纤，应重点考虑光纤的工作波长、衰减系数、零色散波长和斜率、色散系数等。

③ 光源：光源参数有发射功率、发射波长、发射频谱宽度等。对于 SDH 长途光缆传输工程，ITU-T G.957 规定了 SDH 光接口标准，可根据此标准选择光源参数。

④ 光纤线路码型：选择合适的码型与传输速率，SDH 常采用加扰 NRZ 码。

⑤ 光检测器：可以使用 PIN 组件或 APD 组件，主要参数有工作波长、响应度、接收灵敏度、响应时间等。同样地，ITU-T G.957 也定义了光检测器参数。

2．最大中继距离的计算

光纤通信系统设计的核心问题是确定中继距离，尤其对长途光纤通信系统，中继距离设计是否合理，对系统的性能和经济效益影响很大。中继距离根据影响传输距离的两大主要因素（损耗和色散）来估算，最大中继距离光传输的设计方法有最坏值设计法和统计设计法。

使用最坏值设计法时，所有考虑在内的参数都以最坏的情况考虑。用这种方法设计出来的指标一定满足系统要求，系统的可靠性较高，但由于在实际应用中所有参数同时取最坏值的概率非常小，所以这种方法的富余度较大，总成本偏高。

统计设计法是按各参数的统计分布特性取值的，即通过事先确定一个系统的可靠性代价来换取较长的中继距离。这种方法考虑各参数统计分布时较复杂，系统可靠性不如最坏值设计法，但成本相对较低，中继距离可以有所延长。

也可以综合考虑这两种方法，部分参数按最坏值处理，部分参数取统计值，从而得到相对稳定、成本适中、计算简单的系统，即联合设计法。

一个光纤链路，如果损耗是限制光中继距离的主要因素，则这个系统就是损耗受限的系统；如果光信号的色散展宽最终成为限制系统中继距离的主要因素，则这个系统就是色散受限的系统。在 PDH 通信中，由于其码速率不高（一般最高为 140Mb/s），所以光纤色散引起的影响并不大，故大多数为损耗受限系统。在 SDH 通信中，伴随技术的不断发展和人们对通信越来越高的需求，光纤通信的容量越来越大，码速率也越来越高，已从 155Mb/s 发展到 10Gb/s，并且速率还在不断提高，所以光纤色散的影响越来越大。因此系统可能是损耗受限系统，也可能是色散受限系统。在进行计算中继距离时，两种情况都要计算，取其中较小者为最大中继距离。

（1）损耗受限系统

一个光再生段如图 6-38 所示，光再生段模型包括发送机、光通道和接收机。发送机与光通道之间定义为 S 参考点；光通道与接收机之间定义为 R 参考点；S 参考点与 R 参考点之间为光通道；L 表示 S、R 参考点之间的距离。

ITU-T G.957 规定允许的光通道损耗 P_{SR} 为

$$P_{SR} = P_T - P_R - P_P \tag{6-7}$$

式中，P_T 为光发送功率；P_R 为光接收灵敏度；P_P 为光通道功率代价。

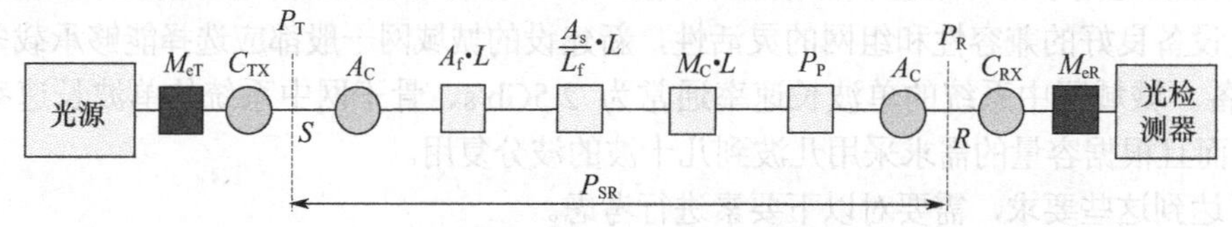

图 6-38　光再生段模型与损耗

什么是光通道功率代价呢？由抖动、漂移和光纤色散等原因引起的系统信噪比降低导致误码增大的情况，可以通过加大发送机的发光功率得以弥补。也就是说，由于抖动、漂移和色散等原因使系统的性能指标劣化到某一特定的指标以下，为使系统指标达到这一特定指标，可以通过增加发光功率的方法得以解决，而此增加的光功率就是系统为满足特定指标而需的光功率。光通道功率代价通常不得超过 1dB，对于 L-16.2 系统，则不得超过 2dB。

P_P 在实际中可以等效为附加接收损耗，需扣除，S、R 点间实际允许的损耗为

$$P_{SR} = A_f \cdot L + A_S \cdot \left(\frac{L}{L_f} - 1\right) + M_C \cdot L + 2A_C \tag{6-8}$$

式中，A_f 为再生段平均光缆衰减系数（dB/km）；L 为 S、R 点间光缆的总长度（km）；A_S 为再生段平均接头损耗（dB）；L_f 为单盘光缆长度（km）；M_C 表示光缆富余度（dB/km）；A_C 表示光纤配线盘上连接器的损耗（dB）。

使用最坏值设计时，损耗受限系统的实际可达再生段距离可估算如下

$$P_{\mathrm{T}}-P_{\mathrm{R}}=A_{\mathrm{f}}\cdot L+A_{\mathrm{S}}\cdot\left(\frac{L}{L_{\mathrm{f}}}-1\right)+M_{\mathrm{C}}\cdot L+P_{\mathrm{P}}+M_{\mathrm{e}}+2A_{\mathrm{C}}$$

$$=\left(A_{\mathrm{f}}+\frac{A_{\mathrm{S}}}{L_{\mathrm{f}}}+M_{\mathrm{C}}\right)\cdot L+P_{\mathrm{P}}+M_{\mathrm{e}}+2A_{\mathrm{C}}-A_{\mathrm{S}} \tag{6-9}$$

式中，M_{e}为设备富余度。

进一步计算可得

$$L=\frac{P_{\mathrm{T}}-P_{\mathrm{R}}-P_{\mathrm{P}}-2A_{\mathrm{C}}-M_{\mathrm{e}}+A_{\mathrm{S}}}{A_{\mathrm{f}}+A_{\mathrm{S}}/L_{\mathrm{f}}+M_{\mathrm{C}}} \tag{6-10}$$

式中

$$A_{\mathrm{f}}=\sum_{i=1}^{n}\alpha_{\mathrm{f}i}/n\text{，}\quad A_{\mathrm{S}}=\sum_{i=1}^{n-1}\alpha_{\mathrm{s}i}/(n-1)$$

式中，n 为再生段内所用光缆的盘数；$\alpha_{\mathrm{f}i}$为单盘光缆的衰减系数（dB/km）；α_{si}为单个光纤接头的损耗（dB）。

使用最坏值设计时，设备富余度与未分配的富余度是分散给发送机、接收机和光缆线路设施的，通常发送机光源富余度取 1dB 左右，接收机检测器富余度取 2～4dB，系统总富余度取 3～5dB，即M_{e}的取值范围为 3～5dB。

（2）色散受限系统

如果系统的传输速率较高，光纤色散较大，中继距离主要受色散（带宽）的限制。色散受限系统的再生段距离的最坏值可用下式估算

$$L_{\mathrm{d}}=D_{\mathrm{SR}}/D_{\mathrm{m}} \tag{6-11}$$

式中，D_{SR}为 S 点和 R 点之间允许的最大色散值，可以从相关的标准表格中查到；D_{m}为允许工作波长范围内的最大光纤色散系数，单位为 ps/(nm·km)，可取实际光纤色散分布最大值。

工程中，可采用下面的简明公式进行计算。

① 光源是多纵模激光器（MLM-LD）和发光二极管（LED），色散受限系统的再生段距离为

$$L_{\mathrm{d}}=\frac{10^{6}\times\varepsilon}{f_{\mathrm{b}}\times D_{\mathrm{m}}\times\delta\lambda} \tag{6-12}$$

式中，f_{b}为线路信号比特率，单位为 Mb/s；D_{m}为光纤色散系数，单位为 ps/(nm·km)；$\delta\lambda$ 为光源的均方根谱宽，单位为 nm；ε 为与色散代价有关的系数，当光源为多纵模激光器（MLM-LD）时，ε 取 0.115，若为发光二极管，ε 取 0.306。

② 光源是单纵模激光器（SLM-LD），色散受限系统的再生段距离为

$$L_{\mathrm{d}}=\frac{71400}{\alpha\cdot D_{\mathrm{m}}\cdot\lambda^{2}\cdot f_{\mathrm{b}}^{2}} \tag{6-13}$$

式中，α 为啁啾系数，当采用普通 DFB 激光器作为光源时，α 的取值范围为 4～6；当采用新型的量子阱激光器时，α 的取值范围为 2～4；λ为波长，单位为 nm；f_{b}为线路信号比特率，单位为 Tb/s。

③ 采用外调制器，仅考虑色散限制，2dB 代价的最大再生段距离为

$$L_{\mathrm{d}}=\frac{c}{D_{\mathrm{m}}\cdot\lambda^{2}\cdot f_{\mathrm{b}}^{2}} \tag{6-14}$$

式中，c 为光速，其他参数含义同式（6-13）。

【例 6-1】设计某 SDH STM-16 长途通信光传输系统，沿途具备设站条件的候选站点间的距

离为 57～70km，系统采用单纵模激光器，要求设备富余度 M_e 为 4dB，光缆富余度 M_C 为 0.05dB/km。

设计如下：根据上述 70km 的最长站间距离，查表 6-14，可以初选 L-16.2 系统（其目标距离为 80km）。

查表 6-15，可知光发送功率 P_T=−2dBm，光接收灵敏度 P_R=−28dBm，光通道功率代价 P_P=2dB，接收机动态范围 D_r=18dBm。

查表 2-4 可知，单盘光缆的衰减系数 0.2dB/km，光纤色散系数 D_m=20ps/(nm·km)。选取再生段平均光缆衰减系数 A_f=0.2dB/km。

系统的其他参数为：再生段平均接头损耗 A_S=0.1dB；单盘光缆长度 L_f=2km；连接器损耗 A_C=0.35dB。

（1）损耗限制

根据最坏值设计法计算损耗限制系统的最大无中继距离，将以上数据代入式（6-10），可得

$$L=\frac{P_T-P_R-P_P-2A_C-M_e+A_S}{A_f+A_S/L_f+M_C}=\frac{-2-(-28)-2-2\times0.35-4+0.1}{0.2+0.12+0.05}=64.7(\mathrm{km})$$

（2）色散限制

根据最坏值设计法计算色散限制系统，光源器件采用单纵模激光器，工作波长为 1480～1580nm，并假设工作波长为极端值 1580nm，色散系数 D_m=18，设啁啾系数 α=3，代入式（6-13），可得

$$L_d=\frac{71400}{\alpha\cdot D_m\cdot\lambda^2\cdot f_b^{\,2}}=\frac{71400}{3\times18\times1580^2\times0.0025^2}=84.7(\mathrm{km})$$

从损耗限制和色散限制两个计算结果中，选取较短的距离作为中继距离计算的最终结果，所以此系统为损耗受限系统。

最大中继距离还有一种简易估算法。若系统传输速率较低，光纤损耗系数较大，则最大中继距离首先考虑损耗限制，要求 S 和 R 点之间光纤线路总损耗必须不超过系统的总功率衰减，即

$$L\leqslant\frac{P_T-P_R-2A_C-M_e}{A_f+A_S+M_C}\tag{6-15}$$

式中，各参数的含义与式（6-10）参数的含义相同。

【讨论与创新】学习 OptiSystem 软件，仿真设计 SDH 系统，讨论分析 SDH 系统的中继距离、传输速率、光纤损耗和光纤色散的关系。

【深入学习】通过本章的学习，我们对 SDH 建立起一个整体的概念，深入学习 SDH 技术，可参考专门的书籍。

6.11　习题与设计题

（一）填空题

1．STM-4 一帧中总的列数为（　　）。

（A）261　　（B）270　　（C）261×4　　（D）270×4

2．目前常用的 SDH 光接口的线路码型是哪一种？（　　）

（A）CMI 码　　（B）HDB3 码　　（C）加扰 NRZ 码　　（D）不加扰 NRZ 码

3．PCM 一次群的接口码型为（　　）。

（A）AMI 码　　（B）HDB3 码　　（C）CMI 码　　（D）NRZ 码

4. 在我国采用的SDH复用结构中，如果按2.048Mb/s信号直接映射入VC-12的方式，一个VC-4中最多可以传送（　　）路2.048Mb/s信号？

（A）60　　（B）63　　（C）64　　（D）72

5. APS复用段倒换功能测试对倒换时间的要求是倒换时间小于等于（　　）ms。

（A）80　　（B）50　　（C）30　　（D）20

6. 40Gb/s SDH系统中，STM-256传输一帧所用的时间为（　　）。

（A）125μs　　（B）250μs　　（C）375μs　　（D）500μs

7. SDH的常用设备网元有（　　）。

（A）TM　　（B）ADM　　（C）REG　　（D）DXC

8. 根据ITU-T G.957规定，光端机能容忍的光通道功率代价一般应不超过（　　）。

（A）0dB　　（B）1dB　　（C）2dB　　（D）3dB

9. 抖动和漂移的产生机理不同，抖动的产生主要原因是（　　）。

（A）外部影响　　（B）内部噪声　　（C）传输介质　　（D）设备原因

10. 我国采用的同步方式是（　　）方式，其中主时钟在北京，副时钟在武汉。

（A）主从同步　　（B）伪同步　　（C）相互同步　　（D）自动振荡

11. PDH信号复用进STM-*N*信号过程中，（　　）的主要作用就是进行速率调整。

（A）容器　　（B）指针　　（C）虚容器　　（D）帧

12. 漂移是指数字信号的特定时刻相对其理想时间位置的长时间的偏移，所谓长时间是指变化频率低于（　　）的相位变化。

（A）100Hz　　（B）5Hz　　（C）20Hz　　（D）10Hz

（二）思考题

1. PDH常用的码型有哪些？

2. STM-*N*的帧结构由哪几部分组成？简述各组成部分的功能。

3. 简述通道开销各组成部分的功能。

4. 画图并说明2Mb/s信号是如何复用进STM-*N*信号的？

5. 什么是复用、映射、定位？

6. SDH自动保护倒换（APS）有哪几种形式？

7. 画图说明复用段共享保护环的原理。

8. 画图说明二纤通道倒换环的原理。

9. 什么是主从同步？什么是伪同步？

10. SDH网对网同步有何要求？

11. 我国STM-1复用结构允许哪些支路接口？如果所有的支路信息都来源于2Mb/s，那么STM-1信息流中可传输多少2Mb/s信号？相当于可传输多少个话路？

12. 什么是输入抖动容限？

13. 什么是输出抖动容限？

14. “扰码”有什么作用？

（三）设计题

1. 利用OptiSystem仿真设计10Gb/s SDH系统，并分析误码率特性。

2. 利用OptiSystem仿真设计光纤脉冲展宽和色散补偿。学习OptiSystem软件的使用，设计光纤脉冲展宽的仿真图，用可视化的仪器观察光纤脉冲展宽，修改光纤的各种参数，比较观察光纤脉冲展宽的程度。观察展宽的光纤脉冲经过色散补偿后，脉冲恢复到初始发送宽度。

项目实践：PDH 光传输系统设计

【项目目标】

掌握 PDH 光传输系统设计方法、培养网络工程实施能力；掌握数字传输分析仪的使用方法。

【项目构思与设计】

项目实施前，应根据现有的技术和设计规范，分析问题，归纳要求，构思设计项目。

本项目是一个综合性项目，涉及内容较多，读者可根据实际条件选做。主要内容是设计并搭建 PDH 网络，传输计算机网络信号和电话信号。

设备：PDH 光端机、小型电话交换机、以太网交换机、光功率计、可变光衰减器、误码测试仪、FC-FC 光纤跳线。

在项目实施过程中，采用团队模式，成立项目组，每个学生在组内有不同的角色，分别完成 PDH 网络的设计、实施、性能测试等任务。

【项目实施】

1．基础知识

数字传输分析仪随着通信技术的进步而发展，按主要测试功能可将其分为误码测试仪、PCM 综合测试仪、SDH/PDH 数字传输分析仪、ATM 分析仪、OTN 测试仪等。

数字传输分析仪是数字通信中最重要、最基本的测试仪器之一，主要用于测试数字通信信号的传输质量，其主要测试参数包括误码、告警、开销、抖动和漂移等，广泛应用于数字通信设备的研制、生产、维修和计量测试中，还可应用于数字通信网络的施工、开通验收和维护测试中。目前，国内仅少数厂家在开发更高速率的数字传输分析仪，多数厂家都向小型化方向发展。高档数字传输分析仪主要被国外公司所占据，包括 Viavi、EXFO、Anritsu、Acterna 等公司，新一代的 OTN 测试仪的速率已达 400Gb/s。下面简要介绍 Viavi 的两款误码测试仪。

（1）SmartClass E1 测试仪

SmartClass E1 是一款用于 E1 和数据业务的安装及运维的手持式测试仪表，如图 6-39 所示，能够提供适用于 E1 和数据业务分析的多种测试模式，还能够满足移动运营商建设 E1 网络基础结构的需求等。

（2）MTS-5800 手持式网络测试仪

MTS-5800 手持式网络测试仪是网络技术人员和工程师在安装、开通和维护网络时所必需的工具，如图 6-40 所示。可用于在 10Mb/s 至 10Gb/s 接口上进行聚合以太网/IP 网络测试和故障排除；光纤链路特性分析和故障排除；OTN 及传统 SONET/SDH 和 TDM/PDH 网络的安装和维护；在无线基站处进行远程射频头（RRH）测试等。

2．项目实施过程

搭建 PDH 光传输系统之前，先测试 PDH 设备；测试 PDH 传输线路及误码性能。PDH 光端机参数可参考 6.1 节内容。

（1）光接口指标及测试方法

光接口指标主要有平均发送光功率、消光比、接收灵敏度、接收机动态范围等，PDH 光端机测试图如图 6-41 所示。

图 6-39　SmartClass E1 测试仪

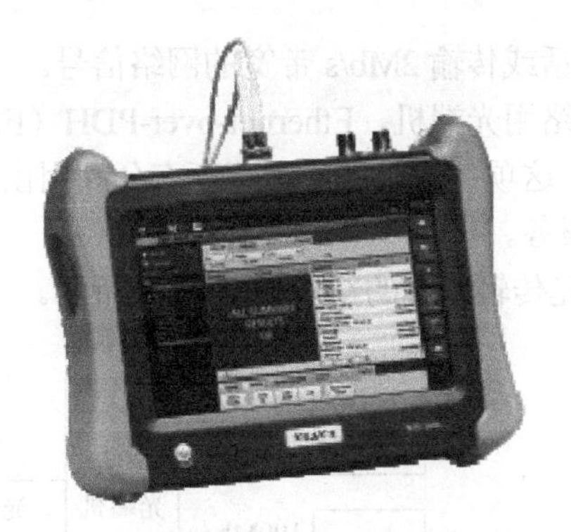

图 6-40　MTS-5800 手持式网络测试仪

图 6-41　PDH 光端机测试图

（2）光路误码的测试

PDH 光路误码测试图如图 6-42 所示。测试时，注意观察到从上次清零或复位到观察时误码个数（ABE）、误码秒数（ES）和严重误码秒数（SES）的累计值。

① 把误码测试仪、光设备和光衰耗器连接好。打开误码测试仪的电源开关，将误码测试仪的速率设为 2.048Mb/s，8Mb/s 以下为 $2^{15}-1$，图案设为 $2^{15}-1$；34Mb/s 以上为 $2^{23}-1$，码型设为 NRZ 码。

② 慢慢调节可光变衰减器的衰减量，使光接收机的光功率慢慢减小，误码率慢慢增大。光功率每减小 1dB，记录一个误码率值。调整衰减，使系统测试得到的误码率从 1×10^{-11} 恶化到 1×10^{-1}。

③ 记录光接收机的误码率与输入光接收机的光功率的值，并绘制曲线。

④ 打开接收端光纤连接器的活动接头，用光功率计测得接收的光功率，即是灵敏度。

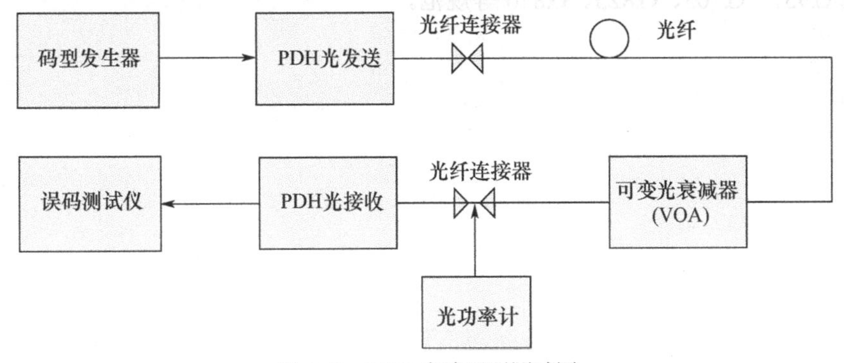

图 6-42　PDH 光路误码测试图

（3）PDH 光传输系统设计

光端机的应用越来越广泛，PDH 光传输系统可实现多信号传输，根据光端机的功能不同，分类如下。

① 监控用光端机，用来传输视频信号（如普通摄像机输出的就是视频信号），并同时能辅助传输音频、数据、开关量信号和以太网信号，主要应用于高速公路、城市交通、社区安防及需要监控的各个领域。

② 电信用光端机，其端机的每个基本通道为 2Mb/s，俗称 2M 端机，每个 2Mb/s 通道可传

输 30 路电话或传输 2Mb/s 带宽的网络信号。

③ 网络用光端机，Ethernet-over-PDH（EoPDH）用于在已建立的 PDH 电信网上传输本地以太网帧，这项技术可以让运营商充分利用由传统 PDH 和 SDH 设备所组成的网络，并提供新的以太网服务。

PDH 光传输系统的结构如图 6-43 所示。

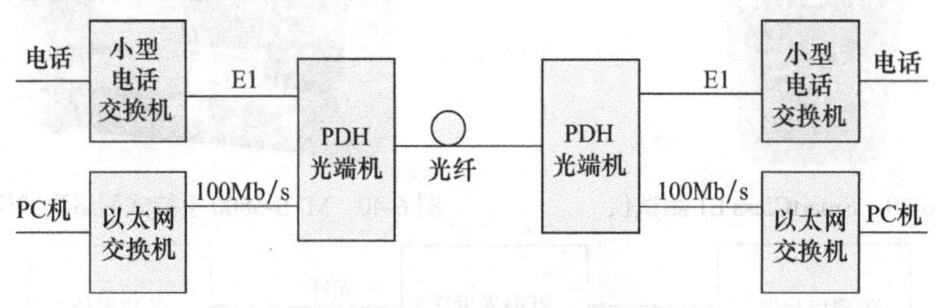

图 6-43　PDH 光传输系统的结构

① 准备好器材；

② 按图 6-43 所示搭建 PDH 光传输系统；

③ 测试系统性能。

【项目总结】

项目结束后，所有团队完成 PDH 传输网络项目，提交项目设计与网络测试的技术文档。

【讨论与创新】上网搜索资料，讨论学习下面的问题。

什么是以太网技术？如何利用 SDH 传送计算机网络信号？MSTP 指的是什么？

MSTP（Multi-Service Transfer Platform，多业务传送平台）是指基于 SDH 平台同时实现 TDM、ATM、以太网等业务的接入、处理和传送，提供统一网管的多业务节点。

【深入学习】

SDH 设备测试内容丰富，深入学习内容包括 SDH 单机测试、系统测试等，测试通常必须满足 ITU-T G.957、G.703、G.825、G.826 等规范。

厉鼎毅（Tingye Li，1931—2012），出生于中国南京，美籍华人。在世界光纤通信领域有重大贡献，是现代光波分复用系统的发起者和奠基人。

20世纪80年代末期，厉鼎毅和他的团队在贝尔实验室开发出了世界上第一套WDM波分复用系统。

20世纪90年代，厉鼎毅首先提出在波分复用系统中使用光放大器，对光通信的发展产生了深刻的影响。

第7章　光波分复用和全光网

在信息时代，随着互联网、物联网及各种应用的发展，信息传送量以爆炸式增长，这就需要不断提高光纤通信网络的传输容量。对于更高速率的时分复用，电复用设备的速率已经达到电子器件的极限速率，出现了“电子瓶颈”。为了解决这个问题，在光纤通信系统中，采用光波分复用的方法来提高系统的传输容量。

7.1　光波分复用

1. 光波分复用

为了充分利用单模光纤低损耗区（1550nm波段范围）的巨大带宽，提高光纤传输容量，在发送端，采用波分复用器（合波器）将不同波长的光信号组合起来送入一根光纤进行传输，在接收端，再用波分解复用器（分波器）将这些不同波长的光信号分开，这种在一根光纤中能同时传送多个波长光信号的技术就是光波分复用技术（WDM，Wavelength Division Multiplexing），如图7-1所示。

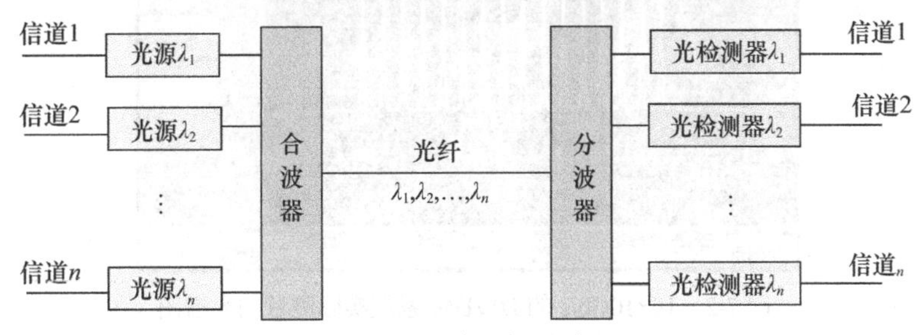

图7-1　光波分复用原理

20世纪80年代初，人们首先采用在光纤的两个低损耗窗口1310nm和1550nm各传送一路光波长信号。随着1550nm窗口EDFA的商用化，WDM系统的应用进入了一个新时期。在1550nm窗口传送多路光载波信号，比如40路或80路光载波信号，这些WDM系统的相邻波长间隔比较窄，一般为1.6nm、0.8nm、0.4nm，为了区别于传统的WDM系统，这种波长间隔更紧密的WDM系统称为密集光波分复用（DWDM，Dense Wavelength Division Multiplexing）系统，DWDM技术有时也简称为光波分复用技术（WDM）。

波分复用系统可以充分利用现有的光纤通信线路，提高通信能力，满足急剧增长的业务需求。从系统成本角度考虑，光波分复用可对原有采用 G.652 光纤的系统进行升级扩容，需在 G.652 光纤线路上增加色散补偿。DWDM 使用 G.653 色散移位光纤时有较大的四波混频现象，为了抑制四波混频效应，DWDM 可选择 G.655 非零色散移位光纤（NZ-DSF）。从长远来看，未来 WDM 系统中可能会利用整个 O、S、C 和 L 波长段，因此 G.656 色散平坦光纤将得到较大的应用。

工程上，波分复用技术的容量常用信道数和单波长的传输速率的乘积来表示，比如，32×10Gb/s 表示一根光纤复用 32 个波长，每个波长的传输速率为 10Gb/s。

根据复用方式，波分复用系统分为单向传输结构和双向传输结构。单向传输结构是指不同波长的光信号都在单独一根光纤中沿同一方向进行传输的系统结构方式；双向传输结构是指在单根光纤中，光信号可以在两个相反方向传输，即某波长沿一个方向传输，而另一波长沿相反方向传输，从而实现将不同方向的信息混合在一根光纤上，达到单纤双向传输的目的。

DWDM 系统由光发送机、光放大器、光接收机、光监控信道和光网络管理系统组成。

（1）光发送机

在 DWDM 系统的发送端，首先将来自终端设备（如 SDH 设备）输出的光信号，利用光转换单元（OTU）把符合 ITU-T G.957 建议的非特定波长的光信号，转换成符合 ITU-T G.692 建议的特定波长的光信号，然后把光波发送到合波器复用到一根光纤，图 7-2 为 16×10Gb/s 的 DWDM 系统实际测量的光谱图。OTU 对输入信号的波长没有特殊要求，可以兼容任意厂家的 SDH 信号，其输出端是满足 ITU-T G.692 的光接口，即采用标准的光波长和满足长距离传输要求的光源。由于目前常用的光放大器（如 EDFA）的工作波长中，C 波段的范围为 1530～1565nm，L 波段的范围为 1565～1625nm，S 波段的范围为 1460～1530nm，因此，光波分复用系统的工作波长应在这些波段范围内。

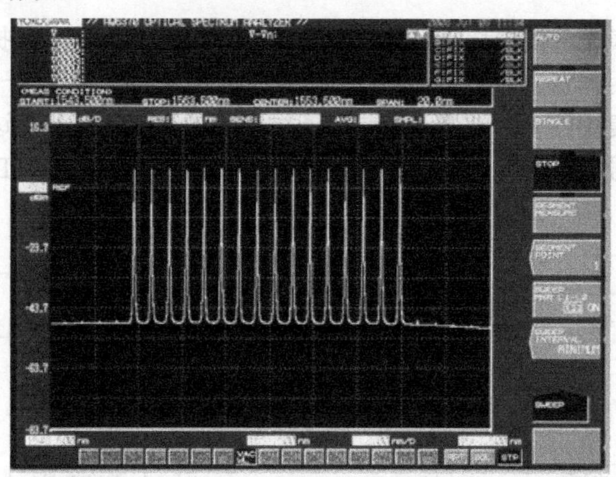

图 7-2　16×10Gb/s 的 DWDM 系统实际测量的光谱图

（2）光放大器

通过光放大器放大光信号。应用时可根据具体情况，将光放大器用作线路放大器、功率放大器和前置放大器。

（3）光接收机

在 DWDM 系统的接收端，接收来自分波器的信号，利用 OTU，把符合 ITU-T G.692 建议的特定波长的光信号转换成终端设备的波长。

（4）光监控信道

与常规 SDH 系统不同，对于使用线路放大器的 DWDM 系统需要一个额外的光监控信道

(OSC)，这个信道能在每个线路放大器处进行上、下。线路放大器的增益带宽为1530～1565nm，光监控信道必须位于线路放大器增益带宽的外面，一般采用1510nm波长。

（5）光网络管理系统

DWDM系统至少应设置自己独立的网元管理系统，具有在一个平台上管理EDFA、波分复用器、OTU和光监控信道的功能，对设备进行性能、故障、配置及安全等方面的管理。

在有线路放大器的DWDM系统中，线路放大器之间目标距离的标称值为80km和120km。DWDM系统的应用代码为：*n*W*x*-*y*·*z*，其中*n*为大波长数目；W代表传输区段（W=L、V或U，分别代表长距离、很长距离和超长距离）；*x*表示所允许的大区段数（*x*>1）；*y*为该波长信号的大比特率（*y*=4或16分别代表STM-4或STM-16）；*z*代表光纤类型（*z*=2、3、5分别代表G.652、G.653或G.655光纤）

目前一般厂商的设备都能在常用的C波段支持80～96个信道，在L波段也能支持同样数量的信道。现在科学家正在试图通过减小波长间隔以提高信道数目，即超密集波分复用技术（UDWDM，Ultra-DWDM），UDWDM定义波长间隔在0.2nm以下（相应频率间隔小于25GHz）的波分复用。由于信道间波长间隔很小，所以对光发送机、合波器、分波器、光放大器、光纤等组成部件的性能提出了更高的要求。

DWDM既可用于陆地与海底干线，也可用于市内通信网，还可用于全光网。MetroWDM都市波分复用系统的方案，将DWDM用于市内通信网的局间干线，可以比由TDM提升等级的办法节省约30%的费用。交换局到大楼FTTB或到路边FTTC接入网，也可用DWDM系统，这样可节省费用或更好地保护用户通信安全。

2. DWDM技术的优点

（1）超大容量传输

DWDM系统的传输容量十分巨大，其单波光信道速率可以为2.5Gb/s、10Gb/s、100Gb/s，而复用光信道的数量可以为8、16、32甚至更多。目前系统单波的传输容量可达到800Gb/s。DWDM光源的波段进一步扩展，信道间波长间隔进一步减小，传输容量将进一步加大。

（2）超长距离传输

EDFA具有高增益、宽带宽、低噪声等优点，它的光放大波长范围为1530～1565nm，几乎可以覆盖整个DWDM系统的1550nm波段范围。用一个带宽很宽的光放大器，就可以对DWDM系统各复用光信道信号同时进行放大，实现系统的超长距离传输，还可避免每个光传输系统都需要一个光放大器的情况，从而降低成本。

（3）升级容易

只要增加复用光信道数量与设备，就可以增加系统的传输容量以实现扩容，而且扩容时对其他复用光信道不会产生不良影响，所以DWDM系统的升级扩容是平滑的，而且方便易行，从而最大限度地保护了建设初期的投资。

（4）管理调度方便

由于DWDM系统的各复用信道是彼此相互独立的，所以各光信道可以分别透明地传送不同的业务信号，如话音、数据和图像等，网络管理调度容易。

3. DWDM的发展

国内外DWDM技术的研究和发展十分迅速。

1997年，武汉邮电科学研究院成功地进行了16×2.5Gb/s、长度为600km的单向传输系统。

2001年，亚太2号海底光缆（APCN2）建成，全长1.9万千米，采用4对纤芯，每对64×10Gb/s DWDM光纤技术，设计容量达2.56Tb/s。

2002 年 4 月，武汉邮电科学研究院承担的国家 863 重大项目“32×10Gb/s SDH 波分复用系统”在广西南宁通过国家验收，该系统首次在国内实现了 32 波满配置、400km 的无电再生传输。

2012 年，大规模集成电路的发展推动宽带进入“光速”时代。在长途骨干网上，100Gb/s、超 100Gb/s 技术快速成熟并进入商用，武汉市开通了国内第一个 100Gb/s 城域网。

2015 年，新跨太平洋国际海底光缆（NCP，New Cross Pacific）工程开始建设。该海底光缆全长超过 1.3 万千米，通过采用 100Gb/s 波分复用技术，设计容量超过 80Tb/s。

2018 年 4 月，国内运营商在济南市建成全国首个 400Gb/s 波分环。

2020 年上半年，华为、Ciena、Infinera 开始给运营商建立 800Gb/s 商业波分环。

2021 年 4 月，华为和国内运营商完成 1100km、800Gb/s 波分系统传输测试与验证。

7.2 光源技术

7.2.1 DWDM 光源

1. 光源的标准波长和间隔

DWDM 系统中，每个端口采用不同的波长，所谓标准波长，是指光波分复用系统中每个信道对应的中心波长。为了保证不同 DWDM 系统之间的横向兼容性，ITU-T G.692 建议 DWDM 系统的绝对参考频率为 193.1THz（对应的波长为 1552.52nm），不同波长的频率间隔应为 100GHz 的整数倍（对应波长间隔约为 0.8nm 的整数倍），一般为 100GHz 或 200GHz。这对激光器提出了较高要求，除准确的工作波长外，在整个寿命期间波长偏移量都应在一定的范围之内，以避免不同的波长相互干扰。DWDM 用的激光二极管的标准波长如表 7-1 所示。

表 7-1　DWDM 用的激光二极管的标准波长

频率（THz）	波长（nm）	频率（THz）	波长（nm）	频率（THz）	波长（nm）
196.1	1528.77	194.6	1540.56	193.1	1552.52
196.0	1529.55	194.5	1541.35	193.0	1553.33
195.9	1530.33	194.4	1542.14	192.9	1554.13
195.8	1531.12	194.3	1542.94	192.8	1554.94
195.7	1531.9	194.2	1543.73	192.7	1555.75
……	……	……	……	……	……
194.9	1538.19	193.4	1550.12	191.9	1562.23
194.8	1538.98	193.3	1550.92	191.8	1563.05
194.7	1539.77	193.2	1551.72	191.7	1563.86

根据光源的波长间隔，可计算光源的频率间隔，反之亦可。已知 $\lambda \cdot f = c$，对两边求导，并取绝对值可得

$$\Delta f = |(-c\Delta\lambda)/\lambda^2| \tag{7-1}$$

当光源的频率间隔为 50GHz、100GHz 或 200GHz 时，利用式（7-1），可计算得光源的波长间隔 $\Delta\lambda$ 分别为 0.4nm、0.8nm、1.6nm。

2. DWDM 光源的要求

（1）谱线宽度

波分复用系统对光源的基本要求，首先是要具有较窄的谱线宽度，这主要是因为波分复用系统是一个色散受限系统，由于使用了在线的光放大器，功率预算已不是问题，起决定作用的

主要是信号的色散导致的误码率增加，而光信号的谱线越宽，色散就越严重，为此使用以DFB-LD为主的窄谱线宽度激光器是高速率通信的必然趋势。DWDM光源的SMSR典型值为40dB。

（2）波长稳定性

在DWDM系统中，激光器波长的稳定性是一个十分关键的问题。根据ITU-T G.692建议的要求，中心波长的偏差不大于信道间隔的±1/5，即对于光信道间隔为100GHz的系统，中心波长的偏差不能大于±20GHz（约0.16nm）。在DWDM系统中，由于各个光信道的间隔很小（可低至0.8nm），因而对光源的波长稳定性有严格的要求。例如，0.5nm的波长变化就足以使一个光信道移到另一个光信道上，相邻两个信道如果波长偏移过大，就会造成信道间的串扰过大，从而产生误码。在实际系统中，通常必须控制在0.2nm以内，其具体要求随波长间隔而定，波长间隔越小，要求越高。各个信道的信号波长不同，而且对中心频率偏移有严格规定，所以激光器需要采用严格的波长稳定技术。光源波长稳定控制方法主要有温度反馈控制技术和波长锁定技术。

波分复用系统中所用的光源有两种：一种是常用的DFB激光器，采用铌酸锂的MZ外部调制器；另一种是将激光器和电吸收调制器集成在一块芯片上，该芯片再置于热电制冷器上，这是第一种大量生产的InGaAsP光电集成电路，也称电吸收调制激光器（EML），其可靠性与标准的DFB激光器类似，平均寿命达20年。电吸收调制激光器的波长对温度的依赖性较强，典型值为0.08nm/℃，正常工作温度为25℃，在15～35℃温度范围内调节芯片的温度，可将EML输出波长调节在一个指定的波长上。温度的调节依靠改变制冷器的驱动电流实现，用热敏电阻进行反馈，可使芯片稳定在一个基本恒定的温度上。

7.2.2 可调谐激光器

可调谐激光器（Tunable Laser）是指在一定波长范围内可以连续改变激光输出波长的激光器。可调谐激光器可应用在智能化的光网络中，可解决光交叉连接（OXC）中的波长阻断问题。在未来的全光网中，也需要能够灵活配置的波长光源，需要采用可调谐光源作为发送机。随着半导体及其相关技术的发展，人们成功研制出可调谐激光器。可调谐激光器的技术有电流控制、温度控制和机械控制技术等。

（1）电控可调谐激光器

电控可调谐激光器是通过改变激光器的注入电流来实现波长调谐的，具有ns级调谐速度和较宽的调谐带宽，但输出功率较小。基于电流控制技术的可调谐激光器主要有SG-DBR（采样光栅DBR）和GCSR（辅助光栅定向耦合背向采样反射）激光器。

（2）温控可调谐激光器

温控可调谐激光器通过改变激光器有源区的折射率，从而改变激光器的输出波长。该技术简单，但速度慢，可调带宽窄，只有几nm。基于温度控制技术的可调谐激光器主要有DFB（分布反馈）和DBR（分布布拉格反射）激光器。

DFB激光器的工作波长可通过改变结温、工作电流调节，波长调节范围约为2nm；DBR激光器的工作波长可通过改变前、后栅区的电流调节，调节范围为20～50nm。

（3）MEMS可调谐激光器

机械可调谐激光器主要是基于MEMS（微电子机械系统）技术完成激光器波长的选择，具有较大的可调带宽、较高的输出功率。一种基于机械控制技术的可调谐激光器采用MEMS-DFB结构，可调谐激光器主要包括DFB激光器阵列、可倾斜的MEMS镜片和其他控制与辅助部分。

DFB激光器阵列区存在若干个DFB激光器阵列，每个阵列可产生带宽约为1.0nm、间隔为25GHz的特定波长，通过控制MEMS镜片旋转角度来对需要的特定波长进行选择，从而输出需要的特定波长的光。

7.2.3 波长转换技术

DWDM系统在发送端采用光转换单元（OTU，Optical Transponder Unit），其主要作用是把非标准的波长转换为ITU-T所规定的标准波长，以满足系统的波长兼容性。OTU是一个至关重要的部件。根据OTU的选用，DWDM系统可以分为集成式DWDM系统和开放式DWDM系统。

1．光-电-光型波长转换器

光-电-光型波长转换器先将光信号转换成电信号，经定时再生后，产生再生的电信号和时钟信号，再用该电信号对标准波长的激光器重新进行调制，从而实现波长转换。如图7-3所示，将波长为λ_1的输入光信号，转化为电信号，然后用电信号去驱动一个波长为λ_2的激光器，输出光信号。

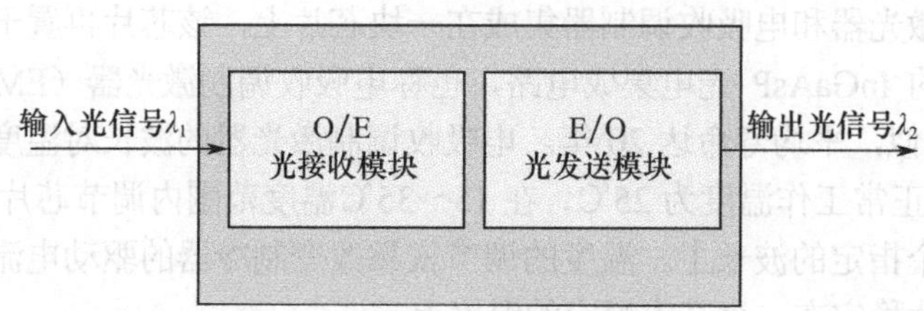

图7-3 光-电-光型波长转换器

光-电-光型波长转换器已很成熟，且它对信号具有再生能力，具有输入动态范围较大、无须光滤波器件且对输入偏振不敏感等优点，但是它对信号格式和调制速率不透明，系统升级受限、应用范围受限。

2．全光波长转换器

波长是DWDM光网络中非常重要的资源，如何有效提高光网络中的波长利用率，是DWDM光网络中的重要问题。在不带波长转换的网络中，两个节点之间建立一个连接，在其通路上经过的所有链路段必须使用同一波长，如果有另外的连接需要使用其中某个链路段的这一波长，则会发生波长阻塞现象。通过波长转换，则可将信号转换到其他空闲的波长上，避免发生波长阻塞，提高波长利用率。通信网络中采用波长转换器，能使参与波分复用的波长数目减少，大大降低网络中的波长阻塞率，使网络组建、子网管理更具灵活性与兼容性。

对于10Gb/s以下速率的网络，光-电-光型波长转换技术可以很好地胜任，但对于40Gb/s或100Gb/s 甚至速率更高的网络，利用电子技术实现波长转换将变得相当困难。因此，全光波长转换器技术是未来的发展方向，目前实验室中的全光波长转换速率已达到320Gb/s。全光波长转换器是全光网（AON）的核心技术之一，它能够缓解光交叉连接（OXC）中的波长阻塞，实现不同光网络间的波长匹配，增强网络管理的灵活性和可靠性。目前研究较为成熟的是以半导体光放大器（SOA）为基础的全光波长转换器，包括交叉增益饱和调制型、交叉相位调制型及四波混频型波长转换器等。

【讨论与创新】上网搜索资料，讨论学习下面的问题。

（1）CWDM是什么？

CWDM（Coarse Wavelength Division Multiplexer，稀疏波分复用器，也称粗波分复用器），

具有更宽的波长间隔，业界通行的标准波长间隔为 20nm，波长覆盖了单模光纤系统的 O、E、S、C、L 5 个波段。

（2）白光模块、灰光模块、彩光模块有什么不同？

彩光模块即彩色光模块，是光复用传输链路中的光电转换模块，也被称为 WDM 波分光模块。为了区别于 SDH 等普通光系统的光模块，把 WDM 系统的光模块称为“彩光”（Colored）模块，而称普通光系统的光模块为白光模块或灰光模块。

7.3 波分复用器

波分复用器 / 解复用器的功能是将多个波长不同的光信号复合后（波分复用器）送入同一根光纤中传送，或将在一根光纤中传送的多个不同波长的光信号分解后（波分解复用器）送入不同的接收机。波分复用器和波分解复用器也分别被称为合波器（MUX）和分波器（DMUX）。波分复用器 / 解复用器是 DWDM 系统的核心器件，波分复用器的性能对 DWDM 系统性能的影响非常大。

7.3.1 波分复用器简介

1．波分复用器的原理

为了更好地理解波分复用器的原理，我们先介绍一个最简单、最容易理解的例子——三棱镜分光，如图 7-4 所示。白光是由各种单色光组成的复色光，同一种介质对不同色光的折射率不同，不同色光在同一介质中传播的速度不同，通过三棱镜时，各单色光的偏折角不同，因此白色光通过三棱镜会将各单色光分开，反之亦然。但是三棱镜分光的技术并没有使用在实际的波分复用器产品中，这里引用这个例子，只是为了更好地理解光波分复用的原理。

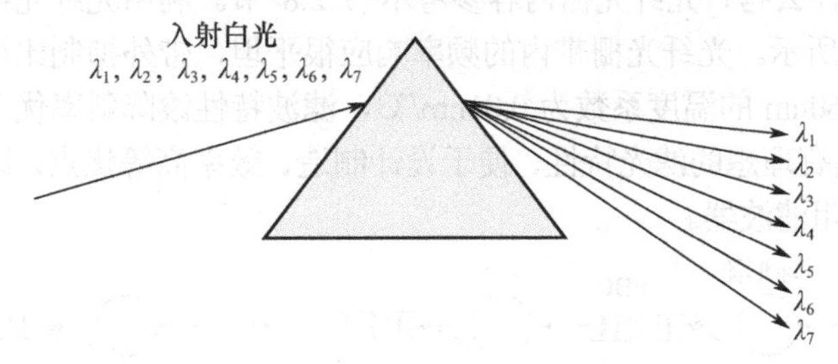

图 7-4　三棱镜分光

2．波分复用器的主要特性

① 工作波段，指波分复用器/解复用器工作在什么波段，如 C 波段或 L 波段等。常用的 C 波长 EDFA 工作在 1530～1565nm 的光纤损耗最低的窗口。

② 信道数，指波分复用器/解复用器可以合成或分离的信道的数量。常见的信道数有 4、8、16、32、40 和 48 等。

③ 各信道的中心波长或频率，对于密集波分复用器/解复用器，中心频率按 ITU-T G.692 的建议。不同工作信道的中心波长的选取是由设计者根据相应的国际、国家标准及实际应用要求而确定的。ITU-T 对密集波分复用器做了具体的规定，例如对于 1550nm 区域，1552.52nm 作为标准波长，其他复用波长的规定间隔为 100GHz（0.8nm），或其整数倍（n×0.8nm），中心波长的工作范围以 1.0nm 表示，或者以平均信道之间间隔的 10%表示，最大中心频率偏移不应超过

信道间隔的 20%。

④ 信道间隔，按 ITU-T G.692 的建议，间隔小于 200GHz（1.6nm）的有 100GHz（0.8nm）、50GHz（0.4nm）和 25GHz（0.2nm）等。

⑤ 带宽，也叫通带宽度。生产厂商常给出信道传输最大值下降 1dB、3dB 和 20dB 处的通带宽度。带宽值不仅取决于信道的间隔，还取决于通带本身的线型。ITU-T 规定，对于 DWDM 用的波分复用器/解复用器，在下降 1dB 处的通带宽度不应小于信道间隔的 0.35 倍，下降 3dB 处的通带宽度不应小于信道间隔的 0.5 倍，下降 20dB 处的通带宽度不应大于信道间隔的 1.5 倍，下降 30dB 处的通带宽度不应大于信道间隔的 2.2 倍。

⑥ 波分复用器的插入损耗、波长隔离度、偏振相关损耗、方向性等特性和光纤耦合器的特性定义基本一致。

试想一想，人的眼睛能够区别多少种颜色呢？小朋友的画笔有多少种颜色呢？

波分解复用器分解出各个波长，最小波长的间隔能达到 0.2nm，哪些技术可以实现复用或解复用，满足 DWDM 的需要呢？制作波分复用器的技术很多，常用的方法有介质薄膜滤波、阵列波导光栅和熔融拉锥等。

3．FBT 波分复用器

FBT 波分复用器主要用于双波长复用的 1310/1550nm 的 WDM 系统，EDFA 980/1550nm、1480/1550nm 的 WDM 系统，1510/1550nm 的 WDM 系统。其制作方法与制作光纤耦合器的方法类似，通过控制拉伸长度，实现两个端口分别获得不同波长的全功率输出。由于单模光纤熔锥型耦合器是由全光纤构成的，因此用作波长复用器时，非常便于与光纤通信系统耦合连接，而且具有连接损耗小、体积小、结构紧凑的特点。

4．光纤光栅型波分复用器

还记得光纤光栅是什么吗？光纤光栅内容参考本书 2.8 节。利用光纤光栅可以构成波分复用器，其原理如图 7-5 所示。光纤光栅带内的频率响应很平坦，带外抑制比很高，插入损耗不大，性能十分稳定，1560nm 的温度系数为 0.01nm/℃，滤波特性滚降斜率优于 15dB/nm，带外抑制比可高达 50dB，具有理想的滤光特性、便于设计制造、效率高等优点，因此可制作成信道间隔非常小的带通、带阻滤波器。

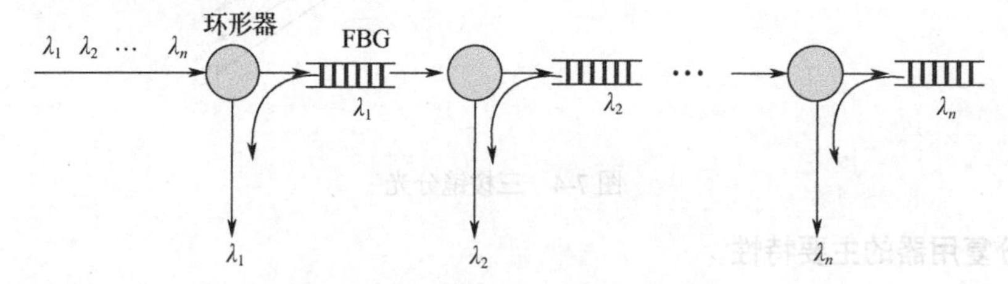

图 7-5　光纤光栅型波分复用器原理

光纤光栅的中心波长分别为λ_1，λ_2，…，λ_n，在输入的光纤中，当复用信号λ_1，λ_2，…，λ_n入射到第一个光栅时，λ_1被反射输出，其他波长的信号继续传播；当光波入射到第二个光栅时，λ_2被反射输出。以此类推，经过多个光纤光栅后，各个波长分别从不同的端口输出，实现了光波解复用。这种类型的波分复用器的不足之处是，端口数量不宜过多。

7.3.2　多层介质薄膜型波分复用器

多层介质薄膜由几十层不同材料、不同折射率（如 TiO_2 和 SiO_2）的介质膜按照设计要求组合起来，每层的厚度为 1/4 波长，一层为高折射率，一层为低折射率，交替叠合而成。入射光入射到多层介质膜时，当入射到高折射率层时，反射光没有相移；当入射到低折射率层时，反射光经历 180° 相移。当光程差同相位时，多次反射光就会发生干涉，同相加强，在一定的波长范围内产生高能量的反射光束，在这一范围之外，则反射很小。

多层介质薄膜滤波器（MDTFF，Multilayer Dielectric Thin Film Filter）由多层反射介质薄膜隔开的两个或多个谐振腔构成，如图 7-6 所示。MDTFF 的本质也是一个 FP 干涉仪，只不过反射镜是多层介质薄膜而已，这种由多层介质薄膜滤波器构成的带通滤波器，通过某一个特定的波长而反射其他波长，即光波带通滤波器，其作用和电子线路中的带通滤波器（BPF）类似。单腔滤光片的尖峰状的带通特性不能满足密集波分复用系统中对通带陡降特性和相邻信道隔离度的指标要求。多腔滤光片是将多个单腔滤光片串置起来，中间用耦合层连接得到的。和单腔滤光片相比，多腔滤光片的通带形状更接近矩形，透射带不再是一个尖峰，这样可以使稍稍偏离中心波长的光也能透过滤光片而不引起大的损耗，同时加快了透射率在透射带边缘下降的速度。

利用多层介质薄膜滤波器的窄带滤波特性，可以做成 DWDM 波分复用器。由于这种波分复用器的通带顶部平坦，边缘尖锐，温度变化时性能稳定，插入损耗低，对光的偏振不敏感，所以在系统应用中是非常有吸引力的，如今已广泛用在商业系统中，市场占有率约 50%。

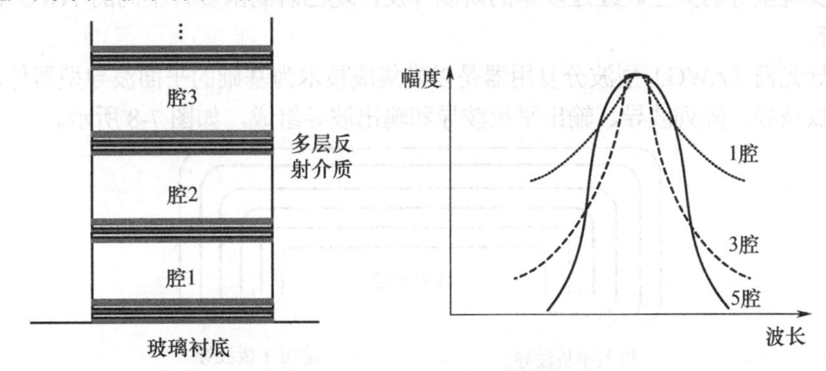

图 7-6　多层介质薄膜滤波器

在实际商用器件中，多层介质薄膜型DWDM波分复用器通常由双光纤准直器、介质膜滤光片和单模光纤准直器（各一个）构成一个滤波单元。单模光纤准直器可以对单模光纤中传输的高斯光束进行准直和聚焦，以提高光纤与光纤之间的耦合效率。多层介质薄膜型波分复用器如图7-7所示。

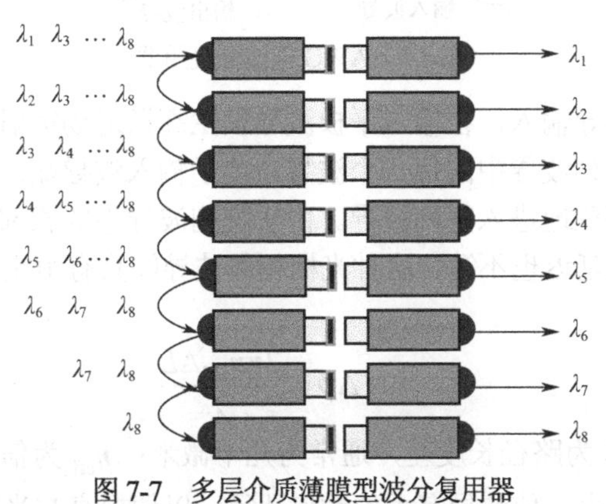

图 7-7　多层介质薄膜型波分复用器

当多个波长的光输入多层介质薄膜型波分复用器的第一个端口时，滤波单元只通过第一个波长λ_1的光，其他波长的光被反射并被耦合进第二个端口；第二个端口的滤波单元通过第二个波长λ_2的光，其他波长的光被反射并被耦合进第三个端口。光信号照此不断地传下去，在不同的端口进行滤波，最终就可实现把不同波长的光从一根光纤分开到不同的端口输出，实现多个光波长的解复用。

多层介质薄膜型波分复用器的主要优点是其设计与所用光纤参数几乎完全无关，可以实现结构稳定的小型化器件，信号通带较平坦，与极化无关，插入损耗较低，温度特性很好，可达0.001nm/℃以下，缺点是信路数不会很多。

【讨论与创新】上网搜索资料，讨论并学习下面的内容。

（1）如何制作大信道数，比如信道数为1000的波分复用器？

（2）据说在实验室中，一根光纤里面可以复用10000个波长，是真的吗？

7.3.3 阵列波导光栅型波分复用器

阵列波导光栅（AWG，Arrayed Waveguide Grating）是迅速发展的DWDM光传输网络的关键器件。1988年，荷兰Delft大学的Smit首先提出AWG的概念，其重要的应用价值引起了NTT公司和贝尔实验室等的关注。经过多年的研制开发，现已研制出多种不同的AWG器件并用于DWDM系统。

阵列波导光栅（AWG）型波分复用器是以光集成技术为基础的平面波导型器件，由输入波导、输入平板波导、阵列波导、输出平板波导和输出波导组成，如图7-8所示。

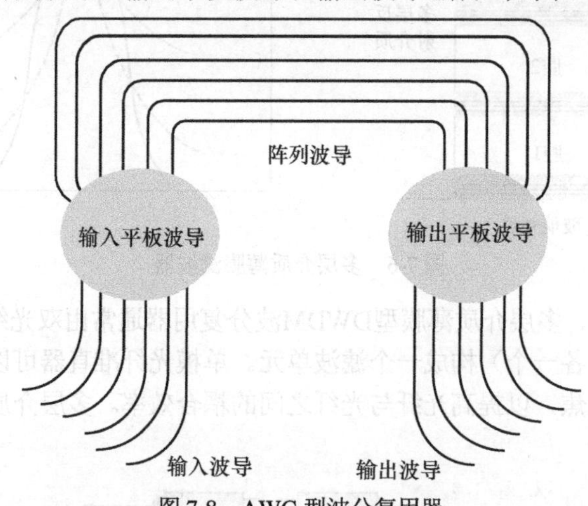

图7-8　AWG型波分复用器

光信号由输入平板波导输入，在输入平板波导发生高斯远场衍射，在输入平板波导内把光功率几乎平均地分配到阵列波导中的每一个波导，由于输入波导端口与阵列波导端口均处于一个罗兰圆上，复合光等相位地进入阵列波导。由于阵列波导中的相邻波导的长度不等，不同波长的输入信号产生的相位延迟也不等，这种光栅相邻波导间具有恒定的路径长度差ΔL，其相邻波导间的相位差为

$$\Delta\phi = \frac{2\pi n_{\text{eff}}\Delta L}{\lambda} \tag{7-2}$$

式中，λ为信号波长；ΔL为路径长度差，通常为几十微米；n_{eff}为信道波导的有效折射率，它与包层的折射率差相对较大，使波导有大的数值孔径，以便提高与光纤的耦合效率。

经长度差为ΔL的阵列波导传导后，产生相位差（不同波长的相位差不同），不同波长的光波在输出平板波导中发生衍射，聚焦到不同的输出波导位置，完成解复用功能；反之则能实现复用功能。

AWG 型波分复用器的典型制造过程是在硅晶片上沉积一层薄薄的二氧化硅，并利用光刻技术形成所需的图案，腐蚀成形。AWG 型波分复用器十分紧凑，信道损耗小，隔离度已达 25dB，信道数大（商用器件一般为 40、80 个信道），易于批量生产，但带内顶部不够平坦，对温度和极化较敏感，其周期性滤波特性会引起一些串扰。

【讨论与创新】AWG 型波分复用器的特性随温度的变化比较敏感，怎么办?

通信系统要求 AWG 型波分复用器各个信道的光信号波长和 ITU-T 规定的波长一致。普通的 AWG 型波分复用器是利用硅基二氧化硅制作而成的，二氧化硅的热光系数为正，硅的热膨胀系数也为正，当温度每上升 1℃时，AWG 型波分复用器各个信道的光信号波长增加约 0.0112nm。DWDM 系统中各信道之间波长间隔很小，为了降低信道间的串扰，AWG 型波分复用器的中心波长必须稳定。

为了补偿温度变化引起的波长漂移，目前采用两种方案。

① 使用温控电路和加热器，使 AWG 型波分复用器处于 70℃左右的恒温环境中，这样 AWG 型波分复用器的各个信道的光信号波长就会保持稳定，这种 AWG 型波分复用器就是所谓的有热 AWG 型波分复用器。

② 在 AWG 型波分复用器的结构上采用特殊设计和工艺，使得波长不随外界温度变化而变化，不采用任何加热装置和控制电路，这就是无热 AWG 型波分复用器。改变波导材料，实现波导本身的温度不敏感，或者改变器件结构，消除波导的温度漂移，这是一种极具创新技术的产品。

7.3.4 波分复用器器件

100GHz AWG 型密集波分复用器如图 7-9 所示，其性能参数如表 7-2 所示。该复用器采用了先进的 PLC 制造技术，100GHz 窄带，可用于城域网和长途 DWDM 等。该复用器还集成了基于微控制器的内部温度控制（ITC）电路，可选的 ITC 不再需要外部温度控制，并且不影响包装尺寸。

图 7-9 100GHz AWG 型密集波分复用器

表 7-2 AWG 复用器性能参数

信道数	40
信道间隔	100GHz
通带规范	±12.5GHz
工作波长范围	ITU-T 规定间隔，C 或 L 带
插入损耗（不包括连接器）	最大值，2.5dB
1dB 通带宽度	最小值，30GHz
3dB 通带宽度	最小值，55GHz
损耗均匀度（不包括连接器）	最大值，1.0dB
相邻信道串扰	最小值，26dB
非相邻信道串扰	最小值，35dB
偏振相关损耗	最大值，0.5dB
回波损耗	40dB
工作温度	−5～65℃
尺寸（$L\times W\times H$）	130mm×65mm×14mm

100GHz AWG型密集波分复用器的光谱如图7-10所示，常规C波段，共40个波长。

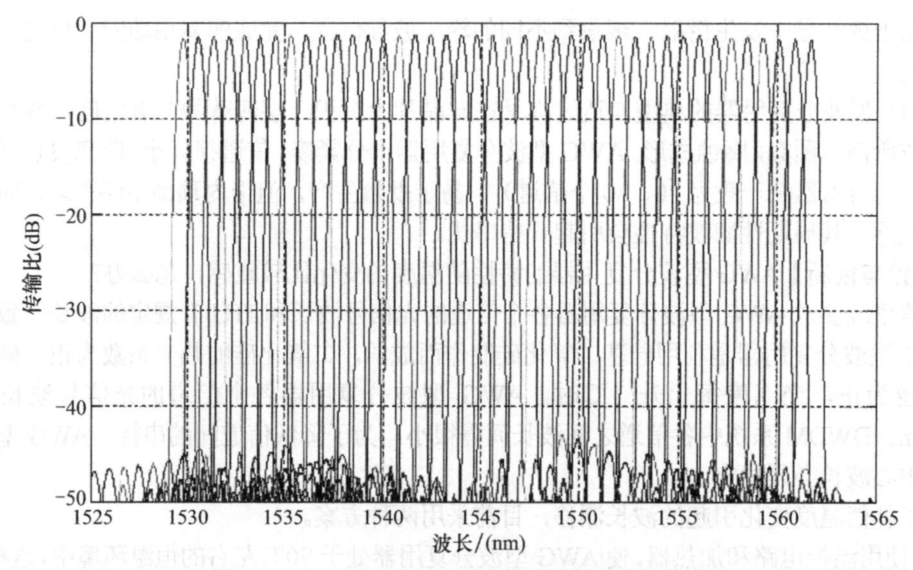

图 7-10　100GHz AWG 型密集波分复用器的光谱

7.4 全 光 网

通信网传输容量的增加，促进了光纤通信技术的发展，光纤近 30THz 的巨大潜在带宽容量使光纤通信成为支撑通信业务量增长最重要的技术。光的复用技术——波分复用（WDM）、时分复用（TDM）、空分复用（SDM）越来越受到人们的重视。但在以这些技术为基础的通信网中，网络的各个节点要完成光-电-光的转换，其中的电子器件在适应高速、大容量的需求上，存在诸如带宽限制、时钟偏移、严重串话、高功耗等缺点，由此产生了通信网中的"电子瓶颈"现象。

目前，以电子技术为基础的现代交换系统，无论是数字程控交换机、ATM 交换机，还是高速路由器，其交换容量都受到电子器件工作速度的限制。

为了解决这一问题，人们提出了全光网（AON，All Optical Network）的概念。和传统光通信网络不同，全光网任意两个节点之间的信号传输与交换全部采用了光波技术，也就是网络节点的交换中使用了光交叉连接器（OXC，Optical Cross-connect）和光分插复用器（OADM，Optical Add Drop Multiplexers）来替代传统的数字交叉连接器（DXC）和数字分插复用器（ADM），如图 7-11 所示。全光网的光链路包括全光交换、全光交叉连接、全光中继、全光复用与解复用等。

全光网络信号的传输和交换都是在光域中进行的，实现从源节点到目的地节点的端到端的全光传输和交换，具有很好的透明性、存活性、可重构性、可扩展性和对现有系统的兼容性。

实现全光网络通信，克服电光网络中存在的"电子瓶颈"问题，取决于一些关键技术的实现，后面几节将较全面地介绍全光网中的关键技术与设备。

全光核心网用作长途骨干网是当前研究的主流，重点解决多媒体全业务信息的超大容量、超高速的全光传输和交换，基于光放大技术、光调制技术、光多路复用技术、光交换技术，以及新型光纤及色散补偿等技术，构成多种类型的全光网。

全光接入网是最终实现光纤接入（FTTH）的网络形式，利用全光多址接入和抗多址干扰技术，实现全光接入服务。

全光互联网基于各类全光网之间的光互联及 IP 技术，构成全透明的"All Optical Internet"，实现任何人、在任何地方、在任何时候都可以与任何人进行任何方式的、实时的、无阻塞的通信，并可以享用全光互联网平台上的信息资源。

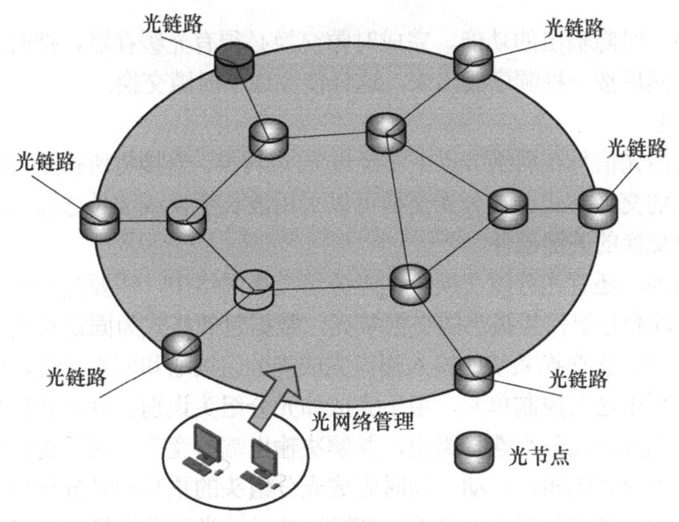

图 7-11　全光网示意图

光交换节点可以是光交叉连接器（OXC），光路由器（OR，Optical Router），光交换机（OS，Optical Switching）。光交叉连接器（OXC）是全光网中的核心器件，它与光纤组成了一个全光网络。OXC 交换的是全光信号，它在网络节点处对指定波长进行互联，从而有效地利用波长资源，实现波长重用，也就是使用较少数量的波长，互联较大数量的网络节点。光分插复用器（OADM）具有选择性，可以从传输设备中选择下路信号或上路信号。OADM 和 OXC 将 ASON 技术应用于骨干网，是实现光网络智能化的重要一步，其基本思想是在过去的光传输网络上引入智能控制，从而实现对资源的按需分配。

全光网还需要功能强大的光网络管理系统。光网络管理系统是全光网的头脑和指挥系统，具有性能管理、设备管理、故障管理等功能，还应包括网络的安全体系、安全管理（确保网络的存活性、可靠性和安全性）等功能。

7.5　光交换技术

光交换技术是在光域直接将输入光信号交换到不同的输出端，完成光信号的交换。实现光交换的设备是光交换机，光交换机是实现全光网的基础，组成光交换机的光器件有光开关、光波长转换器和光存储器等。光交换被认为是未来宽带通信网的新一代交换技术。

光信号的复用方式有空分、时分、波分等方式，对应地，光交换方式可分为空分光交换、时分光交换、波分光交换。

1．空分光交换

空分光交换是空间域上将光信号进行交换，原理上与空分电信号的交换一样，空分光交换是一种最简单的光交换方式。

空分光交换通过机械、电或光 3 种不同方式对光开关及相应的光开关阵列进行控制，为光交换提供物理通道，使输入端的任一信道与输出端的任一信道相连。

2．时分光交换

时分复用是通信网中普遍采用的一种复用方式。光时分复用和电时分复用类似，也是把一条复用信道划分成若干个时隙，每个基带光数据流信号分配占用一个时隙，N 个基带信道复用成高速光数据流信号进行传输。要完成时分光交换，必须由时隙交换器实现将输入信号一帧中任一时隙交换到另一时隙输出的功能。完成时隙交换必须有光缓存器，把时分复用信号按一定顺序写入缓存器，然后按一种顺序读出来，这样便完成了时隙交换。

3．波分光交换

波分光交换是指光信号在网络节点中不经过光/电转换，直接将所携带的信息从一个波长转移到另一个波长上的交换方式。波分光交换可以采用波长变换或波长选择两种方法来实现，波长开关是完成波分交换的关键部件。

除光线路交换外，还有光分组交换。在光分组交换网络中，需要光分组交换技术。光分组交换（OPS）技术以光分组作为最小的交换单元，数据包的格式为固定长度的光分组头、净负荷和保护时间 3 部分。在交换系统的输入端口完成光分组读取和同步功能，同时用光纤分束器将一小部分光功率分出送入控制单元，用于完成如光分组头识别、恢复和净负荷定位等功能。光交换阵列为经过同步的光分组选择路由，并解决输出端口竞争。最后输出端口通过输出同步和再生模块，降低光分组的相位抖动，同时完成光分组头的重写和光分组再生。光分组交换系统所涉及的关键技术主要包括光分组交换（OPS）技术、光突发交换（OBS）技术、光标记分组交换（OMPLS）技术和光子时隙路由（PSR）技术等。这些技术能确保用户与用户之间的信号传输和交换全部采用光波技术，即数据从源节点到目的节点的传输过程都在光域内进行。

7.6 光　开　关

7.6.1 光开关概述

想一想，电信号的开关技术有哪些呢？我们又如何实现光信号的开与关呢？

在光传输网络中要对某一光纤通道的光信号切断或开通，如图 7-12（a）所示，或者将某波长光信号由一光纤通道转换到另一光纤通道，如图 7-12（b）所示，都需要光开关。光开关在光分插复用器（OADM）、光时分复用器（OTDM）、光波分复用器（WDM）等光器件的生产和测试方面都有广泛的应用。光开关是光交换技术的核心器件，现在已开发出多种商用的光交换机。

空间光开关是光交换中最基本的功能元件，对光的交换是在空间进行的。它可以构成空分光交换单元，也可以与其他功能开关一起构成时分交换单元和波分交换单元。空间光开关可分为光纤型光开关和空间型光开关。

空分光交换的基本单元 1×2 光开关如图 7-12（b）所示，在输入端有一根光纤，输出端有两根光纤。

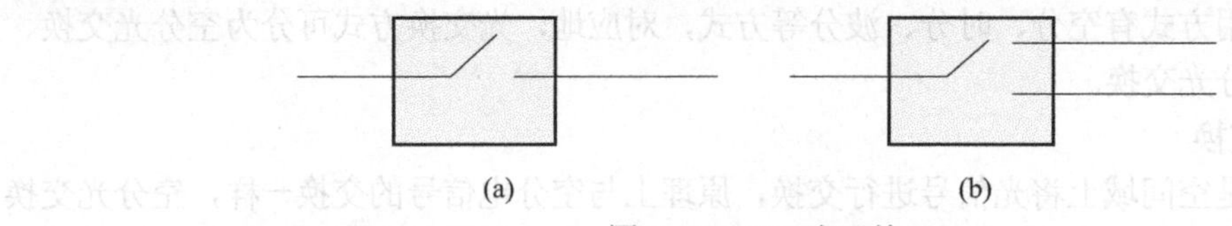

图 7-12　1×2 光开关

空分光交换的基本单元 2×2 光开关，在输入端有两根光纤，输出端也有两根光纤，它的工作状态有平行连接和交叉连接两种，分别如图 7-13（a）、（b）所示。

光开关单元也可以级联，以形成更多端口的光开关，如图 7-14 所示。

根据光开关端口分类，光开关可以分为 1×2、1×4、1×16、2×2、1×N 等。

光开关的特性参数主要有插入损耗、回波损耗、隔离度、串扰、工作波长、消光比、开关时间等。有些参数与其他光器件的定义相同，有的则是光开关特有的。对于光网络应用的光开

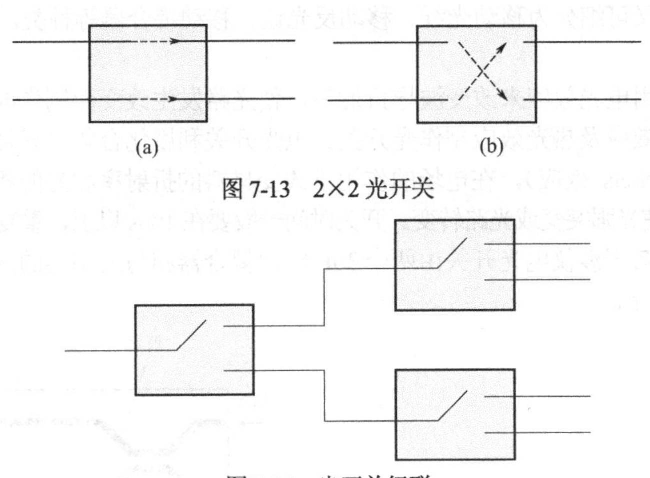

图 7-13　2×2 光开关

图 7-14　光开关级联

关和光开关矩阵来说，提出下列主要要求：

① 消光比是两个端口处于导通和非导通状态的插入损耗之差，光开关需要大消光比。

② 开关时间是指开关端口从某一初始状态转为通或断所需的时间，开关时间从开关上施加或撤去转换能量的时刻算起。

③ 光开关还需具有小的串扰、低的偏振损耗、小的驱动电流、高隔离度、小尺寸、可大规模集成（对光开关矩阵）等特性。针对上述要求，各种材料、各种结构的光开关得到不断改善和发展。

Polatis 公司的 7000 系列光开关是容量大、密度高、性能好且稳定可靠的无阻塞全光矩阵开关，如图 7-15 所示。该系列产品支持 384×384 全光矩阵开关，最新产品支持 576×576 全光矩阵开关，具有极低的插入损耗、紧凑的尺寸和快速的开关切换速度，能满足性能要求极高的应用场景。

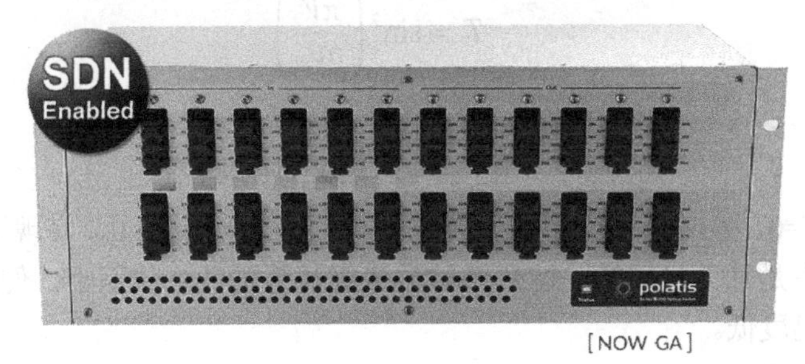

图 7-15　Polatis 公司的 7000 系列光开关

7.6.2　光开关类型

1. 机械式光开关

机械式光开关靠微型电磁铁或压电器件驱动光纤或反射光的光学元件发生机械移动，使光信号改变光纤通道，如图 7-16 所示。

机械式光开关的优点是：插入损耗较低，一般不大于 2dB；隔离度高，一般大于 45dB；不受偏振和波长的影响。机械式光开关的不足之处是开关时间较长，一般为毫秒数量级，有的还存在回跳抖动和重复性较差的问题。

机械式光开关又可细分为移动光纤、移动反光镜、移动耦合器等种类。

2．电光开关

电光开关是利用电光效应来改变波导折射率，使光路发生改变而制作成的光开关。也可利用磁光效应、声光效应及热光效应制作光开关。电光开关利用化合物半导体、有机聚合物等材料的电光效应（Pockels 效应），在电场的作用下改变材料的折射率和光的相位，再利用光的干涉或者偏振等方法使光强突变或光路转变。开关时间一般要在 10ns 以上，重复率较高，寿命较长。

一个 2×2 的 M-Z 干涉仪电光开关由两个 3dB 定向耦合器和与之相连的两个相等臂长的波导组成，如图 7-17 所示。

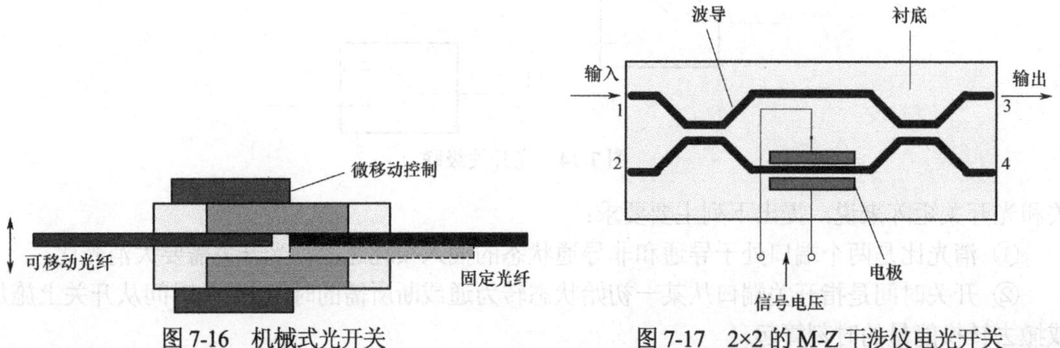

图 7-16　机械式光开关　　　图 7-17　2×2 的 M-Z 干涉仪电光开关

输入耦合器把输入光一分为二送入两个臂传输，光在各个臂的传输期间，由于电极调制，改变波导折射率，使两个臂的传输光产生一相位差。当具有相位差的两束光汇合于输出定向耦合器处时，两束光发生干涉，通过控制干涉的状态（相长干涉或相消干涉），达到切换输出端口的目的。

在两个波导臂的电极上分别加上电压 V 和 $-V$，令相位变化等于 π 时的电压为半波电压 V_π，则 3、4 端口的透过率分别为

$$T_3 = \sin^2\left(\frac{\pi V}{2V_\pi}\right) \tag{7-3}$$

$$T_4 = \cos^2\left(\frac{\pi V}{2V_\pi}\right) \tag{7-4}$$

不加电压时，V=0，T_3=0，T_4=1；加半波电压 V_π时，T_3=1，T_4=0，实现了开关作用。

这类开关的优点是开关时间短，达到微秒数量级甚至更低；体积小，便于集成。不足之处是插入损耗大，隔离度低。

3．MEMS 光开关

前面的几种光开关的端口数量不能过多，体积大。在光网络中，对光开关的需求是尺寸小，端口数量多，基于微电子机械系统技术开发的光开关能实现这样的要求。

微电子机械系统（MEMS）就是将几何尺寸或操作尺寸仅在微米、亚微米甚至纳米量级的微机电装置（如微机构、微驱动器等）与控制电路高度集成在硅基或非硅基材料上的一个非常小的空间里，构成一个机电一体化的器件或系统。基于 MEMS 的微光机电系统（MOEMS）是 MEMS 与光器件融合一体的机械系统，MEMS 技术在光纤通信网络中的一个重要应用就是利用微动微镜制作光开关阵列。MEMS 光开关如图 7-18 所示。

MEMS 光开关主要有光路遮挡型 MEMS 光开关、移动光纤对接型 MEMS 光开关和微镜反射型 MEMS 光开关。相对于移动光纤对接的方法，利用微镜反射原理的光开关更加易于集成和

控制，组成光开关阵列。微镜反射的工作原理是通过静电力者电磁力的作用，微动微镜左右移动或旋转来实现开关的导通和断开。

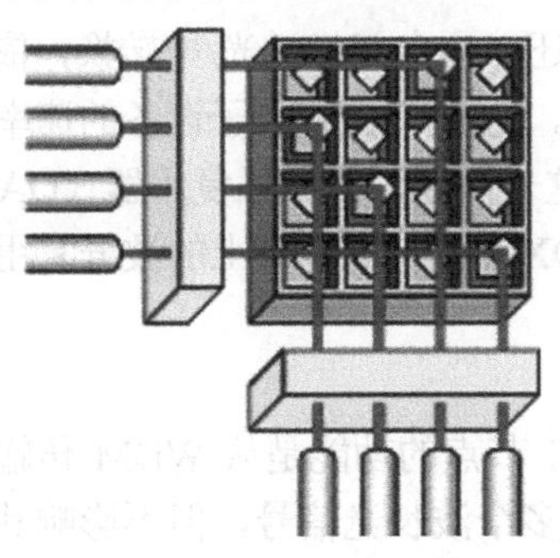

图 7-18　MEMS 光开关

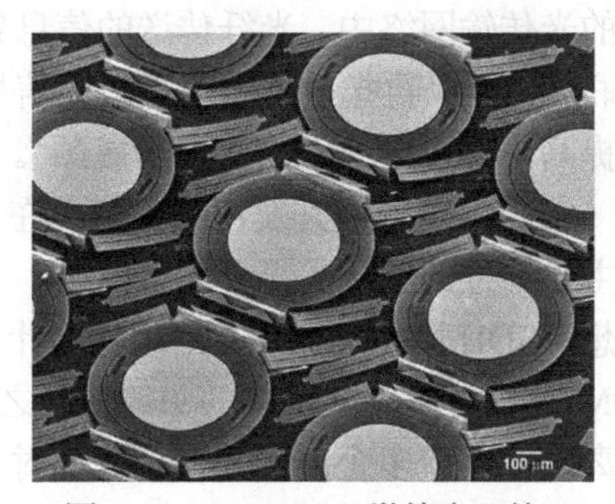

图 7-19　MEMS 2D 微镜光开关

MEMS 2D 微镜光开关（见图 7-19）是在硅基底上布置微镜矩阵，光束通道平行于硅基底。由于晶片大小的限制，可制作出 4×4、8×8、16×16 和 32×32 光开关，32×32 的微镜阵列是单层 2D 微镜光开关可达到的最大结构极限。MEMS 光开关的体积小，插入损耗低，开关时间短（100μs 以内），可批量生产，对波长、数据传输速率和信号格式透明，缺点是难以实现较高的端口数，微镜间距增大，光束直径也增大。

表 7-3　几种光开关的开关速度

类型	开关速度
热光开关	ms 量级
声光开关	ms 量级
电光复合陶瓷开关	ms 量级
MEMS 光开关	ms 量级
Si 上的 SiO_2 平面器件	ms 或μs 量级
$LiNbO_3$ 开关	ns 量级
聚合物非线性电光开关	ps 量级

开关速度是光开关的重要技术指标，几种光开关的开关速度如表 7-3 所示。

7.6.3　MEMS 光开关器件

一种基于 MEMS 技术的紧凑型 Lumentum 1×*N* 光开关实物图如图 7-20 所示，其参数如表 7-4 所示。

表 7-4　Lumentum 1×*N* 光开关参数

光谱范围	191.0～196.3THz
最大插入损耗	1.6 dB
最大波长相关损耗	0.3 dB
最大偏振相关损耗	0.15 dB
最大温度相关损耗	0.35 dB
最小串扰	50 dB
最小回波损耗	40dB
最大光输入功率	24dBm
每个端口最大光输入功率	13dBm
最大可重复性	0.05dB
最小耐用性	百万次
最大开关速度	10ms
电源电压	最小值，4.75V 最大值，12.6V
最大功耗	325mW

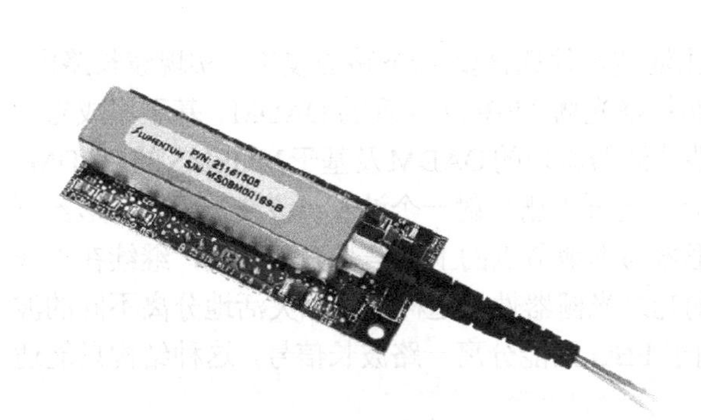

图 7-20　Lumentum1×*N* 光开关实物图

【讨论与创新】上网搜索资料，如何制作速度更快的光开关？全光开关技术的发展如何？

7.7　光分插复用

早期的光传输网络中，光纤传送的信息到了节点后还必须全部经过光/电转换，依靠电子设备进行互联和交换，再把电信号转换成光信号向下传输。光/电转换和电子设备的速率限制了交换容量的提高，即形成所谓的“电子瓶颈”。为了解决这一问题，光分插复用器（OADM）、光交叉连接（OXC）逐渐被开发出来，建立在 OADM、OXC 光节点基础上的波分复用全光网，将成为占主导地位的新一代光纤通信网络。

想一想，SDH 网络的 ADM 的功能是什么？

OADM 是波分复用光网络的关键器件之一，OADM 节点的功能是从 WDM 传输线路中选择性地分离出一个或多个波长光信号，同时插入一个或多个波长光信号，但不影响其他不相关波长信道的光信号传输。

在 WDM 的网络中，光纤信道中不同波长的光如何进行分插复用呢？

OADM 的基本原理如图 7-21 所示，其工作过程如下：从线路来的 WDM 信号包含 n 个波长信道，进入 OADM 输入端，根据业务需求，从 n 个波长信道中有选择性地从下路端（Drop）输出所需的波长信道，相应地从上路端（Add）输入所需的波长信道。而其他与本地无关的波长信道就直接通过 OADM，和上路波长信道复用在一起后，从 OADM 的输出端输出，继续传送下去。

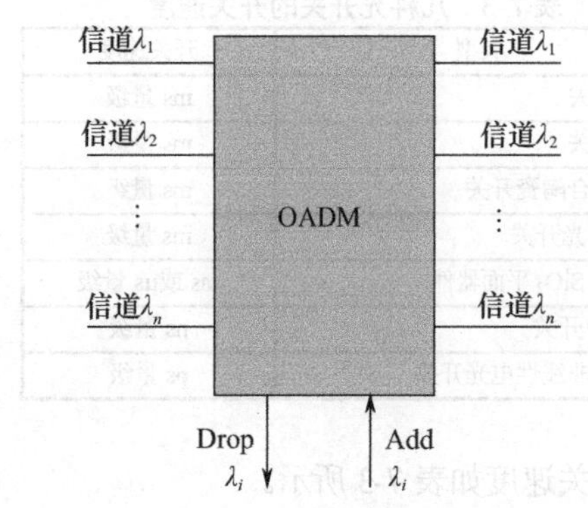

图 7-21　OADM 的基本原理

OADM 实现的功能类似于 SDH 中分插复用器（ADM）在时域内实现的分插功能，但 OADM 工作在光域内，并且具有传输透明性，可以处理任何格式和速率的信号。

根据节点功能分类，OADM 有两种类型：固定波长 OADM 和可变波长 OADM。

固定波长 OADM 只能分插一个或多个固定的波长信道，节点的路由是固定的。该类型 OADM 缺乏组网灵活性，但性能可靠、没有延时。

可变波长 OADM 能动态地调节节点的分插波长信道，实现光网络的动态重构。该类型 OADM 通常采用光开关或可调谐光器件等构成 OADM 的核心，结构复杂，但可以使网络的波长资源得到很好的分配。

OADM 节点的核心器件是光滤波器件，由滤波器件选择要上/下路的波长，实现波长路由。目前有几种不同技术的 OADM，如基于光纤布拉格光栅（FBG）原理的 OADM、基于集成光学波导阵列光栅（AWG）原理的 OADM、基于干涉滤波器原理的 OADM 及基于 MOEMS 的 OADM。

基于 FBG 的 OADM 的原理如图 7-22 所示。光纤光栅反射一个波长，该波长经光环形器下路到本地，其他信号波长通过光栅，经光环形器与本地节点的上路信号波长合波，继续在干线上向前传输。光纤光栅也可选择波长可调谐的光纤光栅器件，这样就可以灵活地分离不同的波长，使网络资源的配置具有较大的灵活性。由于 FBG 只能分离一路波长信号，这种结构只能适用于上/下信道不多的小型节点。

OADM 可利用 MOEMS 技术来实现，采用 MOEMS 光开关芯片实现 8 路信号分插。如图 7-23 所示，芯片中有 16 个反射镜，通过反射镜的旋转可实现信道的上/下。

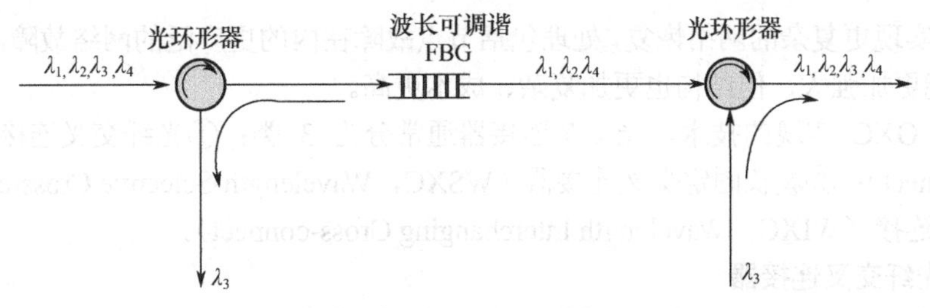

图 7-22　基于 FBG 的 OADM 的原理

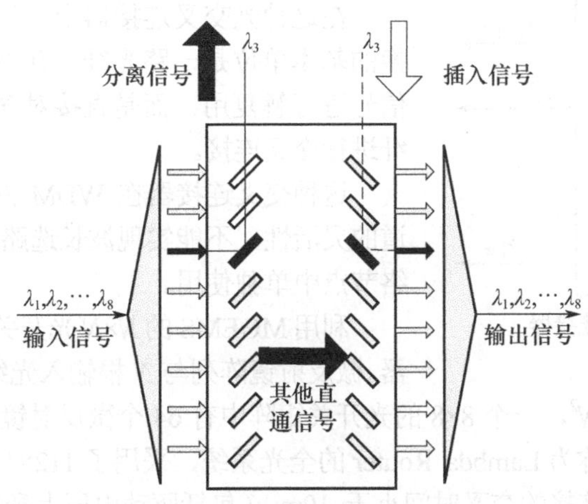

图 7-23　基于 MOEMS 的 OADM

基于 MOEMS 的 OADM 包括解复用器、1×N 的 MEMS 光开关和波长再复用器，输入光纤端口的波分复用信号经过光栅实现波长分离，然后聚焦于反射镜焦平面上。单轴反射镜组安放于焦平面，每一个反射镜对应一个波长。通过调整反射镜的角度，将对应波长光信号反射到特定输出光纤。这种方案结构简单，使用方便。在这个结构中，输出光纤耦合功率直接依赖于 MEMS 反射镜角度控制的精确性。

OADM 的主要参数有信道间隔、信道带宽、中心波长、信道隔离度、波长温度稳定度、信道插入损耗、均匀性等。

7.8　光交叉连接

在 WDM 网络中，光纤信道中不同波长的光如何进行交叉连接呢？

传统的数字交叉连接（DXC）设备，如 SDH 中的 DXC 等，具有电信号复用、信号交换、保护倒换、监控管理等功能，光交叉连接器（OXC）则在光域内（不需要变成电信号）完成这些动作。

OXC 是光传输网络中的一个重要网络单元，主要功能是完成多波长环网间的交叉连接，作为网格状光网络的节点，目的是实现光网络的自动配置、保护/恢复和重构。OXC 处于光网络分层结构中的第三层，用于骨干网中，其在光域上对不同输入链路的波长信道进行交叉互联，进行信道在空域和频域的交换，实现网络自动配置，波长信道在 OXC 内部的交换是以光的形态进行的，OXC 能够在光纤和波长两个层次上提供这样的管理。OXC 还可以动态调整各光纤中的流量分布，提高光纤的利用率。OXC 可以在光路层提供网络保护，例如在出现光纤断折情况时通过光开关将光信号倒换至备用光纤上，实现光复用段 1+1 保护。OXC 还可以通过重新选择波长路由实现更复杂的网络恢复，处理包括节点故障在内的更广泛的网络故障。相比于 OADM，OXC 功能更加强大，但结构也更加复杂、成本更高。

根据 OXC 实现的技术，光交叉连接器通常分为 3 类：①光纤交叉连接器（FXC，Fiber Cross-connect）；②波长固定交叉连接器（WSXC，Wavelength-Selective Cross-connect）；③波长可变交叉连接（WIXC，Wavelength Interchanging Cross-connect）。

1．光纤交叉连接器

光纤交叉连接器连接的是多路输入、输出光纤，如图 7-24 所示，每根光纤中可以有多个波长的光信号。

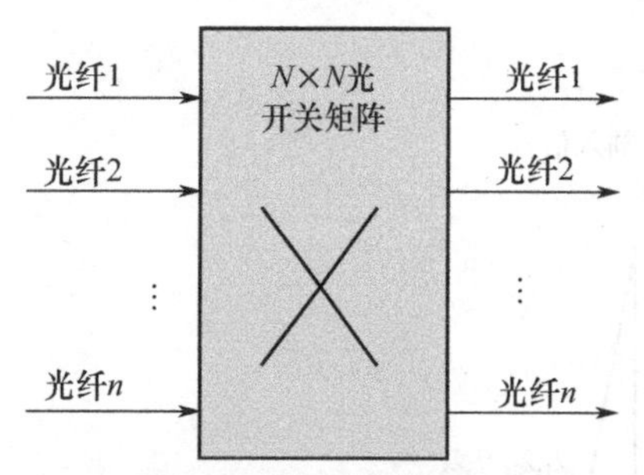

图 7-24　光纤交叉连接器

在这种光交叉连接器中，只有空分光交换开关，交换的基本单位是一路光纤，并不对一根光纤中的多波长信号进行解复用，而是直接对含有波分复用光信号的光纤进行交叉连接。

这种交叉连接器在 WDM 网络中不能发挥多波长信道的灵活性，不能实现波长选路，因而很少在 WDM 网络节点中单独使用。

利用 MOEMS 的 $N×N$ 光开关矩阵可构成光交叉连接器。微反射镜阵列与 N 根输入光纤和 N 根输出光纤相连，采用的微反射镜数量为 N^2，一个 8×8 的光开关矩阵中有 64 个微反射镜。

有公司推出一种被称为 Lambda Router 的全光系统，采用了 112×112 的 MOEMS 光开关矩阵。该系统对任何一个连接的交叉时间小于 10ms（包括驱动电压上升时间），光部分的插入损耗为 7.5±2.5dB（在 1550nm 波长附近）。

2．波长固定交叉连接器

波长固定交叉连接器的原理如图 7-25 所示，输入/输出 OXC 的光纤数为 N，每一根光纤复用 N 个波长，这些波分复用光信号经分波器把每一根光纤中的复用光信号分解为单波长信号（$\lambda_1,\lambda_2,\cdots,\lambda_n$），$N$ 根光纤就分解为 $N×N$ 个单波长光信号。信号通过 $N×N$ 光开关矩阵，在控制

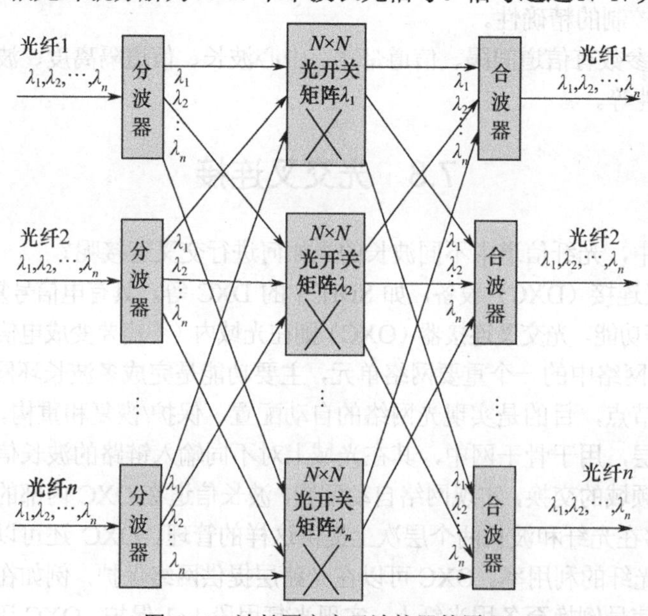

图 7-25　波长固定交叉连接器的原理

和管理单元的操作下进行波长配置及交叉连接。交换后的各路相同波长的光信号分别进入各自输出口的合波器，最后复用后从各输出光纤输出。在这种结构中，不同光纤中相同的波长可以进行交换，因而可以灵活地对波长进行交叉连接。但这种结构不能处理两根以上的光纤中相同波长的信号进入同一根输出光纤的问题，即出现波长阻塞。为了防止出现这种情况，需要使用波长可变交叉连接器。

3．波长可变交叉连接器

在波长可变交叉连接器中，使用波长变换器（WC，Wavelength Converter）对光信号进行波长变换，因而各路光信号可以实现完全灵活的交叉连接，不会产生波长阻塞。研究表明，在光交叉连接器中对各波长通路部分配备波长变换器和全部配备波长变换器所达到的通过率特性几乎相同。

波长选择交换器（WSS）是近年来发展迅速的ROADM/OXC子系统技术。WSS基于MEMS技术，具有频带宽、色散度低，支持基于端口的波长定义等特性。采用自由空间光交换技术，上下路波数少，但可支持更高的维度集成，部件较多，控制复杂。

7.9 光传送网

7.9.1 光传送网概述

近年来，电信网络所承载的业务发生了巨大的变化。数据业务发展非常迅速，特别是IP业务、视频业务、以太网业务的发展，使电信网络承载的业务类型正发生由TDM流量占主要业务向分组流量占主要业务的形态发展。为克服SDH光传送网的传输带宽小，以及早期WDM光传送网由于只能提供点对点的光传输，组网和对光业务传输的维护、监测能力不足的缺陷，1998年，ITU-T提出了基于大容量传输带宽进行组网、调度和传送的新型技术——光传送网（OTN，Optical Transport Network）的概念。

光传送网（OTN）是由一组通过光纤链路连接在一起的光网元组成的网络，能够提供基于光通道的客户信号的传送、复用、路由、管理、监控及保护（可生存性）。OTN的一个明显特征就对任何数字客户信号的传送设置与客户特定特性无关，即客户无关性。OTN分层，如图7-26所示，各层都有相应的管理监控机制。传统IP光网络分层如图7-27所示。

OTN技术作为全新的光传送网技术，继承并加强了现有传送网络的优势，同时具备了SDH的灵活可靠和WDM的大容量，既可以提供大容量的带宽，又可以直接对大颗粒业务进行调度，并能够实现类似于SDH完善的保护和管理功能，更可以与ASON结合实现智能光网络。对于OTN的构成和管理，ITU-T借鉴SDH光传送网的思路，为OTN制定了一系列的标准，如ITU-T G.872、G.709、G.798等，规范了新一代“数字传送体系”和“光传送体系”。

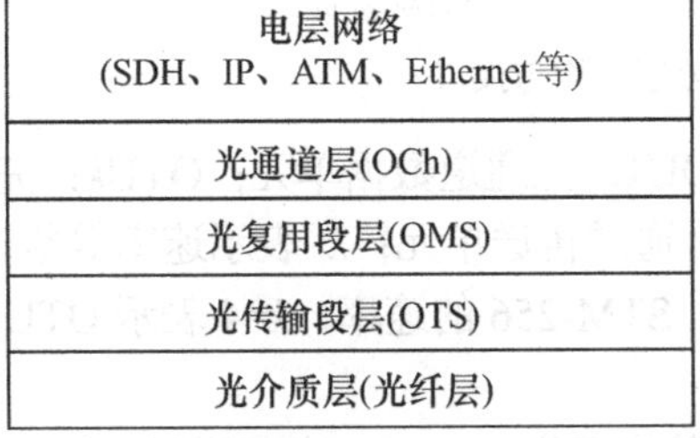

电层网络 (SDH、IP、ATM、Ethernet等)
光通道层(OCh)
光复用段层(OMS)
光传输段层(OTS)
光介质层(光纤层)

图7-26　OTN分层

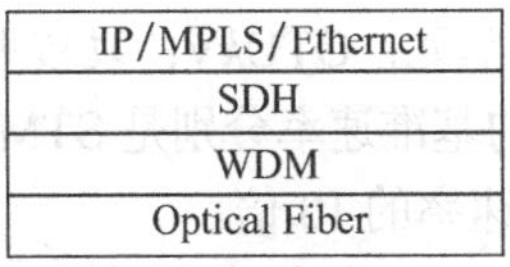

IP/MPLS/Ethernet
SDH
WDM
Optical Fiber

图7-27　传统IP光网络分层

OTN技术作为一种新型组网技术，其主要优势如下：

① 多种客户信号封装和透明传输。基于ITU-T G.709的OTN帧结构可以支持多种客户信号的映射和透明传输，如SDH、ATM、以太网等。

② 大颗粒的带宽复用、交叉和配置。OTN目前定义的电层带宽颗粒为光通道数据单元，最小为2.5Gb/s的信号。光层的带宽颗粒为波长，其复用、交叉和配置的颗粒明显要大很多，对高宽带数据客户业务的适配和传送效率有显著提升。

③ 强大的开销和维护管理能力。OTN提供了和SDH类似的开销管理能力，OTN光通道层的OTN帧结构大大增强了该层的数字监视能力。

④ 增强了组网和保护能力。通过OTN帧结构、ODU*k*交叉和多维度可重构光分插复用器（ROADM）的引入，大大增强了光传送网的组网能力，改变了目前基于SDH VC-12/VC-4调度带宽和WDM点到点提供大容量传输带宽的现状。

目前OTN技术的引入与应用主要应侧重于城域光传送网和核心网。对于城域光传送网而言，由于汇聚与接入层客户信号的带宽粒度较小，目前OTN技术的应用优势并不明显。对于核心网而言，客户业务的特点主要为分布型，客户信号的带宽粒度较大，基于ODU*k*和波长调度的需求及优势明显，OTN技术应用的优势比较适宜发挥。

7.9.2 OTN 的层次结构与功能

1. OTN 的层次结构与接口

ITU-T G.872 定义了 OTN 的层次结构，G.709 定义了 OTN 各网络层之间的逻辑接口和网元设备光线路接口的信号模型。OTN 的层次结构分为电层和光层两大部分，其中电层内为 OTN 的通道层，光层内为 OTN 的光传输层。OTN 的层次结构与接口如图 7-28 所示。

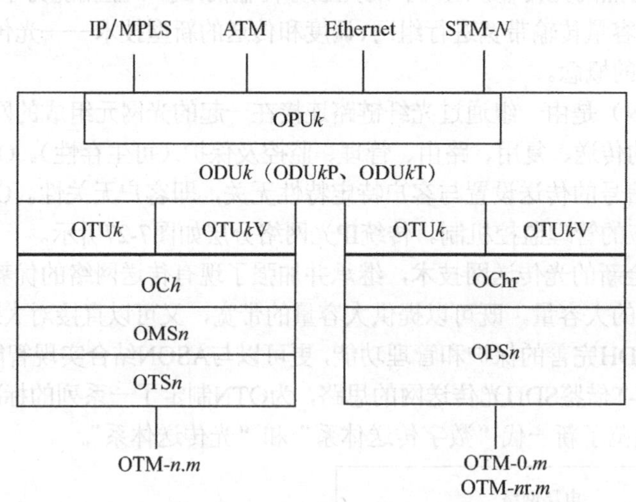

图 7-28 OTN 的分层结构与接口

图 7-28 中，OPU*k*：光通道净负荷单元；ODU*k*：光通道数据单元；OTU*k*：完全标准化的光通道传送单元；OTU*k*V：功能基本标准化的光通道传送单元；*k* 表示速率等级，*k*=1，2，3 表示 OTU 的基准速率分别是 STM-16、STM-64、STM-256 的速率，*k*=4 表示 OTU 的基准速率是 STM-64 速率的 10 倍。

OCh：完整功能的光通道；OChr：简化功能的光通道；OMS：光复用段；OTS：光传输段；OPS：光物理段；OTM：光传送模块。

G.709 给 OTN 节点设备定义了两种光接口传送模块。一种是完全功能的光传送模块（OTM-*n.m*），包含各子层业务净负荷和各层的管理开销信息。另一种是简化功能的光传送模块（OTM-0.*m*，OTM-*nr.m*），只包含各通道子层的业务净负荷。这里 *m* 表示接口所能支持的信号速率类型或组合，*n* 表示接口传送系统允许的最低速率信号时所支持的最多光波长数目。

2. OTN 的电层

由于目前光器件技术水平的限制，光通道层的功能无法全部在光层完成，G.872 增加了 OTN 的电层，如图 7-29 所示。

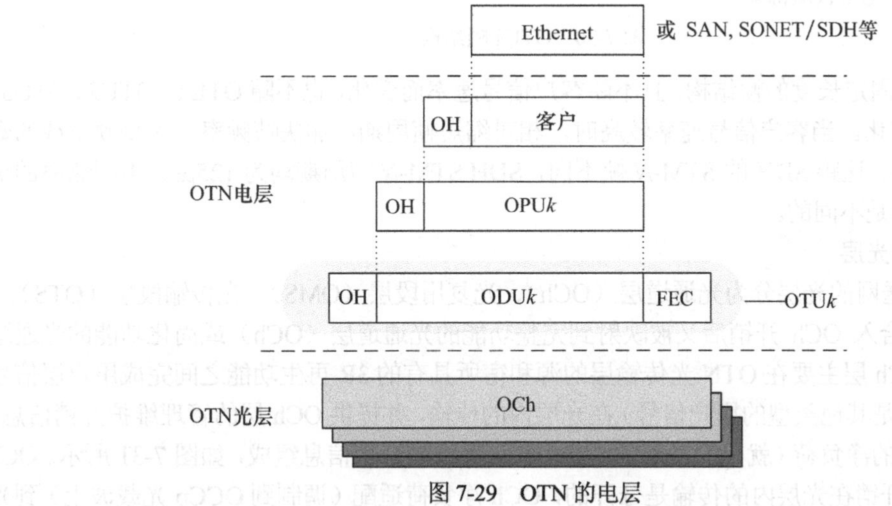

图 7-29 OTN 的电层

① 在 OTN 的电层中，相关业务（如 IP/MPLS、ATM、Ethernet、SDH 等）作为 OPU 净负荷加上 OPU 开销（OH）后映射组成光通道净负荷单元 OPU*k*。

② OPU*k* 加上一些维护管理开销组成光通道数据单元 ODU*k*，ODU*k* 子层是 OTN 定义用以装载客户数字业务信号的传送模块，可以装载 SDH 信号、Ethernet 信号及其他规定速率的数字业务信号。其中，*k*=1、2、3 对应 ODU1、ODU2、ODU3，分别用以装载 2.5Gb/s、10Gb/s、40Gb/s 速率的用户层数字业务信号。ODU*k* 是 OTN 光传送网络在电层内的基本业务传送带宽颗粒，是唯一可在 OTN 内交叉调度的电信号模块单元。

③ ODU*k* 再加上一部分维护管理开销组成光通道传输单元（OTU*k*）。电层将各种客户信号统一封装成 OTU*k* 帧，然后在网络间传递 OTU*k* 帧。光传输单元 OTU 作为光通道层（OCh）的客户层，形成完整的 OTN，这不仅仅是净负荷映射复用，还有完善的管理和维护。基于 SDH 的 WDM 不能提供与数字客户层信号无关的对光通道完善的管理和维护。

ODU*k* 单元支持时分复用功能，多个低阶的 ODU*j* 可以通过时分复用的方式，将复用后的信号作为高阶 ODU*k* 的净负荷（*j*<*k*）。

OTU*k* 帧结构如图 7-30 如示，为 4 行×4080 列结构，以字节为单位。由 3 部分组成：OTU*k* 开销（OH）、OTU*k* 净负荷（Payload）、OTU*k* 前向纠错码（FEC）。

其中，第 1 行的第 1～14 列为 OTU*k* 开销；第 2～4 行中的第 1～14 列为 ODU*k* 开销；第 1～4 行的 15～3824 列为 OTU*k* 净负荷；第 1～4 行中的 3825～4080 列为 OTU*k* 前向纠错码。

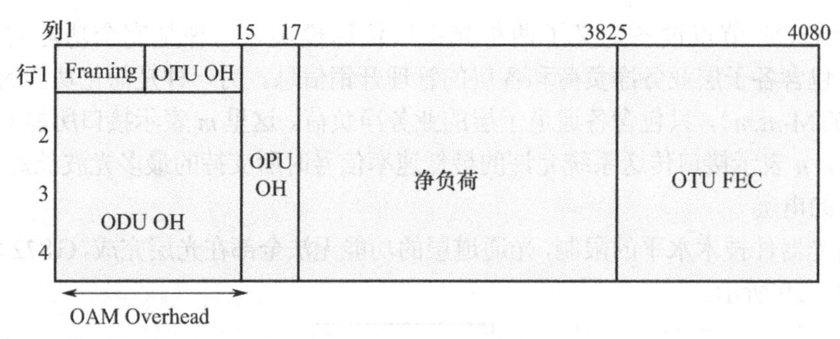

图 7-30 OTU*k* 帧结构

OTU*k* 采用固定长度的帧结构，且不随客户信号速率而变化，也不随 OTU1、OTU2、OTU3、OTU4 等级而变化。当客户信号速率较高时，相对缩短帧周期，加快帧频率，而每帧承载的数据信号没有增加。这跟 SDH 的 STM-*N* 帧不同，SDH STM-*N* 帧周期均为 125μs，不同速率的信号，其帧的大小是不同的。

3．OTN 的光层

OTN 将传送网的光层分为光通道层（OCh）、光复用段层（OMS）、光传输段层（OTS）。

① OTU*k* 合入 OCh 开销后又被映射到完整功能的光通道层（OCh）或简化功能的光通道层（OChr）。OCh 层主要在 OTN 光传输层的源和宿所具有的 3R 再生功能之间完成用户层信号（OTU*k*，也可以是其他类型的用户信号）在光层内的传输，并提供 OCh 层的管理维护开销信息。OCh 层由 OCH 的净负荷（就是 OTU*k* 的内容）和管理维护开销信息组成，如图 7-31 所示。OCh 净负荷与 OCh 开销在光层内的传输是分开的，OCh 净负荷适配（调制到 OCCp 光载波上）到光线路传输模块（OTM-*n.m*）中的一个特定波长上，送入 OMS 光复用段；OCh 开销则通过光通道带外的一个专用光载波（OCCo）来传送。

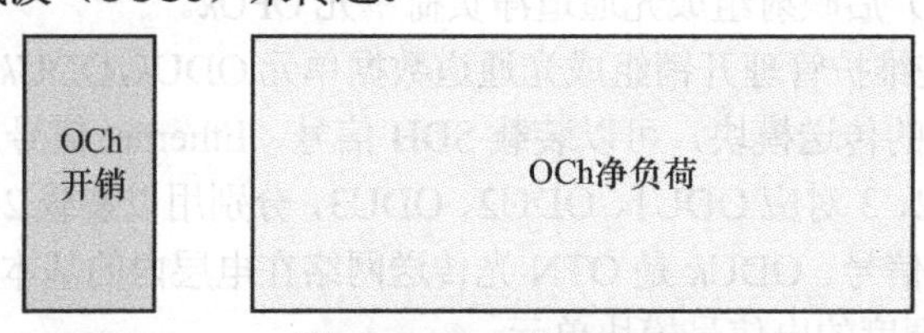

图 7-31 OCh 帧结构

② 光复用段层（OMS），将来自 *n* 个 OCh 的 OCCp 光载波复用成一个光载波组（OCG-*n.m*），作为光复用段层的全部业务净负荷，并提供 OMS 层的管理维护开销信息。OMS 层由 OMS 业务净负荷（就是 OCG-*n.m* 的内容）和 OMS 管理维护开销信息组成，OMS 层的开销通过光通道带外的一个专用光载波（OCCo）来传送。OCh 与 OMS 两层之间的连接可以通过路由选择（OXC 光交叉连接）确定 OCh 净负荷放到哪一个光波长上。OMS 层的光载波组作为下一子网层的净负荷送入光传输段层。

③ 光传输段层（OTS），将来自 OMS 层的 OCG-*n.m* 光载波组作为净负荷，构成 OTN 光线路接口的全功能光信号传送模块（OTM-*n.m*）中的业务净负荷，并提供 OTS 层的管理维护开销信息。OTS 层由 OTS 业务净负荷和 OTS 管理维护开销信息组成，OTS 层的开销通过光通道带外的一个专用光载波（OCCo）来传送。

上述 OCh，OMS，OTS 的维护开销均通过光通道带外的一个专用光载波（OCCo）来传送，因此，OTN 光传输段层的开销也称为带外非关联开销。

OTN 设备分为 OTN 终端复用设备、OTN 电交叉设备、OTN 光交叉设备和 OTN 光电混合交叉设备。OTN 设备应具备接口适配功能、线路接口处理功能、ODUk 调度功能（电路调度）、OCh 调度功能（光波调度）、光复用段和光传输段处理功能及开销处理功能。

OTN 波分设备中的发送 OTU 单板完成了信号从客户到 OCC 的变化。OTN 波分设备中的合波模块（合波器、OADM 的上波部分）完成了从多个独立的特定波长信号转换为主信道信号的过程，即 OMSn（光复用段）的复用功能；从发送站点的合波模块输入光口到接收站点的分波模块输出光口之间的光路属于复用段光路，即 OMSn 段管理的范围。从合波模块的输出到监控板接入 OSC（监控）信号之间是 OTSn（光传送段），从 OSC（监控）信号输出接口到分波模块输入接口之间是 OTSn（光传送段），从发送站点的合波模块的输出到接收站点的分波模块之间是 OTSn 管理的范围。

4．OTU*k* 的比特率

OTU 的帧速率专门针对 SDH 设计，OPUk 帧正好能装下同速率等级的 SDH 帧或多个低速率的 ODUi（$i<k$）帧。OTU 只有 4 个速率等级，最低数据传输速率为 2.5Gb/s，最高数据传输速率为 100Gb/s。根据 OTU 帧结构和 STM-N 映射到 OTU 的方式，可以得到 OTU 帧数据传输速率如表 7-5 所示，OTU 的传输速率容差为$\pm 2\times 10^{-5}$。

表 7-5　OTU 帧数据传输速率

OTU 类型	OTU 的传输速率	帧周期
OTU1	(255/238) × 2 488 320kb/s	48.971μs
OTU2	(255/237) × 9 953 280kb/s	12.191μs
OTU3	(255/236) × 39 813 120kb/s	3.035μs
OTU4	(255/227) × 99 532 800kb/s	1.168μs

OTU1 帧数据传输速率计算如下，类似地可计算出其他 OTU 帧的数据传输速率。

1 个 OTU 帧共 4080×4 字节=255×16×4 字节；

OPU 净负荷占(3824−16)×4 字节=3808×4 字节=238×16×4 字节。

OPU1 正好是 STM-16 的数据传输速率 2 488 320kb/s。

ODU1=(3824/3808)×OPU1=(239×16)/ (238×16)×OPU1=(239/238)×2 488 320kb/s

OTU1=(4080/3808)×OPU1=(255×16)/ (238×16)×OPU1=(255/238)×2488 320kb/s

OTUk 帧是为了让 ODUk 帧能够在光纤中传输而设计的，ODUk 帧中加上一些适应于外部传输的开销或处理操作就形成了 OTUk 帧，如 FEC、SM 开销、扰码等。

OTN 高阶/低阶光通道架构不仅能够实现传统 OTN 架构的兼容，还增强了 OTN 对主流业务的适配能力，如以太网业务。OTN 目前规范了 4 种级别的线路速率：2.5Gb/s（HO ODU1）、10Gb/s（HO ODU2）、40Gb/s（HO ODU3、ODU3e1/ODU3e2）和 100Gb/s（HO ODU4）。对于 HO ODUk，在原有的 2.5Gb/s 时隙基础上进一步扩展了 1.25Gb/s 的时隙颗粒，使得新的 OTN 能够支持 ODU0 等带宽颗粒。1.25Gb/s 和 2.5Gb/s 时隙结构采用不同的净负荷类型进行识别。

OTN 目前已经支持 1GE、10GE、40GE 和 100GE 的传送。GE 和 40GE 业务通过编码压缩方案，分别映射到 ODU0 和 ODU3 中；10GE 通过比特同步映射到 OPU2e；100GE 多通道接口则通过 64B/66B 码字恢复，通道对齐后映射到 OPU4。

5．OTN 的发展

2000 年对 OTN 发展是一个重要转折，由于自动交换光网络的发展使 OTN 标准化进程向智能化 ASTN 标准方向发展，G.8080（G.ason）建议定义了自动交换光网络结构。该建议提出并描述了自动交换光网络（ASON）的结构特征和要求，ASON 的自动控制协议不仅适合于 G.803 定义的 SDH 光传送网，也适用于 G.872 定义的 OTN 光传送网。当 OTN 具备智能控制平面（称为基于 OTN 的 ASON），两者的智能控制平面应该支持互通，在客户-服务器模型中还应具备跨层次的保护恢复功能协调机制。随着 ASON 标准的进一步完善，OTN 向智能化 ASTN 的发展是未来光网络演进的理想基础。

全球范围内越来越多的运营商开始构造基于 OTN 的新一代传送网络，系统制造商们也推出具有更多 OTN 功能的产品来支持下一代智能光传送网络的构建。

【深入学习】OTN 的层次结构和功能内容非常丰富，这里只给出部分内容，进一步的学习，读者可参阅专门的书籍。

7.10 光网络的管理

7.10.1 光网络管理概述

为了给电信网设备和业务提供管理功能，1988 年，ITU-T 根据 OSI 系统管理框架首先提出具有标准协议、接口和体系结构的管理网络——电信管理网（TMN）。TMN 的管理标准包括：管理业务和管理功能，管理接口标准化的方法；标准的管理接口技术，包括协议栈、管理协议、管理信息；对通信功能及接口进行测试的方法及工具；网络管理的体系结构。

TMN 的功能可以划分为不同的层次，由高到低依次为：

① 事务管理层（BML），事务管理层是最高的管理功能层。该层负责设定目标任务，但不管具体目标的实现，通常需要管理人员的介入。

② 服务管理层（SML），主要处理网络提供的服务相关事项，诸如提供用户与网络运营者之间的接口，与事务管理层及网络管理层的交互等。

③ 网络管理层（NML），对所辖区域内的所有网元进行管理，主要的功能包括从全网的观点协调与控制所有网元的活动，提供、修改或终止网络服务，就网络性能、可用性等事项与上面的服务管理层进行交互。

④ 网元管理层（EML），直接行使对个别网元的管理职能，主要的功能包括：控制与协调一系列网络单元；为网络层的管理与网络单元进行通信提供协调功能；维护与网络单元有关的统计等数据。

⑤ 网元层（NEL），网元管理层是由一系列网元构成的，其功能是负责网元本身的基本管理，包括操作一个或多个网元的功能，由交换机、复用器等进行远端操作维护，设备软件、硬件的管理等。

SDH 管理网是 TMN 的一个子网，它的体系结构继承和遵从了 TMN 的结构。SDH 管理接口包括：

① Q 接口，SMS 将通过 Q 接口接至 TMN，Q 接口涵盖整个 OSI 的七层模型。完全的 Q3 接口具备 OSI 的七层功能，实现 OS 与 OS、OS 与 GNE 及 NML 与 EML 之间的连接等；简化的 Q3 接口只含有 OSI 下面 3 层功能，用于 NEL 与 EML 的连接。

② F 接口，F 接口可用来将 NE 连接至本地集中管理系统（工作站 WS 或 PC）。

③ X 接口，在低层协议中 X 接口与 Q3 接口是完全相同的；在高层协议中，X 接口比一般 Q3 接口具有更加良好的支持安全功能，其他完全相同。

在 DWDM 系统中，采用独立的 1510nm 波长（速率为 2Mb/s）承载光监控信道（OSC），传送网络管理、公务和监控信息，帧结构符合 G. 704，实际用于监控信息传送的速率为 1920kb/s。OSC 光监控通道是 DWDM 系统工作状态的信息载体。在 DWDM 系统中，OSC 是一个相对独立的子系统，传送光通道层、光复用段层和光传输段层的维护及管理信息，提供公务联络及使用者通路，同时它还可以提供其他附加功能。OSC 主要包括的子系统功能为：OSC 通道接收和发送、时钟恢复和再生、接收外部时钟信号、OSC 通道故障检测和处理及性能监测、CMI 编解码、OSC 帧定位和组帧处理、监控信息处理。

7.10.2 光网络管理系统简介

华为、中兴、烽火、思科等各公司都有自己的网络管理产品，下面以华为公司的网络管理产品为例简要介绍光网络管理系统。

在继承原有经验的基础上，华为公司进行了大量创新性开发，率先推出新一代的网络统一管理系统：U2000，该系统定位于电信网络的网元管理层（EMS）和网络管理层（NMS），产品特点如下。

1．统一网管，简化网络运维

U2000 集成原有系统 T2000、N2000BMS 和 DMS 的所有功能，能单独管理原有各域产品，也能够统一管理华为的传送域、IP 域和接入域的所有设备；能够实现跨域业务端到端的发放和跨域故障定位，很好地满足网络融合发展的需求。U2000 集中管理华为 DSLAM、FTTx、MSTP、WDM/OTN、微波、PTN、路由器、交换机、BRAS、Firewall、NIP 和 SIG 等全系列设备和业务，用户管理界面友好，如图 7-32 所示。U2000 的最大管理能力达到 30000 个等效网元，300 个客户端。

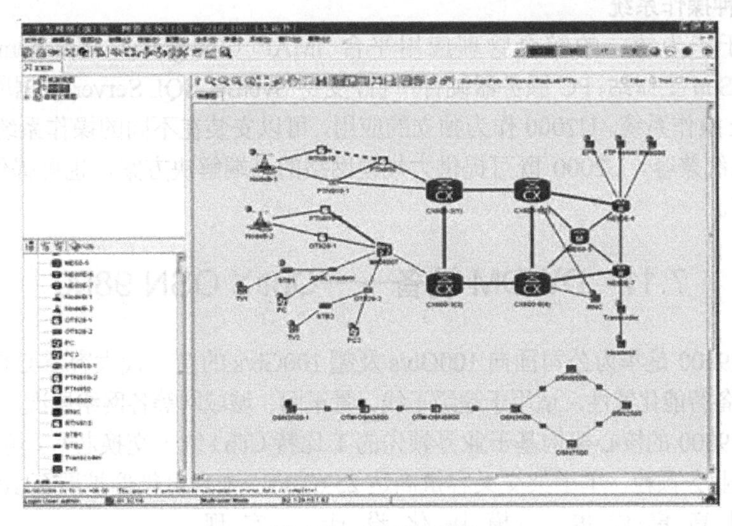

图 7-32 U2000 界面

2．业界领先的可伸缩网管架构

U2000 采用目前成熟并应用广泛的 C/S（Client/Server）结构，支持数据库系统、业务处理系统和客户端应用系统的分布化及层次化，采用可伸缩的模块化架构设计，可拆可合，能适应复杂、大型网络的管理需求。

3．快速精确故障定位和排除

U2000 的智能故障定位技术，可实现秒级故障定位，快速发现故障，并进行故障排除从而减少损失。

4．可视化管理

通过融合、可视化管理、一键式配置等，U2000 能够大大降低传统运维人员学习 IP 技术的难度。业务管理配置界面如图 7-33 所示。

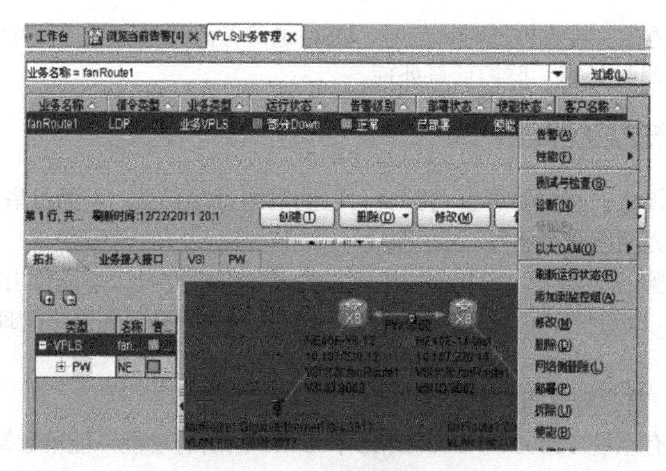

图 7-33　业务管理配置界面

与传统 IP 设备基于单站命令行配置比较，IP 可视化管理的配置效率提升了 20 倍。业务监视可视化，网络状态实时掌控；对象关系可视化，复杂层次一目了然；业务部署可视化，业务发放效率提升 2～3 倍；全网时钟可视化，简化时钟运维。

5. 支持多种操作系统

U2000 基于华为统一的综合管理应用平台 iMAP（Integrated Management Application Platform），支持 Sun 工作站、PC 服务器硬件平台，支持 Sybase、SQL Server 数据库，支持 Solaris、Windows、Linux 操作系统。U2000 作为独立的应用，可以安装在不同的操作系统、数据库之上，实现了多操作系统兼容。U2000 既可提供大规模网络的高端解决方案，也可提供中、小规模低成本的解决方案。

7.11　DWDM 设备——OptiX OSN 9800

OptiX OSN 9800 是华为公司面向 100Gb/s 及超 100Gb/s 的新一代大容量 OTN 产品，融合光与分组功能，具备智能化特性，适用于超级干线、骨干网、城域网等各网络层次，如图 7-34 所示。

OptiX OSN 9800 的核心架构基于业界领先的 T 比特（Tb）统一交换芯片，可灵活处理 OTN/VC/PKT 各类型业务颗粒，单子架交叉容量高达 25.6Tb/s，未来可集群扩展至 100Tb/s 以上。整个设备采用高集成度、模块化设计，实现 10G/40G/100G/400G/1T/2Tb/s 传送。可接入以太网、OTN、SDH、存储、视频等多种类型业务，并集成 ROADM、10Tb 级别统一交换功能，支持 1588V2/同步以太网和 ASON/T-SDN，并具有丰富的管理和保护等功能，可为运营商构建超宽、灵活、弹性、智能的 OTN/WDM 传送解决方案。OptiX OSN 9800 包含 3 款子架 U64、U32 和 U16，当前单子架交叉容量分别达到 25.6Tb/s、12.8Tb/s 和 5.6Tb/s。

图 7-34　OptiX OSN 9800

OptiX OSN 9800 采用 L0+L1+L2 三层架构，如图 7-35 所示。

L0 光层支持光波长的复用/解复用和 DWDM 光信号的上/下波；

L1 电层支持 ODU*k* 业务的交叉调度；

L2 层实现基于以太网/MPLS-TP 的交换。通过背板总线，系统实现主控板对其他单板的控制、单板间通信、单板间业务调度、电源供电。背板总线包括控制与通信总线、电交叉总线、时钟总线等。

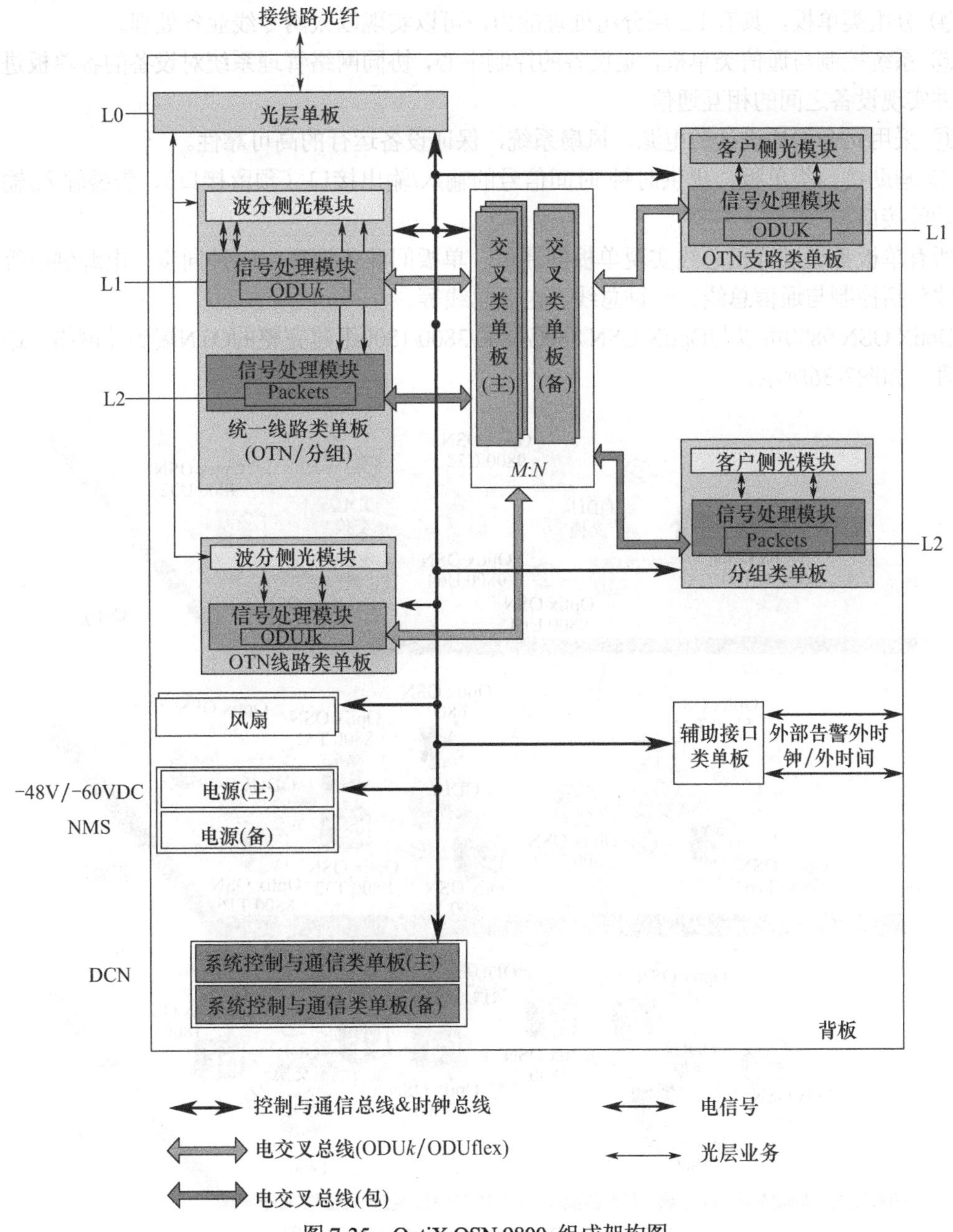

图 7-35　OptiX OSN 9800 组成架构图

图中各模块的功能如下：

① 光层单板，包含光合波和分波类单板、光分插复用类单板、光放大器类单板、光监控信道类单板、光保护类单板、光谱分析类单板、光可调衰减类单板及光功率和色散均衡类单板，用于处理光层业务，可实现基于波长级别的光层调度。

② OTN 支路类单板和 OTN 线路类单板，用于处理电层信号，并进行信号的光-电-光转换。OptiX OSN 9800 采用支线路分离架构，各级别调度颗粒可通过集中交叉单元，实现电层信号的灵活调度。

③ 统一线路类单板，用于处理电层信号，进行信号的光-电-光转换。各级别调度颗粒可通过集中交叉单元，实现 OTN 和分组业务的混合传输及灵活调度。

④ 分组类单板，具有 L2 层分组处理能力，可以实现以太网专线业务处理。

⑤ 系统控制与通信类单板，是设备的控制中心，协同网络管理系统对设备的各单板进行管理，并实现设备之间的相互通信。

⑥ 采用冗余保护设计的电源、风扇系统，保证设备运行的高可靠性。

⑦ 辅助接口类单板，提供时钟/时间信号的输入/输出接口（预留接口）、告警输入/输出等各种功能接口。

所有单板都通过背板总线实现单板间通信、单板间业务调度、时钟同步、电源供电等。背板总线包括控制与通信总线、时钟总线、电源总线等。

OptiX OSN 9800可以与OptiX OSN 8800/6800/3800/1800组建完整的OTN端到端网络，进行统一管理，如图7-36所示。

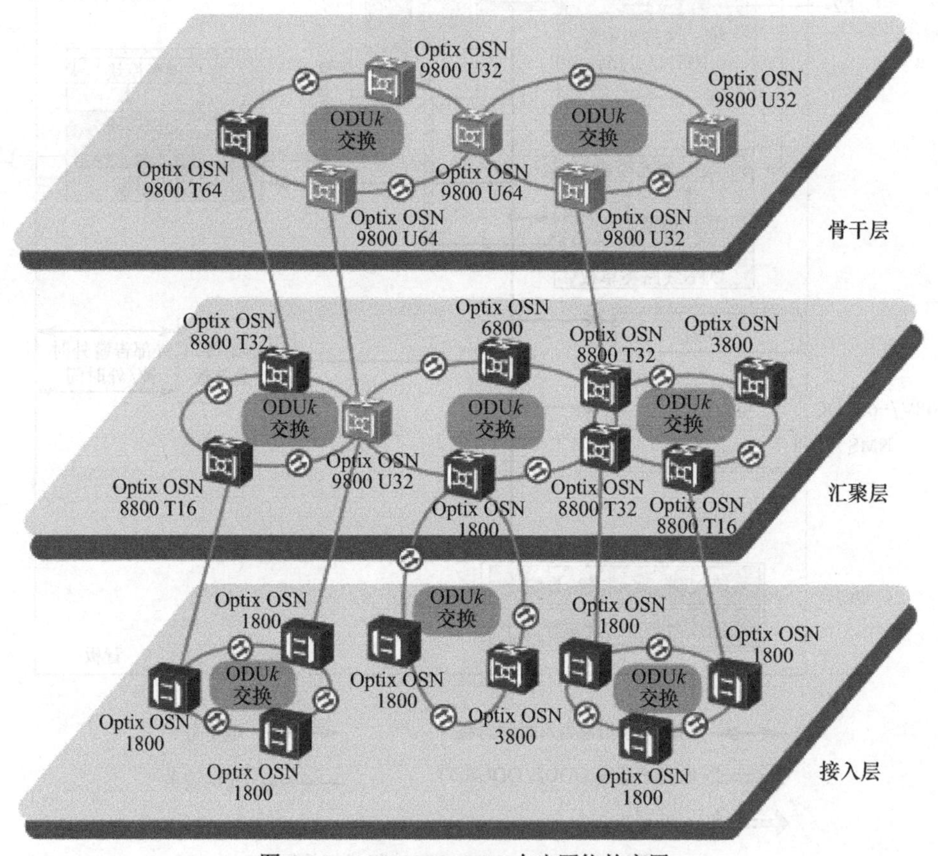

图 7-36　OptiX OSN 9800 在光网络的应用

【深入学习】OptiX OSN 9800 是一个真正的集技术之大成的产品！包括密集波分复用、光纤放大、相干光通信、光传送网（OTN）等技术。限于篇幅，这里只能对 OptiX OSN 9800 做简单介绍，有兴趣的读者可上网搜索详细的产品资料进行深入学习。

7.12　习题与设计题

（一）选择题

1．在 50GHz 的 DWDM 光纤通信系统中，相邻的两个波长差是（　　）。

（A）0.8nm　　（B）0.4nm　　（C）1.6nm　　（D）0.2nm

2．DWDM 设备中，实现波长转换的单元是（　　）。

（A）OTU　　（B）MUX　　（C）DEMUX　　（D）EDFA

3．在 DWDM 光纤通信系统中，监控通道的工作波长是（　　）。

（A）1510nm　　（B）1310nm　　（C）1550nm　　（D）1560nm

4．OTN 将传送网的光层分为哪三层？（　　）

（A）光通道层　　（B）光复用段层　（C）光传输段层　（D）光介质层

（二）思考题

1．画图说明密集波分复用（DWDM）的含义，DWDM 有何优点？

2．画图说明 OADM 的原理，OADM 有哪些类型？

3．画图说明 OXC 的原理，OXC 有哪些类型？

4．密集波分复用器的技术有哪些？

5．光开关有哪些技术？

6．画出 OTU*k* 帧结构，说明各部分的功能。

（三）设计题

1．32×10Gb/s DWDM 光纤通信系统的仿真设计与分析。

2．使用光环形器和可调谐光纤光栅设计一个光分插复用器（OADM）。

项目实践：DWDM 系统仿真设计

【项目目标】

掌握密集波分复用（DWDM）技术。

【项目构思与设计】

项目实施前，应根据现有的技术和设计规范，分析问题，归纳要求，构思设计项目。

DWDM 系统的设备贵重，一般实验室不具备实际操作的条件，因此本项目采用软件仿真学习。先学习 OptiSystem 软件的使用方法，然后仿真设计 DWDM 系统。通过仿真设计，分析光源、复用器及光纤特性等参数对系统性能的影响。

【项目内容与实施】

1．OptiSystem 简介

OptiSystem是一款光纤通信系统仿真软件，可以帮助用户规划、测试和模拟几乎传输层所有的光纤系统，包括局域网、城域网和广域网。

2．DWDM 系统

仿真 DWDM 系统容量为 16×10Gb/s，DWDM 发送部分元器件的布局如图 7-37 所示，包括连续激光阵列、调制器、复用器，光谱分析仪用来测试光源的光谱特性。用光谱分析仪查看复用器的输出光谱，可看到如图 7-2 所示的光谱图，也可以独立查看每个光源的波长和谱线宽度等特性，确定这些复用波长满足 ITU-T 的有关技术规范。

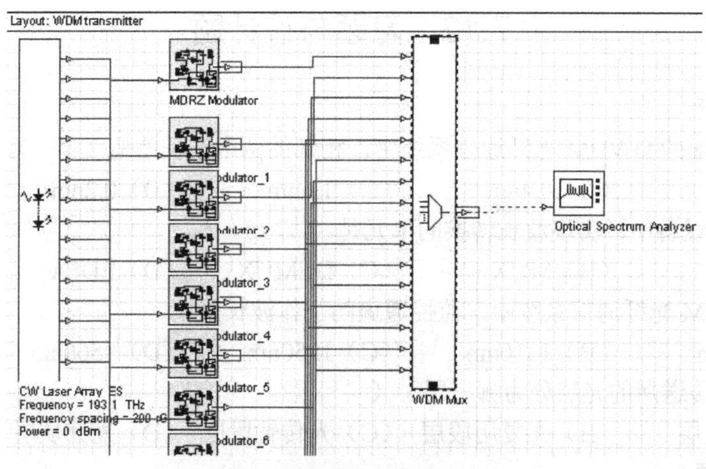

图 7-37　DWDM 发送部分

DWDM 接收部分元器件的布局如图 7-38 所示，包括解复用器、PIN 光电探测器、低通滤波器、3R 再生器，用 BER 分析仪查看 DWDM 系统的误码。

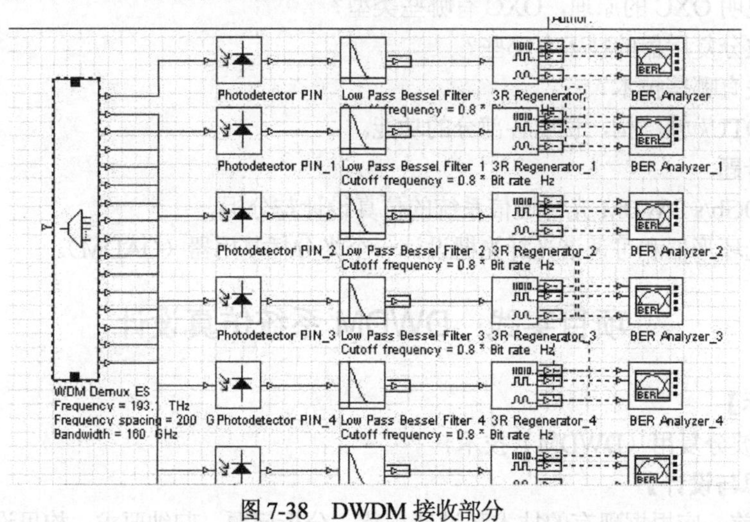

图 7-38　DWDM 接收部分

最后可测量光链路不同位置的光信噪比（OSNR）。光信噪比定义为在光有效带宽为 0.1nm 内光信号功率和噪声功率的比值，光信号功率一般取峰值，而噪声功率一般取两相邻通道的中间点的功率。分析光信噪比（OSNR）与误码率的关系，OSNR 越高，则误码率越低，即传输错误越少。光信噪比是一个十分重要的参数，对估算和测量系统有重大意义。

注意：仿真 DWDM 系统时，光源功率、波长、复用器/解复用器通道等参数一定要符合 ITU-T 的规定，当全部元器件的参数符合要求时，系统眼图会很好！

【项目总结】

项目结束后，所有团队完成 DWDM 系统的仿真设计，提交设计报告。

拉曼（Sir Chandrasekhara Venkata Raman，1888—1970），印度物理学家，因光散射方面的研究工作和拉曼效应的发现，获得了1930年的诺贝尔物理学奖。

第8章 光放大器

由于光纤衰减、光纤链路连接损耗、光器件插入损耗等，光信号在光纤链路中传输一定的距离后，光信号功率将会衰减，光功率必须进行放大，接收端才能正确接收信号，也就是说，光信号的传输距离受光衰减的制约。为了使光信号传得更远，必须放大光信号功率。

本章学习半导体光放大器、掺铒光纤放大器和拉曼光纤放大器的原理、特性和应用。

8.1 概　　述

传统的光信号放大使用光-电-光（OEO）再生中继方式，OEO再生中继器把接收到的光信号转换成电信号，经过电路处理，再通过光发送器发送出去，产生放大的光信号。再生中继器包括接收器、发送器、电子处理线路，3R再生器具有重新定时、信号判决和放大功能。再生中继器适用于单个波长且传输速率不太高的光通信，对于高速率的多个波长复用光纤通信系统，每一波长就需一个再生器，N个波长就需要N个这样的再生器，成本是相当高的。另外，由于电子设备不可避免地存在着寄生电容，限制了传输速率的进一步提高，出现所谓的“电子瓶颈”。

随着光纤通信技术的发展，现在已能直接放大光信号，如图8-1所示。利用具有增益的激活介质对注入其中的微弱光信号进行放大，使其获得足够的光增益，变为较强的光信号，从而实现对光信号的放大。光放大器不需要把光信号转换为电信号，可以直接放大光信号。

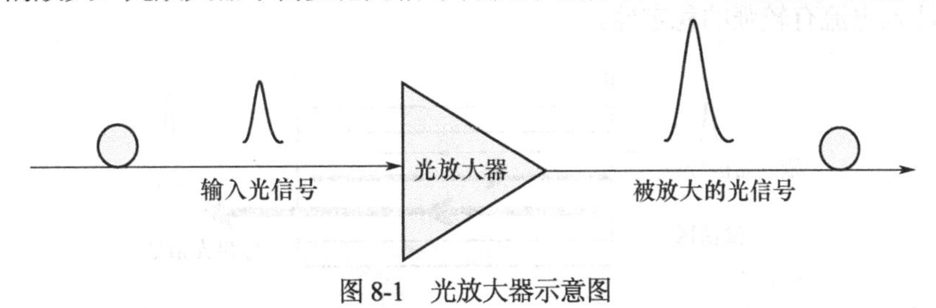

图8-1　光放大器示意图

光放大器的优点：

① 支持任何比特率和信号调制格式，因为光放大器只是简单地放大输入的光信号功率。这种属性通常被描述为光放大器对任何比特率及信号格式是透明的。

② 多波长，光放大器不仅支持单个信号波长放大，而且支持一定波长范围的光信号放大。

③ 支持波分复用，光放大器特别是掺铒光纤放大器（EDFA）的出现，波分复用技术才得到迅速发展，并且使波分复用成为大容量光纤通信系统的主力。

光放大器根据增益机制的不同可分为两类：一类采用活性介质，如半导体材料和掺稀土元素（Nd、Sm、Ho、Er、Pr、Tm、Yb 等）的光纤，利用受激辐射机制实现光的直接放大，如半导体光放大器（SOA）和 EDFA；另一类基于光纤的非线性效应实现光的放大，典型的为拉曼光纤放大器和布里渊光纤放大器。

随着信息技术的发展，光纤通信容量的增长是永不停息的追求。近年来，随着 400Gb/s、Tb/s 甚至 Pb/s 量级的研究，出现了一些不同的光放大器。科学家提出了光参量放大器（OPA），特别是相位敏感放大器（PSA）等，PSA 在光放大的同时，可以提供 0dB 的噪声极限，是高速光纤通信系统中理想的放大器。

【讨论与创新】上网搜索资料，讨论学习下面的问题：

（1）在电子技术中，微弱的电信号是如何放大的呢？按照电子技术中三极管的原理和思想，能否制作一个光三极管？

（2）什么是全光的 3R 再生器？

（3）如何实现全光的 3R 再生器？

8.2 半导体光放大器

8.2.1 半导体光放大器的原理

半导体光放大器（SOA，Semiconductor Optical Amplifier）的原理是通过受激辐射放大入射光信号，本质上，SOA 是一个没有反馈的激光器，其核心是当放大器被光或电泵浦时，使粒子数反转获得光增益。半导体光放大器分为法布里-珀罗腔放大器（FPA，Fabry-Perot Amplifier）和行波放大器（TWA，Traveling-Wave Amplifier）两大类。

FPA 的结构如图 8-2 所示，放大器两侧有部分反射镜面（R1、R2），它是由半导体晶体的解理面形成的，其自然反射率达 32%。当信号光进入腔体后，在两个镜面间来回反射并被放大，最后以较高的强度辐射出去。FP 谐振腔的反射率 R 越大，SOA 的增益越大。当泵浦电流低于阈值电流时，它们被作为放大器使用；当谐振腔的反射率超过一定值后，光放大器将变为激光器。

尽管 FPA 容易制作，但光信号增益对放大器温度及入射光频率的变化都很敏感，因此，FPA 要求温度和注入电流有较强的稳定性。

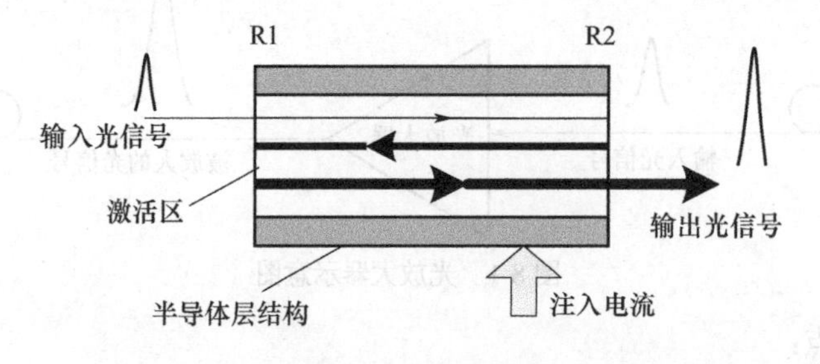

图 8-2 FPA 的结构

TWA 的结构如图 8-3 所示，在两个端面（R1、R2）上有抗反射膜，以大大降低端面的反射系数，或者端面上有适当的切面角度，所以不会发生内反射。入射光信号只要通过一次就会得到放大，TWA 实际上是一个没有反馈的激光器。TWA 的光带宽较宽，饱和功率高，偏振灵敏度低，所以，TWA 比 FPA 使用得更为广泛。

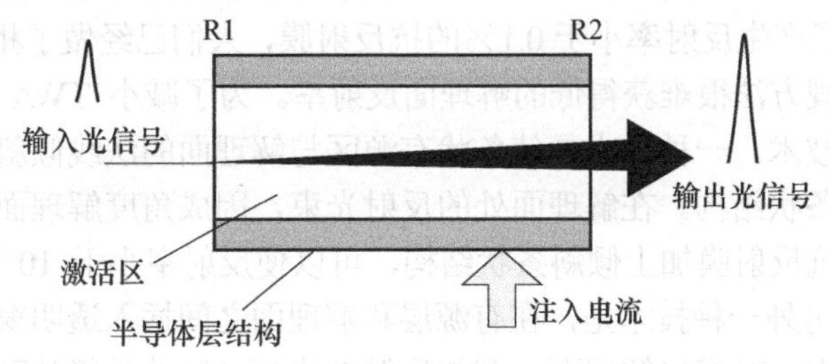

图 8-3　TWA 的结构

8.2.2　半导体光放大器的特性

设 FPA 两端反射镜面的反射系数分别为 R_1 和 R_2，激活区长度即腔长为 L，激活介质的折射率为 n，使用经典的 FP 干涉理论，可以求得 FPA 的放大倍数为

$$G_{\mathrm{FPA}}(\omega)=\frac{(1-R_1)(1-R_2)G_{\mathrm{s}}}{(1-G_{\mathrm{s}}\sqrt{R_1R_2})^2+4G_{\mathrm{s}}\sqrt{R_1R_2}\sin^2[(\omega-\omega_0)L/v]} \tag{8-1}$$

式中，G_{s} 为单程功率放大因子，假定 G_{s} 对频率有高斯依赖关系；ω 为当前角频率，ω_0 为中心角频率；谐振腔内光速 $v=c/n$；腔内共振波长 $\lambda_N=2L/N$，N 为整数；腔共振频率 $\omega_N=2\pi vN/2L$，N 为整数。

根据式（8-1），可推导出下面的结论。

① 当入射光的频率与腔共振频率一致时，FPA 的放大倍数达到峰值，而入射光的频率偏离腔共振频率峰值时将急剧下降。

② 为方便起见，设 $R_1=R_2=R$，单程功率放大因子为 G_{s}，当入射光的频率等于共振频率增益时，FPA 的增益为

$$G_{\mathrm{FPA}}(\omega=\omega_0)=\frac{G_{\mathrm{s}}(1-R)^2}{(1-RG_{\mathrm{s}})^2} \tag{8-2}$$

如果 $RG_{\mathrm{s}}\to 1$，则 $G_{\mathrm{FPA}}(\omega)\to\infty$，这时达到了激光振荡。

③ 理论上，$RG_{\mathrm{s}}<1$，FPA就工作在放大器状态，因此 $G_{\mathrm{s}}<1/R$。普通反射率镜面的反射率R=0.32，所以，G_{s} 必须小于3。

假设 G_{s}=2，反射率R=0.32，从式（8-2）可得G_{FPA}=7.1，即增益为8.5dB；

假设 G_{s}=3，反射率R=0.32，从式（8-2）可得G_{FPA}=867，即增益为29.4dB。

上面的分析说明，通过改变单程功率放大因子 G_{s}，可增加FPA的增益。

④ 随着反射系数的降低，增益振荡幅度逐渐减小。当 $R_1=R_2=R=0$ 时，这时，FPA变成了TWA。从式（8-2）可得TWA的增益为 $G_{\mathrm{TWA}}(\omega)=G_{\mathrm{s}}$，考虑到有源区波导结构和吸收损耗，当增益饱和可以忽略时，单程功率放大因子表示为

$$G_{\mathrm{s}}=\exp[(\Gamma g-\alpha)L] \tag{8-3}$$

式中，Γ 为光学限制系数，表示激活区波导结构对辐射光子的引导作用；g 为激活区每单位长度的增益系数，单位为 1/m；α 为激活区每单位长度的损耗系数，单位为 1/m；L 为激活区长度。

由式（8-3）可见，TWA 的增益是由有源区的长度决定的。在 FPA 中，有源区的长度可以很小，增益的提高是靠增加镜面的反射系数 R 达到的。而在 TWA 中，增益的提高只能靠增加有源区的长度 L 来实现。另外，FPA 的 G_{s} 不能大于 3，否则它就变成一个 LD；但在 TWA 中，

就没有这个限制，因为没有光反馈，所以不会出现激光工作模式。

与半导体激光器的主要不同之处是，TWA 带有抗反射涂层，以防止放大器端面的反射，排除共振放大功效。为了产生反射率小于 0.1%的抗反射膜，人们已经做了相当大的努力，即使是这样，用可预想的常规方法很难获得低的解理面反射率。为了减小 TWA 中的反射反馈，人们已开发出了几种替代技术。一种技术是使条状有源区与解理面的法线倾斜，这种结构称作成角度解理面结构或倾斜条状结构。在解理面处的反射光束，因成角度解理面的缘故与前向光束分开。在实际中，使用抗反射膜加上倾斜条状结构，可以使反射率小于 10^{-3}，加上优化设计，反射率可以小到 10^{-4}。另外一种技术是，在有源层和解理面之间插入透明窗口区，透明窗口区的带隙比信号光子能量大。对窗口解理面，有效反射率达到 5%数量级是可实现的，加上抗反射膜，就可能得到$<10^{-5}$的反射率。

现在，我们又一次明白了工程师所面对的复杂问题，在半导体激光器中，我们需要端面的反射率几乎等于 1，但在行波放大器（TWA）中，我们需要端面的反射率几乎等于 0，但是他们的确做到了！

SOA 的一个缺点是它对偏振态非常敏感，即 SOA 的增益依赖于输入信号的偏振状态，这是光波系统应用所不希望的。对于普通光纤，信号沿光纤传输时偏振态也在改变（除非使用偏振保持光纤），所以引起放大器增益变化。为减小 SOA 的增益随偏振态变化的影响，已经设计了几种方法，减小 SOA 偏振敏感度的方法之一是，使 SOA 有源区宽度和厚度大致相等。

SOA 是唯一使用电泵浦的放大器，使用 InGaAsP 制造，具有体积小、结构简单、功耗低、频带宽、增益高等特点，易于同其他器件集成，目前已报道可与半导体激光器、光检测器、光调制器、光开关等器件集成。SOA 还可用于光纤通信系统中的光开关、波长转换和在线放大器等方面。

8.3 掺铒光纤放大器

光纤通信系统的传输距离受光纤损耗和色散限制，掺铒光纤放大器（EDFA，Erbium-Doped Fiber Amplifier）出现后，传输距离受光纤损耗限制的问题就解决了，此后光纤通信系统获得了迅猛的发展。EDFA 发展进程如下：

1964 年，美国光学公司制成了第一台掺铒玻璃激光器。

1970 年，光纤出现后，人们进行在光纤中掺杂激光器件的研究。

1985 年，英国南安普顿大学的迈尔斯等人制成了掺铒光纤激光器。

1987 年，EDFA 的研究取得突破性进展，英国南安普顿大学和美国贝尔实验室报道了离子态的稀土元素铒在光纤中可提供 1550nm 通信波长处的光增益，引起人们的极大兴趣。

在短短的几年时间里，EDFA 的研究工作硕果累累，并迅速实用化。EDFA 的诞生及其商品化是通信史上的一个里程碑，它取代传统的光-电-光中继方式，将光信号直接放大，实现了一根光纤中多路光信号的同时放大，成功应用于波分复用（WDM）光纤通信系统，极大增加了光纤中可传输的信息容量和传输距离，是 DWDM 系统及未来高速系统、全光网络不可缺少的重要器件。

EDFA 的放大波长范围为 1500～1600nm，和光纤的低损耗窗口一致，这是大自然给人类的礼物，如果没有光纤放大器，光纤通信也不可能有现在这样迅速的发展。

经过多年发展，EDFA 发展了多种应用形式，有单波应用、多波应用、增益可调、可重构等多种形式；EDFA 的小型化和密集程度也在提高，小型化方面，从 MSA 模块到 HalfMSA 模块甚至 Micro 模块，阵列式放大器从 4 阵列到 8 阵列，甚至 16 阵列。各种系统应用形式不断推动了 EDFA 行业的发展，近年来 ROADM 和高速系统的发展，使 EDFA 小型化、阵列化成为发展趋势。

8.3.1 EDFA 的原理

1. EDFA 的原理

EDFA 是将掺铒光纤在泵浦源作用下形成的光纤放大器。根据泵浦信号的方向和输入光信号方向的不同，EDFA 有 3 种结构，如图 8-4 至图 8-6 所示。

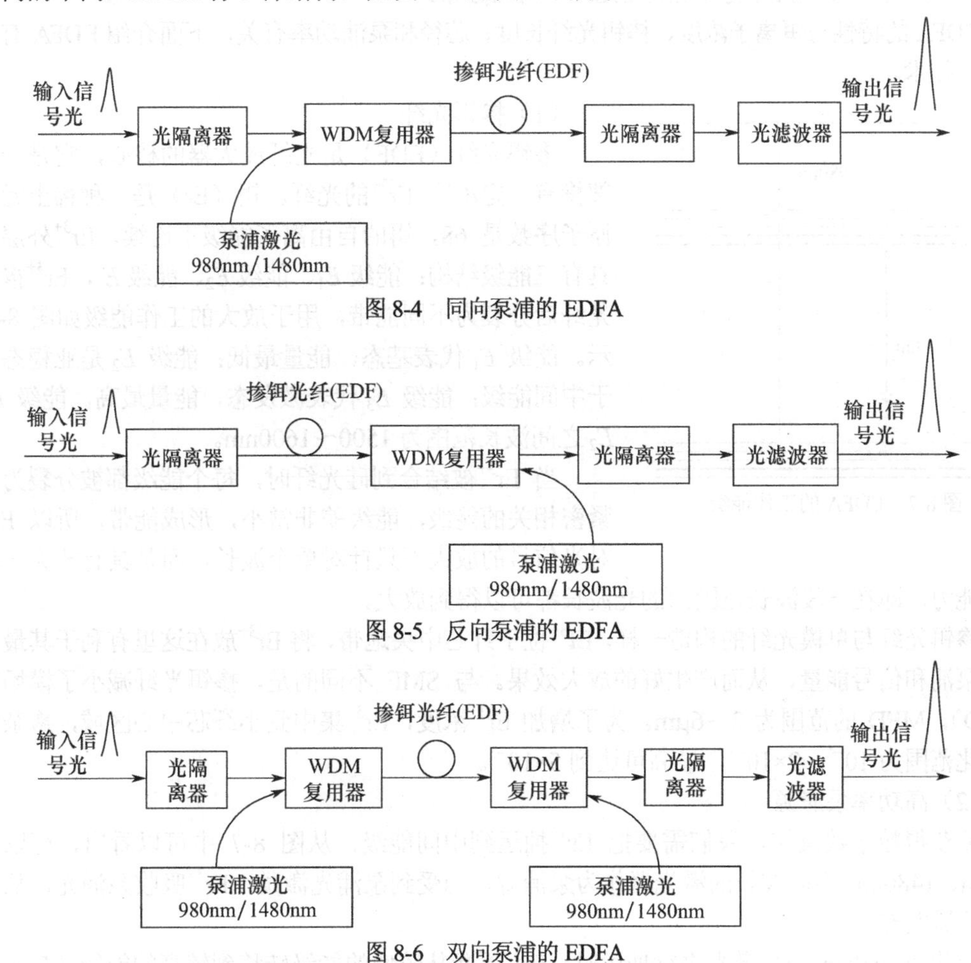

图 8-4 同向泵浦的 EDFA

图 8-5 反向泵浦的 EDFA

图 8-6 双向泵浦的 EDFA

当用高能量的泵浦（Pump）激光来激励掺铒光纤时，可以使铒离子（Er^{3+}）的束缚电子从基态能级E_1大量激发到高能级E_3上，如图8-7所示。然而高能级是不稳定的，因此铒离子很快会经历无辐射跃迁（不释放光子）落入亚稳态能级E_2。而E_2能级是一个亚稳态的能带，在该能级上，粒子的存活寿命较长（约10ms）。受到泵浦光激励的粒子，以非辐射跃迁的形式不断地向该能级汇集，从而实现粒子数反转分布，即亚稳态能级E_2上的离子数比基态E_1上的多。当具有1550nm波长的光信号通过这段掺铒光纤时，亚稳态的粒子受信号光子的激发以受激辐射的形式跃迁到基态，并产生出与入射信号光子完全相同的光子，从而大大增加了信号光中的光子数量，即信号光在掺铒光纤中被放大了。

不同的泵浦结构，EDFA 的特性也有不同。

① 同向泵浦结构中，泵浦光与信号光从同一端注入掺铒光纤。输入泵浦光较强，故粒子反

转激励也强，其增益系数大。同向泵浦的 EDFA 的优点是构成简单，噪声指数较小；缺点是输出功率较低。

② 反向泵浦结构中，泵浦光与信号光从不同的方向注入掺铒光纤，两者在掺铒光纤中反向传输。反向泵浦的 EDFA 的优点是当光信号放大到很强时，不易达到饱和，输出功率比同向泵浦的 EDFA 高；缺点是噪声性能差。

③ 双向泵浦结构中，可从两个方向激励光纤，这种结构结合前两种结构的优点，使泵浦光在光纤中均匀分布，从而使其增益在光纤中均匀分布。

EDFA 的特性与铒离子浓度、掺铒光纤长度、芯径和泵浦功率有关，下面介绍 EDFA 有关的器件与技术。

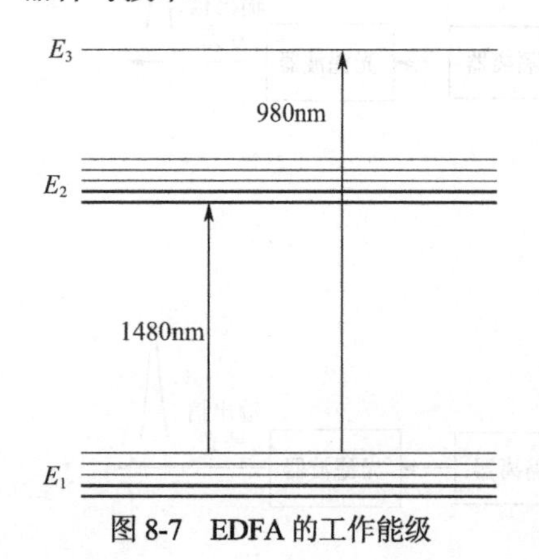

图 8-7　EDFA 的工作能级

（1）掺铒光纤

掺铒光纤（EDF）是光纤放大器的核心，它是一种内部掺有一定浓度 Er^{3+}的光纤。铒（Er）是一种稀土元素，原子序数是 68，铒的自由离子能级不连续，Er^{3+}外层电子具有三能级结构：能级 E_1、能级 E_2、能级 E_3，Er^{3+}掺入硅光纤后分裂为不同能带，用于放大的工作能级如图 8-7 所示。能级 E_1 代表基态，能量最低；能级 E_2 是亚稳态，处于中间能级；能级 E_3 代表激发态，能量最高。能级 E_1 和 E_2 之间波长范围为 1500～1600nm。

当 Er^{3+}被结合到硅光纤时，每个能级都被分裂为许多紧密相关的能级，能级差非常小，形成能带，所以 EDFA 对光信号的放大不只针对单个波长，而是具有放大一组波长的能力，即在一段波长范围内的光波长都可以得到放大。

掺铒光纤与单模光纤的构造一样，Er^{3+}位于纤芯中央地带，将 Er^{3+}放在这里有利于其最大地吸收泵浦和信号能量，从而产生好的放大效果。与 SMF 不同的是，掺铒光纤减小了模场直径（MFD），MFD 的范围为 3～6μm。为了增加 Er^{3+}浓度，Er^{3+}集中到小纤芯中心区域，掺杂浓度的变化范围为 10^{-4}～2×10^{-3}，最高可达到 5×10^{-3}。

（2）高功率泵浦源

要获得粒子数反转，我们需要把 Er^{3+}抽运到中间能级，从图 8-7 中可以看出，可以采用 980nm、1480nm 不同波长的激光器作为泵浦源，当受到泵浦光激励，Er^{3+}吸收泵浦光，从基态跃迁到激发态。

当使用 980nm 波长激光进行抽运时，Er^{3+}不断从较低的能级转移到较高的能级（E_3）上，无辐射地迅速衰减到中间能级（E_2）上，再落到较低的能级上（E_1），辐射出所需要的波长（1500～1620nm），这就是三能级机制。使用三能级机制的关键是两个较高能级的生存期。生存期或自发辐射的时间是原子自发转移到下一个能级前停留在一个特定能级上的平均持续时间。Er^{3+}在较高能级（E_3）上的生存周期仅为 1μs，而在中间能级（E_2）上的生存周期大于 10ms（由于这么长的生存周期，这个能级称为亚稳态）。因此被抽运到较高能级的 Er^{3+}会很快落到中间能级，并将停留在这个能级上一段较长的时间，于是才使得大量 Er^{3+}能够积累在这个中间能级上，产生了粒子数反转效应。

当采用 1480nm 波长直接完成抽运时，Er^{3+}被 1480nm 的外部光能连续不断地从低能级激发到中间能级上。因为 Er^{3+}在这个能级上的生存周期较长，且形成积累，所以产生粒子数反转。由于其能带间吸收带相当宽，即使在吸收带的边峰，其截面大小也可与 980nm 的相比较，同时这个抽运带的吸收变化并不明显，不需要精心选择泵浦激光器的波长，对泵浦源的波长稳定性要求不高。

人们最先使用1480 nm的InGaAs多量子阱（MQW）激光器作为泵浦激光器，其输出功率可达100mW，泵浦增益系数较高，但噪声也大；随后采用980nm泵浦波长，效率高、噪声低，现已广泛使用。

在相同的信号和泵浦光功率输入时，不同的泵浦波长（泵浦带）对应不同的增益及增益系数，980nm 和 1480nm 是理想的泵浦波长。实验证明，980nm 作为泵浦波长，具有更小的噪声指数（3dB）和更高的泵浦效率（6～11dB/mW），而 1480nm 泵浦波长可获得更高的输出功率。为了使 EDFA 稳定可靠工作，泵浦光源需要自动温度和功率控制。

（3）波分复用器

其作用是使泵浦光与信号光进行复合，将 980/1550nm 或 1480/1550nm 波长的泵浦光和信号光合路后送入掺铒光纤。一般采用插入损耗小的熔拉双锥光纤耦合器型波分复用器。

（4）光隔离器

光隔离器置于两端防止光反射，保证系统稳定工作和减小噪声。在输入端加光隔离器，可消除因放大的自发辐射反向传播可能引起的干扰；在输出端加光隔离器，可保护器件免受来自下段可能的逆向反射，同时防止连接点上的反射引起激光振荡，抑制光路中的反射光返回光源侧，既保护了光源又使系统工作稳定。要求光隔离器的隔离度在40dB以上，插入损耗低，与偏振无关。

（5）光滤波器

光滤波器用来滤除放大器噪声，提高系统的信噪比。输出端使用光滤波器来分离残留的泵浦光。一般多采用多层介质膜型带通滤波器，要求通带窄（在1nm以下）。目前应用的光滤波器的带宽为1～3nm。此外，光滤波器的中心波长应与信号光波长一致，并且插入损耗要小。

在EDFA中，当无光信号输入时，大量Er^{3+}累积在中间能级E_2上，在E_2上生存一段时间后，自发跃迁到E_1上的过程中，辐射出1500～1620nm的光，即成为放大的自发辐射（ASE）。自发辐射的光子与信号光子在相同的频率（波长）范围内，但它们是随机的，对信号没有贡献，却产生了在信号光谱范围内的噪声。

2．EDFA 的优点

① 工作频带正处于光纤损耗最低处（1525～1565nm）。

② 能量转换效率高，激光工作物质集中在光纤纤芯的近轴部分，而信号光和泵浦光也在近轴部分最强，光与物质作用很充分。

③ 频带宽，可以对多路信号同时放大，适合波分复用。

④ 增益高，噪声低，输出功率大，增益达 40dB。输出功率在单向泵浦为 14dBm，双向泵浦为 17～20dBm，充分泵浦时，噪声系数可低至 3～4dB，串扰也很小。

⑤ 增益对温度不敏感，在 100℃内增益特性保持稳定。

⑥ 可实现信号的透明传输，在波分复用系统中，同时传输模拟信号和数字信号、高速率信号和低速率信号。

3．EDFA 的类型

EDFA 的应用有 3 种情形：增强放大器、线路放大器、前置放大器，如图 8-8 所示。

（1）增强放大器

增强放大器（OBA，Optical Booster Amplifier）也称为后置放大器。OBA 放置在光发送机之后，用来提升输出功率，也就是说发送机发送的光信号，先经过 OBA 放大，然后耦合到光纤，

OBA 将通信距离延长 10～20km。通信距离由放大器增益及光纤损耗决定，OBA 除要求低噪声外，还要求高饱和输出功率。对 OBA 的要求是产生最大功率，使用 OBA 降低了对发送机光功率的要求。

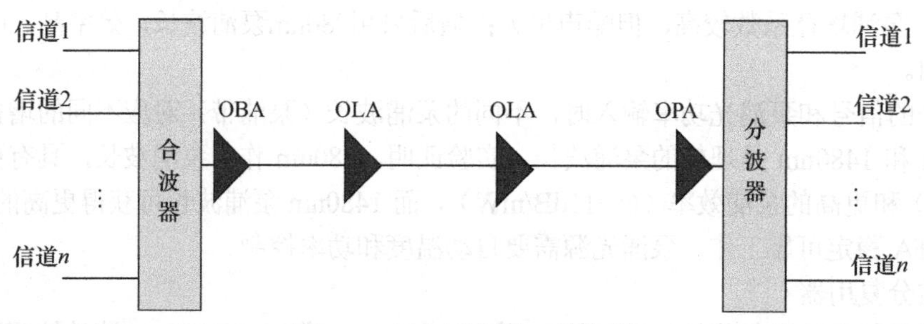

图 8-8　EDFA 应用的 3 种情形

（2）线路放大器

线路放大器（OLA，Optical Line Amplifier），放置于整个中继段的中间，通信距离由放大器增益及光纤损耗决定，OLA 补偿光纤衰减、连接器损耗，除要求低噪声外，还要求高饱和输出功率。OLA 级联可克服长距离通信系统的光纤损耗，设计一个 OLA 级联光波系统，要求考虑放大器噪声、光纤色散及光纤非线性等各种特性，比如要求 WDM 波段上的增益平坦。OLA 的数量由光纤远程链路长度决定。

（3）前置放大器

前置放大器（OPA，Optical Preamplifier），放置在光接收设备之前，光信号进入接收机前得到放大，以改善接收灵敏度，接收灵敏度可提高 10～20dB。OPA 用于微弱小信号放大，要求低噪声，但输出饱和功率则不要求很高。

8.3.2　EDFA 的特性

EDFA 的主要特性有增益、噪声及带宽等。

1. EDFA 的增益

放大器的增益 G 定义为放大器输出端 P_{out} 与输入端 P_{in} 连续信号功率的比值。EDFA 的输出功率包含信号功率和噪声功率两部分，噪声功率是放大的自发辐射产生的，记为 P_{ASE}，EDFA 的增益用分贝表示为

$$G = 10\lg\frac{P_{out} - P_{ASE}}{P_{in}}\ \text{(dB)} \tag{8-4}$$

式中，P_{out}、P_{in} 分别为输出光信号功率和输入光信号功率。

EDFA 的增益是随光纤长度变化的，并与输入功率、饱和光功率、中心频率、小信号增益系数等参数有关。在放大器的系统设计时，为满足放大器的增益主要考虑掺铒光纤长度和泵浦光功率。

【例 8-1】掺铒光纤的输入光功率为 300μW，输出功率为 50mW，EDFA 的增益是多少？假如放大自发辐射噪声功率 P_{ASE} 为 40μW，EDFA 的增益又是多少？

解： 根据题意，不考虑自发辐射噪声时，$P_{ASE}=0$，EDFA的增益为

$$G = 10\lg\left(\frac{50}{0.3}\right) = 22.218\text{dB}$$

当考虑放大自发辐射噪声功率时，EDFA 的增益为

$$G = 10\lg\left(\frac{50-0.04}{0.3}\right) = 22.215\text{dB}$$

注意：放大器增益的概念要区别是指单个波长光的增益，还是整个 EDFA 带宽内的增益。

2．增益与泵浦功率、掺铒光纤长度的关系

泵浦光和信号光在通过掺铒光纤时，其光功率是变化的，EDFA的增益不是简单的一个常数或解析式，它与掺铒光纤的长度、铒离子浓度、泵浦功率等因素有关。泵浦光和信号光满足下面的功率传输方程

$$\frac{\mathrm{d}P_{\mathrm{S}}}{\mathrm{d}z} = \sigma_{\mathrm{S}}(N_2 - N_1) - \alpha P_{\mathrm{S}} \tag{8-5a}$$

$$\frac{\mathrm{d}P_{\mathrm{P}}}{\mathrm{d}z} = \sigma_{\mathrm{P}} N_1 - \alpha' P_{\mathrm{P}} \tag{8-5b}$$

式中，P_{S}、P_{P} 分别表示信号光功率和泵浦光功率；σ_{S}、σ_{P} 分别为信号频率处受激发射和泵浦频率处受激吸收截面；α、α'分别为掺铒光纤对信号光和泵浦光的损耗系数；N_2、N_1分别为能级E_2和能级E_1的粒子数。

由式（8-5）可以得到增益G与掺铒光纤长度L与泵浦功率之间的关系，但式（8-5）是一个超越方程，不能得到解析表达式，所以经常用数值解或图形来反映增益与泵浦功率或掺铒光纤长度的关系。不同泵浦功率时，EDFA信号增益与光纤长度的关系如图8-9所示。

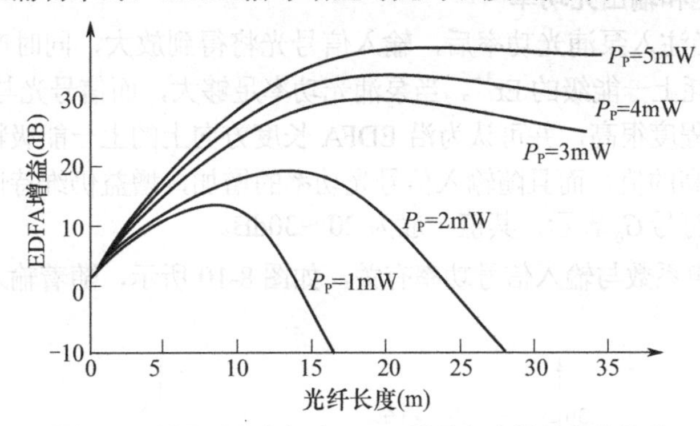

图 8-9　不同泵浦功率时 EDFA 增益与光纤长度的关系

可以看出，当光纤长度一定时，EDFA增益随泵浦功率的增大而增大，但对应一定的泵浦功率，如果掺铒光纤较短，对泵浦光吸收较少，粒子反转数也少，则信号光得不到足够的增益。掺铒光纤增加到一定的长度后，增益反而下降，原因是长度增加时，掺铒光纤中泵浦光功率下降，且掺铒光纤损耗远大于普通光纤，从而导致增益下降。另外，随泵浦功率提高，最大增益长度向后移，这是因为泵浦功率增大使得粒子能在更长的光纤范围内形成反转。虽然最大增益长度随泵浦功率增大而增长，但两者不存在线性关系。

从以上的分析可知，掺铒光纤有一个最大增益长度，那么设计一个EDFA时，最大增益长度到底选取多少呢？感兴趣的读者可以利用OptiSystem软件做仿真分析。

EDFA的增益很高，当泵浦波长为1480nm，信号波长为1550nm，泵浦功率为5mW时，从图8-9中可以看出，光纤长度为30m的EDFA可以产生35dB的增益。

假设没有自发辐射，可用下面的关系式来估算增益

$$\frac{P_{\mathrm{S,out}}}{P_{\mathrm{S,in}}} \leqslant 1 + \frac{\lambda_{\mathrm{P}}}{\lambda_{\mathrm{S}}} \frac{P_{\mathrm{P,in}}}{P_{\mathrm{S,in}}} \tag{8-6}$$

式中，λ_P 和 λ_S 分别表示泵浦波长和信号波长；$P_{P,in}$ 为泵浦光入射功率，单位为mW；$P_{S,in}$ 和 $P_{S,out}$ 为信号光的入射功率和输出功率，单位为mW。

【例 8-2】 一个 EDFA 用作功率放大器，设其增益为 10dB，泵浦波长为λ=980nm，输入光信号的功率为 0dBm，假如波长为 1550nm，求所用的最小泵浦光功率。

解：根据已知条件，输入光信号的功率为 0dBm，即 1mW，忽略自发辐射，则

$$G = 10\lg\frac{P_{S,out}}{P_{S,in}}(\text{dB})$$

$$P_{S,out} = P_{S,in} \times 10^{\frac{G}{10}} = 1\text{mW} \times 10^{\frac{10}{10}} = 10\,\text{mW}$$

根据式（8-6），计算得泵浦输入功率应满足

$$P_{P,in} \geqslant \frac{\lambda_S}{\lambda_P}(P_{S,out} - P_{S,in}) = \frac{1550}{980} \times (10\,\text{mW} - 1\,\text{mW}) = 14\,\text{mW}$$

WDM系统要求EDFA具有足够高的输出功率，以保证各信道获得足够的光功率。一些高性能EDFA的技术不断涌现出来，比如在光纤放大器中采用双包层光纤。双包层光纤由掺杂纤芯、内包层、外包层、保护层4部分组成，信号光在纤芯里以单模传播，而泵浦光则在内包层中以多模传输，有掺铒、掺镱双包层光纤，或者铒镱共掺的双包层光纤等类型。

3．增益饱和与饱和输出光功率

在 EDFA 中，当注入泵浦光功率后，输入信号光将得到放大，同时产生部分自发辐射光（ASE），两种光都消耗上一能级的 Er^{3+}。当泵浦光功率足够大，而信号光与 ASE 很弱时，上、下能级的粒子数反转程度很高，并可认为沿 EDFA 长度方向上的上一能级粒子数保持不变，放大器的增益将达到很高的值，而且随输入信号光功率的增加，增益仍维持恒定不变，这种增益称为小信号增益，用符号 G_0 表示，其值一般为 20～30dB。

EDFA 增益和噪声系数与输入信号功率有关，如图 8-10 所示，随着输入功率的增加，增益减少。

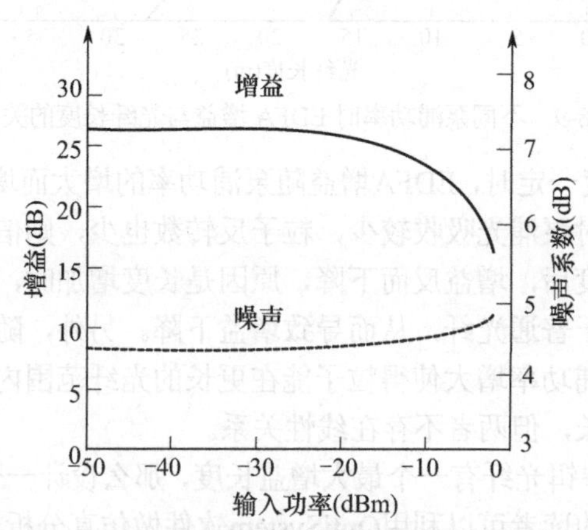

图 8-10　EDFA 增益和噪声系数与输入信号功率的关系

假设入射光信号的频率和原子跃迁频率相等，EDFA 增益简化为

$$G = G_0 \exp\left(-\frac{G-1}{G}\cdot\frac{P_{out}}{P_{sat}}\right) \tag{8-7}$$

式中，G_0 为小信号增益；P_{out} 为输出光信号功率；P_{sat} 为增益介质饱和光功率，是表示增益介质特性的量，与掺杂参数、荧光时间、跃迁截面积有关。

从式（8-7）可以看出，当$P_{out}/P_{sat}\ll 1$时，$G=G_0$。当给定输入泵浦光功率时，随着信号光和 ASE 的增大，上一能级粒子数的增加将因不足以补偿消耗而逐渐减少，增益也将不能维持初始值不变，EDFA 增益开始下降，这种现象称为增益饱和。

当 EDFA 的增益降至小信号增益G_0的一半，即用分贝表示下降 3dB 时，所对应的输出功率称为饱和输出光功率，如图 8-11 所示。饱和输出光功率是 EDFA 的一个重要参数，它代表了 EDFA 的最大输出能力。

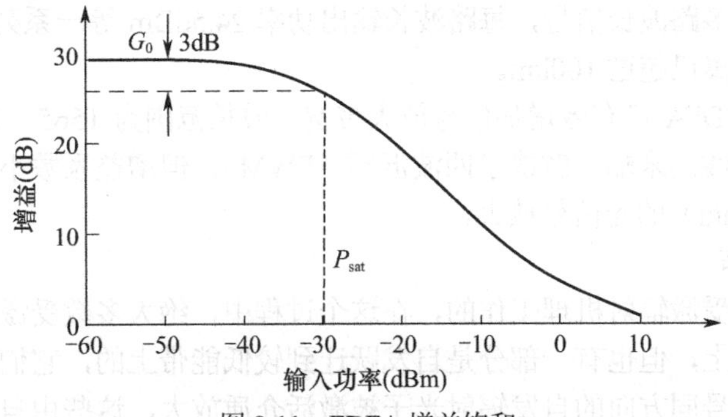

图 8-11　EDFA 增益饱和

此时$G=G_0/2$，代入式（8-7），可得 EDFA 饱和输出光功率为

$$P_{out}^{sat}=\frac{G_0\ln 2}{G_0-2}P_{sat} \tag{8-8}$$

饱和增益值不是一个确定值，随输入功率和饱和深度及泵浦光功率而变化。

一般地，G_0为 20～30dB，可认为$G_0\gg 2$，因此式（8-8）可以简化为$P_{out}^{sat}\approx \ln 2P_{sat}=0.69P_{sat}$，也就是说，EDFA 的饱和输出光功率比增益介质的饱和功率低约 30％。注意：这里P_{sat}和P_{out}^{sat}是不同的。

4．增益与波长关系

EDFA 增益和波长的关系如图 8-12 所示。由图可以看出，EDFA 光谱范围宽，增益谱对波长具有依赖性，在 1530nm 处存在一增益峰；在 1550nm 为中心的波段增益较平坦，波段外没有增益，波段内两次波动，增益变化大。

比较常用的增益平坦技术是在 EDFA 中插入损耗谱与 EDFA 增益谱相反的镀膜型增益平坦滤波器（GFF，Gain Flattening Filters），可使 EDFA 的部分波长增益峰值减小，从而达到增益平坦化的目的，滤波后的特性如图 8-13 所示。

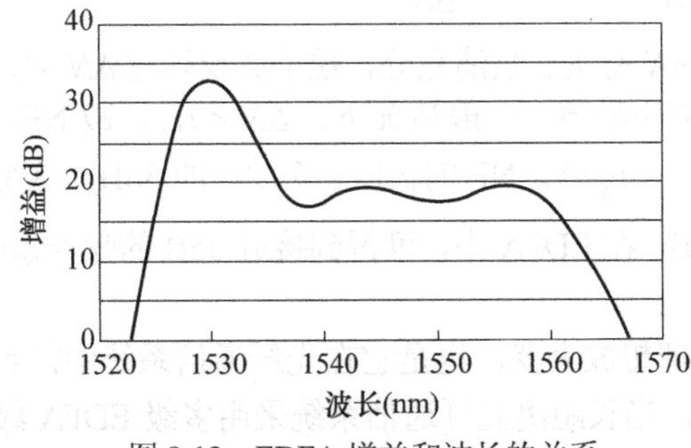

图 8-12　EDFA 增益和波长的关系

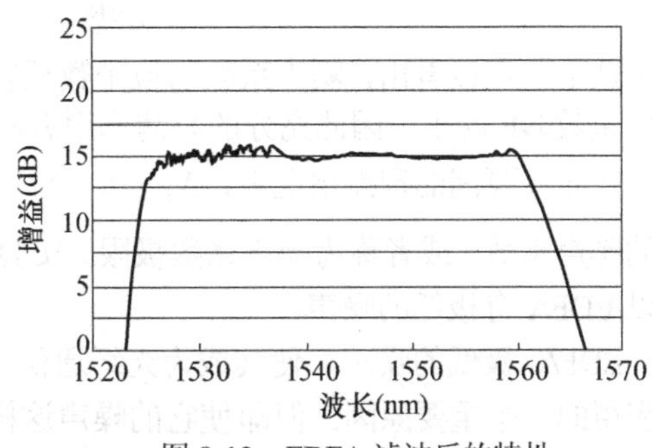

图 8-13　EDFA 滤波后的特性

5．EDFA 的带宽

增益带宽是指光放大器有效的频率（或波长）范围，通常指增益从最大值下降3dB时对应的波长范围。对于WDM系统，所有光波长通道都要得到放大，因此，光放大器必须具有足够宽的增益带宽。

EDFA 的实用化是信息领域光电子技术的突破性成就。常用的 C 波段 EDFA 工作在 1530～1565nm 的光纤损耗最低的窗口，具备超过 40dB 的高增益、高输出、对偏振不敏感、无串扰、低噪声，可同时放大多路波长信号，每路波长输出功率 24.5dBm 等一系列特性，在一对 EDFA 之间，光信号传输距离已超过 100km。

使用 L 波段的 EDFA 可有效增加信号放大带宽，波长范围为 1565～1625nm，这个波长覆盖了掺铒光纤增益曲线的末端，解决了四波混频（FWM），但增益系数小。现在已经实现了对 S 波段（1460～1530nm）的光信号放大。

6．EDFA 的噪声

光放大器是基于受激辐射机理工作的，在这个过程中，绝大多数受激粒子因受激辐射而被迫跃迁到较低的能带上，但也有一部分是自发跃迁到较低能带上的，它们会自发地辐射光子。在掺铒光纤中，与信号同方向的自发辐射光子被激活介质放大，这些由自发辐射产生并经放大了的光子组成放大的自发辐射（ASE），因为它们在相位上是随机的，对信号光没有贡献，所以形成了信号带宽内的噪声，降低了信号光的信噪比，造成对传输距离的限制。

自发辐射噪声与自发辐射因子 n_{sp} 有关，n_{sp} 也称为粒子数反转因子，为

$$n_{sp}=\frac{N_2}{N_2-N_1}=\frac{N_2}{\Delta N} \tag{8-9}$$

式中，N_1 和 N_2 分别为能级 E_1 和能级 E_2 中的电子数密度。

粒子数反转因子 n_{sp} 表示两个能级间粒子数反转的程度，与粒子数反转差 ΔN 成反比。

放大的自发辐射噪声的平均总功率可用 n_{sp} 定量表示，自发辐射越大，放大的自发辐射也越大。

接收机接入光放大器后，新增加的噪声是信号光与自发辐射的差拍噪声，这是因为自发辐射在光检测器中与放大器信号相干混频，产生了光电流的差拍分量，其中噪声-噪声的拍频信号容易过滤，但噪声-信号拍频信号不易过滤。

放大器的噪声用噪声系数 NF 来表示，它定义为输入信噪比 SNR_{in} 与输出信噪比 SNR_{out} 的比值。信噪比是以光信号转换成光电流后的电功率来计算的，经推导可得噪声系数为

$$\text{NF}=\frac{\text{SNR}_{in}}{\text{SNR}_{out}}=\frac{2n_{sp}(G-1)}{G}\approx 2n_{sp}=\frac{2N_2}{\Delta N} \tag{8-10}$$

从上式可以看出，噪声系数与粒子数反转差 ΔN 有关。泵浦充分，粒子数反转差 ΔN 大，则噪声系数 NF 就小，因此充分的泵浦作用有利于减小噪声。一般情况下，$\Delta N < N_2$，故 NF>2。

在充分泵浦的理想情况下，$N_1\to 0$，$\Delta N \approx N_2$，$n_{sp}=1$，NF 的极限值为 2，即 3dB，这是最小的噪声系数，或者称为噪声系数极限。实验证实，在 EDFA 中，可得到接近 3dB 的噪声系数，所以 EDFA 有极低的噪声。

EDFA 极低的噪声，使其成为光纤通信中的理想放大器，也是它在光纤通信系统中得到广泛应用的一个重要原因。但即使它的噪声这样低，当长距离光纤通信系统采用多级 EDFA 级联时，由于噪声的影响，系统的长度也会受到限制。思考一下，这个问题又该如何解决呢？

7．EDFA 的温度特性

由于环境温度的改变，掺铒光纤的荧光谱、吸收谱及荧光寿命将发生变化，温度引起吸收

谱和荧光谱的变化，必然导致EDFA增益特性的变化。研究表明，从85℃变化到20℃，在1480nm处泵浦，增益温度系数达-0.7dB/℃，即增益在此温度变化范围内有7dB的变化；而对于980nm泵浦，增益温度系数为-0.004dB/℃，即增益在此温度变化范围内只有0.4dB的变化，这是优先选用980nm作泵浦源的一个重要原因。一般认为在0～+50℃范围内，EDFA可稳定工作。

8．EDFA的增益锁定

EDFA应用于波分复用光纤通信网，不同节点处信道的随机插分（Add or Drop）变化会引起网络的重构，也就是说，网络中经EDFA放大的信道数会发生变化。当光纤中信道数由于故障等原因突然减少时，光放大器的增益会突然增加，形成“浪涌”，使信号强度突然提高，接收机码元判决时会出现错误，因此EDFA增益需要自动控制。目前采用的解决方案主要是利用光电反馈环实现增益控制和在光域内进行全光自动增益控制。

8.3.3 EDFA模块产品

图8-14是Finisar EDFA实物图（Finisar已被II-IV收购），该产品支持C和L波段固定增益，同时支持窄带、粗波分复用和单信道，支持冷却或非冷却泵浦。其参数如表8-1所示。

EDFA的应用场合：城域和区域DWDM网络；SONET/SDH和数据通信网络；军事和工业应用；测试和测量系统；固定增益和可变光衰减器（VOA）。

图8-14　Finisar EDFA实物图

表8-1　Finisar EDFA参数

参数	特性		
	最小	最大	单位
波长范围	1528	1567	nm
输入功率范围	−40	+8	dBm
饱和输出功率		22	dBm
噪声系数		6	dB
工作外壳温度	0	+70	℃
储存温度	−40	+85	℃
功耗（制冷泵浦） （无制冷泵浦）		12 3	W

【讨论与创新】EDFA有何缺点？如何解决呢？

8.2　拉曼光纤放大器

在常规光纤系统中，光功率不大，光纤呈线性传输特性。当输入光纤的光功率非常高时，光纤中会产生光学中的一种非线性效应——受激拉曼散射，利用这种效应的光放大器称为拉曼光纤放大器（RFA，Raman Fiber Amplifier）。随着光纤通信技术的进一步发展，通信波段由C带（1528～1562nm）向L带（1570～1610mn）和S带（1485～1520nm）扩展，掺铒光纤放大器（EDFA）无法满足这样的波长范围，而RFA却正好可以在此处发挥巨大作用。另外，拉曼光纤放大器因其分布式放大特点，不仅能够减弱光纤非线性的影响，还能够抑制信噪比的劣化，具有更大的增益带宽、灵活的增益谱区、温度稳定性好及放大器自发辐射噪声低等优点。特别是高功率二极管泵浦激光器的迅猛发展，又为RFA的实现奠定了坚实的基础，通过适当改变泵浦激光波长，就可以达到在宽波段范围进行宽带光放大，通信波段扩展到1270～1670nm的宽带范围。

1997 年，Masuda 等研制成 EDFA 与 RFA 混合结构的宽带放大器。

1999 年，RFA 成功应用于 DWDM 系统，贝尔实验室演示了 RFA 结合 EDFA 的 1.6Tb/s 400km 的传输系统。

目前，多阶分布式 RFA 进一步降低了噪声，已开始应用在 400Gb/s 系统中。

RFA 是一种新型的光放大器，能覆盖极宽的带宽范围，大大增加了系统的传输能力，RFA 越来越受到业界关注，成为光通信领域中的新热点，并将在光放大器家族中占据重要地位！

8.4.1 受激拉曼散射

光纤中的后向散射包括瑞利散射、拉曼散射和布里渊散射，如图 8-15 所示，它们的散射机理各不相同。当入射的光子与分子相碰撞时，可以是弹性碰撞，也可以是非弹性碰撞。在弹性碰撞过程中，光子与分子均没有能量交换，于是入射光的频率保持恒定，比如瑞利散射。在非弹性碰撞过程中，光子与分子有能量交换，光子转移一部分能量给散射分子，或者从散射分子中吸收一部分能量，从而使入射光的频率改变，1923 年，A.G.S.斯梅卡尔从理论上预言了频率发生改变的散射。1928 年，印度物理学家 C.V.拉曼在气体和液体中观察到散射光的频率发生改变的现象。光通过介质时，由于入射光与分子相互作用而引起频率发生变化的散射称为拉曼散射，又称拉曼效应。拉曼散射光中，在每条原始入射谱线两侧对称地有新的频率的谱线，长波一侧的谱线称为红伴线或斯托克斯线，短波一侧的谱线称为紫伴线或反斯托克斯线。布里渊散射是光波与光纤中的声学声子相互作用而产生的光散射过程，在不同的条件下，布里渊散射又分别以自发散射和受激散射两种形式表现出来。

拉曼散射与泵浦光功率有关，泵浦光较弱，小于阈值时，介质分子的热平衡没有被破坏，这时产生的散射叫自发拉曼散射。自发拉曼散射的强度一般只有入射光强度的百万分之一或亿万分之一。当泵浦光的功率足够强，超过某个阈值时，散射光具有明显的受激特性，产生的拉曼散射称为受激拉曼散射（SRS）。受激拉曼散射将一小部分入射功率由一光束转移到另一频率下移的光束，频率下移量由介质的振动模式决定，量子力学描述为入射光波的一个光子被一个分子散射成为另一个低频光子，同时分子完成振动态之间的跃迁，入射光因为泵浦光而产生称为斯托克斯波的频移光。

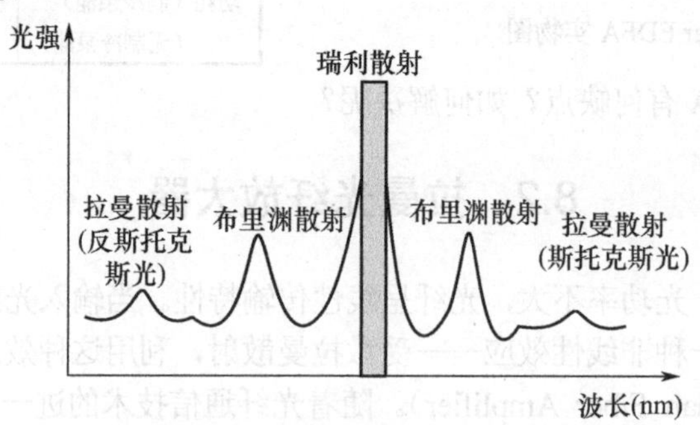

图 8-15 光纤中的后向散射

假设入射光的频率为 ω_p，介质分子的振动频率为 ω_v，则散射光的频率为

$$\omega_s = \omega_p - \omega_v \tag{8-11a}$$

$$\omega_{as} = \omega_p + \omega_v \tag{8-11b}$$

在拉曼散射过程中产生的频率为 ω_s 的散射光叫斯托克斯光（Stokes），频率为 ω_{as} 的散射光叫反斯托克斯光（Anti-Stokes）。

8.4.2 拉曼光纤放大器的原理

普通的拉曼散射需要很强的光功率，但在光纤通信中，作为非线性介质的单模光纤，其纤芯直径非常小（单模光纤直径小于 10μm），因此单模光纤可将高强度的光场与介质的相互作用限制在非常小的截面内，大大提高了入射光场的光功率密度。在低损耗光纤中，光场与介质的作用可以维持很长的距离，其间的能量充分耦合，使得在光纤中利用受激拉曼散射成为可能。

当足够强的短波长泵浦光以一定强度与信号光进入光纤后同时传输，并且它们的频率之差处在光纤的拉曼增益谱范围内，弱信号光即可得到放大，利用这种效应的光放大器称为拉曼光纤放大器（RFA）。RFA 靠非线性散射实现放大功能，不需要能级间粒子数反转，光纤内部将同时进行着光信号的放大和衰减。

对于受激拉曼散射，在稳态或者连续波情况下，小功率斯托克斯波的光强随距离变化而增长的规律为

$$\frac{\mathrm{d}I_s}{\mathrm{d}z}=g_R I_P I_s \tag{8-12}$$

式中，I_s 为斯托克斯波的光强；z 为传输距离；g_R 为拉曼增益系数；I_P 为泵浦光强。对式（8-12）积分得

$$I_s(z)=I_s(0)\exp(g_R I_P z)=I_s(0)\exp(G_R z) \tag{8-13}$$

式中，$G_R=g_R I_P$，称为受激拉曼散射增益因子。可见，受激拉曼散射光强随距离的变化量是按指数变化增加的，因而散射光强远大于入射光强，或者说大部分泵浦光的能量转移到了斯托克斯波中。另外，受激拉曼散射光是相干光。

实验证明，石英光纤具有很宽的受激拉曼散射增益谱，并在泵浦光频率下移约 13THz（在 1550nm 波段，波长上移约 100nm）附近有一较宽的增益峰。拉曼增益取决于泵浦光功率、泵浦光波长和信号光波长之间的波长差。拉曼增益与泵浦光波长和信号光波长之间的波长差的关系如图 8-16 所示。

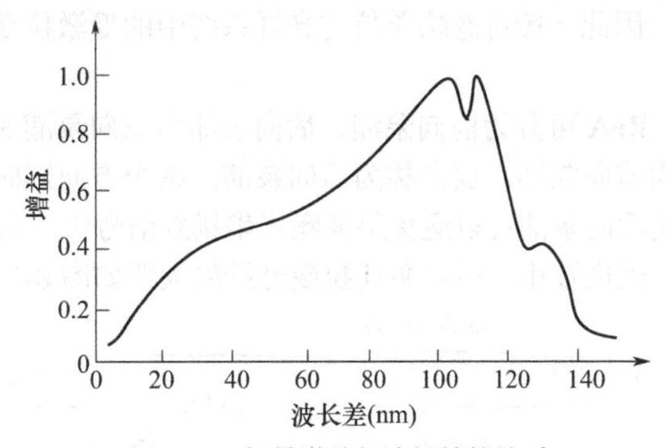

图 8-16　拉曼增益与波长差的关系

通常情况下，在泵浦光和信号光的波长相差 100nm 以内，拉曼增益与该差值基本成线性关系，然后随该差值快速减小，可用的增益带宽为 48nm。在差值为 100nm 时，拉曼增益达到极值，比如，1450nm 泵浦源在 1550nm 处产生的拉曼增益最高。

如图 8-17 所示，信号光波长为 1550nm，泵浦光波长为 1450nm，在泵浦光频率下移约为 13THz 的位置，即 1550nm 波长的位置，产生了一个拉曼放大信号。

从理论上讲，采用拉曼光纤放大器可以放大任何波长的工作信号，所以适当地选择泵浦光的发射波长，就可以使其放大范围落入我们所希望的波长区域。如选择泵浦光的发射波长为

1240nm 时，可对 1310nm 波长的光信号进行放大；选择泵浦光的发射波长为 1450nm 时，可对 1550nm 波长 C 波段的光信号进行放大；选择泵浦光的发射波长为 1480nm 时，则可对 1550nm 波长 L 波段的光信号进行放大等。一般原则是：泵浦光的发射波长低于要放大的光波长 70～100nm，如果要放大 C+L 波段 1530～1605nm 的工作波长，最佳的泵浦光的波长应为 1420～1500nm。

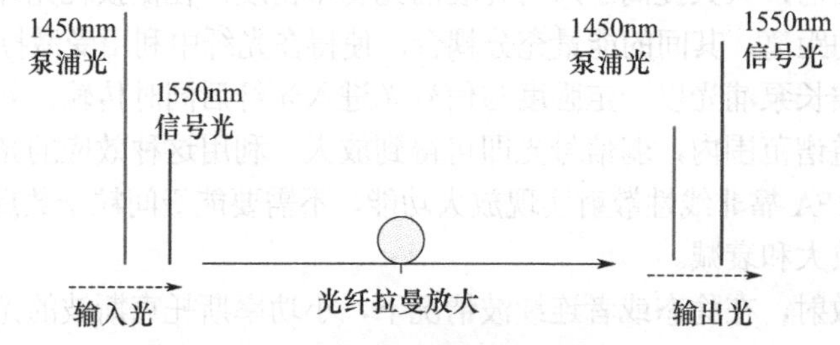

图 8-17　光纤拉曼放大示意图

要获得明显的受激拉曼增益，输入的泵浦功率必须足够强，即必须达到受激拉曼散射的阈值功率。经推导，拉曼散射泵浦功率的阈值近似为

$$P_{\text{th}} \approx \frac{16A_{\text{eff}}}{g_{\text{R}}L_{\text{eff}}} \tag{8-14}$$

式中，g_{R} 为光纤的拉曼增益系数；A_{eff} 为泵浦光在光纤中的有效面积；L_{eff} 为光纤的有效长度，二者表达式见式（2-94）和式（2-96）。可以看出，泵浦功率的阈值与光纤中的有效面积成正比，与光纤的拉曼增益系数成反比，而且随着有效长度的增加而下降。受激拉曼散射（SRS）的泵浦功率较高，下面估算 SRS 的泵浦功率阈值。

当 L 足够长时，$L_{\text{eff}} \approx 1/a_{\text{p}}$，$a_{\text{p}}$ 为泵浦光损耗系数，见式（2-42）；在波长 1550nm 处，典型的 $g_{\text{R}} \approx 1\times10^{-13}\ \text{m/W}$，$a_{\text{p}}=0.0461/\text{km}$，$L_{\text{eff}} \approx 21.7\,\text{km}$，取 $A_{\text{eff}}=55\mu\text{m}^2$，利用式（8-14）计算得 SRS 的泵浦功率阈值 $P_{\text{th}} \approx 405\,\text{mW}$，由此可知 SRS 的泵浦功率阈值较高，而光波系统中的入射功率一般低于 10mW，因此一般可忽略单信道光纤系统中的受激拉曼散射，而在 DWDM 系统中则不能忽略。

依据泵浦方式不同，RFA 可分为前向泵浦、后向泵浦和双向泵浦 3 种结构。其中，泵浦光与信号光同方向传输称为前向泵浦，反之称为后向泵浦，两个方向同时泵浦则称为双向泵浦。与前向泵浦相比较，采用后向泵浦可以避免泵浦噪声串扰到信号中，从而使 RFA 的噪声较低，同时后向泵浦的偏振依赖性也较小，后向泵浦拉曼光纤放大器如图 8-18 所示。

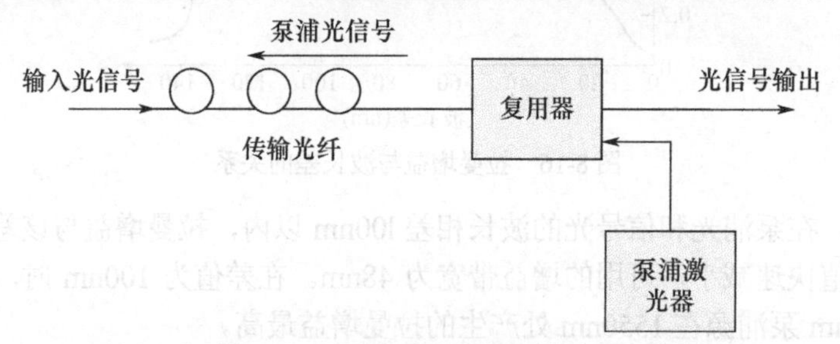

图 8-18　后向泵浦拉曼光纤放大器

当拉曼增益较大时，在入纤处（前向泵浦）或出纤处（后向泵浦）信号光功率较大，非线性效应严重，因此采用双向泵浦方式的拉曼光纤放大器的性能优于仅仅采用前向或者后向泵浦的拉曼光纤放大器。

拉曼光纤放大器有两种类型的应用，一种称为集中式拉曼光纤放大器（LRA），另一种称为分布式拉曼光纤放大器（DRA）。

LRA 对光信号进行集总式放大，介质通常是拉曼增益系数较高的特种光纤，比如色散补偿光纤或高非线性光纤，长度比较短，一般在 10km 以内；泵浦源功率几瓦到几十瓦。LRA 主要作为高增益、高功率放大，增益可超过 40dB。

DRA 沿光纤分布对光信号进行在线放大，主要作为传输光纤损耗的分布式补偿放大，传输信号的普通光纤作为增益介质，传输距离比较长，可达 100km 左右；泵浦源功率几百毫瓦；光纤中各处的信号光功率都比较小，从而可降低各种光纤非线性效应的干扰。

DRA 常与 EDFA 混合使用，如图 8-19 所示为混合 EDFA 与 RFA（hybrid EDFA/RFA）放大器，RFA 是 EDFA 的补充，而不是代替，两者结合起来可获得大于 100nm 平坦宽带。采用 1480nm 半导体激光器作为泵浦源，其功率典型值为几毫瓦至十几毫瓦，通常传输距离可达几十至 100km。为了实现长距离通信，每经几十千米后需再注入泵浦功率，以构成分布式级联光纤拉曼放大。

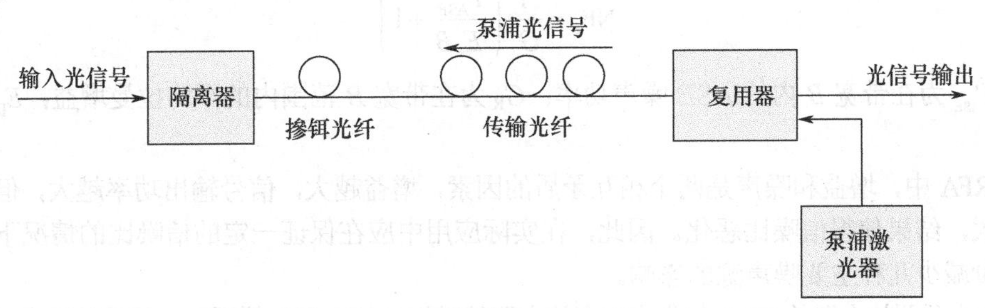

图 8-19　混合 EDFA 与 RFA 放大器

DRA 可以对信号光进行在线放大，也特别适用于海底光缆通信系统，这对于大容量 DWDM 系统是十分适用的。

8.4.3　拉曼光纤放大器的特性

1. RFA 的增益

RFA 的增益定义为有泵浦光时信号输出功率相对于无泵浦光时信号光功率的提高，表达式为

$$G_A = \exp\left(\frac{g_R P_p L_{eff}}{A_{eff}}\right) \tag{8-15}$$

式中，g_R 为光纤的拉曼增益系数；P_p 为泵浦光功率；L_{eff} 为光纤的有效长度；A_{eff} 为泵浦光在光纤中的有效面积。

RFA 的增益随入射信号功率呈指数增长，但入射信号功率过大时，会出现增益饱和。

2. 噪声指数

RFA 中噪声来源较多，包括放大器自发辐射（ASE）噪声、瑞利散射噪声、泵浦信号串扰噪声等，其产生机制各不相同。

（1）自发辐射（ASE）噪声

ASE 噪声是由于光纤中的自发拉曼散射光与信号光同时被放大，从而构成对放大信号的干扰而产生的。ASE 噪声包括放大信号注入噪声、ASE 注入噪声、信号-ASE 自拍频噪声和 ASE 拍频噪声 4 部分。

（2）瑞利散射噪声

瑞利散射噪声是由于瑞利后向散射引起的。理论和实验研究表明，瑞利散射噪声与 RFA 的增益和传输距离有关，瑞利散射噪声系数较大的情况下，瑞利散射将会引起 RFA 性能的严重恶化。

（3）泵浦信号串扰噪声

由于拉曼散射的响应时间非常快，因此泵浦功率的波动往往会引起拉曼增益的波动，这样就会使输出信号的光功率发生波动，导致放大波段信道的相对强度噪声（RIN）比泵浦源的相对强度噪声还差。另外，由于泵浦同时对多信道放大，也会导致信道间的串扰。

对于噪声的评价，我们也采用噪声系数来评价噪声性能。噪声系数定义为输入信噪比和输出信噪比之间的比值（两者都是电域的信噪比）。因为 RFA 是分布式放大的，其拉曼增益和 ASE 噪声的产生也是随着传输光纤分布的，所以通常使用等效噪声系数作为 RFA 的噪声评价指标。经推导，RFA 的等效噪声系数为

$$\mathrm{NF_R} = \frac{1}{G_\mathrm{R}}\left(\frac{P_\mathrm{ASE}}{E_\mathrm{p}B} + 1\right) \tag{8-16}$$

式中，P_{ASE} 为在带宽 B 内的 ASE 噪声功率；G_R 为在带宽 B 范围内的平均拉曼增益；E_p 为光子能量。

在 RFA 中，增益和噪声是两个相互矛盾的因素，增益越大，信号输出功率越大，但噪声功率也越大，结果使得信噪比恶化。因此，在实际应用中应在保证一定的信噪比的情况下提高增益，尽量减少几种主要噪声源的影响。

当作为前置放大器的 DRA 与作为功率放大器的常规 EDFA 混合使用时，其等效噪声系数为

$$\mathrm{NF} = \mathrm{NF_R} + \mathrm{NF_E} / G_\mathrm{R} \tag{8-17}$$

式中，G_R、$\mathrm{NF_R}$ 分别为 DRA 的增益、等效噪声系数；$\mathrm{NF_E}$ 为 EDFA 的等效噪声系数。

因为 $\mathrm{NF_R}$ 通常要比 $\mathrm{NF_E}$ 小，所以由式（8-17）可知，只要增加拉曼增益 G_R，就可以减少总的等效噪声系数。

3．RFA 的带宽

RFA 的带宽由泵浦光波长决定，选择适当的泵浦光波长，就可得到任意波长的信号放大。DRA 的频谱是每个波长的泵浦光单独产生的频谱叠加的结果，所以它由泵浦光波长的数量和种类决定。其形状依赖于泵浦光波长，最大增益波长比泵浦光波长大 100nm 左右。这种特性使得在具有可用泵浦光波长的条件下，放大任何波长区间的光信号成为可能。通过使用不同的泵浦光波长组合，可以在一个很宽的波长区间获得平坦的频谱。

下面是宽带 RFA 仿真设计的例子，该设计是由 Kidorf 完成的，使用多波长泵浦来实现增益平坦，带宽超过 80nm，增益特性如图 8-20 所示。

增益的平坦是通过对泵浦频率的仔细选择得到的，泵浦光波长在 86nm 内不均匀分布，与 WDM 信号段的差值范围为 77～163nm。通过泵浦结构及合理的泵浦光波长的选择，在 1540～1620nm 范围内可以同时实现增益与噪声系数的平坦化。宽带 RFA 的基本参数如下。

输入端信号：100 路，每一路的平均光功率均为–3dBm。

光纤 SMF：长度 60km。

拉曼泵浦：后向泵浦 8 个，平均功率范围为 19.5～21.5dBm。

带宽：超过 80nm。

增益波动：小于 0.5dB，在输出端引入了一个增益平坦滤波器。

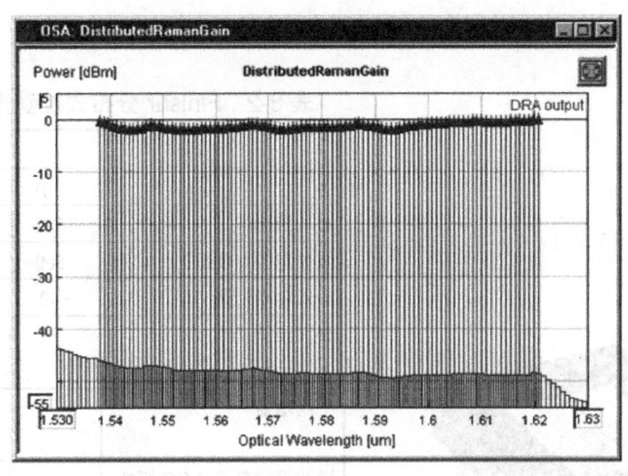

图 8-20　增益平坦、带宽超过 80nm 的 RFA 的增益特性

4．RFA 的优、缺点

由于独特的增益机理，RFA 具有以下突出的优点。

① 带宽较宽，增益平坦，选择合适的泵浦源就可以得到任意相应波长的放大。利用不同波长的多泵浦激光器泵浦，可以实现 100nm 以上的平坦增益，几乎涵盖了 S、C、L 3 个波段，而且 RFA 还可以在更宽的波长范围内实现平坦的增益。

② RFA 的增益介质为传输光纤本身，可实现长距离的无中继传输和远程泵浦；同时因为光纤各处的光功率都比较小，从而可以降低非线性效应，尤其是四波混频（FWM）效应的干扰。

③ 噪声系数低，与 EDFA 不同，RFA 的噪声系数极低，可以低于-1.0dB。如此低的噪声系数可使光接收机输入端的光信噪比大大降低，有可能实现 2000km 以上的无中继传输。与常规 EDFA 混合使用，可做成具有宽带宽、增益平坦、低噪声和高输出功率的混合放大系统，这是未来光纤通信系统的发展趋势。

④ RFA 的饱和功率高，频谱的调整方式直接且多样（可通过选择泵浦波长和强度实现）。

⑤ RFA 放大的作用时间为飞秒（fs）级，可实现对超短脉冲的放大。

RFA 也有其缺点，光纤的拉曼增益系数很小，一般为 10～15dB；泵浦效率比较低，一般只有 10%～20%；为得到理想的增益系数，RFA 需要高功率的泵浦光，必须使泵浦光功率大于 500mW，有的甚至高达 1W 以上。但如此高的光功率输出，从目前技术水平来讲，很难精确控制功率，进而难以精确控制其增益。RFA 具有很强的偏振依赖性，其增益与泵浦光的偏振态、被放大光的偏振态有关。同时，要考虑自发拉曼散射和反向瑞利散射等噪声的影响。

8.4.4　拉曼光纤放大器模块产品

Finisar 分布式拉曼光纤放大器模块如图 8-21 所示，该模块用于 C 或 L 波段放大。包括 2 个或 3 个泵浦源，泵浦源采用精密电子控制，模块的最大输出泵浦功率分别达到 700mW 和 1W。使用专利技术，该模块可以工作在完全自动增益控制（AGC）模式，从而使拉曼增益精度达到±0.7dB。Finisar 分布式拉曼光纤放大器模块的参数如表 8-2 所示。

该模块的应用场合：长距离无中继链路（如海岛、沙漠、油田）；低延迟链路（没有 FEC 和 OEO 转换）；存储区域网络（SAN）；安全敏感的应用程序；长途和超长距离链路中改善 OSNR；40Gb/s 和 100Gb/s 的传输。

图 8-21　Finisar 分布式拉曼光纤放大器模块

表 8-2　Finisar 分布式拉曼光纤放大器模块的参数

参数	特性			备注
	最小	最大	单位	
波长范围	1529	1565	nm	
波长范围（OSC）	1500	1520	nm	
输入功率范围	−40	+5	dBm	
最大泵浦功率		700	mW	2 泵浦
		1	W	3 泵浦
平均增益		13	dB	2 泵浦
		18		3 泵浦
增益设定精度 AGC 模式		±0.7	dB	
增益平坦度		1	dB	2 泵浦
		1.2		3 泵浦
		<0.5		带有 GFF
信号插入损耗		1.8	dB	
信号插入损耗（OSC）		1.8	dB	
噪声系数		−1	dB	最大增益
PMD		0.2	ps	
PDL		0.6	dB	2 泵浦
		0.3		3 泵浦
OSC 隔离度		30	dB	

【RFA 使用注意事项】

RFA 因其输出光功率较大，使用时要特别注意以下事项。

① 端面要保持清洁，若光纤跳线端面存在灰尘，光纤端面上的污物会吸收光能量发热，很容易造成跳线损伤、烧毁，影响系统性能。

② RFA 的反向输出光功率达到 30dBm，光纤连接器的接头要使用专用的 LSH/APC 光纤连接器。

③ 严禁在激光器工作时拔插光纤，在拔插光纤头时，一定不能在 RFA 激光器工作时拔插，以防强激光烧伤眼睛。

④ 严禁大角度折弯光纤，RFA 尾纤的弯曲半径不能有很大的折弯，否则会烧坏尾纤。

⑤ 操作时，戴好激光防护眼镜（4 级），穿长袖防静电服、鞋套，戴防护手套。

【讨论与创新】上网搜索资料，讨论学习下面的问题。

（1）国际海底光缆的发展如何？跨太平洋国际海底光缆发展如何？

（2）海底光信号如何实现放大？海底光缆如何施工？

（3）在实验室，假如不用光放大器，光信号最长能传输多长的距离接收机还能接收到呢？

8.5　习题与设计题

（一）选择题

1．光放大器根据应用功能，分为哪 3 种类型？（　　）

（A）OLA　　（B）OBA　　（C）OPA　　（D）OSA

2．EDFA 中，可使用哪个波长的光源作为泵浦源？（　　）

（A）1480nm　　（B）1550nm　　（C）1600nm　　（D）980nm

3．3R 再生是指信号的哪些再生？（　　）

（A）放大　　（B）整形　　（C）转换　　（D）定时

4．下面器件中，常用来实现 EDFA 增益平坦的是（　　）。

（A）FBG 滤波器　　（B）GFF 增益平坦滤波器

（C）啁啾光纤光栅　　（D）FP 光纤滤波器

5．EDFA 常规放大 C 波段的范围是（　　）。

（A）1500～1530nm　　（B）1480～1500nm

（C）1530～1565nm　　（D）1310～1600nm

（二）思考题

1．EDFA 有几种泵浦方式？

2．画出 EDFA 原理框图，并简述 EDFA 的工作原理。

3．简述半导体光放大器 SOA 的工作原理。

4．画出拉曼光纤放大器（RFA）的原理框图，并简述 RFA 的工作原理。

5．RFA 与 EDFA 的原理有何不同？各有何优、缺点？

6．若 EDFA 输入信号为 300μW，输入噪声功率为 30μW，输出信号功率为 20mW，计算 EDFA 的增益。

（三）设计题

1．利用 OptiSystem 仿真设计 EDFA。

2．利用 OptiSystem 仿真设计 RFA。

项目实践：EDFA 模块设计

【项目目标】

通过掺铒光纤放大器（EDFA）模块的设计，培养 EDFA 的设计与研发能力。

【项目构思与设计】

项目实施前，应根据现有的技术和设计规范，分析问题，归纳要求，构思设计项目。

本项目结合工业需求，设计制作 EDFA 模块产品。先用 OptiSystem 软件仿真设计 EDFA 的各种参数，分析输入信号功率、噪声系数、泵浦功率大小对 EDFA 整体性能、增益系数的影响。然后制作 EDFA 模块，测试 EDFA 的基本参数，画出 EDFA 的增益曲线。

设备清单：掺铒光纤、光耦合器、光隔离器、光滤波器、泵浦源、光纤熔接机。

仿真练习：不具备实验条件的情况下，可参考 EDFA 原理图 8-4，用 OptiSystem 软件仿真设计 EDFA，查看光谱图，观察放大后的光信号，记录 EDFA 的增益和噪声。

【项目内容与实施】

1．项目基础知识

（1）了解掺铒光纤的结构

掺铒光纤实物图如图 8-22 所示。CorActive 的掺铒光纤包括单包层掺铒光纤和双包层掺铒光纤，主要应用于 EDFA，也可用于对人眼安全的光纤激光器中。本项目使用的 EDF-L 1500 的参数如表 8-3 所示。

表 8-3　EDF-L 1500 的参数

纤芯吸收@ 1530nm	(21±3)dB/m
纤芯数值孔径	0.25
截止波长	(900±50)nm
模场直径	(5.9±0.6)μm
包层直径	(125±0.5)μm
涂覆层直径	(245±10)μm
筛选试验	＞100kpsi

（2）EDFA 中的泵浦激光模块

泵浦源是 EDFA 的核心器件，本项目采用 980nm 泵浦激光模块，该模块已包括了激光器驱动和控制电路，只需 5V 电压供电即可，如图 8-23 所示。

图 8-22　掺铒光纤实物图

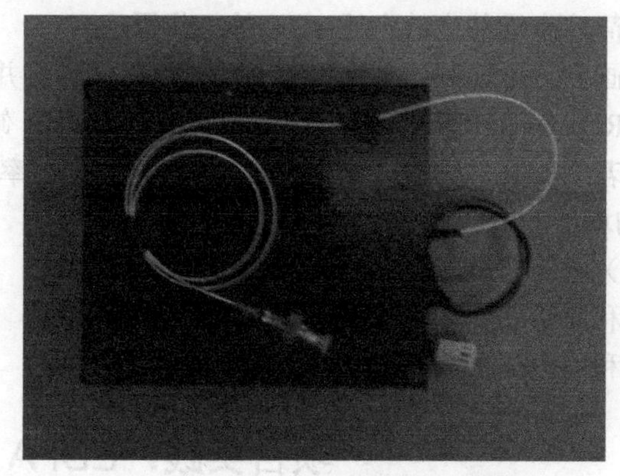

图 8-23　980nm 泵浦激光模块

泵浦激光模块的功率范围为 100～300mW，使用光纤布拉格光栅锁定发射波长，集成热电制冷器、热敏电阻和监测二极管，符合 Telcordia GR-468-COR，其性能参数如表 8-4 所示。在泵浦激光模块内部集成了功能器件，便于对模块进行自动功率控制和自动温度控制。

（3）光复用器（WDM）

光复用器可参考第 5 章内容。

（4）光隔离器（ISO）

光隔离器的 PDL 应小于 0.2dB，光隔离度应优于 40dB，每一端的光回波损耗应大于 40dB，具体情况可参考第 5 章内容。

（5）增益平坦滤波器（GFF）

采用 Lumentum 产品，如图 8-24 所示。考虑增益平坦度和波长范围等，其参数如表 8-5 所示。

图 8-24　EDFA 增益平坦滤波器

表 8-4 泵浦激光模块的参数

参数	符号	最小值	典型值	最大值	单位
输出功率	P_o	100	—	300	mW
峰值波长	λ_p	972	—	985	nm
RMS 谱宽	$\Delta\lambda$	—	1	2	nm
工作电压	V	—	5	—	V
功耗	P_c	—	—	5	W
工作温度	T_w	0	—	45	℃
储存温度	T_s	-40	—	80	℃

表 8-5 Lumentum 增益平坦滤波器的参数

技术	介质薄膜滤波器
波长	C、L 或 S 波段，带宽达 80nm
插入损耗	依赖 GFF 滤波器特性
偏振相关损耗 PDL	最大值 0.1dB
偏振模色散 PMD	最大值 0.1ps
适用光功率 高功率 GFF 标准 GFF	 最大值 2000mW 最大值 500mW
封装（D×L）	5.5mm×33.5mm

2. 项目实施过程

根据前面的基础知识，参考图 8-4，设计制作 EDFA 模块，并对 EDFA 特性进行测试。测试参数如下：①EDFA 模块增益；②输入功率和输出功率；③小信号增益；④EDFA 工作带宽；⑤饱和输出功率。

本项目重点测试 EDFA 模块的增益特性，测试仪器包括光源、光功率计、光衰减器。对应每一个输入功率值，测得一个经过 EDFA 放大后的输出功率。当 EDFA 的输入悬空，输出接光功率计时，可测得 EDFA 的自发辐射噪声功率。计算出各输入功率下的增益值，绘制 EDFA 增益曲线。最后，把实际测量结果和 OptiSystem 仿真设计结果进行对比分析。

【项目总结】

项目结束后，所有团队完成 EDFA 模块设计项目，提交设计文档。

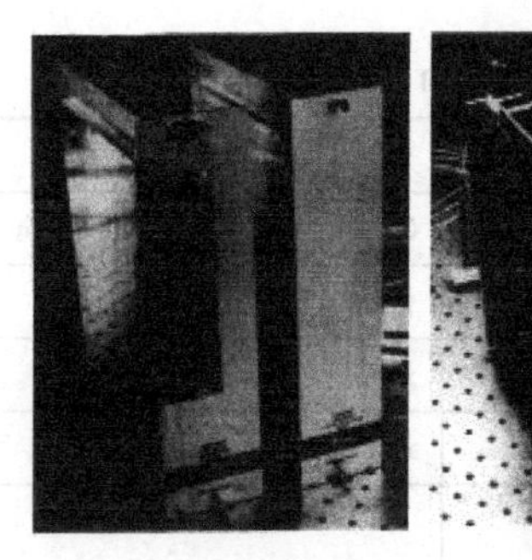

相干光通信的理论和实验始于 20 世纪 80 年代。AT&T 及 Bell 公司于 1989 和 1990 年在美国宾夕法尼亚州的罗灵-克里克地面站与森伯里枢纽站间先后进行了 1.3μm 和 1.55μm 波长的 1.7Gb/s FSK 现场无中继相干传输实验，相距 35km，接收灵敏度达到−41.5dBm。

左图是相干光传输实验中使用的光发射和光检测模块。

第 9 章　相干光通信

随着互联网、物联网、云计算、云存储、大数据等业务的快速发展，这些业务的需求形成了强大的驱动力，极大地推动了高速光纤通信技术的发展。高速光纤通信技术主要包括相干光通信、光正交频分复用（O-OFDM）、光时分复用（OTDM）、光码分复用（OCDM）、多维复用技术等。在众多的高速光纤通信技术中，相干光通信已经逐渐商用和普及，本章结合 100G/400G/1.6Tb/s 技术，重点介绍已经商用的相干光通信技术等。

传统的光纤通信系统采用强度调制-直接检波（IM-DD）的方式，这种系统的主要优点是调制、解调容易，成本低，但没有利用光载波的相位和频率信息，限制了其性能的进一步改进和提高，已无法满足日益增长的带宽需求。为了进一步扩大光通信距离，提高传输容量，人们开始考虑在光通信中使用无线电通信中成熟的外差接收技术，即利用先进的光调制方式和外差接收实现相干光通信。相干光通信利用光载波的相位等信息，单个波长的传输速率得到了提高。

在 IEEE、ITU-T、OIF 等国际标准组织的努力下，100G/400G/1.6Tb/s 技术的相关标准已趋于成熟，采用相干光通信技术的 100G/400G/800Gb/s 光传输系统已经逐渐规模化应用。

2013 年 8 月，国内运营商成功开通我国首个一级干线 100Gb/s WDM 系统工程。

2018 年 4 月，国内运营商在济南建成我国首个 400Gb/s 波分环。

2020 年 2 月，Ciena 公司宣布单波 800Gb/s 相干系统实现首次商业部署。

9.1　相干光通信技术

相干光通信技术最早起源于 20 世纪 80 年代，由于相干光通信系统被公认为具有灵敏度高的优势，各国在相干光传输技术上做了大量的研究工作。由于当时数字信号处理（DSP）技术的落后，相干光通信技术没有得到大的发展。经过多年的发展，高性能激光器、低成本高速电子芯片及快速发展的数字信号处理技术为相干光通信技术提供了新的机遇，相干光通信技术再一次得到发展和应用。

9.1.1　光调制技术

数字电信号有 3 种基本的调制方式：幅移键控（ASK）、频移键控（FSK）和相移键控（PSK），光信号的调制也一样，如图 9-1 所示。

光载波形式为

$$E(t) = A\cos(\omega t + \varphi) \tag{9-1}$$

式中，A 为光场幅度；ω 为中心角频率；φ 为光波相位。

幅移键控（ASK）是以基带数字信号控制载波幅度变化的调制方式。基带数字信号只控制光载波的幅度变化，如果信号值为“1”，则载波信号将被发送；如果信号值为“0”，载波信号幅度为“0”。ASK 使用幅度来承载信息，也就是说，用光载波信号幅度代表一个二进制数字，但光载波信号频率和相位保持不变。

频移键控（FSK）是以基带数字信号控制载波频率变化的调制方式。基带数字信号只控制光载波的频率，如果信号值为“1”，则发送一个频率的光载波；如果信号值为“0”，则发送另一个频率的光载波。

相移键控（PSK）是以基带数字信号控制载波相位变化的调制方式，基带信号只控制光载波的相位变化，而振幅和频率保持不变。比如，在二进制相移键控（BPSK）中，通常用初始相位 0 和π分别表示二进制码元“0”和“1”。

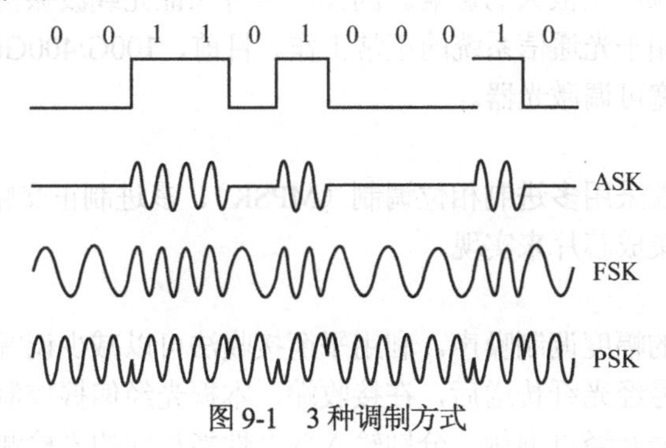

图 9-1　3 种调制方式

BPSK 信号的时域表达式为

$$E_{\text{BPSK}}(t) = A\cos(\omega_{\text{c}} t + \varphi_k) \tag{9-2}$$

式中，A 为光场幅度；ω_{c} 为中心角频率；φ_k 表示第 k 个码元的绝对相位，即 0 或π相位。发送二进制码元“0”时，$E_{\text{BPSK}}(t)$ 取 0 相位；发送二进制码元“1”时，$E_{\text{BPSK}}(t)$ 取π相位。这种以载波的不同相位直接来表示对应二进制数字信号的调制方式，称为二进制绝对相移方式。因为余弦函数的数值在正负变化之间可以实现瞬变，所以对应的 BPSK 信号的相位变化也是瞬变的。

9.1.2　相干光通信系统及关键技术

1. 相干光通信系统

相干光通信系统如图9-2所示。在发送端，用外调制方式将电信号以调幅、调相或调频的方式调制到光载波上，调制后的光信号经过光纤链路传输后到达接收端；在接收端，光信号与本振光在90° 混频器中进行相干混合，经过光检测器转换后的电信号被模数转换芯片（ADC）采样，送进数字信号处理芯片进行数字信号处理，实现数据的恢复。二进制码元只能携带1比特的信息，降低了光谱的效率，实际中会采用多幅度和多相位调制技术，或者幅度和相位同时调制技术。

由于充分利用了光信号的可调制维度（幅度、相位、频率）来承载数据，相干光通信可以极大地提高频谱效率，在可用频带资源不变的情况下进一步提升单个波长、单根光纤的传输容量。

2. 相干光通信的关键技术

相干光通信技术的关键技术主要包括窄谱线宽度光源、高级光调制、平衡接收和高速数字信号处理（DSP）等。

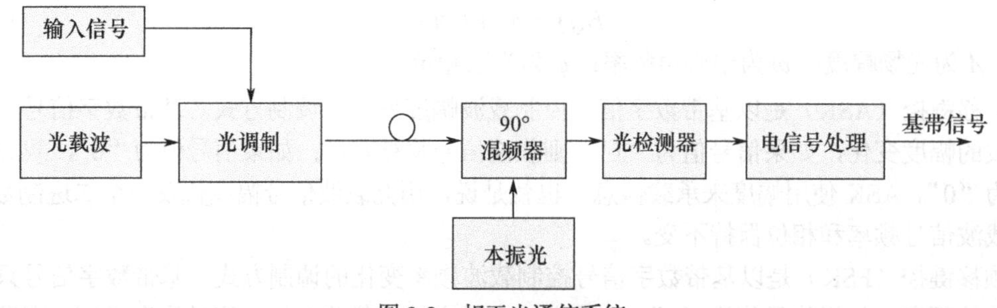

图 9-2 相干光通信系统

（1）窄线宽光源

相干光通信对信号光源和本振光源的要求比较高，它要求光谱线窄、频率稳定度高。光源的谱线宽度将决定系统所能达到的最低误码率，应尽量减小。光载波与本振光的频率只要产生微小的变化，都将对中频产生很大的影响。因此，只有保证光载波振荡器和光本振振荡器的高频率稳定性，才能保证相干光通信系统的正常工作。目前，100G/400Gb/s 相干光通信系统的光源一般采用集成式窄线宽可调激光器。

（2）高级光调制

相干光通信的发送端采用多进制相位调制（MPSK）、多进制正交幅度调制（MQAM），调制部分将逐渐采用光子集成芯片来实现。

（3）平衡接收

相干光通信有额外的幅度调制噪声，利用平衡接收法可以减少调幅调制噪声。平衡接收法的主要思想是：当光信号经光纤传送后，在接收端，本振光经偏振控制以保证与信号的偏振状态相适应，本振光和信号光经过混频，分别输入两个性能相同的光检测器，然后对两路电信号差分放大，得到差分信号。平衡接收部分也将逐渐采用光子集成芯片来实现。

（4）高速数字信号处理

将差分放大器输出的电信号经高速模数转换，变成数字信号，然后将此信号进行数字信号处理（DSP），恢复出原信号。

（5）偏振控制

相干光通信系统的接收端必须要求信号光和本振光的偏振态同偏，才能取得良好的混频效果，提高接收质量。信号光经过单模光纤长距离传输后，偏振态是随机起伏的，为了解决这个问题，人们提出了很多方法，如采用保偏光纤、偏振控制器和偏振分集接收等。

（6）非线性串扰控制

在相干光通信的密集波分复用传输系统中，由于光纤中的非线性效应，可能使相干光通信中的某一信道的信号强度和相位受到其他信道信号的影响而形成非线性串扰，在相干光通信中需要非线性进行串扰控制。

3. 相干光通信的优点

相干光通信系统与强度调制-直接检测（IM-DD）系统相比，具有以下独特的优点。

（1）灵敏度高，中继距离长

相干光通信的一个最主要优点是能进行相干检测，从而改善接收机的灵敏度。在相干光通信系统中，经相干混合后，输出光电流的大小与信号光功率和本振光功率的乘积成正比。在相同的条件下，相干接收机的灵敏度比普通接收机提高了 10～20dB，可以达到接近散粒噪声极限的高性能，如果使用损耗为 0.2dB/km 光纤，则传输距离可增加 100km，因此增加了光信号的无中继传输距离。

（2）波长选择性好，通信容量大

在相干外差检测中，检测的是信号光和本振光的混频光，因此只有在中频频带内的光才可以进入系统，而其他光所形成的噪声均被中频放大器滤除。可见，外差检测对背景光有良好的滤波性能。此外，由于相干检测优良的波长选择性，相干接收机可以使频分复用系统的频率间隔达到 100MHz，甚至更小，从而使光频段得到充分利用，实现更高的传输速率。

（3）支持多种调制方式，提高了频谱利用率

相干光通信中，除可以对光进行幅度调制外，还可以使用 PSK、DPSK、QAM 等多种调制方式，相干检测可检测出光的振幅、频率、相位、偏振态等信息，提高了频谱利用率。

（4）电域内处理信号

DSP 算法将光域的复杂性问题转移到电域解决，包括补偿光信号在传输中的色散（CD）、偏振模色散（PMD）、载波频偏、相偏等问题，这样就降低了系统对光纤非线性、光链路、光器件的依赖度，有利于系统升级和优化。

9.2 高级光调制方式

9.2.1 多进制相移键控（MPSK）

1．MPSK 的基本原理

我们为什么要对传输的数字信号进行一些复杂的高级调制呢？

下面先从奈奎斯特定理（Nyquist's Theorem）谈起。1924 年，奈奎斯特推导出理想低通信下，最高码元传输速率为 $2W$ Baud，其中 W 是理想低通信道的带宽。也就是说，每赫兹带宽的最高码元传输速率为每秒 2 个码元。若码元传输速率超过了这个数值，则将出现码元之间的互相干扰，以致在接收端无法正确判定码元是“1”还是“0”。

对于编码方式的码元状态数为 M，信道极限信息传输速率（信道容量）为

$$C_{\max} = 2W\log_2 M \tag{9-3}$$

式中，$C_{\max}$ 为极限信息传输速率，单位是 b/s；W 为理想低通信道的带宽，单位是赫兹（Hz）；M 为码元状态数。对于二进制信号，M=2，也就是只能表示高和低两个电平，码元传输速率和比特率在数值上是相等的。

根据式（9-3）可知，要增加信道的比特率有两条途径，一条途径可以增加该信道的带宽，另一条途径可以选择更高的编码方式。奈奎斯特定理适用的情况是无噪声信道来计算理论值，实际上没有噪声的信道在现实中是不存在的，电信技术人员的任务就是要在实际条件下，寻找出较好的传输码元波形，将比特转换为较为合适的传输信号，相干光通信常采用多进制调制方式，比如 MPSK、MQAM 等。

多进制数字相位调制简称多相制调制，它是用正弦波的 M 个相位状态来代表 M 组二进制码元的调制方式，包括多相位相移键控（MPSK）和多相位差分相移键控（MDPSK）。M 表示每个码元可能的相位状态数，每个码元含有 n 比特，M 满足 $M=2^n$，故采用这种调制格式时，比特率是波特率的 n 倍。

M 相调制波的时域形式可以表示为

$$\begin{aligned} S_{\mathrm{MPSK}}(t) &= \sum_k A\cos(\omega_{\mathrm{c}}t + \varphi_k) \\ &= \sum_k A\cos\varphi_k \cos\omega_{\mathrm{c}}t - \sum_k A\sin\varphi_k \sin\omega_{\mathrm{c}}t \end{aligned} \tag{9-4}$$

式中，A 为载波幅度；ω_c 为载波频率；φ_k 为第 k 个码元的相位。所有码元的波形时序构成 M 相调制波的信号时域波形。

常用的四进制相移键控简称 4PSK，或正交相移键控（QPSK，Quadrature Phase Shift Keying），Q 是正交的意思，在这里表示相位之间相差 90°。正弦载波信号有 4 个可能的载波相位，其信号表达式为

$$s(t) = A\cos(\omega_c t + \varphi_k) \qquad 0 \leqslant t \leqslant T_s；k=1,2,3,4 \tag{9-5}$$

式中，A 为信号的振幅；T_s 为四进制时间间隔；φ_k 为正弦载波的相位，有 4 种可能状态。

一般用带箭头的线条来表示正弦载波信号的波形变化，相当于一个矢量以角速度 ω 逆时针旋转的投影的变化。箭头的长度是正弦波的振幅，也就是矢量的模；ω 是正弦波的角频率；而模和横轴的夹角是正弦波的瞬时相位。通常把调制信号矢量端点在空间中的分布形式称为调制星座图，BPSK、QPSK 和 8PSK 的调制星座图分别如图 9-3（a）、（b）、（c）所示。

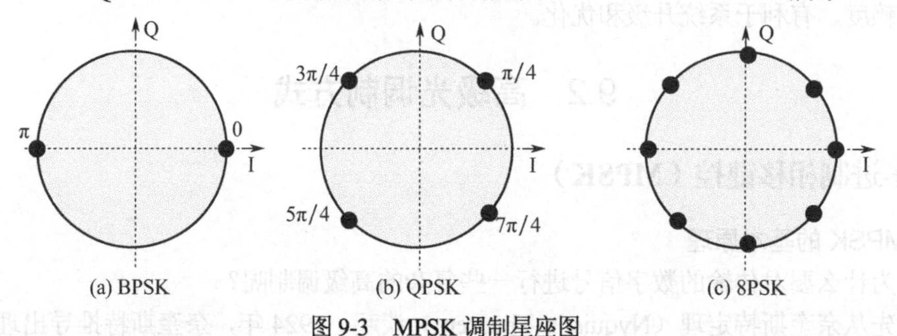

图 9-3　MPSK 调制星座图

QPSK 规定了 4 种载波相位，分别为π/4、3π/4、5π/4、7π/4，每个载波相位携带 2 个二进制码元，调制器输入的数据是二进制数字序列，为了能和四进制的载波相位配合起来，则需要把二进制数据变换为四进制数据，也就是说，需要把二进制数字序列中每 2 比特分成一组，共有 4 种组合，即 00、01、10、11，其中每一组称为双比特码元。每个双比特码元由两位二进制信息比特组成，它们分别代表四进制 4 个码元中的一个码元。QPSK 中每次调制可传输 2 个信息比特，这些信息比特是通过载波的 4 种相位来传递的，显然，这比 BPSK 的比特率提高了一倍。

在 QPSK 调制中，输入的码元（00、01、10、11）对光载波做相移，初始相位为π/4 的 QPSK 信号的相位矢量图如图 9-3（b）所示。

QPSK 常用的 4 种相位值有两套，分别称为 A 方式和 B 方式，表 9-1 给出了四元码元对应的双比特和 A、B 方式相位值。

2．IQ 调制

如何产生 QPSK 编码的光信号呢？通过两个马赫-曾德尔调制器（MZM），可以很容易产生 QPSK 编码的光信号。

表 9-1　四元码元对应的双比特和 A、B 方式相位值

双比特	A 方式	B 方式
00	0	π/4
01	π/2	3π/4
11	π	5π/4
10	3π/2	7π/4

相位调制是通过调制器将所需要传输的信息调制在光信号的相位上，通过 MZM 上、下两个波导的不同偏置电压来实现，采用双驱动方式时，调制器为输出幅度恒定的完全相位调制。QPSK 调制器结构有并联形式和串联形式，在实际使用中更多采用并联形式，如图 9-4 所示。

在该调制器中，输入信号被平分为两路，每一路都通过一个相对低速的相位调制器。其中一路信号经

过 90° 移相后与另一路相加，通过干涉效应，得到 QPSK 信号，这种调制也称为 IQ 调制。

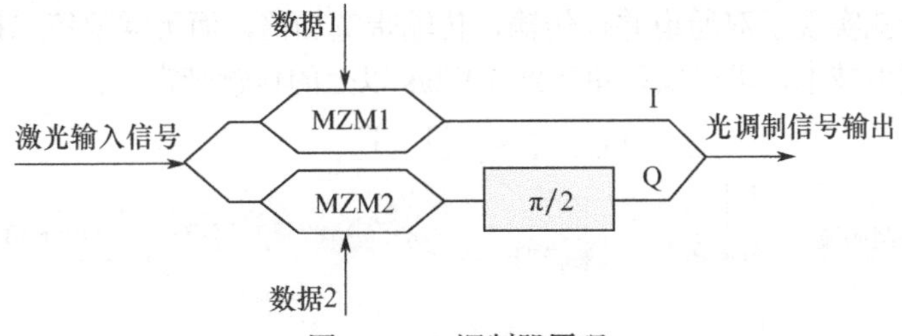

图 9-4 IQ 调制器原理

IQ 调制用极坐标描述，其中 I 表示同相或实部，Q 表示正交相位或虚部，如图 9-3 所示，矢量端点的位置对应一个点（也称为“星座点”），此图称为“星座图”。

I 路和 Q 路的两个 MZM 的相移分别为

$$\varphi_{\mathrm{I}}(t)=\frac{u_{\mathrm{I}}(t)}{V_{\pi}}\pi \tag{9-6}$$

$$\varphi_{\mathrm{Q}}(t)=\frac{u_{\mathrm{Q}}(t)}{V_{\pi}}\pi \tag{9-7}$$

式中，$u_{\mathrm{I}}(t)$、$u_{\mathrm{Q}}(t)$ 分别为 MZM1 和 MZM2 的电压；V_{π} 为半波电压。

两路信号之间引入一个 90° 相移，可得 IQ 调制器的输出为

$$E_{\mathrm{out}}(t)=\frac{1}{2}E_{\mathrm{in}}(t)\cdot\left[\cos\left(\frac{u_{\mathrm{I}}(t)}{2V_{\pi}}\cdot\pi\right)+\mathrm{j}\cos\left(\frac{u_{\mathrm{Q}}(t)}{2V_{\pi}}\cdot\pi\right)\right] \tag{9-8}$$

式中，E_{in} 为输入光场强度。

利用式（9-8），可计算出 IQ 调制器的幅度调制为

$$a_{\mathrm{IQ}}(t)=\left|\frac{E_{\mathrm{out}}(t)}{E_{\mathrm{in}}(t)}\right|=\frac{1}{2}\cdot\sqrt{\cos^{2}\left(\frac{u_{\mathrm{I}}(t)}{2V_{\pi}}\cdot\pi\right)+\cos^{2}\left(\frac{u_{\mathrm{Q}}(t)}{2V_{\pi}}\cdot\pi\right)} \tag{9-9}$$

同时可计算出 IQ 调制器的相位调制为

$$\varphi_{\mathrm{IQ}}(t)=\arctan\left[\cos\left(\frac{u_{\mathrm{I}}(t)}{2V_{\pi}}\cdot\pi\right)\Big/\cos\left(\frac{u_{\mathrm{Q}}(t)}{2V_{\pi}}\cdot\pi\right)\right] \tag{9-10}$$

3. QPSK 信号相位调制的实现

利用 IQ 调制可实现光信号的 QPSK，下面通过一个例子来学习 QPSK 编码过程。输入的二进制码流为 11000110，QPSK 编码过程和波形如图 9-5 所示。

在发射机中，基带信号经过串并转化后得到 I、Q 两路速率减半的二电平信号，分别通过 MZM 调制器，得到两路 BPSK 信号，其中一路信号经过 90° 相移后与另一路相加，得到 QPSK 调制的 4 个相位状态。QPSK 调制的实质是输入的码对（00、01、10、11）对光载波做相移，最后得到相位分别为π/4、3π/4、5π/4、7π/4 的光载波。

在图 9-5 的 QPSK 信号中，光载波 $\sin(\omega t+\pi/4)$ 代表“11”；光载波 $\sin(\omega t+3\pi/4)$ 代表“01”；光载波 $\sin(\omega t+5\pi/4)$ 代表“00”；光载波 $\sin(\omega t+7\pi/4)$ 代表“10”。

4. 偏振复用-正交相移键控

为了提高光纤的传输容量，除采用相干检测和复杂调制方案外，还可以与其他传输方法相结合，以通过光纤链路更有效地传输数据信号。光纤基模在传播方向垂直的平面内，光的振动具有 X、Y 两个偏振方向，而且这两个方向的偏振光之间是互不干扰的，因此，可以引入偏振

复用技术。如图 9-6 所示，与第一路光信号正交偏振的第二路光信号携带独立信息，在同一根光纤上传输，这样就实现了双通道并行传输，传输带宽加倍，而不需要第二根光纤。通过偏振多路复用与波分复用技术，可以实现单光纤 10Tb/s 以上的传输带宽。

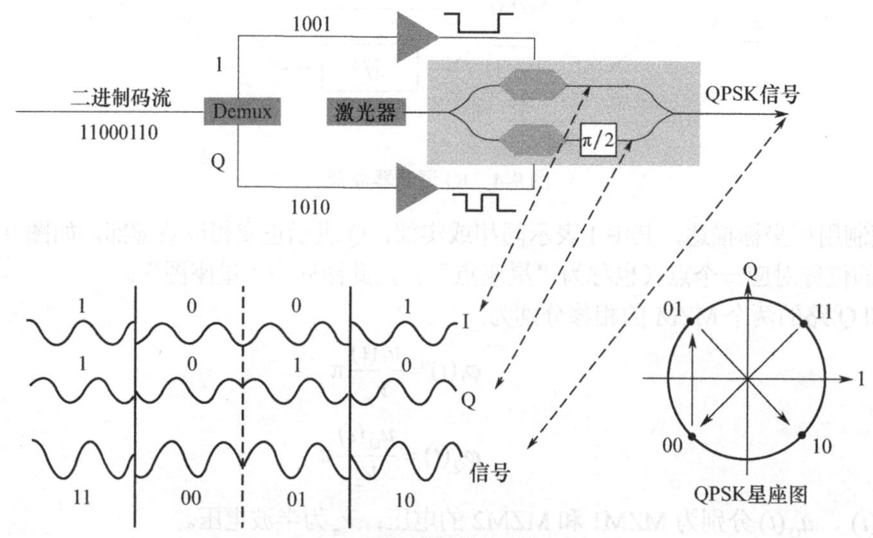

图 9-5　QPSK 编码过程和波形

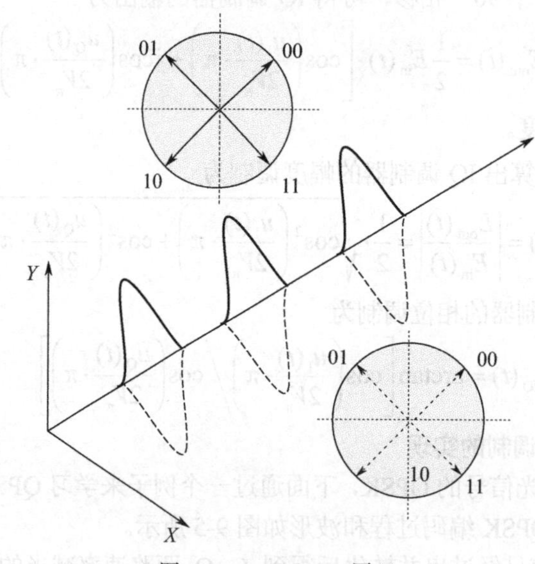

图 9-6　PM-QPSK 原理

偏振复用-正交相移键控（PM-QPSK）调制器框图，如图 9-7 所示。PM-QPSK 把 1 个光信号分离成 2 个偏振方向，再把信号调制到这两个偏振方向上，相当于数据做了“1 分为 2”的处理，传输速率降一半；QPSK 的一个相位就表示 2 比特，也相当于对数据做了“1 分为 2”的处理，传输速率降一半。PM-QPSK 降低了对光电器件的带宽要求，并降低了系统功耗和成本。

由于 QPSK 信号是以两个极化面且以复用的极化模形式传输的，因此可以称为 DP-QPSK（双极化 QPSK），或 PM-QPSK（偏振复用 QPSK）。

以 100Gb/s 光系统为例，利用偏振分束器（PBS）得到一对偏振态正交、频率相同的光载波，单个 100Gb/s 数据流被分为两个 50Gb/s 的数据流，然后在两路偏振波上都进行 IQ 调制，每一个正交的 I 或 Q 路的速率为 25Gb/s。最后，两路经 QPSK 调制后，输出的光信号由偏振合束器（PBC）汇聚为一路光信号，得到100Gb/s信号，通过光纤发送出去。

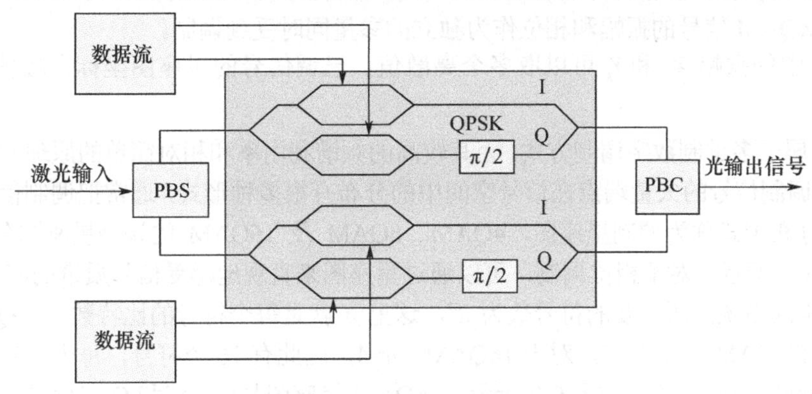

图9-7 PM-QPSK 调制器框图

事实上，由图9-7可知，在工业产品中，PM-QPSK调制需要不止一个MZM，这是该产品的缺点，因为MZM是比较昂贵的组件。同时，铌酸锂元件必须具有恒定工作温度，才能实现精确的相位控制，分立器件很难保证相位精度，把马赫-曾德尔干涉仪集成在一个光学芯片中，则相位控制将比较容易。

PM-8PSK是一种很有吸引力的高阶调制方式，通过在一个QPSK调制器后面添加一级相位调制器，就会产生8PSK；由于8PSK幅度值保持恒定，有更好的光纤非线性容限，大多数针对QPSK开发的DSP程序同样适用8PSK。

【讨论与创新】如果想再提高传输速率，能使用16PSK、32PSK、64PSK吗？

理论上是可行的，但实际上并不容易实现，因为调制点越多，调制点之间的距离越小，相邻的调制点容易产生干扰，解调时无法分辨，如何解决这个问题呢？

9.2.2 多进制正交幅度调制（MQAM）

1. 多进制正交幅度调制

QAM（Quadrature Amplitude Modulation，正交幅度调制），是一种数字调制方式。它的优点是每个符号包含的比特个数更多，从而可获得更高的系统效率。QAM是一种频谱利用率很高的调制方式，是幅度和相位联合调制的技术。这里的正交指的并不是所有矢量的正交，而是指每一个QAM信号都是由两个正交的载波组合而成的。首先由信号源发出的一串基带数字码流经过串并转换得到两路并行支路后，一路数字基带信号调制载波余弦函数，称为同相信号（I路信号），另外一路数字基带信号调制载波正弦函数，称为正交信号（Q路信号），最后两路信号叠加起来形成QAM调制信号。

多进制正交振幅调制（MQAM）的时域波形表达式为

$$\begin{aligned} S_{\mathrm{MQAM}}(t) &= \sum_{k} A_k \cos(\omega_{\mathrm{c}} t + \varphi_k) \\ &= \sum_{k} [A_k \cos\varphi_k \cos\omega_{\mathrm{c}} t - A_k \sin\varphi_k \sin\omega_{\mathrm{c}} t] \end{aligned} \tag{9-11}$$

令

$$\begin{cases} X_k = A_k \cos\varphi_k \\ Y_k = -A_k \sin\varphi_k \end{cases}$$

则式（9-11）变为

$$S_{\mathrm{MQAM}}(t) = X_k(t)\cos\omega_{\mathrm{c}} t + Y_k(t)\sin\omega_{\mathrm{c}} t \tag{9-12}$$

式中，A_k为载波幅度，其他符号的含义和式（9-4）的符号的含义相同。MQAM 和 MPSK 不同的地方是，MQAM 信号的振幅和相位作为独立的参量同时受到调制。

MQAM 中的振幅 X_k 和 Y_k 可以取多个离散值，已调信号的星座图坐标点幅值由 X_k 和 Y_k 决定。

MQAM 属于多进制数字调制方式，因其较高的频谱利用率和相对简单的原理而受到广泛关注。MQAM 调制信号的矢量端点在信号空间中的分布有很多种形式，通常把调制信号矢量端点在空间中的分布形式称为调制星座图，4QAM、8QAM 及 16QAM 的调制星座图分别如图 9-8（a）、（b）、（c）所示。对于相位调制，可以通过星座图来直观地感受信号质量的好坏。

对于给定的系统，所需要的符号数为 2^n，这里 n 就是每个符号的比特数。16QAM 是指包含 16 种符号的 QAM 调制方式，对于 16QAM，n=4，因此有 16 个符号，每个符号是 4 比特，比如 0000、0001、0010 等，如图 9-9 所示，16QAM 星座图是由 I 路和 Q 路信号组合所得到的 16 个点。

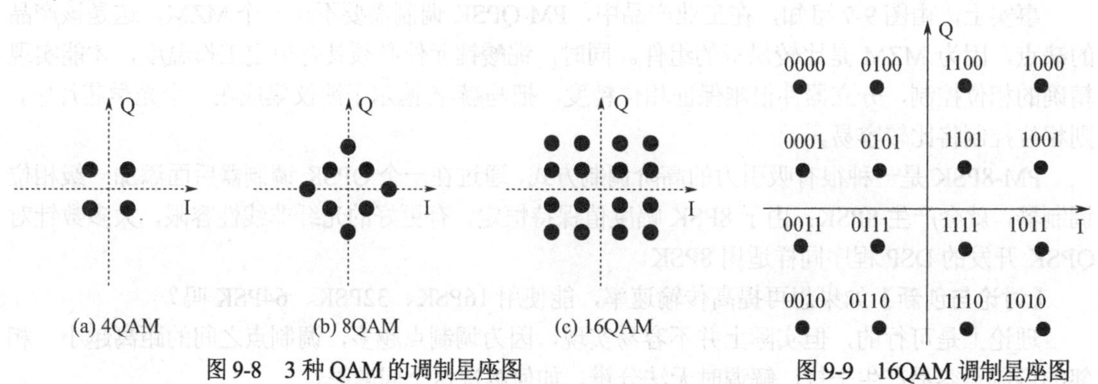

图 9-8　3 种 QAM 的调制星座图　　图 9-9　16QAM 调制星座图

对于 64QAM，n=6，因此有 64 个符号，每个符号为 6 比特，比如 000000、000001、000010 等。16QAM 每个已调信号能够携带 4 比特信息，64QAM 每个已调信号能携带 6 比特的信息，效率的提高往往是以牺牲可靠性为代价的，调制点越多，间距就越密，解调就越不容易，因此不能不分场合地应用高进制调制。

2. MQAM 调制的实现

16QAM 调制可以用下面的方法来实现。一种是使用任意波形发生器（AWG，Arbitrary Waveform Generator），输入的二进制电信号通过 AWG 产生四阶强度信号，通过 IQ 调制器，分别对相位差 90° 的 I 路光、Q 路光进行多阶强度调制，这样 I 路、Q 路光混合后产生 0～π/2 区间的星座点，同时 AWG 输出一路电信号驱动级联的相位调制器，使得 IQ 调制器输出的光信号相位发生旋转，最终生成 16QAM 光信号。第二种调制方案的通用模型如图 9-10 所示，当 n=2 时，实现 16QAM 调制，先产生 QPSK 信号，然后使用光衰减器，衰减信号具有不同的幅度，然后两路 QPSK 信号耦合生成 16QAM 信号。

为了合理利用有限的带宽资源，进一步提高传输带宽，一些高阶调制近年来备受关注。调制格式主要有 32QAM、64QAM、128QAM、256QAM、512QAM 及 1024QAM，高阶调制的实验室研究已经取得突破。

64QAM 调制的方案有 3 种。

第 1 种是全光的调制方案，它几乎不受电器件的速率限制，可以实现高速率、稳定性高的光 64QAM 的调制，但是其集成工艺复杂、成本高。

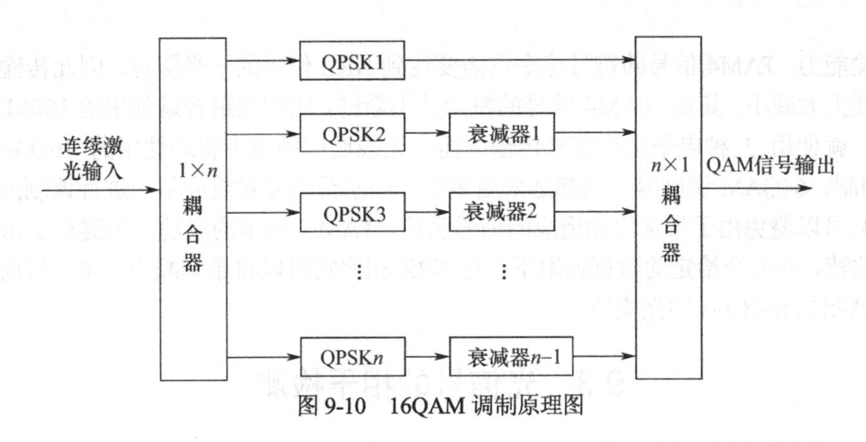

图 9-10　16QAM 调制原理图

第 2 种是采用 AWG 方案，可以很容易地实现光 64QAM 的调制，且通过调节 AWG 输出信号的阶数，可以实现如 32QAM、128QAM 等多种光调制方式的调制，但这种结构的光调制容易受到 DAC 速率和精度的限制。

第 3 种是 E-O-E 方法，虽然可以产生高速、稳定的 8 阶电信号，但由于结构中存在光电转换，功率消耗大，且 3 路不同幅度的信号之间需同步，同步控制困难。

目前，实验室里已经实现 1024QAM 调制方式，先利用高精度 AWG 产生基带 1024QAM 信号，然后再通过 IQ 调制器将基带 1024QAM 信号调制到光上，实现光 1024QAM 的调制。

目前，线路侧单波速率 400G/800Gb/s 的相干光模块，采用 16QAM/64QAM 调制技术。

【讨论与创新】这里有一个有趣的问题，在移动通信 4G 和 5G 中也有 QPSK 和 QAM 编码技术，光纤通信也有这样的编码技术，它们到底有什么不同呢？

其实，它们编码的原理是一样的，信号的数学分析方法也一样，只不过实现的物理方法不一样。移动通信中用电信号实现编码，光纤通信中用光信号方法实现编码。

9.2.3　脉冲幅度调制（PAM）

脉冲幅度调制（PAM，Pulse Amplitude Modulation）是下一代数据中心高速信号互联的信号传输技术，可广泛应用于 200G/400G/800Gb/s 接口的电信号或光信号传输。PAM2 是一种两电平信号调制技术，通常称之为 NRZ（Non-Return-to-Zero）。传统的数字信号最多采用的是 NRZ 信号，即采用高、低两种信号电平来表示要传输的数字逻辑信号 1、0 信息，每个符号周期可以传输 1 比特的逻辑信息；而 PAM 信号则可以采用更多的信号电平，从而每个符号周期可以传输更多比特的逻辑信息。NRZ 和 PAM4 的时域波形和眼图分别如图 9-11（a）、（b）所示。

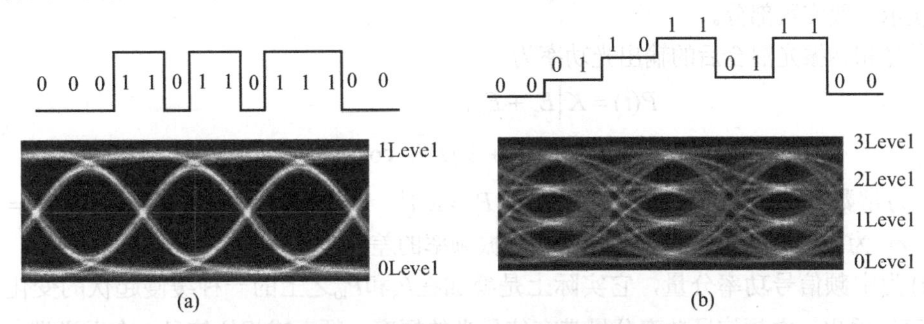

图 9-11　NRZ 和 PAM4 的时域波形和眼图

PAM4 调制方式采用 4 个不同的信号电平来进行信号传输，每个码元可以表示 2 比特的逻辑信息（0、1、2、3）。由于 PAM4 信号每个符号周期可以传输 2 比特的信息，因此要实现同样的信号传输能力，PAM4 信号的符号速率只需要达到 NRZ 信号的一半即可，因此传输通道对其造成的损耗大大减小。其实，PAM4 信号的概念并不新鲜，比如在最普遍使用的 100Mb/s Base-T 以太网中，就使用 3 种电平进行信号传输；而在无线通信领域中普遍使用的 16QAM 调制、32QAM 调制、64QAM 调制等，也都是采用多电平的基带信号对载波信号进行调制的。

PAM4 可以避免由于带宽增加造成的信号劣化，PAM4 技术的成功，关键在于每个码元可以传送 2 比特。在某个给定的数据速率下，与 NRZ 相比它可以将带宽减少一半。目前，已有基于 PAM4 调制的 800Gb/s 的光模块。

9.3 光信号的相干检测

9.3.1 相干检测原理

直接检测的光电流只提供光振幅的信息，因此我们需要用更复杂、更全面的方法来检测包括相位信息在内的完整光场信息，究竟该如何检测一个光信号的相位呢？我们需要借助一个本地光源来检测光信号的相位。

相干检测原理如图 9-12 所示，光接收机接收的信号光和本地振荡器（本地激光器）产生的本振光经混频器作用后，光场发生干涉，光检测器输出的电流经信号处理后，以基带信号的形式输出。

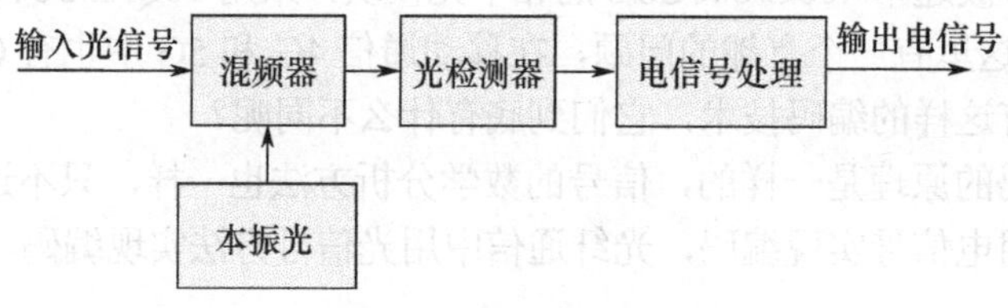

图 9-12 相干检测原理

信号光的光场表示为

$$E_s(t) = A_s(t)\exp[\mathrm{j}(\omega_s t + \varphi_s)] \tag{9-13}$$

式中，A_s、ω_s 和 φ_s 分别为信号光载波的幅度、频率和相位。

本振光的光场表示为

$$E_{lo}(t) = A_{lo}(t)\exp[\mathrm{j}(\omega_{lo} t + \varphi_{lo})] \tag{9-14}$$

式中，A_{lo}、ω_{lo} 和 φ_{lo} 分别为本振光波的幅度、频率和相位。式（9-13）、式（9-14）中光场用指数形式表示，取实数部分。

信号光和本振光混合后的输出光功率为

$$\begin{aligned} P(t) &= K\left|E_s + E_{lo}\right|^2 \\ &= P_s + P_{lo} + 2\sqrt{P_s P_{lo}}\cos[\omega_{IF} t + (\varphi_s - \varphi_{lo})] \end{aligned} \tag{9-15}$$

式中，K为常数；接收光信号的平均光功率 $P_s = KA_s^2$，本振光信号的平均光功率 $P_{lo} = KA_{lo}^2$；$\omega_{IF}=\omega_s - \omega_{lo}$ 为中频频率，它是载波频率和本振频率的差。

$P(t)$ 为中频信号功率分量，它实际上是叠加在P_s和P_{lo}之上的一种缓慢起伏的变化。从式（9-15）可以看出，中频信号功率分量带有信号光的幅度、频率或相位信息，在发送端，无论采取什么调制方式，都可以从中频功率分量反映出来，所以相干光接收是适用于所有调制方式的通信技术。

根据 ω_{IF} 是否为零，相干检测可以分为零差检测($\omega_s = \omega_{lo}$)和外差检测($\omega_s \neq \omega_{lo}$)两种方式。

1．零差检测

选择$\omega_s=\omega_{lo}$，即$\omega_{IF}=0$，这种情况称为零差检测。滤去光电流信号中的直流分量，中频信号产生的光电流为

$$I(t)=RP(t)=2R\sqrt{P_sP_{lo}}\cos(\varphi_s-\varphi_{lo}) \tag{9-16}$$

式中，R为光检测器的响应度。考虑到本振光相位锁定在信号光相位上，即$\varphi_{lo}=\varphi_s$，这样可得到零差检测的信号光电流为

$$I_s(t)=2R\sqrt{P_sP_{lo}} \tag{9-17}$$

对比式（9-17）和式（4-1）可知，零差检测信号平均光功率与直接检测信号平均光功率之比为$4P_{lo}/\langle P_s\rangle$。由于本振光没有经过传输，所以$P_{lo}\gg P_s$，零差检测接收光功率可以放大几个数量级，使接收机的灵敏度大大提高，约为10～25dB。虽然噪声也增加了，但是灵敏度仍然可以大幅度提高。

2．外差检测

选择$\omega_s\neq\omega_{lo}$，这种情况称为外差检测，低通滤波器（LPF）输出基带信号为

$$I_s(t)=2R\sqrt{P_sP_{lo}}\cos[\omega_{IF}t+(\varphi_s-\varphi_{lo})] \tag{9-18}$$

与零差检测相似，外差检测接收光功率放大了，从而提高了灵敏度。外差检测信噪比的改善比零差检测低3dB，但是接收机设计相对简单，因为不需要相位锁定。

根据解调时同步与否，相干检测的解调方式有两种：同步解调和异步解调。

在相干光通信中，用零差检测时，光信号直接被解调为基带信号，要求本振光的频率和信号光的频率完全相同，本振光的相位要锁定在信号光的相位上，因而要采用同步解调。对于零差检测相干光通信系统来说，解调虽然在概念上很简单，但是技术上相对复杂。为了保证本振光与接收光信号之间的频率相等（$\omega_s=\omega_{lo}$），激光器的频率稳定性相当重要，若激光器的频率（或波长）随工作条件的不同而发生漂移，就很难保证本振光与接收光信号之间的频率相对稳定性。另外，相位的变化非常灵敏，为了保持$\varphi_{lo}-\varphi_s$不变，通常采用光锁相环实现，技术也比较复杂。

对于外差检测相干光通信系统来说，不要求本振光和信号光的频率相同，也不要求相位匹配，可以采用同步解调，也可以采用异步解调。但同步解调要求恢复中频ω_{IF}，因而要求一种电锁相环。

9.3.2 PM-QPSK的相干检测

1．相干接收与平衡检测

由于相干检测结合PM-QPSK调制方式可以比传统的直接检测获得更好的高光谱效率，所以PM-QPSK调制加上相干接收，已经成为业界公认的100Gb/s DWDM长途传输系统的主流技术方案。

在相干光通信中，相干检测要求信号光束与本振光束必须有相同的偏振方向，也就是说，两者的电矢量方向必须相同，才能获得相干接收所能提供的高灵敏度；否则，会使相干检测灵敏度下降。在这种情况下，因为只有信号光波电矢量在本振光波电矢量方向上的投影，才真正对混频产生的中频信号电流有贡献。若失配角度超过60°，则接收机的灵敏度几乎得不到任何改善，从而失去相干接收的优越性。

为了充分发挥相干接收的优越性，在相干光通信中应采取光波偏振稳定措施：①偏振控制

法，控制本振光的偏振态，使之始终与信号光保持一致；②偏振分集法，将信号光和偏振光都分成X、Y偏振方向的两部分（矢量投影）并由两个不同的光路传输，解调后再将信号合成。

目前，大部分 PM-QPSK 光信号解调采用偏振分集零差检测，将光学属性映射到电域，以解析光调制方式的信息。偏振分集零差检测利用 90° 混频器与本征混频同时提取信号的同相分量和正交分量，通过电信号处理消除相位噪声，从而实现信号调制相位的检测和解调。偏振分集零差检测又称内差检测，内差检测允许本振激光器与发射机激光器的频率存在一定的差异，兼具零差检测和外差检测的优点。PM-QPSK 信号的检测原理如图 9-13 所示。

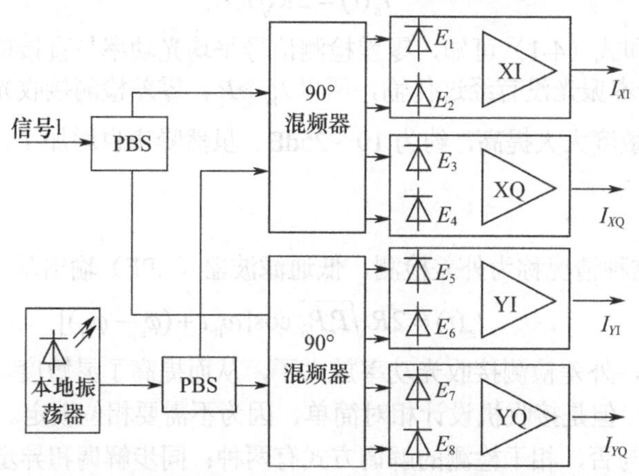

图 9-13　PM-QPSK 信号的检测原理

接收到的偏振复用信号经过偏振分束器（PBS），得到两个偏振态相互垂直的信号，即X路信号和Y路信号。每路信号都与一个混频器进行 90° 混频，得到个偏振态和相位都正交的光信号。每个分支上产生的信号由一个光电二极管检测，进行光电转换（检测、放大器和滤波器），然后利用这两种光电流之间的差进行数字信号处理。图中 XI、XQ 分别表示X方向 I 路、Q 路差分放大，YI、YQ 分别表示Y方向 I 路、Q 路差分放大。相干解调后的两路并行码元经过并串转换后成为原始的二进制数据输出。

2. PM-QPSK信号的解调过程

QPSK 信号的信号解调过程数学分析如下，其中本地振荡器的光信号和从光纤中接收到的信号光，分别经过 2 个偏振分束器（PBS），将两路光信号分别分为 2 个正交的极化模式。

X、Y路接收到的光信号分别为

$$E_{s,x}(t)=A_s\exp(j\omega_s t)\exp[j\varphi_{s,x}(t)] \tag{9-19}$$

$$E_{s,y}(t)=A_s\exp(j\omega_s t)\exp[j\varphi_{s,y}(t)] \tag{9-20}$$

X、Y路本振光的光信号分别为

$$E_{lo,x}(t)=A_{lo}\exp(j\omega_{lo} t)\exp[j\varphi_{lo}(t)] \tag{9-21}$$

$$E_{lo,y}(t)=A_{lo}\exp(j\omega_{lo} t)\exp[j\varphi_{lo}(t)] \tag{9-22}$$

式中，$E_{s,x}$、$E_{s,y}$、$E_{lo,x}$、$E_{lo,y}$ 分别表示信号光和本振荡光的X、Y两路光信号，两路信号光功率比相同；A_s 表示信号光的振幅；ω_s 表示信号光角频率；A_{lo} 表示本振光的振幅；ω_{lo} 表示本振光角频率；$\varphi_{s,x}(t)$ 和 $\varphi_{s,y}(t)$ 表示信号光相位，为了表示符号的简洁，这里光相位包含信号光相位、相位噪声；$\varphi_{lo}(t)$ 表示本振光相位。

信号光和本振光的X、Y两路光信号，分别进入对应的 90° 混频器，不考虑偏振损耗，所得到的 8 路检测信号分别为

$$E_{1,2}(t)=\frac{1}{2}(E_{s,x}\pm E_{lo,x}) \qquad E_{3,4}(t)=\frac{1}{2}(E_{s,x}\pm jE_{lo,x}) \tag{9-23}$$

$$E_{5,6}(t)=\frac{1}{2}(E_{s,y}\pm E_{lo,y}) \qquad E_{7,8}(t)=\frac{1}{2}(E_{s,y}\pm jE_{lo,y}) \tag{9-24}$$

设信号光角频率等于本振光角频率，即 $\omega_s=\omega_{lo}$ ，经过平衡光检测器，最后所得到的差分电流为

$$I_{X,I}(t)=E_1^2(t)-E_2^2(t)=R\sqrt{P_sP_{lo}}\cos\left[\varphi_{s,x}(t)-\varphi_{lo}(t)\right] \tag{9-25}$$

$$I_{X,Q}(t)=E_3^2(t)-E_4^2(t)=R\sqrt{P_sP_{lo}}\sin\left[\varphi_{s,x}(t)-\varphi_{lo}(t)\right] \tag{9-26}$$

$$I_{Y,I}(t)=E_5^2(t)-E_6^2(t)=R\sqrt{P_sP_{lo}}\cos\left[\varphi_{s,y}(t)-\varphi_{lo}(t)\right] \tag{9-27}$$

$$I_{Y,Q}(t)=E_7^2(t)-E_8^2(t)=R\sqrt{P_sP_{lo}}\sin\left[\varphi_{s,y}(t)-\varphi_{lo}(t)\right] \tag{9-28}$$

式中，R 为光检测器的响应度；P_s、P_{lo} 分别为信号光和本振光的光功率。

从式（9-25）到式（9-28）可以看出，平衡光检测器之后得到的电信号，包括原来光信号的幅度和相位信息，这样就将光学相位属性转移到电域中。接下来，就要将这 4 路电信号进行 ADC 转换（采样和量化），并在 DSP 单元进行处理，通过对电信号的后期数字处理，最终解调出所需的信息。

QAM 的相干接收其实就是调制的逆过程。16QAM 信号每个数据码元承载 4 比特的信息，其理论频谱效率是 QPSK 的两倍。基于 DP-16QAM 调制的相干光通信系统，其传输链路和相干接收机的硬件部分与 QPSK 系统完全一致，最大的不同是发射机及相干接收机中的数字信号处理算法主要包括非正交性补偿模块、重采样模块、光纤色散及非线性补偿模块、数字时钟恢复模块、偏振解复用及动态均衡模块、载波频偏估计与补偿模块。

9.3.3 信噪比和误码率

相干光通信系统光接收机的性能可以用信噪比（SNR）定量描述。系统总平均噪声功率（均方噪声电流）为

$$\left\langle i_n^2\right\rangle=\left\langle i_s^2\right\rangle+\left\langle i_T^2\right\rangle=2e(I+I_d)B+\frac{4k_BT}{R_L}B \tag{9-29}$$

式中，$\left\langle i_s^2\right\rangle$ 和 $\left\langle i_T^2\right\rangle$ 分别为散粒噪声功率和热噪声功率；e 为电子电荷；I 为相干检出电流，由式（9-17）或式（9-18）确定；I_d 为光检测器的暗电流；B 为等效噪声带宽；k_B 为玻耳兹曼常数，$k_B=1.38\times10^{-23}\ \mathrm{J/K}$；$T$ 为材料的热力学温度；R_L 为光检测器的负载电阻。

外差检测的信噪比为

$$\mathrm{SNR}=\frac{\left\langle I_s^2(t)\right\rangle}{\left\langle i_n^2\right\rangle}=\frac{2R^2\left\langle P_s\right\rangle P_{lo}}{2e(RP_{lo}+I_d)B+\left\langle i_T^2\right\rangle} \tag{9-30}$$

大多数相干光接收机的噪声由本振光功率 P_{lo} 引入的散粒噪声所支配，与信号光功率的大小无关，因此，式中 I_d 和 $\left\langle i_T^2\right\rangle$ 项可以略去，由此得到信噪比为

$$\mathrm{SNR}=\frac{R\left\langle P_s\right\rangle}{eB} \tag{9-31}$$

式中，光检测器的响应度 $R=\eta e/hf$ ，η为光检测器的量子效率，e 和 hf 分别为电子电荷和光子能量；等效噪声带宽 $B=f_b/2$ ，f_b 为传输速率；$\left\langle P_s\right\rangle$ 为平均信号光功率。

设每比特光子数为 N_P，则平均信号光功率 $\langle P_s \rangle$ 可以表示为

$$\langle P_s \rangle = N_P h \cdot f \cdot f_b \tag{9-32}$$

代入式（9-31），可得外差检测的信噪比为

$$\text{SNR} = 2\eta N_P \tag{9-33}$$

零差检测的平均信号光功率是外差检测的 2 倍，所以零差检测的信噪比为

$$\text{SNR} = 4\eta N_P \tag{9-34}$$

经过计算，PSK 的零差检测误码率为

$$\text{BER} = \frac{1}{2}\text{erfc}\sqrt{2\eta N_P} \tag{9-35}$$

式中，erfc 表示互补误差函数。

在相干检测中，通常用每比特光子数 N_P 表示灵敏度。经计算，同步相干接收机的每比特光子数 N_P =9，或者 $\overline{N_P}$ =9，$\overline{N_P}$ 表示在长比特流的情况下每比特平均光子数。

一个理想的直接检测光接收机，在 $\text{BER} = 10^{-9}$ 时，要求每比特 10 个光子（$\overline{N_P}$ =10），该值几乎接近最好的相干接收机，即接近 PSK 零差检测接收机。PSK 零差检测接收机要求 $\overline{N_P}$ =9，这比其他的相干接收机都好，然而，实际上因为热噪声、暗电流和其他因素的影响，直接检测光接收机绝不会达到这个数值，通常只能达到 $\overline{N_P} \approx 1000$。但 PSK 在零差检测的情况下，$N_P$ =9 或 $\overline{N_P}$ =9 很容易实现，因此相干检测接收机的灵敏度至少比直接检测接收机高 20dB 以上，这是因为借助增加本振光功率，使散粒噪声占支配地位的结果，提高了灵敏度，这也是相干光通信技术的真正优势！

9.4 集成可调谐窄频激光器

激光二极管（FP）的谱线宽度较宽，不能保证单纵模工作；普通 DFB 激光二极管能单纵模工作的连续调节频率范围又较小，也不能完全满足需要。相干光纤传输系统中，线路侧光发送及相干光接收的本振光源，通常使用集成可调谐窄频激光器。

集成可调谐窄频激光器（ITLA，Integratable Tunable Laser Assembly）一般采用半导体外腔激光器结构，通过腔内可调滤波器选择工作波长。腔内可调滤波器由一个高稳定的栅格滤波器（Grid FP）和一个基于微电子机械系统（MEMS）的微镜组成，同时通过一个低压驱动的 PZT，基于反馈的控制方法，灵活调整腔长，实现激光器输出波长可调谐。

Lumentum 集成可调谐窄频激光器是用于相干传输发送端和本地振荡源的一个关键器件，如图 9-14 所示，其参数如表 9-2 所示。

图 9-14　Lumentum 集成可调谐窄频激光器

表 9-2 Lumentum 集成可调谐窄频激光器的参数

参数	符号	最小值	典型值	最大值
输出功率范围 高功率型 低功率型	P	 +10.0dBm +7.5dBm		 +16.0dBm +13.5dBm
功率波动 通道内, T_c = −5～75℃ 通道间, T_c = 25℃ 绝对功率精度	ΔP	 −0.5dB 0dB −1.0dB		 +0.5dB 0.5dB +1.0dB
通道数			96	
通道间隔			50GHz	
调谐范围	λ_C ν_C	1529.16nm 191.3THz		1567.13nm 196.05THz
频率偏移范围	$\Delta\nu_C$	−6GHz		+6GHz
精细频率调谐分辨率			100MHz	
瞬时谱线宽度	LW			300kHz
平均相对强度噪声 （10MHz～10GHz）	RIN		−145dB/Hz	−140dB/Hz
边模抑制比 SMSR （0.1nm 光带宽）	SMSR	40dB		
OSNR（0.1nm 光带宽）		40dB		
后向反射容限				−24dB
波长调谐时间				50ms
预热时间				30s
尾纤	PANDA PMF，900μm 松缓冲管			

该激光器是一个采样光栅布拉格反射（SG-DBR）激光器，单片上集成半导体光放大器（SOA）和波长锁定器，可快速进行波长调谐，符合 MSA 架构和熟悉的 OIF ITLA 标准。

9.5 集成相干接收器

集成相干接收器（ICR，Integrated Coherent Receiver）是在接收端将接收到的偏振复用 QPSK 调制的光信号转换为电信号的解调器件。随着光子集成技术的发展，集成相干接收器也经历了好几代的发展，一些硅光技术公司为了进一步提高器件的集成度，减小封装尺寸，推出了集成相干调制和相干接收一体化的器件。

图 9-15 Finisar CPRV4220A 高带宽集成相干接收器

集成相干接收器（ICR）包括偏振分束器、信号光和本振光输入、90° 混频器、单片集成平衡光检测器及线性带差动输出的跨阻抗放大器（TIA）。ICR 一般采用紧凑的表面安装，在信号输入端有一个用于输入信号监测的光电二极管和可变光衰减器。

图 9-15 是 Finisar CPRV4220A 高带宽集成相干接收器，可用于 200Gb/s DP-QPSK、400Gb/s DP-16QAM、600Gb/s DP-64QAM 相干光传输系统，其部分光电特性见表 9-3。

表 9-3　Finisar CPRV4220A 高带宽集成相干接收器的部分光电特性

参数		符号	最小值	典型值	最大值	单位
频率范围	C 带	ν	191.35		196.20	THz
输入光功率	信号光	PSIG	−20		6	dBm
	本振光	PLO			16	dBm
偏振消光比	信号光	PERSIG	20			dB
光回波损耗		ORL	27			dB
相位偏差（室温）		$\Delta\varphi$	−6		+7	°
PD 响应度，C 带	信号光	RSIG	0.07	0.1		A/W
	本振光	RLO	0.03	0.05		A/W
响应度变化（室温）					0.5	dB
PD 暗电流		IDARK		160	2400	nA
共模抑制比（CMRR）	信号光	CMRRSIG		−25	−20	dB
	本振光	CMRRSIG		−25	−20	dB
失衡	信号光	ISIG			2	dB
	本振光	ILO			2	dB

9.6　高速数字信号处理

100G/400Gb/s 技术的快速发展，关键因素是有标准化的编解码方式，PM-QPSK 调制和相干检测一经推出就被接受为最佳的解决方案；高速 DSP 芯片的出现，使 100G/400Gb/s 完全具备了大规模商用的技术条件。

高速 DSP 芯片的主要功能如下。

（1）高速模数转换电路（ADC）

ADC 的功能是通用的，主要技术难点是采样速率，如果要完整地保留相位信息，则 ADC 的采样速率至少达到信号波特率的 2 倍。采用 20%编码冗余的 FEC 算法，则 100Gb/s DWDM 系统的实际信号速率将超过 120Gb/s，波特率大约为 30Gb/s，则双倍采样 ADC 的采样速率需达到 60Gb/s 左右；即使采用标准 7%编码冗余的 FEC 算法，双倍采样 ADC 的采样速率也需达到 54Gb/s 以上。

（2）时钟同步模块

在相干接收系统中，需要对光电转换后的电信号进行周期性采样，采样时钟是由一个本地时钟提供的。时钟同步模块的目的就是使本地时钟和发送端时钟同步，保证采样速率和符号速率的同步。

（3）载波频率恢复

对接收机中本振激光器的振荡频率与信号载波频率之间的偏差进行检测，估计频偏值，并对符号进行修正，解调出最后的数据符号；载波相位恢复是消除激光器产生的一些冗余的相位偏移，使载波恢复后的符号相位可以直接用于符号判决。

（4）数据恢复

在偏振解复用和载波相位恢复后，根据相位调制规则可以得到两个偏振态的两路信号，然后需要一个可靠稳定的、门限可调节的判决模块，完成数据恢复。

图 9-16 是 CL10010 LightSpeed-II 芯片，它是世界上第一个采用多速率相干正交幅度调制（QAM）和先进的数

图 9-16　CL10010 LightSpeed-II 芯片

字信号处理技术，为 100Gb/s 光传输而设计的芯片。

芯片供应商 ClariPhy 的第二代相干芯片 CL20010 LightSpeed-II 已实现量产。该芯片可以支持 40Gb/s PSK、100Gb/s DP-QPSK 及 200Gb/s 16-QAM 工作，采用 7nm CMOS DSP 技术，是业界首颗支持 400G/200Gb/s 速率整形技术的、高性能 CFP2-DCO 的相干处理芯片。

对于相干光通信系统，PM-QPSK 调制、相干接收等都采用商用器件，各厂家器件的性能都差不多。影响系统最终性能的是 DSP 芯片，各厂家采用了不同的算法，性能会有差别。

9.7 光子集成芯片

自 1969 年米勒首次提出光子集成电路（PIC，Photonic Integrated Circuit）以来，PIC 的研究取得了极大的进展。为了适合高传输速率的需求，人们将光子元件与电子元件集成在同一个芯片（或同一衬底）上，制作时，主要使用 MOCVD 或 MBE 技术在衬底上生长相同或不同的材料，并结合蚀刻技术在衬底材料上生长多个薄膜介质层，在薄膜介质层上重复地沉积和蚀刻，形成不同结构的功能器件（包括有源器件、无源器件等），从而实现不同功能和不同种类器件的集成。按照集成的器件是否采用同种材料，可分为单片集成和混合集成；按集成方式划分，可分为光子集成和光电集成。

PIC 技术是光纤通信最前沿、最有前途的领域，在未来的高速率、大容量信息网络体系中，PIC 技术将成为关键技术。PIC 目前仍处于初级发展阶段，随着基础材料制备、器件结构设计、核心制作工艺等关键技术的突破，PIC 在未来几年将迎来更快的发展。

9.7.1 光子集成技术

1．硅（Si）光子集成

硅使微电子的发展取得了巨大的成功，化合物半导体也紧随其后推动着光通信的发展。随着这两个行业的迅猛发展，它们已经逐渐融合并形成了以光电集成为代表的交叉领域。但化合物半导体与 CMOS 工艺之间的巨大不兼容性却并未消除，为此硅光子学便应运而生。

硅光子学以硅为主体材料，在其上研究并设计制作各类光学器件，使其实现光的发射、传输、接收等功能，并最终实现全硅的光电集成。相比于传统的化合物半导体，硅在光通信或光互联中具有如下优势：硅与传统的 CMOS 工艺兼容性很好，利于集成；其在地壳中含量高，成本低廉；硅对通信波段透明，光学损耗低；硅折射率大，具有优秀的波导性能；硅片尺寸大，机械性能好，易加工。特别是绝缘体上硅（SOI）波导结构，具有高折射率差、结构紧凑、与 CMOS 工艺兼容、易于光电集成等诸多优点而受到广泛的关注。SOI 脊形光波导横截面及传输模式分别如图 9-17（a）、（b）所示。

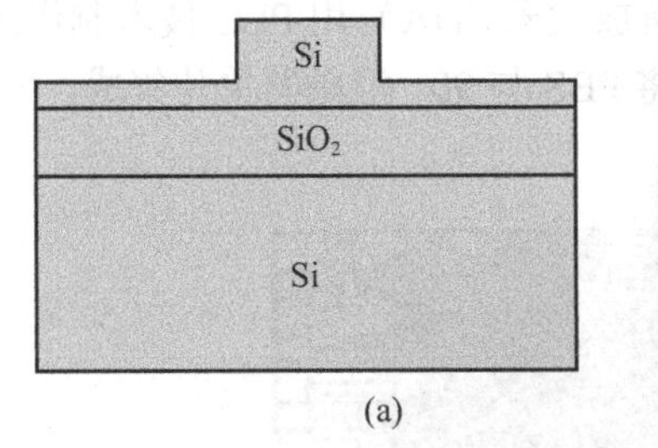

(a)

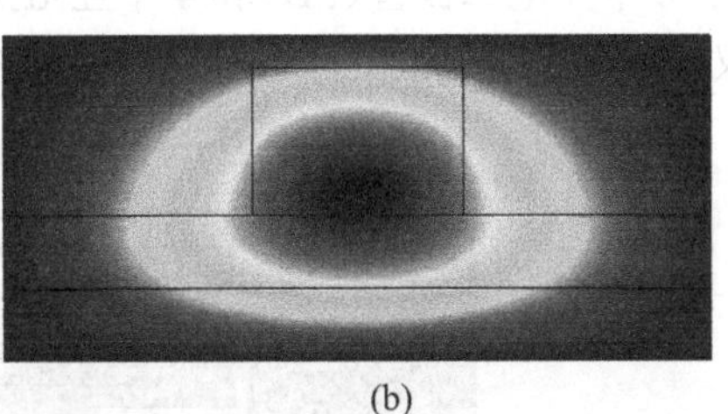

(b)

图 9-17　SOI 脊形光波导横截面及传输模式

SOI 基板由 3 层构成：薄薄的单晶硅顶层（在其上形成蚀刻电路），相当薄的绝缘二氧化硅

（SiO_2）中间层，非常厚的硅衬底层（其主要作用是为上面的两层提供机械支撑）。Intel、贝尔实验室及 Luxtera 等公司和研究机构都在进行此方面的研究，并取得了一定的研究进展。

2．磷化铟（InP）集成

InP 是继硅和砷化镓之后又一重要的 III-V 族化合物半导体材料，几乎在与锗、硅等第一代元素半导体材料的发展和研究的同时，科学工作者对化合物半导体材料也开始了大量的探索工作。1952 年，Welker 等人发现 III 族和 V 族元素形成的化合物也是半导体，而且某些化合物半导体如 GaAs、磷化铟（InP）等具有 Ge、Si 所不具备的优越特性（如电子迁移率高、禁带宽度大等），可以在微波及光电器件领域有广泛的应用，因而开始引起人们对化合物半导体材料的广泛注意。

光子集成领域的 Infinera、Oclaro 等公司，优化生产过程，选择单一的材料——InP 开发集成光器件。因为 InP 支持光生成、放大、调制和探测，可以把所有必要的具有光电功能的半导体器件集成到一个芯片，并最大化地减少光学传输系统的潜在成本，而其他材料则不具有 InP 的这些优势。Infinera 光子集成电路（PIC）支持每秒发送和接收 100Gb 的容量，把 60 多个分离光器件（激光器、调制器、光检测器、波长复用器和解复用器）功能集合在一对边长约 5mm 的 InP 芯片上。

Infinera 还推出了第二代光子集成电路（PIC），其可以支持每秒发送和接收 400Gb 的容量。

9.7.2 100Gb/s 光子集成芯片

1．100Gb/s 光子集成芯片

单片 IQ 光调制芯片已有商业化产品，Oclaro 光子集成芯片 100Gb/s PM-QPSK IQ 调制芯片如图 9-18 所示。该芯片面积大小为 $6.6\times2.6mm^2$，偏振分束器把发送光分为 X 偏振和 Y 偏振两路，利用两个 MZ 干涉调制器和 90° 移相器实现 IQ 调制。

图 9-18 100Gb/s PM-QPSK IQ 调制芯片

Oclaro 100Gb/s 相干接收光子集成芯片如图 9-19 所示，其面积大小为 $3.36\times1.2mm^2$，相干检测接收机的关键组件是 InP-PIC。InP-PIC 包括 1 个偏振分束器（PBS）、1 个分束器（BS）、2 个 90° 混频器、8 个光电二极管（PD）和 4 个互阻抗放大器（TIA）。用 PLC 技术制作的 PM-QPSK 光解调器不仅可以实现全部的光学功能，而且能将 PBS 与 90° 混频器单片集成，大幅度降低了器件的尺寸，稳定性好，易于集成。

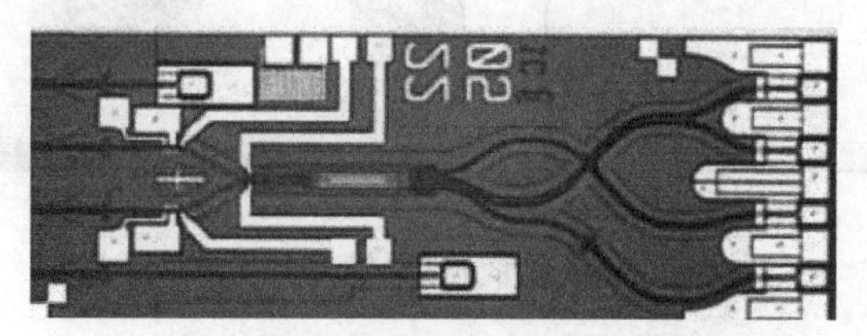

图 9-19 100Gb/s 相干接收光子集成芯片

本振光通过一根偏振保持光纤（PMF）接入相干检测接收机（ICR）。偏振保持光纤的慢轴和 TE 偏振光一致，精确控制角度并固定，极化光入射到 BS，最后利用透镜对 X 偏振、Y 偏振和 InP-PIC 实现光耦合。

2．100Gb/s 硅光子集成芯片

Acacia 于 2014 年发布了首款具有完整 100Gb/s 相干收发器功能的硅光子集成芯片，如图 9-20 所示。

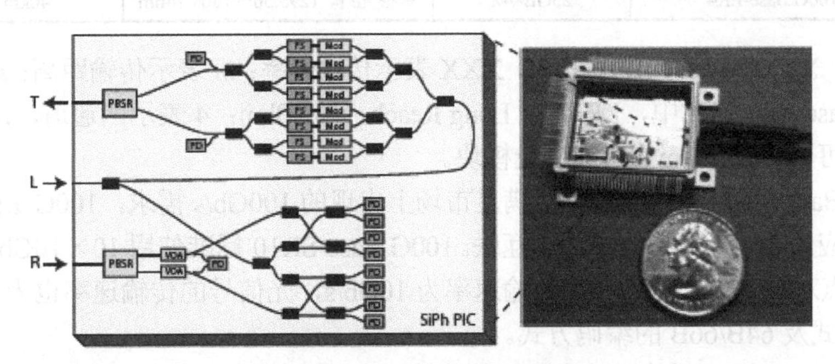

图 9-20　100Gb/s 硅光子集成芯片

该芯片突破性地集成了 100Gb/s 相干 CFP 模块所需要的全部关键光网络单元，具有成本低、功耗低和尺寸小等特点，能够大批量生产。

【讨论与创新】光子集成电路（PIC）是如何设计和制造的？

光子集成设计软件公司 PhoeniX Software、Luceda Photonics 和新思科技（Synopsys）都开发了光子设计自动化（PDA）软件。其中，OptSim Circuit 软件为光子集成芯片提供了一个理想的仿真设计平台，OptoDesigner 软件专注于可制造的集成设计环境，实现高效、高质量的光子集成器件的开发。OptSim Circuit 和 OptoDesigner 之间的接口为用户提供了从光子集成芯片的设计到掩模版布局的无缝路径。

光子芯片的制造和电子芯片的制造一样，制作技术复杂，我国急需在这些领域有大的突破和进展！

9.8　100G/400G 光模块

9.8.1　客户侧光模块

1．100G 光模块标准

在 IEEE、ITU-T、OIF 等国际标准组织的努力下，相关标准已趋于成熟。

IEEE 主要负责制定有关 100GbE 的相关客户侧标准，制定 40GbE 和 100GbE 的规范，同时还制定一些背板的规范等。其中，IEEE 802.3 主要负责以太网物理层规范的制定。

ITU-T 主要制定从光传输设备的线路侧发出的 100Gb/s 信号如何在光网络中 OTN 传送的标准。

OIF 解决长途 DWDM 网络 100Gb/s 传输所面临的问题和电接口问题，目前主要制定芯片间通信的接口规范及一些传输特性的规范。

IEEE 100G 光模块标准见表 9-4，其中，100G Base-LR4 的客户侧模块已广泛应用于高速路由器、交换机和 WDM 系统的客户侧。

表 9-4 IEEE 100G 光模块标准

标准	速率	光纤类型	距离
100G Base-SR10	10GE×10λ	多模光纤，850nm	OM3，100m OM4，150m
100G Base-SR4	25GE×4λ	多模光纤，850nm	OM4，100m
100G Base-LR4	25GE×4λ	单模光纤，1295.56～1309.14nm	10km
100G Base-ER4	25GE×4λ	单模光纤，1295.56～1309.14nm	40km

命名规则：XXXG Base-*m*R*n*，其中，XXX 表示传输速率；*m* 表示传输距离；*n* 表示通道数。例如，100G Base-LR4 名称中，LR 表示 Long Reach，即 10km；4 表示四通道，即 4×25Gb/s，组合在一起为可以传输 10km 的 100G 光模块。

① 100G Base-SR10 光模块。为了满足市场上出现的 100Gb/s 需求，100G Base-SR10 标准最早被提出且应用于 100Gb/s 的短距离互联。100G Base-SR10 标准使用 10×10Gb/s 并行通道实现 100Gb/s 的点对点传输，电信号的传输速率为 10Gb/s，光信号的传输速率也为 10Gb/s，采用 NRZ 的调制方式及 64B/66B 的编码方式。

② 100G Base-SR4 光模块，单个波长的传输速率为 25Gb/s，目前 100G Base-SR4 已经取代 100G Base-SR10 成为主流的短距离 100G 光模块标准。100G Base-SR4 QSFP28 光模块在发送端传输信号时，电信号经激光器阵列转换为光信号，然后在带状多模光纤上并行传输，在到达接收端时，光检测器阵列将并行光信号转换成并行电信号。

③ 100G Base-LR4 光模块，其原理如图 9-21 所示。100G Base-LR4 QSFP28 光模块将 4 路 25Gb/s 电信号转换为 4 路 LAN-WDM（简写为 LWDM）光信号，然后将其复用为单通道，实现 100Gb/s 光传输。100G Base-LR4 的 4 路光信号的中心波长见表 9-5。在接收端，该模块将 100Gb/s 输入光信号解复用为 4 路 LWDM 光信号，然后将其转换为 4 路电信号输出。

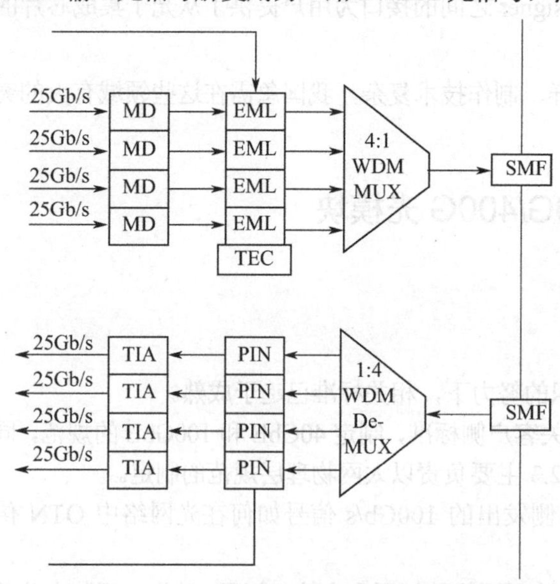

图 9-21 100G Base-LR4 光模块的原理图

表 9-5 LWDM 和 CWDM4 的中心波长

LWDM 的中心波长	CWDM4 的中心波长
1295.56 nm	1271nm
1300.05 nm	1291nm
1304.58 nm	1311nm
1309.14nm	1331nm

④ 100G Base-ER4 光模块，传输速率为 25Gb/s，采用单模光纤，传输距离为 40km。

早期生产光模块的每个厂家都有各自的结构封装和接口，为了解决这个问题，MSA 多源协议应运而生，各厂家都遵循 MSA 提出的标准统一光模块的结构封装和相关接口。针对 100G 光模块，MSA 定义的标准包括 100G PSM4 MSA、100G CWDM4 MSA 和 100G Lambda MSA。

100G Base-SR4 和 100G Base-LR4 是 IEEE 定义的最常用的 100Gb/s 接口规范。但是对于大型数据中心内部的互联场景，100G Base-SR4 支持的距离太短，不能满足所有的互联需求，而 100G Base-LR4 成本太高。因此，MSA 为市场带来了中距离互联的解决方案，PSM4 和 CWDM4 应运而生。当然，100G Base-LR4 的能力完全覆盖了 CWDM4，但在 2km 传输的场景下，CWDM4 方案的成本更低，更具竞争力。

① 100G Base-PSM4 QSFP28 光模块，这是一款高速度和低功耗的产品，专门用于数据通信应用中的光互联。它符合 100G PSM4 MSA 光接口规范，有可热插拔的 QSFP 外形，内置数字诊断功能，共有 4 个独立的全双工通道，每通道可达 25.78Gb/s 的传输速率，传输距离可达 500m。

② 100G Base-CWDM4 QSFP28 光模块，它的传输速率为 103.1Gb/s，主要应用于计算中心等领域，其成本明显高于 100G Base-PSM4 QSFP28 光模块。通过粗波分复用（CWDM）技术，该光模块将 1271nm、1291nm、1311nm 和 1331nm 这 4 种波长复用到一根单模光纤上进行传输，传输距离为 2km。

LR4 和 CWDM4 原理上类似，发送端都通过复用器（MUX）将 4 条并行的 25Gb/s 通道波分复用到一条 100Gb/s 光纤链路上，接收端则使用解复用器（DEMUX）。LR4 和 CWDM4 的区别如下。

CWDM4 定义的是 20nm 的 CWDM 间隔，激光器的波长温漂特性约为 0.08nm/℃，0～70℃工作范围内，波长变化大约为 5.6nm，通道本身也要留一些隔离带，传输距离为 2km。LR4 则定义了 4.5nm 的 LWDM 的间隔，传输距离为 2km 和 10km。二者的中心波长如表 9-5 所示，间隔越大，对光学 MUX/DEMUX 器件的要求就越低，从而节约成本。

另外，CWDM4 使用 DML，LR4 使用 EML。因为 LR4 的相邻通道之间只有 4.5nm 的间隔，所以激光器需要放到 TEC 上控温，因此需要放置 TEC 驱动芯片。

2．100G 光模块的封装

仅有光模块的光接口及电接口规范是不够的，还需要配套的结构封装才能算是完整的光模块解决方案。100G 光模块经历了从 CFP、CFP2、CFP4 到 QSFP28 这样一个过程，光模块的体积在不断缩小。

（1）CFP 系列光模块

可插拔（CFP）是一个多源协议（MSA），是一种高速的、可热插拔的、支持数据通信和电信传输两大应用的新型模块标准。其中，字母 C 用来表示数字 100，因此这个标准主要用于 100Gb/s 以太网系统的开发。

CFP2 的尺寸仅 CFP 的一半，电接口可以支持单路 10Gb/s，也可以支持单路 25Gb/s 甚至 50Gb/s，通过 10×10Gb/s、4×25Gb/s、8×25Gb/s 和 8×50Gb/s 电接口实现 100Gb/s、200Gb/s、400Gb/s 的模块速率。

CFP4 的尺寸又缩减为 CFP2 的一半，电接口支持单路 10Gb/s 和 25Gb/s，通过 4×10Gb/s 和 4×25Gb/s 实现 40Gb/s 及 100Gb/s 的模块速率。CFP4 光模块兼容 MSA 协议，支持 CFP2，与 CFP2 同样的速率，传输效率明显提升，但耗电量大幅下降。

CFP 封装光模块如图 9-22 所示。

（2）QSFP/QSFP28 光模块

QSFP（Quad Small Form-factor Pluggable）表示 4 通道 SFP 接口，QSFP 是为了满足市场对更高密度的高速可插拔解决方案的需求而诞生的，这种 4 通道的可插拔接口的传输速率可达到 40Gb/s。

QSFP28 光模块即 4 通道小型可插拔光模块，它提供 4 个通道的高速差分信号，数据传输速率从 25Gb/s 到潜在的 40Gb/s，满足 100Gb/s 以太网（4×25Gb/s）和 100Gb/s 4X InfiniBand 增强传输速率（EDR）的要求。QSFP28 光模块的传输距离较短，成本相对 CFP 系列较低，体积比 CFP4 小 30%左右。

QSFP28 光模块和 QSFP28 互联线缆是专为光通信、数据中心和网络市场应用而设计的高密度、高速率的产品解决方案。QSFP28 封装光模块如图 9-23 所示。目前，QSFP28 是数据中心内部 100G 光模块的主流封装形式。

图 9-22　CFP 封装光模块

图 9-23　QSFP28 封装光模块

3．400G 光模块标准

随着传输速率的提高，系统对 OSNR（光信噪比）、CD（色度色散）、PMD（偏振模色散）和非线性的要求越来越高。400Gb/s 信号的 CD 容限只有 0.5ps/nm，为 100Gb/s 信号的 1/16 而 OSNR 比 100G 信号高了 6dB。采用高于现行 7%的 FEC（Forward Error Correction，前向纠错）开销后，可以实现更远距离的传输，目前讨论得更多的是 25%的 FEC。400Gb/s 信号在 PMD 方面比 100Gb/s 信号遇到的挑战更大，PMD 容限只有 0.25ps，为 100Gb/s 信号的 1/4。

IEEE 802.3bs 标准已于 2017 年 12 月正式发布，重点规范了基于 PAM4 调制编码方式，8 通路波分复用，2km/10km 单模光纤应用（400G Base-FR8/LR8）等。

ITU-T SG15 围绕下一代支持 400Gb/s 的 OTN 结构演进、OIF 侧重 400Gb/s 用 DWDM 的总体架构、发送接收模块、FEC、长距离通信及公共电接口等技术。

国内标准方面，中国通信标准化协会（CCSA）对 400G、400GE 承载和传输技术、400G 客户侧与线路侧光模块技术进行研究，并与国际标准保持同步。

按使用的光纤类型，400G 光模块可以分为多模光纤（MMF）接口、单模光纤（SMF）接口；按信号调制方式，可以分为 NRZ 和 PAM4 调制（目前以 PAM4 为主）；按传输距离，可以分为 SR、DR、FR、LR；按封装形式，可以分为 CDFP、CFP8、OSFP、QSFP-DD 等。

CFP8 是专门针对 400G 光模块的封装形式，其尺寸与 CFP2 相当。支持 25Gb/s 和 50Gb/s 的通道速率，通过 16×25Gb/s 或 8×50Gb/s 电接口实现 400Gb/s 模块速率。

OSFP（Octal Small Form Factor Pluggable）封装于 2016 年 11 月正式启动。它被设计为使用 8 个通道来实现 400GbE（8×56GbE，但 56GbE 的信号由 25Gb/s 的 DML 激光器在 PAM4 的调制下形成），尺寸略大于 QSFP-DD。OSFP 和 QSFP-DD 封装都可以提供 8 路电信号接口。

QSFP-DD 开始于 2016 年 3 月，DD 指的是“Double Density（双倍密度）”。将 QSFP 的 4 通道增加了一排通道，变为了 8 通道。它可以与 QSFP 方案兼容，原先的 QSFP28 光模块仍可以使用，只需再插入一个模块即可。QSFP-DD 的电口金手指数量是 QSFP28 的 2 倍。相比较来说，QSFP-DD 的封装尺寸更小（和传统 100G 光模块的 QSFP28 封装类似），更适合数据中心应用；OSFP 的封装尺寸稍大一些，由于可以提供更多的功耗，所以更适合电信应用。

400G 光模块的技术标准如表 9-6 所示。

表 9-6　400G 光模块标准

光口	光口速率	传输方式	规范	电口速率	封装
400G-SR16	16×26.5Gb/s NRZ	100m,MMF	802.3bs	16×26.5Gb/sNRZ	CDFP/CFP8
400G-FR8	8λ×53Gb/s PAM4	2km,SMF	802.3bs	8×53Gb/s PAM4	QSFP-DD/OSFP
400G-LR8	8λ×53Gb/s PAM4	10km,SMF	802.3bs	8×53Gb/s PAM4	QSFP-DD/OSFP
400G-SR8	8λ×53Gb/s PAM4	100m,MMF	802.3cm	8×53Gb/s PAM4	QSFP-DD/OSFP
400G-SR4.2	4×2λ×53Gb/s PAM4	100m,MMF（2λ）	802.3cm	8×53Gb/s PAM4	QSFP-DD/OSFP
400G-DR4	4λ×106Gb/s PAM4	500m,SMF	802.3bs	8×53Gb/s PAM4	QSFP-DD/OSFP
400G-FR4	4λ×106Gb/s PAM4	2km,SMF	100G MSA	8×53Gb/s PAM4	QSFP-DD/OSFP
400G-LR4	4λ×106Gb/s PAM4	10km,SMF	TBD	8×53Gb/s PAM4	QSFP-DD/OSFP
400G-ZR	DWDM+59.8GBd DP-16QAM	>80km, DWDM	OIF		

早期的 400G 光模块使用的是 16×25Gb/s NRZ 的实现方式（如 400G-SR16），采用 CDFP 或 CFP8 封装。其优点是可以借用 100G 光模块上成熟的 25Gb/s NRZ 技术，但缺点是需要 16 路信号进行并行传输，功耗和体积都比较大，不太适合数据中心的应用。

目前的 400G 光模块中，在光口侧主要是使用 8×53Gb/s PAM4（400G-SR8/FR8/LR8）或 4×106Gb/s PAM4（400G-DR4/FR4/LR4）实现 400Gb/s 信号的传输，在电口侧使用 8×53Gb/s PAM4 电信号，采用 OSFP 或 QSFP-DD 的封装形式。

作为例子，图 9-24 是 400G-FR8/LR8 实现框图，可以看到，其电口侧都是 8 路 53Gb/s PAM4 信号。光口侧的情况稍微复杂一些，对于 400G-SR8/FR8/LR8 等光模块来说，光模块内部只是做 CDR（时钟数据恢复）及电/光或光/电转换，因此光口侧与电口侧一样，也是 8 路 53Gb/s PAM4 信号。

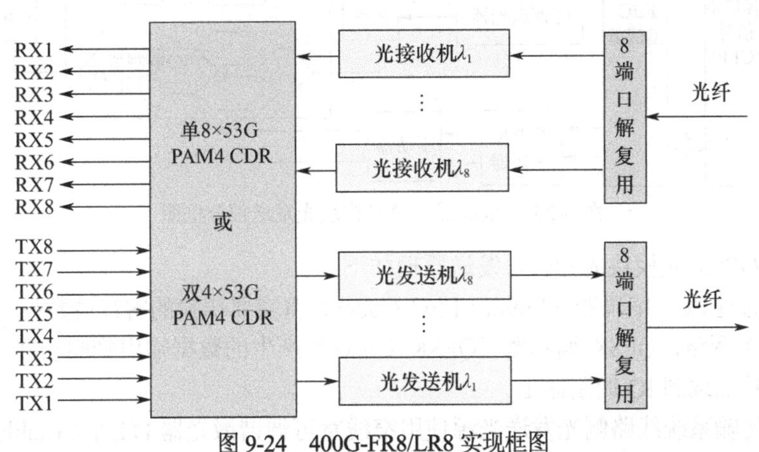

图 9-24　400G-FR8/LR8 实现框图

对于 400G-DR4/FR4/LR4 等光模块来说，光模块内部还有 Gearbox（变速箱）芯片把两路电口输入复用成一路信号再调制到光上，因此光口侧的速率是电口侧速率的 2 倍，即 4 路 106Gb/s PAM4 信号。

400G 光模块应用分类如下。

（1）机框间互联

以长度为 30～100m 的多模光纤（MMF）作为传输通道，可以采用 16×25Gb/s 垂直腔表面发射激光器（PSM16），它们的中心波长为 840～860nm 作为光模块技术（400G Base-SR16），以便形成 400GE 方案。

（2）数据中心互联

以长度为 500m～2km 的单模光纤（SMF）作为传输通道，通过 4×100Gb/s 方式（PSM4）形成 400GE 方案，采用 4×100Gb/s 并行单模互联以满足至少 500m 的传输。

（3）运营商机房间互联

以长度为 2～10km 的单模光纤作为传输通道，采用 8×50Gb/s（PAM4 方案）或 4×100Gb/s。

（4）城域核心网及汇聚层

以长度为 10～40km 的单模光纤作为传输通道，采用 8×50Gb/s（PAM4 方案）或 4×100Gb/s。

9.8.2 线路侧光模块

1. 100G 线路侧光模块

（1）发送部分

100G 线路侧系统采用 PM-QPSK 调制技术、相干检测技术及 DSP 处理技术，把系统的 OSNR 容限降低到 10G 线路侧系统相同量级，降低系统对光纤的要求。有相关研究表明，在 100G 系统下，普通 G.652D 光纤在低损和超低损情况下都能传输 1000km 以上距离。

100G 相干光传输系统，发送端通常采用偏振复用的 QPSK 调制方式，调制信号符号速率为 28GBaud，该调制方式每个符号包含 2 比特信息，经偏振复用后可以实现 112Gb/s 的传输速率。100G 线路侧光模块光发送部分的结构框图如图 9-25 所示。

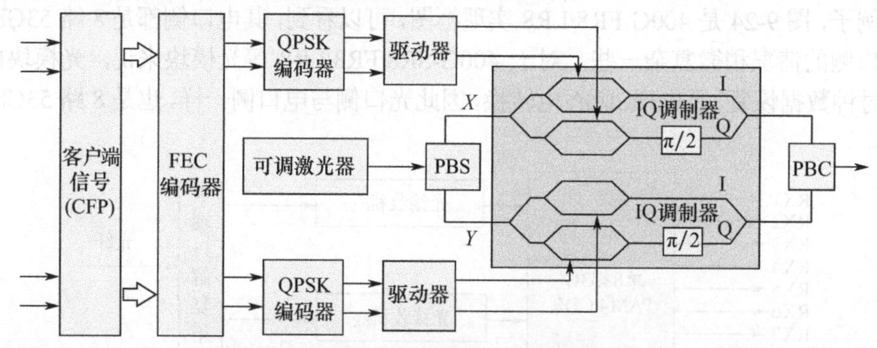

图 9-25 100G 线路侧光模块光发送部分框图

100G PM-QPSK 光模块的光信号发送原理如下：

发送单元通过 FEC 编码器（Framer FEC Coder）将需要传输的客户端数据（CFP）进行编码并分成 *X* 和 *Y* 两路，QPSK 编码器（QPSK Coder）产生的数据输出到驱动器（Driver）上，驱动器输出信号加载到 IQ 调制器上。

相干光纤传输系统线路侧光发送光源使用窄线宽可调谐激光器 ITLA（Tuable Laser）。可调谐激光器输出的连续光通过一个偏振分束器（PBS）后，激光器发出的信号被分为垂直和水平两个偏振态，每个偏振态分别由一个 IQ 调制器对该光波进行调制。集成式 IQ 调制器由两个 MZM 和一个 90° 相移器组成，其集成器件已经商用化。

两路经 IQ 调制器后输出的光信号在偏振态正交化后由偏振合束器（PBC）汇聚为一路光波信号，得到 112Gb/s 的信号，通过光纤发送出去。

（2）接收部分

100G PM-QPSK 光模块相干检测接收部分框图如图 9-26 所示。相干检测接收的关键组件是相干检测光子集成芯片（PIC），PIC 包括 4 通道高速模拟信号平衡接收器、一个偏振分束器（PBS）、一个分束器（BS）、两个 90° 混频器（Hybride Mixer）、8 个光电二极管（PD）和 4 个互阻抗放大器（TIA）。

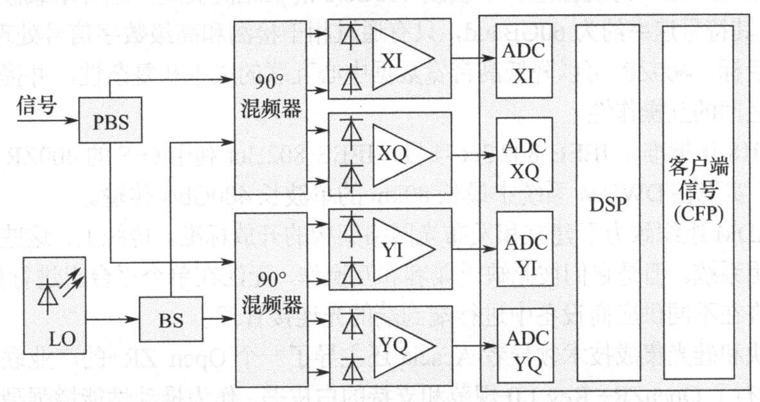

图 9-26　100G PM-QPSK 光模块相干检测接收部分框图

100G PM-QPSK 光模块相干检测接收原理如下：

接收到的光信号（Signal）通过一个偏振分束器（PBS）分解成两个正交信号。相干接收侧使用一个高稳定度的本地振荡激光器（LO），该本振光的载波频率控制精度为数百 kHz。本振光的信噪比要远优于输入光信号的信噪比，改变本振光的“纯度”，就可提升接收端光信噪比约 2dB 的改善，本振光通过偏振保持光纤（PMF）接入集成相干检测接收机（ICR）。

90° 混频器是相干光接收端进行相位混频以解调光信号的器件，每个正交信号都与一个本振光混频。混频器输出光信号经平衡接收光电二极管转换为模拟电信号，经高速模数转换器（ADC）采样量化后转换为数字信号。

在完成高速、高分辨率的模数转化后，接收器使用基于 CMOS 的数字信号处理（DSP）芯片来区分和跟踪这些信号。数字信号通过 DSP 芯片数字均衡的方式实现定时恢复、信号恢复、极化和 PMD 跟踪、色散补偿。

实际上，相干光接收模块有 DCO 与 ACO 两种，不同之处是 DCO 模块内置了 DSP 芯片，而 ACO 模块将 DSP 芯片放在线路卡上。ACO 体积小了，功耗也低了，但后面的信号处理有不同的算法。DCO 模块的数字接口更容易集成到现有网络设备，并支持现场可插拔，不需要复杂的校准，插拔式器件提供了更大的灵活性。

2．400G 线路侧光模块

目前，400G 线路侧传输方案主要有如下 3 种。

① 4×100Gb/s 传输方案，基于 100G PM-QPSK 多载波调制，在 1 个 400Gb/s 通道里包含 4 个 100Gb/s 子波，含 FEC 的符号速率为 32GBaud。

② 2×200Gb/s 传输方案，基于 200G PM-16QAM 双载波调制，在 1 个 400Gb/s 通道里包含 2 个 200Gb/s 子波，含 FEC 的符号速率为 32GBaud。

③ 1×400Gb/s 传输方案，基于 400G PM-16QAM 调制，在 1 个 400Gb/s 通道里包含 1 个子波，含 FEC 的符号速率约为 64GBaud。

100G 相干传输系统已经商用，400G 线路侧光模块的技术标准也取得了可喜的进展。

OIF 早在 2013 年就启动研究并发布了下一代光互联白皮书及 400G 技术，随着数据中心互联（DCI，Data Center Interconnection）兴起之后，业内广泛讨论的就是OIF的400ZR interp标准，该标准最近发布了400ZR的实施规范。随着技术的进步和成本的下降，业界还是更期待单波更高速率的产品。400ZR是OIF为可插拔数字相干光通信（DCO）模块开发的网络实施协议（IA）。400ZR标准将使用密集波分复用（DWDM）技术和高阶调制，在最长达到80km的DCI链路上传输多个400GE。为确保基于单载波400Gb/s的长距离实施，这种单载波400Gb/s使用16QAM调制，其符号速率约为60GBaud，只有通过相干检测和高级数字信号处理（DSP）技术才能实现这一目标。400ZR可以降低高带宽数据中心互联的成本和复杂性，并提高来自不同制造商的光模块之间的互操作性。

IEEE于2018年批准了IEEE 802.3ct项目，IEEE 802.3ct利用OIF的400ZR IA制定400G Base-ZR标准，实现在DWDM系统中最长80km的单波长400Gb/s传输。

Open ROADM组织致力于建立和发布光网络架构的开放标准。传统上，这些架构是每个供应商构建的专用系统。但是它们彼此缺乏兼容和互操作，无法在单个平台上进行控制，而Open ROADM将允许在不同供应商设备中进行端到端的光连接管理。

相干光模块和硅光集成技术领导者Acacia还主导了一个Open ZR+的产业联盟。OpenZR+ MSA组织已发布了OpenZR+ Rev 1.0规范和支持的白皮书，作为推动性能增强型可插拔模块的多供应商互操作性目标的一部分。该规范基于高增益OFEC，旨在支持高密度封装（如QSFP-DD和OSFP）实现100Gb/s到400Gb/s线速、复用和扩展传输距离。最近，OpenZR+ MSA的讨论集中在更紧密的75GHz信道间隔上，它增加了DWDM系统的总传输容量，但由于附加的滤波和串扰，可能会带来损失。OpenZR+增强的OFEC性能可以帮助网络运营商应对这些75GHz应用。

虽然可插拔光模块最先应用于数据中心互联等客户侧，但是业界还是希望在线路侧也能延续这种紧凑的封装，比如QSFP-DD和OSFP等。根据现有资料可以看出，400ZR是针对数据中心互联的，而Open ROADM则是用于运营商的，OpenZR+正是结合了Open ROADM和400ZR两个业内规范，既能支持高性能的可插拔DCI互联，又能实现更好的多厂商互通。

Acacia能提供400G可插拔光模块系列中的多款新品，包括400ZR、OpenZR+和Open ROADM MSA。Acacia的400G可插拔光模块有QSFP-DD、OSFP和CFP2-DCO规格，可适用于数据中心互联（DCI）和服务提供商网络的互联。

【讨论与创新】800G/1.6T线路侧光传输技术发展如何呢？

2020年上半年，华为、Cinea、Infinera等公司均进行了800Gb/s传输能力的演示或试验，其中Infinera公司利用第六代无限容量引擎（ICE6）技术在康宁公司的TXF光纤上实现了横跨800km单波长800Gb/s的传输。其他800G/1.6T线路侧最新技术资料可参考ITU-T、IEEE、OIF和MSA网站。

9.9 习题与设计题

（一）选择题

1．PAM4调制使用4个幅度电平，每个码元包含（　　）比特。

（A）2　　（B）4　　（C）1　　（D）8

2．在100G线路侧光模块中，大部分设备厂商采用了哪个码型？（　　）

（A）64QAM　　（B）BPSK　　（C）NRZ　　（D）PM-QPSK

3．100G Base-LR4名称中，LR4表示的含义是（　　）。

（A）10km，四通道　　（B）10km，十通道

（C）40km，四通道　　（D）40km，十通道

4．在 100Gb/s 相干光通信系统，DSP 的主要功能是（　　）。

（A）定时恢复　　（B）色散补偿

（C）信号恢复　　（D）PMD 跟踪

（二）思考题

1．画出相干光通信的原理图，说明其原理。

2．相干光通信有何优点？其发展如何？

3．相干光通信的关键技术有哪些？

4．画出 QPSK 编码框图，说明调制过程。

5．光子集成电路是什么？其发展如何？

6．画出 IQ 调制器示意图，说明其原理。

7．什么是偏振复用正交相移键控（PM-QPSK）调制？

8．什么是 PAM4 编码？有何优点？

9．100G 客户侧光模块有哪些分类？

10．400G 客户侧光模块有哪些分类？

（三）设计题

1.用 OptiSystem 软件仿真设计 N×100Gb/s 光波分复用系统。在 100Gb/s PM-QPSK 相干光通信系统仿真的基础上，搭建 N×100Gb/s 仿真系统，测试星座图和其他技术指标。

2.仿真设计 N×400Gb/s 光波分复用系统，加入 EDFA 增加传输距离，测试星座图和其他技术指标。

项目实践：相干光通信仿真设计

【项目目标】

通过 100Gb/s PM-QPSK 系统仿真设计，掌握相干光通信原理。

【项目构思与设计】

项目实施前，应根据现有的技术和设计规范，分析问题，归纳要求，构思设计项目。

本项目设备昂贵，一般实验室不具备实际操作的条件，因此本项目采用软件仿真学习。基础知识包括 PM-QPSK 调制技术和相干检测技术。先学习 OptiSystem 的使用，然后使用 PM-QPSK 调制、相干检测系统器件搭建 100Gb/s 光纤通信系统；最后系统仿真调试，观测系统星座图，测试系统误码等性能。

本项目需要多门课程之间知识的融合，在团队合作中，相互探讨，激发学习兴趣，培养创新能力。

【项目内容与实施】

1．100Gb/s 光纤通信系统仿真

在 OptiSystem 的最新版本中，集成了 QPSK 调制的光发送机和光接收机。光发送机包含 QPSK 编码、驱动放大及驱动 QPSK 调制器。输出的信号就是调制好的信号。OptiSystem 集成的光接收机包括本振激光器、90° 混频器、光电转换和信号放大等模块。100Gb/s PM-QPSK 调制的光纤通信系统仿真图如图 9-27 所示。仿真包括光发送机、光接收机、光纤链路和 DSP 处理模块。

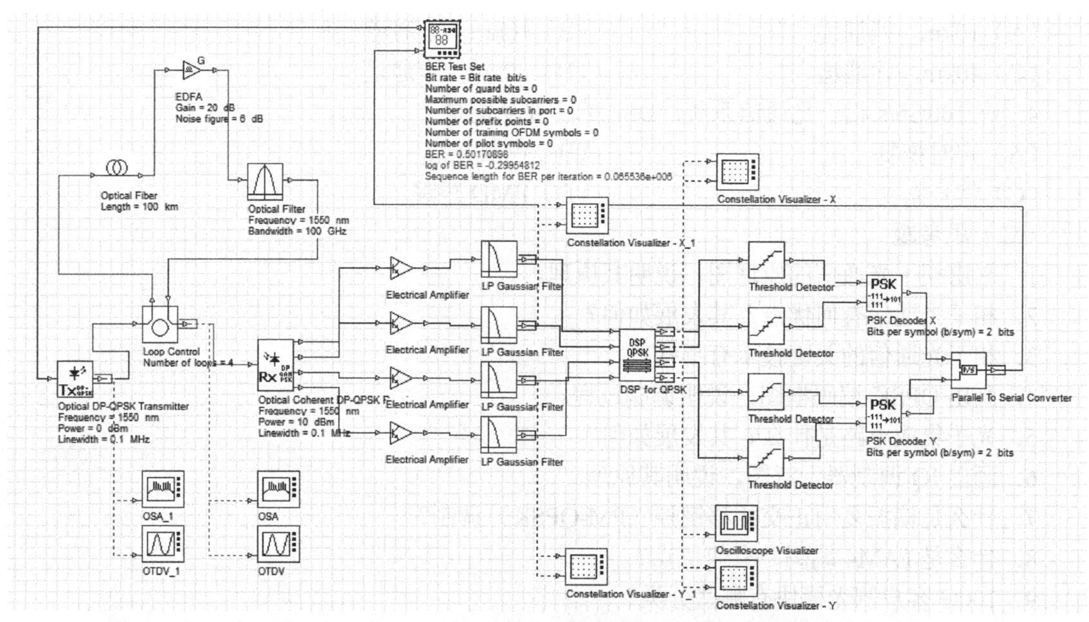

图 9-27 100Gb/s PM-QPSK 调制的光纤通信系统仿真图

传输距离为 4×100km，在经过光接收机处理后，得到电信号，通过电放大器和低通高斯滤波器进行处理后进入 DSP。在 DSP 中，首先是模拟信号到数字信号的转化，然后是电域色散补偿模块、非线性补偿模块、时钟恢复，最后是载波频偏估计和载波相位恢复。光纤传输过程中，由于存在 CD、PMD、OSNR 和非线性效应等因素，对光纤传输系统的性能造成一定的影响。

100Gb/s PM-QPSK 调制的光纤通信系统的星座图仿真结果如图 9-28 和图 9-29 所示，分别是未经 DSP 处理和经过 DSP 处理后的 *X*、*Y* 偏振态星座图。

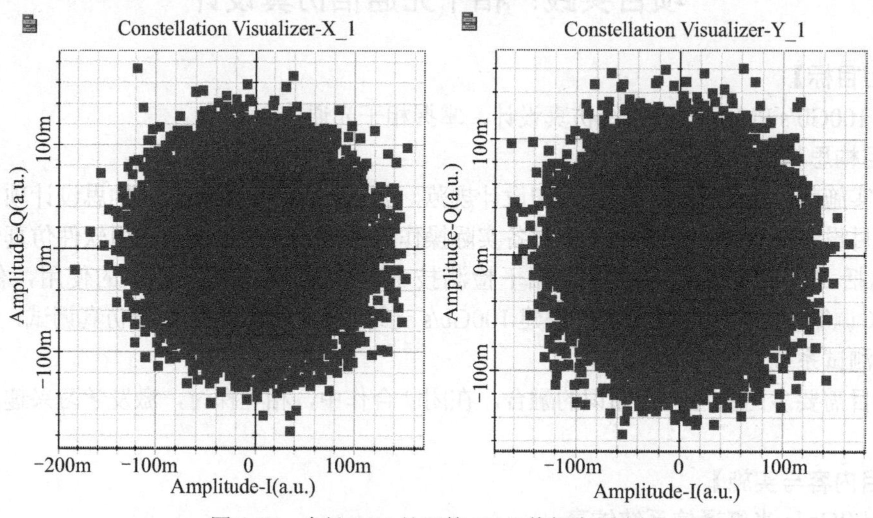

图 9-28 未经 DSP 处理的 *X*、*Y* 偏振态星座图

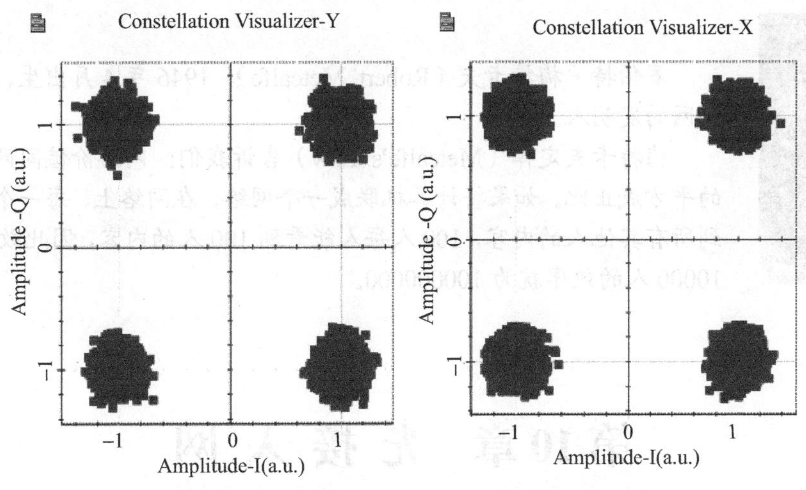

图 9-29　经 DSP 处理的 X、Y 偏振态星座图

观察星座图可知，在未经 DSP 处理的信号中，色散严重，无法分辨星座点；经过 DSP 处理，进行色散补偿、均衡、载波相位恢复后，星座图较好，星座点清晰。

【项目总结】

项目结束后，所有团队完成 100Gb/s 光纤通信系统仿真设计项目，提交各类设计文档。

【讨论与创新】相干光通信的质量如何评价呢？

QPSK 调制是在 100Gb/s 传输系统中广泛使用的一种复杂调制方式，将其中 I 路和 Q 路映射到两个独立的眼图上，用眼图可以推导出误码率（BER）和 Q 因子。然而，如果眼图发生扭曲或失真，并不会反映在两个单独的 I 和 Q 眼图上。对于更高阶的调制方式，事情会变得更加复杂。在复杂调制中，在 IQ 平面图中判断信号质量更有意义。误差矢量幅度（EVM）是测试点与理想参考点之间的矢量距离，EVM 越小，信号质量越好。由 EVM 还可以推导出信噪比（SNR），它也称为调制误码率（MER）。除 EVM 外，眼图还可以推导出其他误差参数，帮助我们找到光纤通信系统问题的根源。

罗伯特·梅特卡夫（Robert Metcalfe），1946年4月出生，美国人，以太网的发明人。

梅特卡夫定律（Metcalfe's Law）告诉我们：网络价值同网络用户数量的平方成正比。如果将计算机联成一个网络，在网络上，每一个人都可以看到所有其他人的内容，100人每人能看到100人的内容，因此效率为10000，10000人的效率就为100000000。

第10章 光接入网

试想一想，我们上网时，可以采用哪些方式接入网络呢？我们到底需要多大的接入带宽呢？

目前，核心网络的传输速率已经达到很高的水平，单波长的传输速率可达800Gb/s。另外，随着各种新应用的发展，用户对网络接入速率的要求也越来越高。利用光纤接入技术，能彻底解决用户接入传输速率的限制，并且容易实现“三网合一”。

10.1 接入网概述

电信网是指包含传输设备、交换设备、终端设备及相应的运行支撑系统所组成的能提供各种电信业务的综合系统。通常，电信网是指公用电信网，按照电信网网络功能和管理层次，电信网可以分为长途网（长途端局以上部分）、中继网（长途端局和市话局之间及市话局之间的部分）和接入网（长途端局以上部分，端局至用户之间的部分）。目前，国际上已将长途网和中继网合在一起称为核心网（CN，Core Network），相对于核心网的其他部分，则统称为接入网（AN，Access Network），接入网在电信网中的位置分布如图10-1所示。

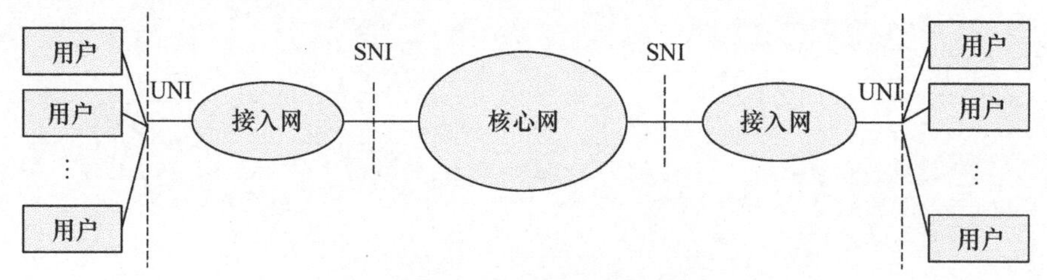

图10-1 接入网在电信网中的位置分布

ITU-T G.902对接入网下的定义如下：接入网是由业务节点接口（SNI）和用户网络接口（UNI）之间的一系列传送实体（如线路设施和传输设施）组成的、为传送电信业务提供所需要的传送承载能力的实施系统，可经由Q3接口进行配置和管理。接入网是指核心网到用户终端之间的所有设备，其长度一般为几百米到几千米，因而被形象地称为“最后一公里”。

业务节点接口（SNI）：是接入网与核心网之间的接口，有对交换机的模拟接口（Z接口）、数字接口（V接口）等各种数据接口及针对宽带业务的各种接口。

用户网络接口（UNI）：是用户和网络之间的接口，有模拟电话接口、N-ISDN接口、B-ISDN接口、各种数据接口和宽带业务接口。

随着Internet的迅猛发展，人们对远程教学、远程医疗、视频会议等多媒体应用的需求大幅度增加，电子商务更是网络应用的典型热点。用户需求从简单的语音通话逐渐向数据、多媒体等综合业务发展，各种网络应用的理想带宽如表10-1所示。人们对网络带宽及传输速率提出了更高的要求，促使网络由低速向高速、由共享到交换、由窄带向宽带方向迅速发展。

表10-1 各种网络应用的理想带宽

电子邮件	10～300kb/s
标准视频	1～2Mb/s
高清视频	5Mb/s
超高清视频	25Mb/s
8K视频	120Mb/s
虚拟现实（VR）	>1Gb/s

目前，主干网络的各种宽带组网技术已经日益成熟和完善，波分复用系统的单波长速率已达800Gb/s，IP over SDH、IP over DWDM等技术已经开始投入使用，并建立了全光化主干网络，可以说网络的主干部分已经为承载各种宽带业务做好了准备。为了适应新的形式和需要，出现了多种宽带接入网技术，包括铜线接入技术、光纤接入技术、混合光纤同轴（HFC）接入技术等有线接入技术及无线接入技术。由于核心网一般采用光纤结构，传输速度快，因此，接入网便成为了整个网络系统的瓶颈。

网络的发展方向是“三网合一”。三网合一是指电信网、广播电视网、互联网在向宽带通信网、数字电视网、下一代互联网演进过程中，三大网络通过技术改造，其技术功能趋于一致，业务范围趋于相同，网络互联互通、资源共享，能为用户提供语音、数据和广播电视等多种服务。

【讨论与创新】上网搜索资料，讨论未来我们到底需要多大的接入带宽？

10.2 光接入网

你使用光纤上网了吗?光纤上网的速率是多少呢？你观察到马路边上像图10-2（a）一样的箱子了吗?你观察到居民楼楼梯间里像图10-2（b）一样的箱子了吗?它们有什么用呢？只要在家里光纤上网就离不开它们！它们分别是光缆交接箱和光分路器箱。

在光接入网中，光缆交接箱是一种为主干光缆、配线光缆提供光缆成端、跳接的交接设备。光缆引入光缆交接箱后，经固定、端接、配纤以后，使用跳纤将主干光缆和配线光缆连通。FTTH室外壁挂式光分路器箱用于光缆与光通信设备的配线连接，通过箱内的光分路器，用光纤引出光信号，实现光配线功能。

(a) 光缆交接箱

(b)光分路器箱

图10-2 光缆交接箱和光分路器箱

10.2.1 概述

光接入网（OAN）是指采用光纤传输技术的接入网，泛指本地交换机或远端模块与用户之间采用光纤通信或部分采用光纤通信的系统，目前光接入网主要是指光纤接入网。

从网络结构看，按接入网室外传输设施中是否含有源设备，OAN 又可以划分为无源光网络（PON，Passive Optical Network）和有源光网络（AON，Active Optical Network），前者采用光分路器分路，后者采用电复用器分路，两者均在发展，但多数国家和 ITU-T 更注重推动 PON 的发展。

目前，光纤接入网几乎都采用 PON，PON 成为光纤接入网的发展趋势。它采用无源光节点将信号传送给终端用户，初期投资少，维护简单，易于扩展，结构灵活，只要求采用性能好、带宽宽的光器件。PON 参考配置如图 10-3 所示，图中节点功能说明如下。

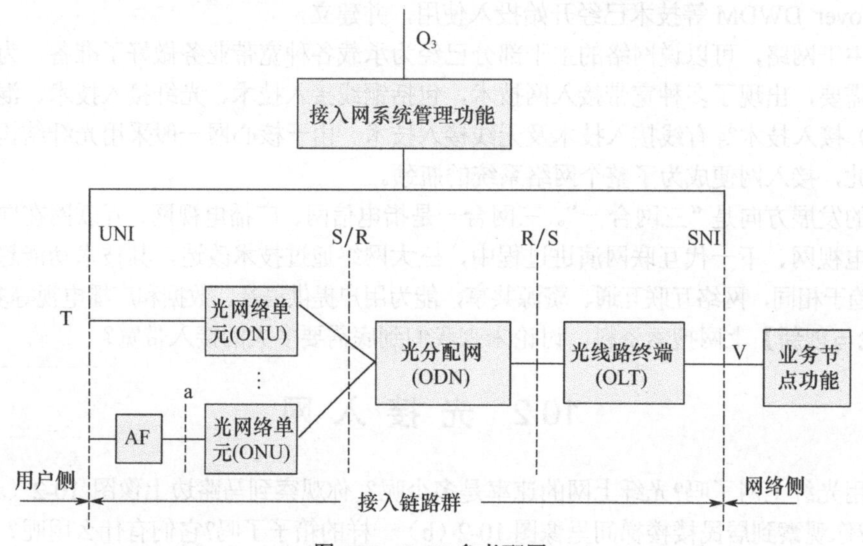

图 10-3 PON 参考配置

ONU：光网络单元，提供 OAN 用户侧接口，并且连接到一个 ODN；UNI：用户网络接口；SNI：业务节点接口；S：光发送参考点；R：光接收参考点；AF：适配功能；V：与业务节点间的参考点；T：与用户终端间的参考点；a：AF 与 ONU 之间的参考点。

Q3 接口是电信管理网和电信各部分的标准接口，AN 作为电信网的一部分，也应通过 Q3 接口和电信管理网相连，使电信管理网能对其管理。

OLT（Optical Line Terminal）是光线路终端。OLT 通常放置在中心机房，提供上行 SNI 接口，通过 10GE/GE/FE 连接 IP 城域网。OLT 既是一个交换机或路由器，又是一个多业务提供平台，它提供面向无源光纤网络的光纤接口（PON 接口）。根据以太网向城域网和广域网发展的趋势，OLT 将提供多个 1Gb/s 和 10Gb/s 的以太网接口，可以支持 WDM 传输。OLT 还支持 ATM、FR 及 OC3/12/48/192 等速率的 SONET 连接。如果需要支持传统的 TDM 话音，普通电话线（POTS）和其他类型的 TDM 通信（T1/E1）可以被复用连接到输出口。OLT 除提供网络集中和接入的功能外，还可以针对用户的 QoS 的不同要求进行带宽分配、网络安全和管理配置。

ONU（Optical Network Unit）是光网络单元。通常放置在用户侧，可提供 FE/POTS/DSL/RF 接口，或者以上接口的组合。

ODN（Optical Distribution Network）是光分配网，由无源光分路器和光缆线路组成。1:N（N=2/4/8/16/32…）的光分路器是连接 OLT 和 ONU 的无源设备。ODN 在网络中的定义为从 OLT 至 ONU 的线路部分，包括光缆、配线部分及光分路器（Splitter），全部为无源器件，是整个网络信号传输的载体。ODN 通常呈树形分支结构，主要包含下列设备。

① 局端配线设备：光配线架等。

② 光分配点设备：光配线架、光交接箱、光分线盒、光分路器、光分路接头盒等。

③ 光用户接入点设备：光分路器、光分线盒、光分路接头盒等。

④ 用户端接设备：用户智能终端盒、光纤信息面板。

⑤ 其他基本器材：光缆、光纤连接器、尾纤等。

其中，光缆部分选用 G.652、G.657 系列光纤，光分路器 1:2～1:32 可选。OLT 到 ONU 之间的传输距离一般为 10～20km，原则上是 10km 用 1:32 的光分路器，20km 用 1:16 的光分路器。因为光分路器的分光比例越高，光损耗越大。

根据 ONU 所设置的位置，光纤接入网分为光纤到户（FTTH）、光纤到路边（FTTC）、光纤到大楼（FTTB）、光纤到办公室（FTTO）、光纤到楼层（FTTF）、光纤到小区（FTTZ）等类型，其中 FTTH 将是未来宽带接入网发展的最终形式。如果将设置在路边的 ONU 换成无源光分路器，然后将 ONU 移到用户家，即为 FTTH 结构。FTTH 结构是一种全光纤网，即从本地交换机一直到用户，全部为光连接，中间没有任何铜缆，也没有有源电子设备，是真正全透明的网络。由于整个用户接入网是全透明光网络，因而对传输制式（例如 PDH 或 SDH，数字或模拟等）、带宽、波长和传输技术没有任何限制，适于引入新业务，也是一种最理想的业务透明网络，也是用户接入网发展的长远目标。

PON 中 ONU 到 OLT 的上行信号的传输，多采用时分多址（TDMA）、波分多址（WDMA）或码分多址（CDMA）等先进的多址传输技术。PON 中上、下行信号的传输复用技术主要有：传统的时分复用技术（TDM PON），由 OLT 向 ONU 发送定时信号，保证 OLT 和 ONU 之间严格的定时关系；波分复用技术（WDM PON），不同信号采用不同波长的光信号传输，对波长的稳定性要求极高，是目前正积极研究应用的复用方法。

有源光网络（AON）也存在几种形式，其中一种是以光纤替代原有的铜线主干网，从交换局通过光纤用 V5 接口连接到远端单元，然后经铜线分配到各终端用户，提高了复用率。这种技术本质上还是一种窄带技术，不能适应高速业务发展的需求。另外一种形式就是有源双星（ADS）光纤接入网结构。采用有源光节点可降低对光器件的要求，采用性能低、价格便宜的光器件，但是初期投资较大，作为有源设备存在电磁信号干扰、雷击及有源设备固有的维护问题，因而有源光纤接入网不是接入网长远的发展方向。

10.2.2 无源光网络

1. PON 技术的发展

1987 年，英国电信公司的研究人员最早提出了 PON 的概念。

1995 年，全业务接入网论坛（FSAN）联盟成立，目的是共同定义一个通用的 PON 标准。

1998 年，ITU-T 以 155Mb/s ATM 技术为基础，发布了 G.983 系列 APON（ATM PON）标准。

2000 年年底，一些设备制造商成立了第一英里以太网联盟（EFMA），提出基于以太网的 PON 概念——EPON，并促成 IEEE 于 2001 年成立第一英里以太网（EFM）小组，开始正式研究包括 1.25Gb/s 的 EPON 在内的 EFM 相关标准。EPON 标准 IEEE 802.3ah 已于 2004 年 6 月正式颁布。

2001 年年底，FSAN 把 APON 更名为 BPON，即“宽带 PON”。实际上，在 EFMA 提出 EPON 概念的同时，FSAN 也开始进行 1Gb/s 以上的 PON-GPON 标准的研究。

2003 年 3 月，ITU-T 颁布了描述 GPON 总体特性的 G.984.1 和 ODN 物理介质相关（PMD）子层的 G.984.2 GPON 标准；2004 年 3 月和 6 月，颁布了规范传输汇聚（TC）层的 G.984.3 标准和运行管理通信接口的 G.984.4 标准。

APON（ATM PON）、BPON（Broadband PON）基于 ATM 的无源光接入技术，遵循 ITU-T G.983 系列标准，目前 APON 和 BPON 基本已被 GPON 替代。

EPON（Ethernet PON）基于以太网的无源光接入技术，遵循 IEEE 802.3ah 标准，适宜承载基于以太网的业务，简单、低成本、中等性能，能满足公众、住宅客户需求，是目前的主流应用，分光比为 1:32 或 1:32 以下。

GPON（Gigabit Capable PON）基于 ATM/GEM 的无源光接入技术，遵循 ITU-T G.984 系列标准，支持多业务接入，复杂性稍高，完备性、性能与安全性较好，可满足综合业务接入需求，是 APON 的升级，分光比在 1:64 以下。

2. PON 应用

PON 是实现光纤到户（FTTH）的主要技术，提供点到多点的光纤接入，其应用如图 10-4 所示。OLT 与多个 ONU 之间通过无源的光缆、光分路器、合波器等组成光分配网（ODN）。

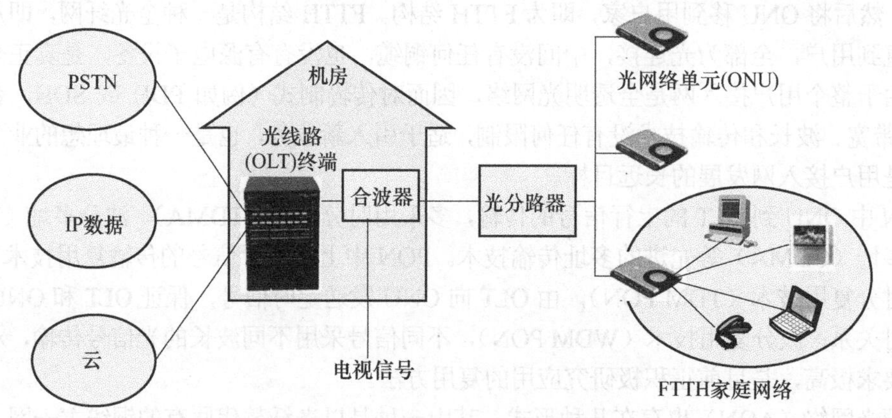

图 10-4　PON FTTH 应用示意图

PON 下行信号采用广播方式，上行信号采用 TDMA（时分多址接入）方式，组成点到多点树形拓扑结构。PON 作为光接入技术，其最大的优点是“无源”，ODN 中不含有任何有源电子器件及电子电源，全部由光分路器等无源器件组成，管理、维护、运营成本较低。

在下行方向，IP 数据、语音、视频等多种业务由 OLT 采用广播方式，通过 ODN 中的 1:*N* 无源光分路器分配到 PON 上的所有 ONU。在上行方向，来自各个 ONU 的多种业务信息，互不干扰地通过 ODN 中的 1:*N* 无源光分路器耦合到同一根光纤，最终送到 OLT 接收端。

10.3　EPON 技术

1. EPON 概述

以太网（Ethernet）技术的高速发展促进了 EPON 的发展。以太网是当前应用最普遍的局域网技术，IEEE 802.3 规定了包括物理层的连线、电信号和介质访问层协议的内容，标准以太网只有 10Mb/s 的吞吐量。

快速以太网由 IEEE 802.3u 标准定义，基本协议与标准以太网相同，但速度比标准以太网快 10 倍。快速以太网的速度是通过提高时钟频率和使用不同的编码方式获得的，其传输方案最常用的是 100Base-T 和 100Base-FX 等。100Base-FX 使用一对多模或单模光纤，使用多模光纤时，计算机到集线器之间的距离最大可达 2km；使用单模光纤时，该距离最大可达 10km。

千兆以太网技术有两个标准：IEEE 802.3z 和 IEEE 802.3ab。IEEE 802.3z 制定了光纤和短程铜线连接方案的标准，目前已得到普遍使用。IEEE 802.3ab 制定了五类双绞线上较长距离连接方案的标准。

EPON 是以太网和 PON 技术的结合，以以太网为载体，采用点到多点结构、无源光纤传输 PON 方式，下行速率目前可达 10Gb/s，上行以突发的以太网包方式发送数据流。另外，EPON 也提供一定的运行、维护和管理（OAM）功能。

EPON 的基本特点：OLT 与 ONU 之间的信号传输基于 IEEE 802.3 以太网帧，传输线路速率上/下行都为 1250Mb/s；以 MAC 控制子层的 MPCP（Multi Point Control Protocol）机制为基础，MPCP 通过消息、状态机和定时器来控制访问 P2MP 的拓扑结构；P2P 仿真子层是 EPON/MPCP 协议中的关键组件，逻辑分光比为 1:32 或 1:64。EPON 使用单芯光纤，在一根光纤上传送上/下行两个波长，是单纤双向传输，下行波长为 1490nm，上行波长为 1310nm。

点对多点无源光网络技术包含 EPON、GPON、BPON 等，而 BPON、APON 由于技术比较复杂、成本较高、速率有限、IP 业务映射效率低等原因，不宜再采用。

2. EPON 帧结构

EPON 是基于以太网的无源光网络，OLT 和 ONU 之间传输的是以太网帧结构，所以 EPON 是基于 IEEE 802.3 的帧格式。EPON 帧结构如图 10-5 所示，包括以下字段：

● 帧起始定界（SFD，Start of Frame Delimiter），共 6 字节，用来为帧的头部定界；

● 净负荷（Payload），共 72～1526 字节，用来承载以太网帧，包括前导码（Preamble）、目标 MAC 地址、源端 MAC 地址、数据长度、数据信息、填充和帧校验字段；

● 帧结束定界（TFD，Terminal of Frame Delimiter），6 字节，共 2 个，用来为净负荷和帧的尾部定界；

● 前向差错校验（FEC），共 16 字节，校验范围从 SFD 开始到第一个 TFD 为止。

EPON 帧的长度可变，所以 EPON 帧占用的时间不固定。

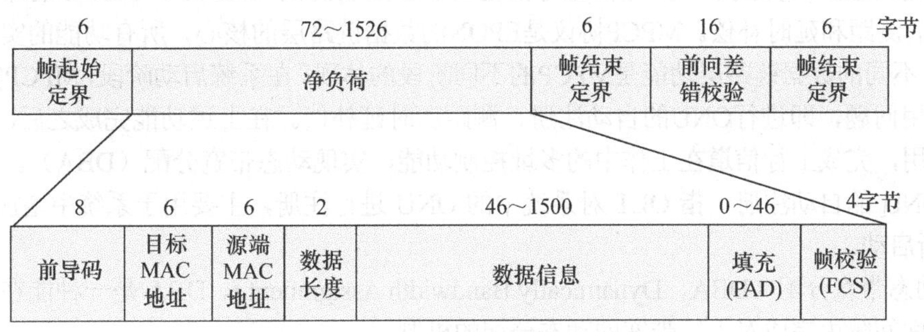

图 10-5　EPON 帧结构

EPON 帧结构和以太网帧结构有什么区别呢？EPON 帧结构中，修改了以太网帧的前导码，如图 10-6 所示。

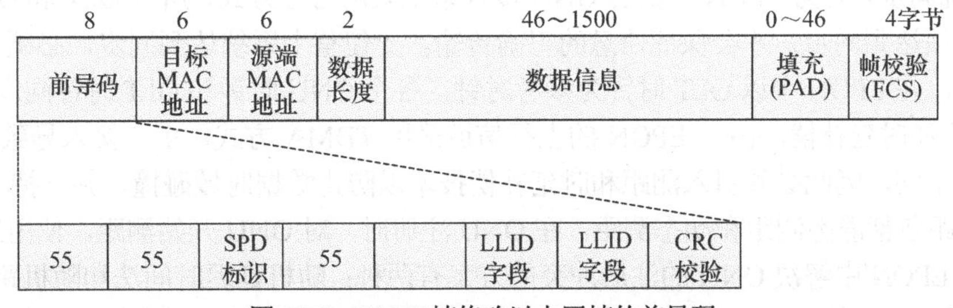

图 10-6　EPON 帧修改以太网帧的前导码

第 3 字节 SPD 标识 LLID（Logical Link Identifier，逻辑链路标记）和 CRC 位置，标识该帧

不是普通以太网帧而是一个 EPON 帧。

第 6、7 字节中携带了 LLID 信息，其中第 1 比特表示单播（置 0）或者广播（置 1），其余的 15 比特用于标识 ONU 端口，每个 ONU 可以通过 OLT 获得自己独有的 LLID，从而使得 EPON 的下行点到多点、上行多点到点的拓扑结构变成虚拟的点到点结构（称为 EPON 点到点的仿真），这样就将 EPON 融入点到点结构的以太网中。

第 8 字节修改为 CRC 循环冗余校验字段。

对于上行数据，采用时分多址接入技术（TDMA），根据 IEEE 802.3ah 标准，当 ONU 注册成功后，OLT 会根据系统的配置，给 ONU 分配一个唯一的 LLID 和特定的带宽，TDMA 技术为每个 ONU 分配时隙，每个 ONU 的信号通过使用不同时间长度的光纤传输来完成“时分”功能，再把“时分”后的信号聚到光分路器，完成“复用”功能。在采用动态带宽调整时，OLT 会根据指定的带宽分配策略和各个 ONU 的状态报告，动态地给每一个 ONU 分配带宽。

EPON 下行传输方式与上行的 TDMA 传输方式完全不同。由于 EPON 采用的是典型的树形结构，一个 OLT 将下行数据通过广播的方式传输给多个 ONU。根据 IEEE 802.3ah 标准，OLT 从来自上游网络的比特流中取出以太网帧，并封装成 EPON 帧，每一个数据帧的帧头包含注册时分配的、特定 ONU 的逻辑链路标识（LLID）；OLT 只给注册过的 ONU 分配 LLID，ONU 接收数据时，仅接收符合自己 LLID 的帧或广播帧。EPON 下行帧的传输速率为 1Gb/s（通过 8B/10B 编码后，传输速率变为 1.25Gb/s）。

EPON 帧结构比较简单，EPON 的许多功能是通过自己独有的多址控制协议（MPCP）来实现的。

3．多址控制协议（MPCP）

数据链路层的关键技术主要包括上行信道的多址控制协议（MPCP）、ONU的即插即用问题、OLT的测距和延时补偿。MPCP协议是EPON的数据链路层的核心，所有功能的实现都有赖于MPCP，不同的数据链路层功能是MPCP的不同阶段的体现。在系统启动阶段，MPCP实现ONU的即插即用问题，即进行ONU的自动注册、测距和时延补偿。在上述功能完成之后，MPCP继续发挥作用，完成上行信道在工作中的多址控制功能，实现动态带宽分配（DBA）。

① ONU 的自动注册，指 OLT 对系统中的 ONU 进行注册，主要用于系统中增加 ONU 或 ONU 重新启动。

② 动态带宽分配（DBA，Dynamically Bandwidth Assignment）。DBA 是一种能在微秒或毫秒级的时间间隔内完成对上行带宽的动态分配的机制。

DBA 可以提高 EPON 端口的上行线路带宽利用率，可以在 EPON 端口上增加更多的用户。用户可以享受到更高带宽的服务，特别是那些对带宽突变比较大的业务。

③ 系统同步。因为 EPON 中的各 ONU 接入系统采用时分方式，所以 OLT 和 ONU 在开始通信之前必须达到同步，才会保证信息的正确传输。要使整个系统达到同步，必须有一个共同的参考时钟，在 EPON 中以 OLT 时钟为参考时钟，各个 ONU 时钟和 OLT 时钟同步。

④ 测距和时延补偿。由于 EPON 的上行信道采用 TDMA 方式，多点接入导致各 ONU 的数据帧延时不同，因此必须引入测距和时延补偿技术以防止数据时域碰撞，并支持 ONU 的即插即用。测距包括静态测距和动态测距。在 ONU 注册时，对 ONU 开始测距，使用注册冲突避让机制。在 EPON 中解决 ONU 的注册冲突的方案有两种：随机延迟时间法和随机跳过开窗法。

⑤ 支持QoS。在EPON中QoS主要体现在3个方面：一是物理层和数据链路层的安全性；二是如何支持业务等级区分；三是如何支持传统业务。

因为 EPON 的多点广播特性，所有的下行数据都会被广播到 EPON 系统中所有的 ONU 上。

如果有一个匿名用户将它的 ONU 接收限制功能去掉，则该用户就可以监听到所有用户的下行数据，这在 EPON 系统中称为“监听威胁”。

⑥ EPON 的安全性。ONU 通过上行信道传送一些保密信息（如数据加密密钥），OLT 使用该密钥对下行信息加密，因为其他 ONU 无法获知该密钥，接收到下行广播数据后，仍然无法解密获得原始数据。PON 网络安全的基本要求如下。

● 数据的机密性：每一个下行数据帧只能对指定的 ONU 有效，其他 ONU 无法得到数据信息；网络中 ONU 不可能监测到其他 ONU 的上行数据。

● 用户隔离：每一个 ONU 上传的信息，其他 ONU 无法看到。

● 用户接入控制：无授权的非法用户，无法使用网络。

● 设备接入控制：无授权的非法设备，无法接入网络。

⑦ 全局统一网管。在网管中心设网管服务器，各运行、维护中心设远程终端，分权分域进行用户管理和设备管理。目前主流厂商的网管可支持 256 个 OLT 的管理。网管采用带内方式传送信息到 IP 城域网，通过 VLAN 隔离，利用 IP 城域网承载网管信息流量，网管信息流量对城域网几乎不造成影响。

10.4 GPON 技术

1. GPON 的发展

GPON（Gigabit-capable Passive Optical Networks）由 FSAN 于 2002 年 9 月提出。2003 年 3 月，ITU-T 通过了 G.984.1 和 G.984.2 标准。G.984.1 对 GPON 接入系统的总体特性进行了规定，G.984.2 对 GPON 的 ODN（Optical Distribution Network）物理介质相关子层进行了规定。2004 年 6 月，ITU-T 又通过了 G.984.3 标准，它对传输汇聚层的相关要求进行了规定。

GPON，采用 ITU-T 定义的 GFP（Generic Framing Protocol，通用成帧协议）对 Ethernet、TDM、ATM 等多种业务进行封装映射，能提供 1.25Gb/s 和 2.5Gb/s 下行速率，155Mb/s、622Mb/s、1.25Gb/s、2.5Gb/s 几种上行速率，并具有较强的 OAM 功能；提供更远的传输距离，采用光纤传输，接入层的覆盖半径达 20km，局端单根光纤经分光后引出多路到户光纤，节省光纤资源；拥有高速宽带及高效率传输的特性。

2. GPON 帧结构

GPON 帧结构如图 10-7 所示，分为下行帧和上行帧结构。GPON 帧结构比 EPON 帧结构复杂。

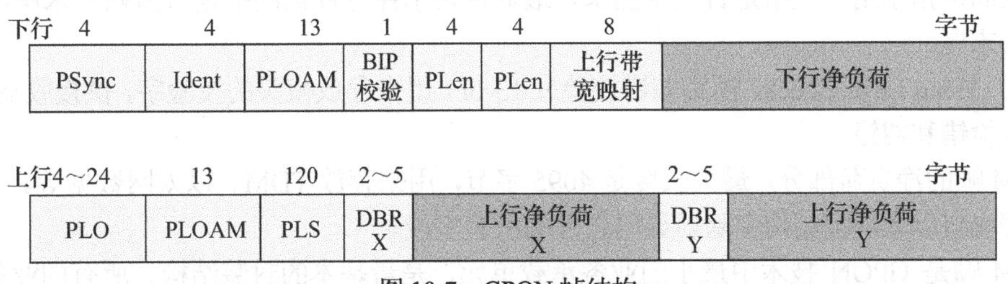

图 10-7 GPON 帧结构

下行帧由物理控制块（PCB）和下行净负荷（Payload）组成，净负荷之外部分被称为物理控制块（PCB）。净负荷里面就是下行的 GEM 帧（GPON Encapsulation Mode，GPON 封装方式）。

物理控制块包含以下字段，含义如下：

● PSync，同步字段，4 字节，用于 OLT 和 ONU 的同步；

● Ident，标记字段，4 字节；

● PLOAM，13 字节，用于下行物理层操作管理与维护；

● BIP 校验，1 字节，用于奇偶校验；

● Plen，净负荷长度，2 个，每个 4 字节（为了减小该字段的差错率，设置了 2 个 Plen 字段）；

● 上行带宽映射（BWmap）字段，主要是通知每个 ONU 的上行带宽分配情况，也就是用来告诉 ONU 具体在哪个时间段来上传数据。

GPON 上行帧由 PLO、PLOAM、PLS、DBR、上行净负荷字段构成，具体含义如下：

● PLO，物理层开销字段，4～24 字节，主要为了帧定位、同步和标明此帧是哪个 ONU 的数据。

● PLOAM，上行物理层操作管理与维护，13 字节，主要是上报 ONU 的维护、管理状态等；

● PLS，上行功率级别序列，120 字节，被 ONU 用于功率控制的度量；

● DBR，主要完成 ONU 的动态带宽分配，2～5 字节；

● 上行净负荷：字节数不固定，与 GPON 帧速率和 PCB 字节有关。

GPON 上/下行帧长固定为 125μs，频率为 8000Hz，可见 GPON 装载 125μs 的 PDH 和 SDH 帧时，不需要进行速率适配。

GPON 支持两种封装方式：ATM 和 GPON 封装方式（GEM）。ATM 方式是已有 APON/BPON 的一种演进，所有的语音、视频和数据信号在用户端被封装并被传回中心局。对于 GEM 方式，所有业务流使用通用成帧协议（GFP）。GEM 支持以原有格式传输语音、视频和数据信号，而无须附加 ATM 或 IP 封装层，GEM 是 GPON 不同于 APON/BPON 和 EPON 最重要的特征。使用 GEM 方式，GPON 可以显著增加可利用带宽。

GEM 帧结构如图 10-8（b）所示。GEM 帧由帧头和净负荷组成，帧头包括 PLI、Port-ID、PTI 和 HEC 这 4 个字段，共 5 字节。

PLI（Payload Length Indicator，净负荷长度标识）：12 位，用来指明变长数据的净负荷长度。由于 GEM 帧是连续传输的，所以 PLI 可以视作一个指针，用来指示并找到下一个 GEM 帧头。净负荷最大字节长度是 4095 字节，如果数据超过这个上限，GEM 将采用分片机制。

Port-ID（端口识别号）：12 位，用来区分不同的端口。Port-ID 可以提供 4096 个不同的端口，用于支持多端口复用。

PTI（Payload Type Indicator，净负荷类型标识）：3 位，PTI 最高位指示 GEM 帧是否为 OAM 信息，次高位指示用户数据是否发生拥塞，最低位指示在分片机制中是否为帧的末尾，为 1 时表示帧的末尾。

HEC（Head Error Check，帧头差错校验）：13 位，用来存放帧头的校验字，供接收端对 GEM 帧头进行检错和纠错。

GEM 帧的净负荷部分，最大长度是 4095 字节，用来存放 TDM、以太网数据等。其中，以太网数据取自以太网帧结构中除前导码之外的所有字段。

GEM 帧是 GPON 技术中最小的业务承载单元，是最基本的封装结构。所有的业务都要封装在 GEM 帧中并在 GPON 线路上传输，通过 GEM Port 标识。每个 GEM Port 由一个唯一的 Port-ID 来标识，由 OLT 进行全局分配，即 OLT 下的每个 ONU 不能使用 Port-ID 重复的 GEM Port。GEM Port 标识的是 OLT 和 ONU 之间的业务虚通道，即承载业务流的通道，类似于 ATM 虚连接中的 VPI/VCI 标识。

以太网帧直接封装在 GEM 帧净负荷中进行承载，如图 10-8 所示。GPON 系统对以太网帧进行解析，将数据部分直接映射到 GEM 帧净负荷中进行传输，GEM 帧会自动封装帧头信息，包括 PLI、Port-ID、PTI 和 HEC 字段。

IP 包可直接封装到 GEM 帧净负荷中进行承载。每个 IP 包（或 IP 包片段）应映射到一个单独的 GEM 帧中或多个 GEM 帧中，如果一个 IP 包被封装到多个 GEM 帧中，则应进行数据分片。

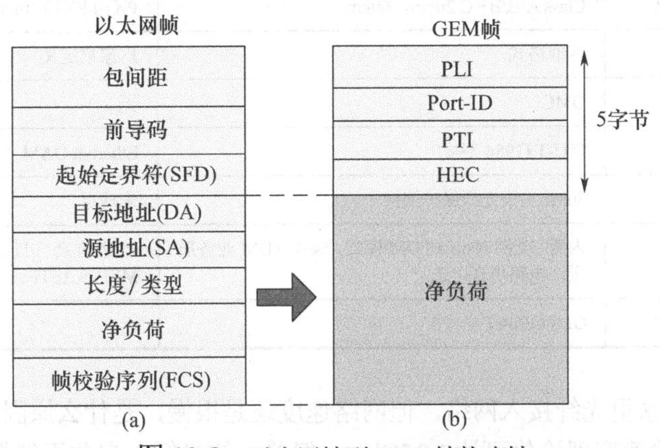

图 10-8　以太网帧到 GEM 帧的映射

GEM 承载 TDM 业务的实现方式有多种：TDM 数据可直接封装到 GEM 帧中传送；或者先封装到以太网帧中，再封装到 GEM 帧中传送等。

GPON 的 PMD 层对应于 OLT 和 ONU 之间的光传输接口（也称为 PON 接口），其具体参数值决定了 GPON 系统的最大传输距离和最大分路比。TC 层（也称为 GTC 层）是 GPON 的核心层，主要完成上行业务流的介质接入控制和 ONU 注册这两项关键功能。

GPON 的下行帧长为固定的 125μs，下行为广播方式，所有的 ONU 都能收到相同的数据，通过 Port-ID，ONU 来识别、区分和过滤属于自己的数据。

GPON 的上行是通过 TDMA（时分多址接入）方式传输数据的，上行链路被分成不同的时隙，给每个 ONU 分配上行时隙，这样所有的 ONU 就可以按照一定的秩序发送自己的数据了，不会产生为了争夺时隙而冲突的情况。

动态带宽分配（DBA）、测距、业务 QoS 管理等和 EPON 技术类似，可参考专门的书籍。

3．EPON 和 GPON 的比较

GPON 和 EPON 技术在速率等级、传输距离、分光比等都有不同，如表 10-2 所示。

在 OAM、QoS、多业务承载、安全性等方面，目前的 EPON 与 GPON 相当，但每单位带宽成本则要比 GPON 低得多，GPON 和 EPON 在技术上确实各具优势。

表 10-2　GPON 和 EPON 的对比

	GPON	EPON
标准	ITU.T G.984.*x*	IEEE 802.3ah
速率	支持上/下行不对称速率 下行：2.5Gb/s 或 1.25Gb/s 上行：1.25Gb/s 或 622Mb/s	提供固定相等的上/下行速率，1.25Gb/s
分光比	1:64，可扩展为 1:128	1:16，可扩展为 1:64
承载	ATM，Ethernet，TDM 多业务的支持	Ethernet

续表

	GPON	EPON
带宽效率	92%，NRZ 扰码（无编码）	72%，8B/10B 码
QoS	非常好，包括 Ethernet、TDM、ATM	好，只有 Ethernet
光预算和距离	Class A/B/B+/C 20km，60km	PX10/PX20 10km，20km
DBA	标准格式	厂家自定义
ONT 互通	OMCI	无
OAM	ITU-T G.984（强）	Ethernet OAM（弱）
网络保护	50ms 主干光纤保护倒换	未规定
TDM 传输和时钟同步	内置，支持 Native TDM 模式，保障 TDM 业务质量，电路仿真可选	电路仿真（ITU-T Y.1413、MEF 或 IETF）
光纤线路检测	OLS G.984.2	无

【讨论与创新】家里光纤接入网络，但网络速度还是很慢，是什么原因呢？该怎么办呢？

光纤接入的传输速率理论值可达 1.25Gb/s，但单一的光纤入户并不能彻底解决网络速度慢的问题，这可能是家里百兆路由器的带宽上限限制了网络速度，因此需要更换百兆路由器，换成支持 Wi-Fi 的无线千兆路由器是最佳选择。

10.5　下一代无源光网络

信息技术的发展日新月异，出现了越来越多的高带宽需求的业务。比如视频业务和 HDTV，超高清视频（4K/8K）；快速发展的无线通信网络需要一点到多点的 PON 来做基站连接，5G 时代，小基站越来越多，PON 技术也被业界认为是移动前传和移动回传的重要选择，例如将 WDM PON（波分复用无源光网络）用于 5G 移动前传，或者将 50G PON 用于 5G 移动回传；还有虚拟现实（VR）、增强现实（AR）等大视频业务也开始蓬勃发展。所有这些应用都需要发展下一代 PON。

PON 包括 NG-PON1、NG-PON2 及 NG-PON3。

NG-PON1 包括 10G EPON 和 XG-PON。

NG-PON2 的要求：OLT 下行总速率≥40Gb/s，上行总速率≥40Gb/s，用户 ONU 最高下行带宽≥1Gb/s、上行带宽 0.5～1Gb/s，传输距离 20～60km 或 100km（后者采用光放大），光分比 1:64～1:1000，与之前的 PON 兼容。

NG-PON3 的设定目标：单个接入 PON 可支持 1000 个用户，每个用户带宽 1Gb/s，复合传输容量 400Gb/s～1Tb/s，传输距离 0～100km，与之前的 PON 兼容，技术的发展方向有 WDM-PON、混合 WDM/TDM-PON。

10.5.1　10G/100G EPON 技术

1．10G EPON 技术

2005 年 11 月，IEEE 成立 10G EPON Study Group，开始进行 10G EPON 技术的研究和标准化工作。

2009 年 9 月，10G EPON 标准 IEEE 802.3av 正式发布。IEEE 802.3av 规定了两种速率模式：

10Gb/s 下行和 1Gb/s 上行的非对称模式（10G/1G Base-PRX）及 10Gb/s 上、下行对称模式（10G Base-PR）。

10G EPON 几乎完全继承了现有的 EPON 标准，保证了 10G EPON 可以充分利用现有 EPON 的运维方案和管理机制。目前，10G EPON 产业链已经成熟，已有 Qualcomn、Broadcom、PMC-Sierra、Cortina 等多家供应商可以提供 10G EPON OLT/ONU 芯片；Hisense、SourcePhotonics、NeoPhotonics 等多家生产的 10G EPON 光模块已经批量供货；中兴通讯、烽火通讯等主流设备商都可以提供 10G EPON 设备，并在全球和多家运营商合作进行商用部署。

10G EPON 的特点如下。

（1）高带宽

10G EPON 提供了 10Gb/s 下行、1Gb/s 上行的非对称模式和 10Gb/s 上、下行对称模式两种速率模式。在前期可以使用非对称模式，随着业务发展导致上行带宽需求增加，可以逐渐采用对称模式。

（2）大分光比和长距离传输

目前，10G EPON 采用高功率预算 PR30/PRX30 时，最大可以支持 1:256 分光比下 20km 的传输距离，或者 1:128 分光比下 30km 的传输距离。

（3）向下兼容

为了实现 10G EPON 与 1G EPON 的兼容和网络的平滑演进，IEEE 802.3av 标准在波长分配和多点控制机制等方面都有专门的考虑，以保证 10G EPON 与 1G EPON 在同一 ODN 上的共存，同时也支持今后下一代技术 NG-EPON 的演进。

10G EPON 采用 1577nm 作为 10Gb/s 下行信号波长，10Gb/s 信号与 1Gb/s 信号（1490nm）为 WDM 方式，确保二者的隔离度。上行方向，非对称 10G EPON 的上行波长仍然沿用 EPON 的上行波长 1310nm（1260～1360nm），实现与 EPON 的无缝兼容；对称 10G EPON 的上行信号（速率为 10Gb/s）波长为 1270nm（1260～1280nm），二者有重叠，因此不能采用 WDM 方式，而是采用双速率 TDMA 方式。

10G EPON 组网方式与原有的 EPON 组网方式完全相同，网络更改只需要在 OLT 上安装 10G EPON 的用户板即可。在用户端，只要安装具有 10G EPON 的 ONU 即可。

10G EPON 在应用方面，对于现有 FTTB 升级为 FTTH，10G EPON 可以实现 1:256 甚至更高的分光比，无须调整主干 ODN，实现平滑升级。对于新建 FTTH，10G EPON 具有 1:256 及更高的分光比，进一步节约主干光纤，可有效降低建网成本。

目前，已有双模 1G/10G EPON MDU 解决方案，采用 1G/10G EPON 双模 SoC 芯片、光模块可插拔设计，软件可自动识别 1G/10G EPON 制式。

2. 100G EPON

随着 4K/8K 超高清视频、虚拟现实、智慧家庭、物联网等新技术和新应用的发展，全球带宽提速的新一轮浪潮已开始。在光接入领域，以 100G EPON 为标志的标准化工作也已启动，命名为 IEEE 802.3ca。

100G EPON 定义了 3 种 MAC 层速率，即 25Gb/s、50Gb/s 和 100Gb/s。其中，25Gb/s 分为非对称 10G/25Gb/s 和对称 25G/25Gb/s 两种制式。100G EPON 需要和对称的 10G EPON 共存，以保护运营商的 10G EPON 投资。

不论 ITU-T 标准，还是 IEEE 标准，单波 25Gb/s 已经成为光接入的一个重要节点速率，单波 25Gb/s 的实现成为 100G EPON 的关键技术。100G EPON 系统可满足未来高速增长的家庭带宽需求，如云服务、智慧家庭、4K/8K 超清视频等，为每个用户提供 1Gb/s 以上超高带宽；同时，100G EPON 系统也能为 FTTC、FTTB、FTTO 等提供高速接入服务。

10.5.2 WDM-PON 技术

WDM-PON 是指在光线路终端（OLT）与每个光网络终端（ONU）之间采用独立的波长信道，物理上是点对多点的 PON 结构，但在 OLT 和每个 ONU 之间形成逻辑上点对点连接的无源光网络。

波长固定的 WDM-PON 的原理图如图 10-9 所示。

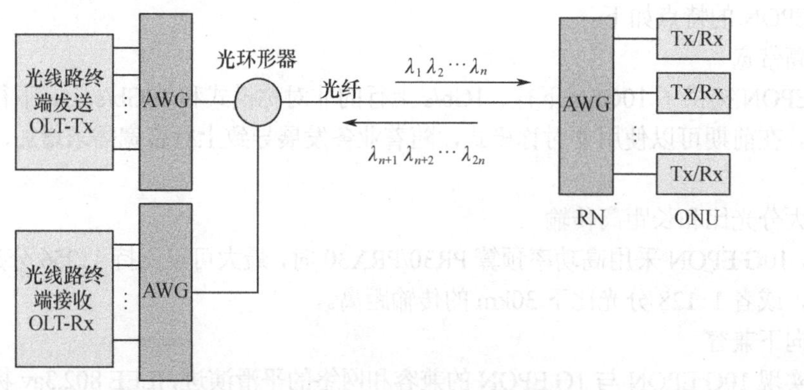

图 10-9 波长固定的 WDM-PON 原理图

WDM-PON 系统一般包含 OLT、RN 和 ONU 3 部分。WDM-PON 中，上、下行业务在不同的波长窗口传输，RN 采用波分复用器/解复用器，而不是功率分配器，因此 RN 有根据波长选路的功能。ONU 上传数据时占用某个波长，复用器将多波长信号合路到一根光纤，传到 OLT 接收端，经分路后，由接收机阵列最后完成接收。OLT 下传数据时，发射多波长信号，到达解复用器时进行分路，最后每个波长到达相应的 ONU 的接收端被接收。这样，WDM 的采用就为每个 ONU 到 OLT 的连接提供了一条虚拟的点到点双向传输链路。

在 WDM-PON 系统中，多个不同波长同时工作，因此最直接的 WDM-PON 方案是 OLT 中有多个不同波长的光源，每个 ONU 也使用特定波长的光源，各点对点的连接都按预先设计的波长进行配置和工作。如果波长数越多，需要的光源种类也越多，将带来严重的仓储问题，这对 ONU 尤其突出。因此，使用无色 ONU 已基本成为当前 WDM-PON 相关研究的共识，基于无色 ONU 的技术方案是 WDM-PON 系统的主流。

无色 ONU 的实现技术根据使用的器件不同可分为可调激光器、宽谱光源和无光源。

① 使用波长可调的激光器使 ONU 可以工作在不同的波长，可调激光器也工作在特定波长，但可通过辅助手段对波长进行调谐，如电调谐、温度调谐和机械调谐，这样在系统中可使用同样的激光器以产生不同的工作波长。

② ONU 中放置一个宽谱光源，发出的光从 ONU 出来后，再接一个 WDM 设备，比如薄膜滤波器或 AWG，对信号进行谱分割，只允许特定的波长部分通过并传输到位于中心局的 OLT。这样各个 ONU 具有相同的光源，但由于它们接在 WDM 合波器的不同端口上，从而可为每个通道生成单独的波长信号。

③ ONU 处无光源，系统中的所有光源都置于 OLT 处，并通过 AWG 进行谱分割后向 ONU 提供特定波长的光信号，而 ONU 直接对此光信号进行调制，以产生上行信号。

2016 年，研制出首个 32 波 10Gb/s WDM-PON 样机，如图 10-10 所示。

图 10-10　32 波 10Gb/s WDM-PON 样机

10.6　光接入网器件与设备

10.6.1　单纤双向光收发组件

PON 接入网络设备中，目前几乎都是使用单纤双向收发一体化的 PON 光模块产品。双纤双向光模块有两个端口，一个发射端口和一个接收端口，而单纤双向光模块只有一个端口，单纤双向 PON 光模块的核心器件是单纤双向光收发组件。

单纤双向是指在一根光纤里可以同时传输收发两个方向的光信号，要实现收发两个方向的光信号同时传输，需要收发方向使用不同的光波长。ONU 单纤双向光收发组件可用于 EPON 网络通信，发送机部分使用 1310nm 激光，接收部分使用 1490nm 接收机和互阻抗放大器（TIA）。

双向光收发组件（BOSA，Bi-Directional Optical Sub-Assembly）是将激光器 TO-LD、光检测器 TO-PD、分光片、光纤等用同轴耦合工艺全部集成组装于一体，产品实物图如图 10-11 所示，BOSA 的构成如图 10-12 所示。

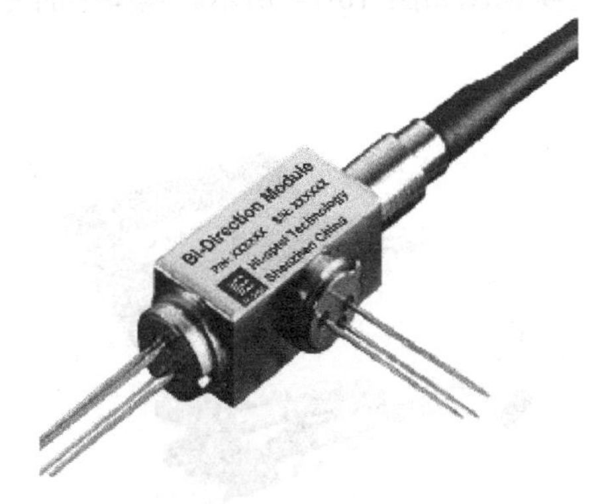

图 10-11　双向光收发组件（BOSA）实物图

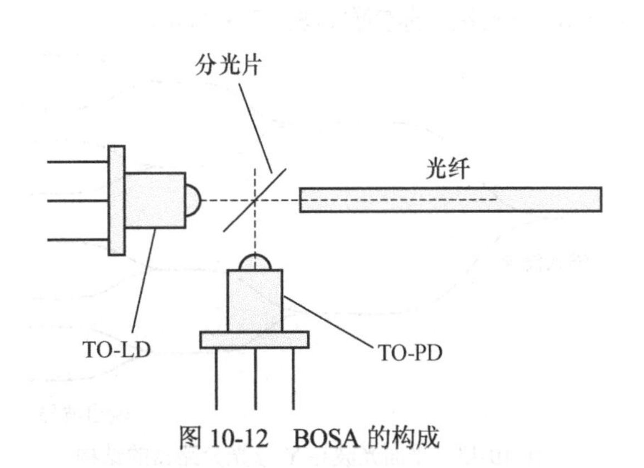

图 10-12　BOSA 的构成

BOSA 的中心部位有分光片，LD 组件和 PD 组件均通过自聚焦透镜与分光片耦合，光源照射面镀增透膜，探测器接收面镀反射膜。LD 发出的光功率，通过自聚焦透镜聚焦成平行光束，透过分光片耦合到传输光纤，外来信号光通过光纤照射到分光片上，再反射到自聚集透镜上，经透镜聚光与 PD 探测器组件耦合。

目前，应用比较广泛的 PON 光模块有 EPON 光模块及 GPON 光模块。

PON 光模块的传输距离可达 10km 或 20km，工作温度为 0～70℃或−20～70℃；根据封装类型不同，PON 光模块可以分为 SFF、SFP、SFP+和 XFP 几种类型。

根据插入式设备的不同，PON 光模块有 OLT 光模块和 ONU 光模块这两种类型。OLT 光模块比 ONU 光模块复杂，因为每个 OLT 光模块必须与 64 个 ONU 光模块进行信号传输。这两种光模块的收发器工作模式不同，ONU 光模块采用 1310/1490nm 突发模式发送器和连续模式接收器，OLT 光模块采用 1490/1310nm 连续模式发送器和突发模式接收器。

EPON OLT SFP 光模块提供上、下行对称数据传输速率 1.25Gb/s，GPON OLT SFP 光模块支持上、下行不对称数据传输速率 1.25Gb/s、2.5Gb/s。

10.6.2 波导型光分路器

1. 波导型光分路器原理

平面光波导 Y 形光分路器的结构如图 10-13 所示，波导材料根据器件的功能来选择，一般是 SiO_2，横截面为矩形或半圆形。入射光场首先与输入波导部分耦合，然后与两个输出波导耦合，从而发生光能量的再分配，最终从两个输出波导中输出，从而实现 1 分 2 的光功率分配。要实现多端口的光功率分配，只需将数个 Y 形分支波导结构级联即可。

平面光波导型光分路器采用平面光波导工艺技术，在一片平板衬底上制作所需形状的光波导，衬底作为支撑体，又作为波导包层。平面光波导工艺包括成膜、光刻、蚀刻、退火等。

平面光波导型光分路器的封装过程包括耦合对准和粘接等操作。平面光波导型光分路器芯片与光纤阵列的耦合对准有手工和自动两种，常用的硬件主要有六维精密微调架、光源、功率计、显微观测系统等，而最常用的是自动对准，它通过光功率反馈形成闭环控制，因而对接精度和对接的耦合效率高。

2. 光分路器器件

无源光分路器是 PON 的重要组成部件。无源光分路器的功能是将一路输入光信号进行光功率分割，分成多路输出。典型情况下，分路器实现 1:2 到 1:32 甚至 1:64 的分光。无源光分路器的特点是不需要供电。封装后平面光波导型光分路器的实物图如图 10-14 所示。典型平面光波导型光分路器的参数如表 10-3 所示。

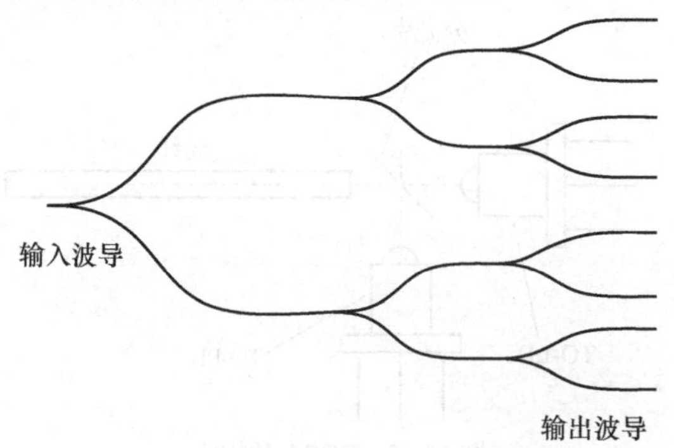

图 10-13 平面光波导 Y 形光分路器的结构

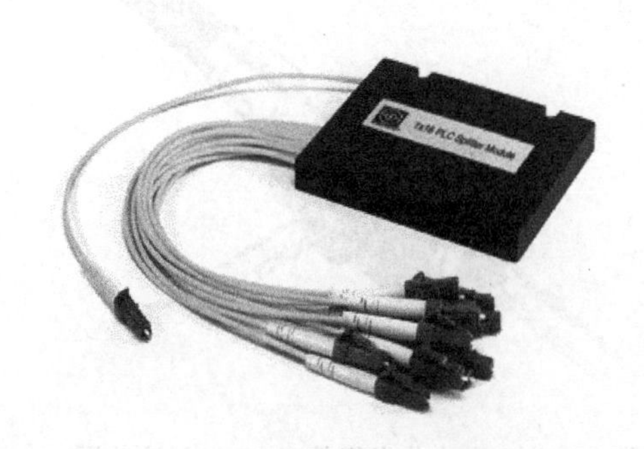

图 10-14 平面光波导型光分路器的实物图

与熔融拉锥式光分路器相比，平面光波导型光分路器的优点有：①损耗对光波长不敏感，可以满足不同波长的传输需要；②分光均匀，可以将信号均匀分配给用户；③结构紧凑，体积小，可以直接安装在现有的各种交接箱内，不需要留出很大的安装空间；④单个器件分路通道很多，可以达到32路以上；⑤多路成本低，分路数越多，成本优势越明显。

表10-3　典型平面光波导型光分路器的参数

参数	1×32	1×64	1×128
工作波长范围（nm）	1260～1650		
光纤类型	康宁G.657A		
插入损耗（dB）	16.5	19.8	24.0
插入损耗均匀性（dB）	1.1	1.5	2.0
偏振相关损耗（dB）	0.25	0.25	0.3
回波损耗（dB）	55	55	55
方向性（dB）	55	55	55
波长损耗均匀性（dB）	0.5	0.5	0.5

10.6.3　蝶形光缆及连接器

1．蝶形光缆

在FTTH建设中，由于光缆被安放在拥挤的管道中或者经过多次弯曲后被固定在接线盒或插座等具有狭小空间的线路终端设备中，因此FTTH用的光缆应是结构简单、敷设方便和价格便宜的光缆。

ITU-T于2006年12月发布了G.657光纤标准。

在G.657光纤标准中，按照是否与G.652光纤兼容的原则，将G.657光纤分成A大类和B大类光纤，同时按照最小可弯曲半径的原则，将弯曲等级分为1、2、3三个等级，其中1对应10mm最小弯曲半径，2对应7.5mm最小弯曲半径，3对应5mm最小弯曲半径。结合这两个原则，将G.657光纤分为4个子类：G.657.A1光纤、G.657.A2光纤、G.657.B2光纤和G.657.B3光纤。

G.657A光纤可用在D、E、S、C和L这5个波段，可以在1260～1625nm整个工作波长范围工作。G.657A光纤的传输和互联性能与G.652D光纤相同。与G.652D光纤不同的是，为了改善光纤接入网中的光纤接续性能，G.657A光纤具有更好的弯曲性能，几何尺寸技术要求更精确。

G.657B光纤的传输工作波长分别为1310mm、1550mm和1625nm。G.657B光纤的应用只限于建筑物内的信号传输，其熔接和连接特性与G.652光纤完全不同，可以在弯曲半径非常小的情况下正常工作。

蝶形光缆是一种新型光缆，也称为软光缆，或者皮缆。蝶形光缆多为单芯、双芯结构，也可为四芯结构，横截面呈8字型，加强件位于两圆中心，可采用金属或非金属结构，光纤位于8字型的几何中心。单芯蝶形光缆的实物图和截面图分别如图10-15（a）、（b）所示。蝶形光缆的内光纤采用G.657小弯曲半径光纤，可以以20mm的弯曲半径敷设，适合在楼内以管道方式或布明线方式入户。蝶形光缆独特的8字型构造可以在最短时间内实现现场成端。

2．光纤快速连接器

光缆的连接可以采用两种技术：熔接和冷接。冷接是与熔接相对立的，指通过“冷接子”进行光缆机械接续。

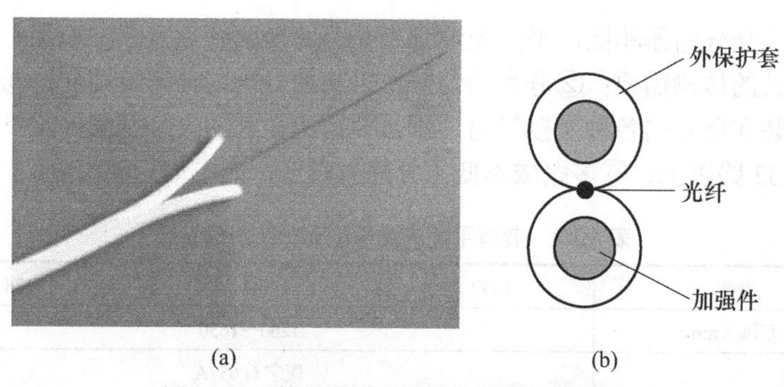

图 10-15 单芯蝶形光缆的实物图和截面图

光纤快速连接器（冷接子）是实现光纤快速端接的有效工具，其内部由经过了预抛光的插针和机械接头组成。在进行端接时，不需要使用光纤熔接机，也不需要进行研磨，通过简单的连接工具就可以实现光纤链路的对接。光纤快速连接器可适应多种布线环境，无须其他形式的保护，对光信号的损耗极低，是实现 FTTH 光纤布线的重要保证，广泛运用在将入户光缆快速端接和互联的场合，具备与标准 SC 连接器同等的接续性能，兼容标准 SC 连接器和法兰，如图 10-16 所示。

利用冷接子来实现两根尾纤的对接，操作起来更简单快速，比用熔接机熔接省时间，整个接续过程可在 2min 内完成。采用冷接技术，其接续效果可与熔接相当，插入损耗可达到小于 0.1dB，在接续端口添加匹配液以减少回波损耗，回波损耗达到小于−60dB。入户光缆进入用户综合信息箱或光纤面板插座等终端设备的终端接续，一般不采用热熔接方式，而是采用快速连接器的冷接方式。

制作光纤机械接续连接插头是 FTTH 入户光缆施工中最基本的一项技术。光纤机械接续连接插头制作质量的优劣不仅直接影响光纤传输损耗的容限，影响传输距离的长度，而且会影响系统使用的稳定性、可靠性。一般 SC 型单芯光纤机械接续连接插头和连接插座（适配器）组成的插拔式机械接续连接器的连接损耗应控制在 0.2dB 以下（最好在 0.15dB 以下）。

在蝶形光缆两端制作光纤机械接续连接插头时，必须对光缆进行基本处理，其内容包括：蝶形光缆的开剥与外保护套的去除、剥离光纤的涂覆层、裸纤的清洁及其端面的切割等。

光纤面板插座提供与标准 SC 型单芯光纤活动连接适配器一致的插口，用于蝶形光缆与跳纤的互联，如图 10-17 所示。

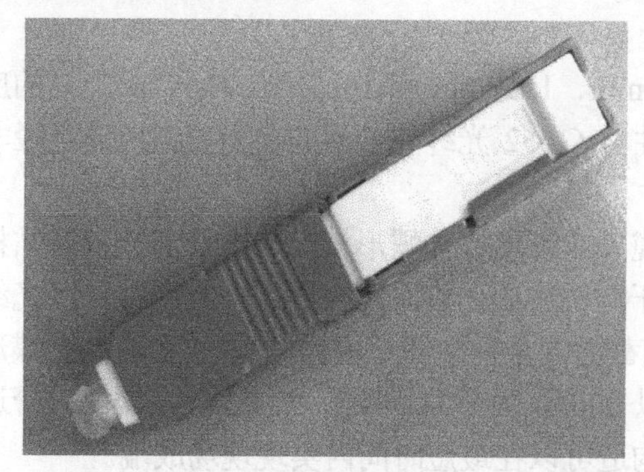
图 10-16 光纤快速连接器

图 10-17 光纤面板插座

10.6.4 光线路终端设备

华为光线路终端设备 Smart NG-OLT MA5800（以下简称 MA5800），如图 10-18 所示。

MA5800 多业务接入设备是千兆超宽时代的 8K Ready OLT，采用分布式架构，支持 PON/10G PON/TWDM PON 共平台，具有支持多介质千兆汇聚、最佳 4K/8K 视频体验、多业务虚拟化共平台及 100G PON 平滑演进等特性。MA5800 系列产品包括大、中、小 3 种规格，分别为 MA5800-X17、MA5800-X7 和 MA5800-X2，支持 FTTB、FTTC、FTTD、FTTH/D-CCAP 等多种组网应用。

图 10-18　光线路终端设备 Smart NG-OLT MA5800

MA5800 可帮助运营商应对“更宽、更快、更智能”的千兆超宽网络发展需求，满足用户对 4K/8K 视频的极致业务体验；支持未来智慧家庭、全光园区所带来的海量物理连接；同时，MA5800 可以实现家庭用户、企业用户、移动承载、物联网等多业务统一承载，以简化网络架构，降低运维成本。

【讨论与创新】上网搜索资料，讨论并学习下面的内容。

（1）什么叫可见光光通信（Li-Fi）？能利用可见光光通信实现光接入吗？

（2）5G 移动网络接入会取代 FTTH 吗？

（3）什么是自由空间光通信（FSO）？国内外的发展如何？

10.7　习题与设计题

（一）选择题

1．EPON 下行数据流采用（　　）技术，上行数据流采用（　　）技术。

（A）广播　　单播　　（B）广播　　时分复用

（C）时分复用　　广播　　（D）单播　　广播

2．EPON 是指在 PON 网络上传输哪种业务？（　　）

（A）ATM　　（B）Ethernet　　（C）TDM　　（D）以上都可以

3．GPON 支持的最大分光比为（　　）。

（A）1:16　　（B）1:32　　（C）1:128　　（D）1:256

4．GPON 可承载的业务有哪些？（　　）

（A）ATM　　（B）TDM　　（C）Ethernet　　（D）以上都可以

5．EPON 系统上行传输波长为（　　）。

（A）1550nm　　（B）1490nm　　（C）850nm　　（D）1310nm

6．目前，EPON 系统中支持的最大传输距离为（　　）。

（A）10km　　（B）20km　　（C）30km　　（D）70km

（二）思考题

1．接入网是如何定义的？

2．光接入网（OAN）的含义是什么？

3．PON 是什么技术？有哪些分类？

4．画图说明 EPON 的帧结构，解释帧结构字节的含义。

5．EPON 技术中，DBA 有何作用？

6．GPON 和 EPON 有哪些区别？

7．下一代无源光网络技术有哪些？

（三）设计题

1．综合利用所学知识，试设计一个 ONU 光模块，ONU 工作波长为 650nm，工作光纤用塑料光纤，工作方式采用单纤双向。

2．根据本章后面的项目实践进行 PON 网络设计，包括功率预算和设备选择。

3．利用 OptiSystem 软件仿真设计 PON 网络。

项目实践：FTTH 网络设计

【项目目标】

掌握 FTTH 网络设计方法，培养实施 FTTH 网络工程项目的实施能力。

【项目构思与设计】

项目实施前，应根据现有的技术和设计规范，分析问题，归纳要求，构思设计项目。

工程项目实践包括 FTTH 网络设计和 FTTH 线路工程。

在项目实施过程中，采用团队模式开发，成立项目组，2～4 人一组，每个学生在组内有不同的角色，小组内同学分别完成拓扑设计、功率预算等 FTTH 网络设计。

条件允许的情况下，完成 FTTH 线路工程任务。

【项目内容与实施】

1．项目基础知识

EPON 网络主要包括以下器材。

局端配线器材：光配线架等；光分配点器材：光配线架、光交接箱、光分线盒、光分路器、光分接头盒等；用户端接器材：用户智能终端、光纤信息面板；其他器材：光缆、光纤连接器、尾纤等。

光分配网（ODN）具有 4 种基本拓扑结构：单星形、树形、总线状和环形。光通道损耗是 ODN 最重要的性能指标，EPON 光路是否满足传输要求，最重要的一条规则就是 FTTH 工程结束后，能够符合 OLT 和 ONU 之间的光功率预算要求。

ODN 的分光方式主要有两种：一级分光和二级分光，受 PON 设备光功率预算及带宽的限制，当前，ODN 的总分路比一般为 1:64。

采用一级分光时，光分路器一般设置在光配线点处；采用 1:64 光分路器。

采用二级分光时，第一级总分路器一般设置在光配线点处，采用 1:8 光分路器；第二级光分路器一般设置在光用户节点处，采用 1:8 光分路器。二级分光的 PON 系统如图 10-19 所示。

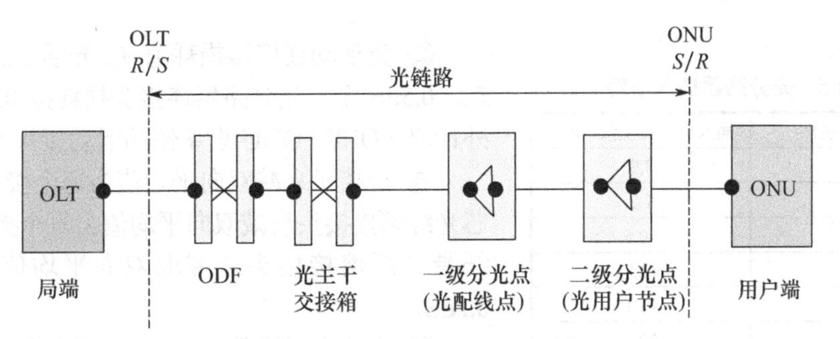

图 10-19　二级分光的 PON 系统

ODN 光通道损耗所允许的衰减定义为 ONU 和 OLT 之间，也就是 *S/R* 和 *R/S* 参考点之间的光损耗，其中 *S* 是光发送信号参考点，*R* 是光接收信号参考点。

OLT 的传输距离应通过 ODN 允许的光通道损耗及 OLT、ONU 设备的功率预算，采用最坏值法核算，即 ONU 接收光功率＝OLT 发射光功率－光通道损耗。

目前，PON 使用的光模块有 EPON 和 GPON 两种类型，*R/S* 点发光功率、接收灵敏度如表 10-4 所示。

表 10-4　PON *R/S* 点发光功率、接收灵敏度

技术类型	光模块	OLT			ONU			可获得光功率预算		光通道代价		PON 系统最大插入损耗	
		发光功率		最差接收灵敏度	发光功率		最差接收灵敏度	下行	上行	下行	上行	下行	上行
		最小值	最大值		最小值	最大值							
		dBm	dBm	dBm	dBm	dBm	dBm	dB	dB	dB	dB	dB	dB
EPON	PX20	2	7	−27	−1	4	−24	26	26	2.5	2	23.5	24
	PX20+	2.5	7	−30	0	4	−27	29.5	30	1.5	2	28	28
GPON	Class B＋	1.5	5	−28	0.5	5	−27	28.5	28.5	0.5	0.5	28	28
	Class C＋	3	7	−32	0.5	5	−30	32.5	32.5	1	0.5	32	32

目前，EPON 在用的光模块主要有：

① PX20，允许通道插入损耗 24dB，支持最高分光比为 1:32，是 EPON 网络部署的早期配置，新设备已不再配置 PX20 光模块；

② PX20+，允许通道插入损耗 28dB，支持最高分光比为 1:64，当前的 EPON 设备均配置 PX20+光模块。

目前，GPON 在用的光模块主要有：

① Class B+，允许通道插入损耗 28dB，支持最高分光比为 1:64，当前 GPON 设备普遍配置 Class B+光模块；

② Class C+，允许通道插入损耗 32dB，支持最高分光比为 1:128，Class C+光模块已发展成熟，未来将主要采用这种光模块。

在工程设计时，通道衰减计算通常应用最坏值法，即所有参数均取最坏值，可以保证系统在寿命终了（20～25 年）时仍能符合传输性能指标。一般认为，实际的光缆和设备性能会高于最坏值，因此，系统可能有较多的衰减余量。最坏值法的有关内容可参考本书 6.10 节。

光功率衰减的主要影响因素有光分路器的插入损耗（不同分光比有不同的插入损耗）、光缆本身的损耗、光缆熔接点损耗、尾纤/跳纤通过适配器端口连接的插入损耗等，光通道损耗为以上因素引起的损耗总和。

① 光分路器的插入损耗 IL：不同规格的光分路器，其损耗不一样。1:*N* 光分路器的插入损耗如表 10-5 所示。对于为 2:*N* 光分路器，其损耗比 1:*N* 光分路器的增加 0.3dB。

表 10-5 光分路器插入损耗

光分路器规格	插入损耗典型值（dB）
1:2	3.9
1:4	7.2
1:8	10.5
1:16	13.8
1:32	17.1
1:64	20.1
1:128	23.7

② 光活动连接器损耗值 A_c：光活动连接器插入损耗，0.5dB/个；光分路器连接头损耗按 0.25dB/个，额外计取（OLT、ONU 设备侧的活动接头不计算在内）。

③ 冷接子衰减双向平均值为每个接头 0.2dB，单芯光纤熔接接头衰减双向平均值为每个接头 0.1dB；光纤带光纤熔接接头衰减取双向平均值为每个接头 0.2dB。

④ 光纤衰减系数 A_F：PON 系统的下行工作波长为 1490nm，这个波长的衰减值不同于 1310nm 和 1550nm 两个波长的衰耗。对于 G.652D 光纤，上行（ONU-OLT，1310nm），衰减为 0.36dB/km；下行（OLT-ONU，1490nm），衰减为 0.25dB/km。当光纤衰减包括光纤熔接接头损耗时，上行衰减通常取 0.4dB/km。

⑤ 光链路中还要有一定的线路富余度 M_C，当传输距离小于或等于 5km 时，ODN 全程损耗富余度不少于 1dB；当传输距离大于 5km 且小于等于 10km 时，ODN 全程损耗富余度不少于 2dB；当传输距离大于 10km 时，ODN 全程损耗富余度不少于 3dB。

⑥ 附加损耗 β。G.652D 光纤与模场直径不匹配的 G.657B 光纤连接损耗，每个连接点可取损耗 0.2dB。

⑦ WDM 器件的插入损耗 A_{WDM}（可选）。

考虑到上述因素，PON 系统传输距离的计算公式修正为

$$L \leqslant \frac{P - \text{IL} - A_C \times N - M_C - A_{WDM} - \beta}{A_F}$$

式中，P 为系统可获得光功率预算；N 为光活动连接器个数。

2. PON 传输距离的计算

采用 EPON 组网，光模块为 PX20+，采用 1:64 光分路器，采用二级分光，问下行传输距离最大是多少？如采用一级分光，采用 1:32 光分路器，问下行传输距离最大是多少？

采用二级分光，参考图 10-19。光模块 PX20+，查表 10-4，可知该模块上行方向可获得光功率预算为 30dB；一级、二级光分路器均为 1:8，查表 10-5，可知插入损耗 IL=10.5dB；活动连接器总插入损耗 A_c=0.5×4+0.25×4=3dB，包括光活动连接器 4 个，光分路器接头 4 个；线路富余度 M_C=2dB；无 WDM 器件的插入损耗；忽略光纤直径不匹配引起的附加损耗；光纤衰减系数 A_F，上行方向（1310nm）按 0.4dB/km 计算。计算得传输距离为

$$L \leqslant (30-10.5-10.5-3-2)/0.4=10\text{km}$$

一级分光时，采用 1:32 光分路器，查表 10-5，可知插入损耗 IL=17.1dB；光活动连接器 4 个，光分路器接头 2 个，总插入损耗 A_c=0.5×4+0.25×2=2.5dB；线路富余度，M_C=3dB；光纤衰减系数按 0.4dB/km 计算。计算得传输距离为

$$L \leqslant (30-17.1-2.5-3)/0.4=18.5\text{km}$$

上述计算结果是按照最坏值得出的，实际产品大都会优于此结果，实际应用中，可根据产品的具体指标进行核算，根据实际采用的 PON 类型和 OLT 确定 ODN 的传输矩离。实际工程应用中，在 1:32 的情况下最远仍然能够传输 20km，对接入网来说，接入半径 20km，已经是一个足够大的距离了！

注意：为保证 PON 系统有效的传输距离，需严格控制活动连接头的数量。为保证 EPON/GPON 向 10G PON 的平滑演进，在进行 PON 传输距离测算时，取对应 ODN 等级允许插

入损耗的较小值。

【项目总结】

项目结束后，所有团队完成 FTTH 工程项目，提交各类设计技术文档。

【讨论与创新】上网搜索资料，讨论学习“F5G”是什么。

参 考 文 献

[1] Harry Dutton. Understanding Optical Communications.New Jersey：Prentice Hall，1998.
[2] D.K. Mynbaev，L.L.Scheiner. 光纤通信技术（英文影印版）.北京：科学出版社，2002.
[3] Govind P. Agrawal. Fiber-Optic Communication Systems.4th. New Jersey：John Wiley & Sons Inc.，2010.
[4] Gerd Keiser.光纤通信（英文版）.4 版.北京：电子工业出版社，2011.
[5] Govind Agrawal.非线性光纤光学.5 版. 贾东方，葛春风译.北京：电子工业出版社，2018.
[6] Joseph C. Palais.光纤通信（英文版）.5 版.北京：电子工业出版社，2020.
[7] Ivan Kaminow.光纤通信. 厉鼎毅，余力译.北京：北京邮电大学出版社，2006.
[8] 沈建华，陈健，李履信.光纤通信系统. 3 版.北京：机械工业出版社，2014.
[9] 刘增基.光纤通信.2 版.西安：西安电子科技大学出版社，2008.
[10] 顾婉仪.光纤通信. 2 版.北京：人民邮电出版社，2011.
[11] 韦乐平.光同步数字传输网.北京：人民邮电出版社，1993.
[12] [美] 亚里夫.光子学——现代通信光电子学. 6 版. 陈鹤鸣，施伟华译. 北京：电子工业出版社，2014.
[13] 张成良.光网络新技术解析与应用.北京：电子工业出版社，2016.
[14] 李玲，黄永清.光纤通信基础.北京：国防工业出版社，2003.
[15] 陈云志.SDH&WDM 设备与系统.北京：人民邮电出版社，2002.
[16] 徐荣，龚倩.高速超长距离光传输技术.北京：人民邮电出版社，2005.
[17] 黄章勇.光纤通信用光电子器件和组件.北京：北京邮电大学出版社，2001.
[18] 黄章勇.光纤通信用新型光无源器件.北京：北京邮电大学出版社，2003.
[19] 原荣.光纤通信简明教程.北京：机械工业出版社，2019.
[20] 胡先志.光纤通信原理.武汉：武汉理工大学出版社，2019.
[21] 彭承柱. SDH 传送网技术.北京：电子工业出版社，1996.
[22] 李允博.光传送网（OTN）技术的原理与应用.北京：人民邮电出版社，2018.
[23] 余少华，胡先志.超高速超大容量超长距离光纤传输系统前沿研究.北京：科学出版社，2015.
[24] 余建军，迟楠，陈林.基于数字信号处理的相干光通信技术.北京：人民邮电出版社，2013.